职业教育双语教材

GNSS定位测量技术

吴正鹏 李艳双 王素霞 主编

U0218334

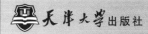

天津大学出版社

策划编辑：陈柄岐
责任编辑：陈柄岐
封面设计：谷英卉

图书在版编目(CIP)数据

GNSS定位测量技术 / 吴正鹏, 李艳双, 王素霞主编
. — 天津：天津大学出版社, 2023.9
职业教育双语教材
ISBN 978-7-5618-7606-0

Ⅰ.①G… Ⅱ.①吴… ②李… ③王… Ⅲ.①卫星导
航－全球定位系统－双语教学－高等职业教育－教材
Ⅳ.①P228.4

中国国家版本馆CIP数据核字(2023)第187188号

GNSS DINGWEI CELIANG JISHU

出版发行	天津大学出版社
地　　址	天津市卫津路92号天津大学内(邮编:300072)
电　　话	发行部:022-27403647
网　　址	www.tjupress.com.cn
印　　刷	廊坊市瑞德印刷有限公司
经　　销	全国各地新华书店
开　　本	787mm×1092mm　1/16
印　　张	31.875
字　　数	894千
版　　次	2023年9月第1版
印　　次	2023年9月第1次
定　　价	96.00元

编委会

主　审：李清彬

主　编：吴正鹏　李艳双　王素霞

副主编：范亚男　张　筱　聂　明

参　编：季佳佳　胡梦瑶　谭　阳

　　　　Тешаев Умарджон Риёзидинович

　　　　Джалилов Тохир Файзиевич

　　　　Муниев Джуракул Дехконович

前言

　　塔吉克斯坦鲁班工坊由天津城市建设管理职业技术学院与塔吉克斯坦技术大学共同建设，旨在加强中国与塔吉克斯坦在应用技术及职业教育领域的合作，分享中国职业教育优质资源。

　　本教材立足于塔吉克斯坦鲁班工坊教学与培训的需求，以鲁班工坊智能测绘实训中心工程测量装备为载体，以培养测绘地理信息类专业高质量技术技能人才为目标，将中国优质 GNSS 定位测量仪器装备与技术应用同世界分享。

　　本教材按照项目驱动模式和以实际工作任务为导向的职业教育理念开发建设，突出职业教育的特点和实践性教育环节，重视理论和实践相结合，体现理实一体化、模块化教学，并配有信息化教学资源，通过手机扫描书中二维码即可查看。

　　本教材融入中国国家标准、技能大赛和职业技能鉴定等内容，对接测绘地理信息类岗位能力需求，包含 GNSS 接收机的认识与使用、GNSS 静态控制测量、GNSS 虚拟仿真实训等 7 个教学项目、24 个 GNSS 定位测量典型工作任务，并配套 19 个视频资源。根据学生认知规律，每个任务都由任务导入、任务准备、任务实施、技能训练、思考与练习等部分组成。项目一季佳佳编写，项目二由胡梦瑶编写，项目三由张筱编写，项目四由王素霞编写，项目五由吴正鹏、李艳双编写，项目六由范亚男、聂明编写，项目七由谭阳编写。塔吉克斯坦技术大学工程测量教研室 Тешаев Умарджон Риёзидинович、Джалилов Тохир Файзиевич、Муниев Джуракул Дехконович 参与了教材的编写。全书由吴正鹏、李艳双负责策划并统稿。吴海月参与了翻译的校核工作。

　　教材采用中俄两种语言编写，适合中文和俄文语言环境国家的各类院校教学、职业技能培训使用，还可作为测绘地理信息相关技术人员的参考用书。

　　本教材由天津城市建设管理职业技术学院测绘地理信息类专业教师团队与企业技术人员共同编写，得到了广州南方测绘科技股份有限公司的帮助和支持，书中部分内容的编写参考了相关文献，编者在此对其表示衷心感谢。

　　由于编者水平有限，书中仍不免有一些错误和不足之处，恳请广大读者批评指正。

编者

2023年7月

目录

视频目录

项目一

GNSS 测量技术的认识

【项目描述】

千百年来，人类一直在寻找"我的位置"，为了标定时间，我们发明了钟表；为了标定空间，我们发明了导航。GNSS，即全球导航卫星系统（Global Navigation Satellite System），泛指所有以卫星为基础的无线电导航定位系统，可以为用户提供全能性（陆地、海洋、航空和航天）、全球性、全天候、连续性和实时性的定位、导航和授时服务。本项目将介绍 GNSS 的概念、发展历程、组成及其在测绘领域的应用案例。

【项目目标】

（1）理解 GNSS 的概念。

（2）了解 GNSS 发展历程、现状及趋势。

（3）掌握 GNSS 的组成部分及功能。

（4）了解 GNSS 技术应用领域。

任务一　　GNSS 的发展历程

【任务导入】

目前，正在进行和计划实施的全球导航卫星系统有 4 个，即美国的全球定位系统（GPS）、俄罗斯的格洛纳斯导航卫星系统（GLONASS）、欧盟的伽利略导航卫星系统（Galileo）和中国的北斗导航卫星系统（BDS）。

【任务准备】

"历史是最好的教科书，一切向前走，都不能忘记走过的路；走得再远、走到再光辉的未来，也不能忘记走过的过去。"存史启智，了解 GNSS 技术的发展历程是工程测量人员立足现在、回溯历史、展望未来的重要途径，可以进一步加深测量人员对 GNSS 技术的理解，构建 GNSS 测量的整体知识体系，有助于未来实现对这项技术的创新与完善。

【任务实施】

1957 年 10 月 4 日，苏联成功发射了世界上第一个人造地球卫星"斯普特尼克一号"后，人们就开始利用卫星进行定位和导航的研究，人类的空间科学技术研究和应用也跨入了一个崭新的时代。

1. 早期的卫星定位技术

卫星定位技术是指人类利用人造地球卫星确定测站点位置的技术。最初，人造地球卫星仅作为一种空间观测目标，由地面观测站对卫星的瞬间位置进行测量，测定测站点至卫星的方向，建立卫星三角网。同时，也可利用激光技术测定观测站至卫星的距离，建立卫星测距网。通过上述两种对卫星的几何观测方法，均可实现对地面点的定位，尤其是大陆与海岛的联测定位，解决了常规大地测量中难以实现的远距离联测定位的问题。1966—1972 年，美国国家大地测量局在英国和联邦德国测绘部门的协作下，采用卫星三角测量方法测设了一个具有 45 个测站点的全球三角网，获得了 ±5 m 的点位精度。然而，由于卫星三角测量受天气和可见条件影响，观测和成果换算需耗费大量的时间，同时定位精度较低，且不能得到点位的地心坐标。因此，卫星三角测量方法很快就被卫星多普勒定位技术所取代。

2. 卫星多普勒定位系统

20 世纪 50 年代末，美国开始研制用卫星多普勒定位技术进行测速、定位的导航卫星系统——美国海军导航卫星系统（Navy Navigation Satellite System，NNSS），该系统作为第一代全球导航卫星系统，开创了海空导航的新时代，揭开了卫星大地测量学的新篇章。

在 NNSS 中，由于卫星轨道面通过地极，所以又被称为子午导航卫星系统。该系统构建了由 6 颗卫星组成的子午卫星星座，轨道接近圆形，且高度为 1 100 km，轨道倾角为 90° 左右，卫星的运行周期约为 107 min，在地球表面上的任何一个测站上，平均每隔 2 h 便可观测到其中一颗卫星。20 世纪 70 年代，美国政府宣布部分导航电文解密交付民用。自此，卫星多普勒定位技术迅速兴起，由于其具有经济快速、精度均匀、不受天气和时间的限制等优点，只要在测站点能收到从子午卫星上发出的无线电信号，便可在地球表面的任何地方进行单点定位或联测定位，从而获得测站点的三维地心坐标。在美国建立子午导航卫星系统的同时，苏联也于 1965 年开始建立一个导航卫星系统 CICADA，该系统由 12 颗卫星组成 CICADA 星座，轨道高度为 1 000 km，卫星的运行周期为 105 min。

NNSS 和 CICADA 虽然将导航和定位推向了一个新的发展阶段，但是它们仍然存在一些明显的缺陷，如卫星数量少、不能实时定位。地面点上空子午卫星通过的间隔时间较长，而且低纬度地区每天的卫星通过次数远低于高纬度地区；对于同一地面点，两次子午卫星通过的间隔时间为 0.8~1.6 h；对于同一子午卫星，每天通过次数最多为 13 次，间隔时间更长。由于一台多普勒接收机一般需观测 15 次合格的卫星通过，才能使单点定位精度达到 10 m，而各个测站观测公共的 17 次合格的卫星通过，联测定位的精度才能达到 0.5 m 左右，间隔时间和观测时间长，不能为用户提供实时定位和导航服务，精度较低也限制了它的应用领域。此外，子午卫星轨道高度低，难以精密定轨，而且子午卫星射电频率低（400 MHz 和 150 MHz），难以补偿电离层效应的影响，致使卫星多普勒定位精度局限在米级水平（精度极限为 0.5~1 m）。该系统已于 1996 年 12 月

31 日停止发射导航及时间信息。

3. 全球导航卫星系统

子午仪系统验证了由卫星系统进行定位的可行性，20 世纪 60 年代末 70 年代初，为满足军事及民用部门对连续实时三维导航和定位的需求，第二代导航卫星系统应运而生。

1）全球定位系统（GPS）

1973 年 12 月，美国国防部批准美国海陆空三军联合研制新一代卫星导航定位系统，即授时与测距导航系统或称全球定位系统（Navigation Satellite Timing and Ranging System or Global Positioning System），简称 GPS，它是第一个具有全能性（陆地、海洋、航空）、全球性、全天候、实时性、高精度的导航、定位和授时系统。

自 1974 年建立以来，GPS 经历了方案论证、系统研制和生产实验等三个阶段，是继阿波罗计划、航天飞机计划之后的又一个庞大的空间计划。1978 年 2 月 22 日，第一颗 GPS 实验卫星发射成功。1989 年 2 月 14 日，第一颗 GPS 工作卫星发射成功，宣告 GPS 进入营运阶段。1994 年 3 月 28 日，完成第 24 颗工作卫星的发射工作。

迄今为止，GPS 卫星已设计三代：BLOCK-I、BLOCK-II 和 BLOCK-III。为了保持、增强美国在全球卫星导航领域的领先优势与主导地位，美国实施了 GPS 现代化计划：第一阶段发射 12 颗改进型的 GPS II R 型卫星，在信号功率上有很大提高，在 L2 上加载了 C/A 码，在 L1 和 L2 上播 P（Y）码的同时，加载军用的 M 码；第二阶段发射 GPS II F 型卫星，除具备 GPS II R 型卫星的功能外，还进一步强化了 M 码的功率，并增加了 L5 频率；第三阶段发射 GPS III 型卫星，计划用近 20 年时间完成 GPS III 计划，取代 GPS II 计划，2018 年 12 月 23 日首颗 GPS III 型卫星成功发射，使 GPS 现代化进入跨代发展阶段。

2）格洛纳斯导航卫星系统（GLONASS）

GPS 的广泛应用，引起了世界各国的关注。苏联在全面总结 CICADA 第一代导航卫星系统优劣的基础上，认真吸收了美国 GPS 的成功经验，自 1982 年 10 月开始研制发射格洛纳斯导航卫星系统（GLONASS）卫星，至 1996 年共发射 24+1 颗卫星，经数据加载、调整和检验，并于 1996 年 1 月 18 日正式运行，主要为军用。

由于第一代 GLONASS 导航卫星的可靠性不高，出现故障的概率非常高，因此俄罗斯政府于 2002 年启动了一项名为"全球导航系统（2002—2011 年）"的联邦计划，到 2011 年 12 月，GLONASS 再次拥有 24 颗在轨运行的导航卫星，满足了覆盖全球、可以为用户提供全天时服务的全球导航卫星系统。目前的 GLONASS 以 GLONASS-M SC 卫星为基础，该卫星的投入使用意味着全球第一个双频导航服务的诞生，不仅提升了定位的抗干扰性能，还减少了地球电离层所致的定位误差。其民用的标准精度如下：水平精度为 50~70 m，垂直精度为 75 m，测速精度为 15 cm/s，授时精度为 1 μs。

不同于其他三大导航卫星系统的码分多址（CDMA，不同卫星使用相同频率和不同随机码）信号分发策略，格洛纳斯系统从建成伊始就主要使用频分多址（FDMA，不同卫星使用不同频率和相同随机码）信号分发策略，已有的三个版本卫星（GLONASS、

GLONASS-M 和 GLONASS-K）均是如此。

3）伽利略导航卫星系统（Galileo）

鉴于美国的 SA 政策及 GPS 应用的局限性，使卫星导航的民用特别是在民用航空导航中的应用受到制约。欧洲主要国家认为导航卫星系统是欧洲安全的重要保障，应确保欧洲用户在导航定位方面不会陷入被他人掌控或垄断的被动局面和困境。鉴于政治、经济、军事等多方面利益的考虑，欧洲提出了伽利略导航卫星系统，简称 Galileo系统。

Galileo 系统是世界上第一个基于民用的全球卫星导航定位系统。1999 年 2 月，欧盟宣布将建设下一代全球导航卫星系统（GNSS），并与其他 GNSS 一起实现全球的无隙导航定位。2002 年 3 月，欧盟首脑会议批准了 Galileo 卫星导航定位系统的实施计划。2023 年 1 月 27 日，欧空局在第 15 届欧洲太空会议上宣布，由 28 颗卫星组成的伽利略全球导航卫星系统，其高精度定位服务已启用，水平和垂直导航精度分别可达到 20 厘米和 40 厘米。

4）北斗导航卫星系统（BDS）

按照"自主、开放、兼容、渐进"的发展原则，遵循先区域、后全球的总体思路，中国北斗导航卫星系统（BDS）按"三步走"发展规划稳步有序推进：第一步，1994 年启动北斗卫星导航试验系统建设，并于 2000 年形成区域有源服务能力；第二步，2004 年启动北斗导航卫星系统建设，并于 2012 年形成区域无源服务能力；第三步，2020 年北斗导航卫星系统形成全球无源服务能力。

北斗星座简介

Ⅰ.北斗一号系统（也称北斗卫星导航试验系统）

1994 年，启动北斗一号系统工程建设；2000 年，发射 2 颗地球静止轨道卫星，建成系统并投入使用，采用有源定位体制，为中国用户提供定位、授时、广域差分和短报文通信服务；2003 年，发射第 3 颗地球静止轨道卫星，进一步增强系统性能。

Ⅱ.北斗二号系统

2004 年，启动北斗二号系统工程建设；2012 年底，完成 14 颗卫星（5 颗地球静止轨道卫星、5 颗倾斜地球同步轨道卫星和 4 颗中圆地球轨道卫星）发射组网。北斗二号系统在兼容北斗一号系统技术体制的基础上，增加了无源定位体制，为亚太地区用户提供定位、测速、授时、广域差分和短报文通信服务。

Ⅲ.北斗全球系统

2009 年，启动北斗三号系统工程建设；2020 年，完成 30 颗卫星发射组网，全面建成北斗三号系统。北斗三号系统继承了有源服务和无源服务两种技术体制，为全球用户提供基本导航（定位、测速、授时）、全球短报文通信和国际搜救服务，同时可为中国及周边地区用户提供星基增强、地基增强、精密单点定位和区域短报文通信等服务。

为满足日益增长的用户需求，北斗导航卫星系统将加强卫星、原子钟、信号体制等方面的技术研发，探索发展新一代导航定位授时技术，持续提升服务性能。

目前 GNSS 除包含以上四大全球导航卫星系统，即美国的 GPS、俄罗斯的 GLONASS、中国的 BDS 及欧盟的 Galileo 系统，还有区域导航卫星系统如日本的准天顶卫星系统（QZSS）、印度的区域导航卫星系统（IRNSS），以及相关的增强系统，如美国的广域增强系统（WAAS）、日本的多功能运输卫星增强系统（MSAS）和欧洲的静地卫星导航重叠系统（EGNOS）等。因此，GNSS 是一个多系统、多层面、多模式的复杂组合系统，如图 1-1-1 所示。

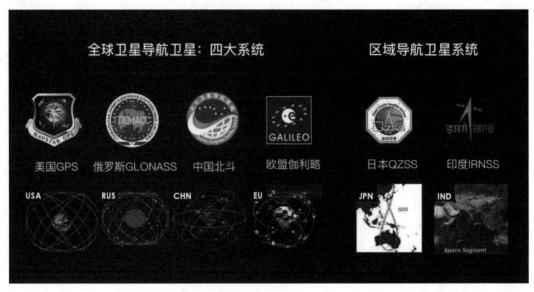

图 1-1-1　GNSS

任务二　　GNSS 的组成

【任务导入】

学习 GNSS 的组成是学习 GNSS 应用的基础，对了解后续 GNSS 的定位原理及应用具有承上启下的作用。

【任务准备】

GNSS 一般由三部分组成，即卫星组成的空间星座部分、由若干地面站组成的地面监控系统和以接收机为主体的用户接收部分，三者形成有机的整体，如图 1-2-1 所示。

1. 空间星座部分

由一个或多个卫星导航定位系统构成的一系列在轨运行的工作卫星称为 GNSS 卫星。它可提供系统自主导航定位服务所必需的无线电导航定位信号，是空间星座部分的核心部件。卫星内的原子钟（采用铷原子钟、铯原子钟或氢原子钟）可为系统提供高精度的时间基准和高稳定度的信号频率基准。

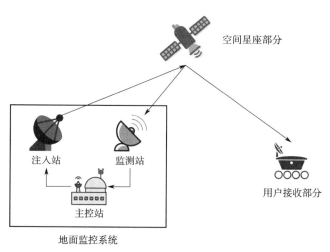

图 1-2-1　GNSS 组成的相互关系

由于高轨卫星对地球重力异常的反应灵敏度较低，故作为高空观测目标的 GNSS 卫星一般采用高轨卫星，通过测定用户接收机与卫星之间的距离或距离差完成导航定位任务。

GNSS 卫星的主要功能包括：

（1）在卫星飞越地面监测站上空时，接收由地面站发送到卫星的导航电文和卫星工作状态有关信息，并实时发送给地面用户接收机；

（2）通过卫星内的原子钟为系统提供精确的时间基准和频率基准，产生并向地面用户接收机连续不断地发送载波和测距码信号；

（3）发送非导航定位服务信号，如 BDS 卫星可提供短报文通信服务信号，Galileo 卫星可提供搜寻营救服务信号。

2. 地面监控系统

地面监控系统由一系列分布在全球的地面站组成，这些地面站可分为卫星监测站、主控站和信息注入站。地面监控系统的主要功能是卫星控制和任务控制。卫星控制指使用跟踪遥测遥控链路上传监控指令，对卫星星座进行管理；任务控制指对轨道测定和时钟同步等导航任务进行全面控制和管理。

1）主控站

主控站是地面监控系统的核心，具有以下作用：①根据各监测站的观测数据，计算出卫星的星历、卫星钟的改正参数和大气层的修正参数等，并把这些数据传送到注入站；②将这些数据通过注入站注入卫星中；③提供 GNSS 的时间基准，各监测站和

GNSS 卫星的原子钟均应与主控站的原子钟同步，或测出其间的钟差，并把这些钟差信息编入导航电文，送到注入站；④对卫星进行控制，向卫星发布指令，当工作卫星出现故障时，调度备用卫星，替代失效的工作卫星；⑤具有监测站的功能；⑥调整偏离轨道的卫星，使之沿预定的轨道运行。

2）监测站

监测站是在主控站直接控制下的数据自动采集中心，其作用是接收卫星信号，监测卫星的工作状态。监测站内设有接收机、高精度原子钟、计算机和环境传感器。其中，接收机对卫星进行连续观测，以采集数据和监测卫星的工作状况；原子钟提供时间基准；环境传感器收集有关当地的气象数据；而所有观测资料由计算机进行初步处理，并储存和传送到主控站，用以确定卫星的轨道。

3）注入站

注入站的主要任务是在主控站的控制下将主控站推算和编制的卫星星历、钟差、导航电文和其他控制指令等注入相应卫星的存储系统，并检测注入星系的正确性。注入站的作用是将主控站计算出的卫星星历和卫星钟的改正参数等注入卫星中。

3. 用户接收部分

GNSS 用户设施由一系列接收机、数据采集处理软件以及相应的用户设备（如计算机、气象仪器等）构成。其中，接收机是基础设施部件，用于接收 GNSS 卫星发射的无线电信号，获取导航定位信息和观测信息，并经数据处理软件处理，以完成各种导航、定位、授时任务。接收机终端是 GNSS 的重要组成部分，是 GNSS 与广大用户之间的唯一接口。

【任务实施】

四大全球导航卫星系统的组成见表 1-2-1。

表 1-2-1　GNSS 的组成

系统	组成部分	组件
GPS	空间星座部分	32 颗卫星分布在 6 个相对于赤道倾角为 55″ 的近似圆形轨道上，卫星高度为 20 200 km，运行周期为 11 小时 58 分钟，每颗卫星可覆盖全球约 38% 的面积，卫星的分布可保证在地球上任何地点、任何时刻，同时能观测到 4 颗卫星，见图 1-2-2
	地面监控系统	1 个主控站、5 个监测站和 3 个注入站
	用户接收部分	GPS 接收机或与 BDS、Galileo、GLONASS 兼容的接收机

续表

系统	组成部分	组件
GLONASS	空间星座部分	24（21+3）颗卫星分布在 3 个轨道面上，卫星轨道倾角为 64.8°，卫星高度为 19 100 km，卫星运行周期为 11 小时 15 分钟，见图 1–2–3
	地面监控系统	系统控制中心、中央同步器、遥测遥控站（含激光跟踪站）和外场导航控制设备
	用户接收部分	GLONASS 接收机或与 BDS、GPS、Galileo 兼容的接收机
Galileo	空间星座部分	30（27+3）颗中低轨卫星分布在 3 个轨道面上，轨道面倾角为 56°，卫星高度为 23 000 km，卫星的公转周期为 14 小时 4 分钟 45 秒，见图 1-2-4
	地面监控系统	1 个主控站、5 个全球监测站和 3 个地面控制站；监测站均配装有精密的铯钟和能够连续测量到所有可见卫星的接收机
	用户接收部分	Galileo 接收机或与 BDS、GPS、GLONASS 兼容的接收机
北斗一号	空间星座部分	2 颗经差为 60° 的地球静止轨道卫星、1 颗备用卫星，卫星高度为 36 000 km，见图 1-2-5
	用户接收部分	带有定向天线的收发器
北斗二号	空间星座部分	5 颗地球静止轨道卫星、5 颗倾斜地球同步轨道卫星和 4 颗中圆地球轨道卫星，见图 1-2-5
	地面监控系统	1 个配有电子高程图的地面中心、网管中心、测轨站、测高站和 32 个分布在全国的地面基准站
	用户接收部分	BDS 接收机
北斗三号	空间星座部分	3 颗地球静止轨道卫星、3 颗倾斜地球同步轨道卫星和 24 颗中圆地球轨道卫星，见图 1-2-5
	地面监控系统	32 个分布在全国的地面参考站，包括主控站、注入站和监测站
	用户接收部分	BDS 接收机或与其他导航系统兼容的终端

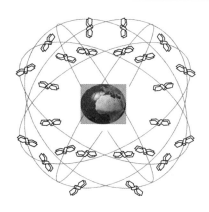

图 1-2-2　GPS 卫星星座

图 1-2-3　GLONASS 卫星星座

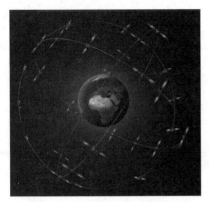

图 1-2-4　Galileo 卫星星座

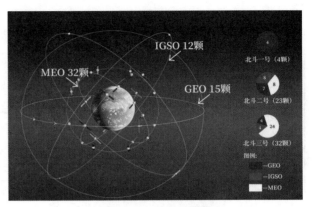

图 1-2-5　BDS 卫星星座

MEO—中地球轨道；IGSO—倾斜地球同步轨道；

GEO—地球静止轨道（正圆轨道）

任务三　GNSS 的行业应用

【任务导入】

GNSS 的发展初期是以军事应用为目的，但随着民用市场的快速发展及其带来的巨大经济效益，GNSS 越来越多地应用于民用市场。以北斗导航卫星系统（BDS）为例，自其组网成功、提供服务以来，已在中国诸多领域得到广泛应用。为贯彻落实"北斗系统造福中国人民，也造福世界各国人民"的指示，中国将共享 BDS 成果，促进全球卫星导航事业发展，让北斗系统更好地服务全球、造福人类。

【任务准备】

GNSS 的应用主要源于其以下三个方面的功能。

1. 测量

GNSS 能够进行厘米级甚至是毫米级精度的静态相对定位和米级甚至亚米级精度的动态定位，可以为测量人员提供精确的三维定位，为用户快速提供三维坐标。

2. 授时

GNSS 接收机授时系统利用接收机接收卫星上的原子钟时间信号，然后把数据传输给单片机进行处理并显示出时间，由此可制作出 GNSS 精密时钟。其时间精度可达 10~12 s，可为科学研究、科学实验和工程技术诸领域提供精密授时，在通信、电力、控制等工业领域和国防领域有着广泛和重要的应用。

3. 导航

GNSS 能实时计算出接收机所在位置的三维坐标，当接收机处于运动状态时，每时每刻都能定位出接收机的位置，从而实现导航。导航系统的应用十分广泛，如飞机、轮船、汽车等。

【任务实施】

北斗导航卫星系统是中国研发的导航卫星系统，它向全球用户提供高质量的定位、导航和授时服务，包括开放服务和授权服务两种方式。其中，开放服务是向全球免费提供定位、测速和授时服务，定位精度为10 m，测速精度为 0.2 m/s，授时精度为 10 ns；授权服务是针对有高精度、高可靠卫星导航需求的用户，提供定位、测速、授时和通信服务以及系统完好性信息。北斗导航卫星系统已在交通运输、海洋渔业、水文监测、气象测报、森林防火、电力调度、救灾减灾和公共安全等诸多领域得到广泛应用，并产生了显著的社会效益和经济效益。

北斗系统应用
简介

1. 交通运输

交通运输行业是北斗导航卫星系统最为核心和重要的民用领域，尤其在智能交通、道路堵塞治理、车辆监控和车辆自主导航方面具有广泛应用。高精度定位是实现车路协同和自动驾驶的基础，将北斗系统与 5G 通信、人工智能等技术进行有效融合，从而将人、车、路和云端更好地结合在一起，相互协调，共同运作。同时，通过对车辆位置、路面信息和红绿灯状况等进行实时定位和监控，可为城市交通管理和车辆调度提供基础的数据支撑。

此外，在高速铁路方面，北斗系统可辅助进行道路建设、路基沉降监测，以及运行管理和运行安全监控。京张高铁是中国第一条采用北斗系统、设计时速为 350 km/h 的智能化高速铁路，建设人员在京张高铁的建设中融入了北斗智慧，如图 1-3-1 所示。基于北斗系统和地理信息系统等技术，京张高铁在建设、运营、调度、维护、应急全流程实现了智能化，零件是否老化，路基是否沉降，照明是否损坏，都能一目了然。

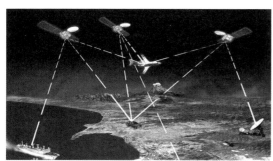

图 1-3-1 北斗＋交通运输

2. 海洋渔业

针对航运及水运的导航是卫星导航系统应用最早的领域之一。基于北斗导航卫星系统的海洋渔业综合信息服务平台（图1-3-2）可提供渔船出海导航、渔政监管、渔船出入港管理、海洋灾害预警、渔民短报文通信等。将北斗导航卫星系统应用于海运、水运交通中，能够为船舶的运行提供安全保障和航线的正确信息，使船舶的运输更加便捷快速。同时，北斗导航卫星系统还能够支持通信服务，使人们能够在船舶运输的过程中和其他人取得联系。在海洋搜救方面，基于北斗导航卫星系统的中国海上搜救信息系统示范工程利用北斗系统作为遇险定位、报警通信、搜救指挥的技术手段，可为海上遇险提供更多样化的报警手段，促进救援力量的科学调度。

图1-3-2 北斗+海洋渔业

3. 水文监测

在中国水利部首个北斗示范项目——北斗水利水电综合应用示范项目中，北斗系统助力智慧水利发展，如图1-3-3所示。

水库大坝变形监测是掌握大坝运行状况的重要手段，基于北斗系统高精度定位的空天地一体化变形监测系统，实时观测精度可达到±3 mm以内。

当山洪灾害发生时，公网中断、地面网络信号较弱等多种原因会造成监测信息无法及时回传，北斗系统的短报文特色功能可以在普通移动通信信号不能覆盖的地区（如无人区、荒漠、海洋、极地等）或通信基站遭受破坏的情况（如地震、洪水、台风等）下，实现双向通信。

在特高坝和高边坡工程建设中，北斗系统的毫米级定位可应用于工程表面变形的自动化在线高精度监测，实时获取碾压施工机具的位置，实现施工过程的全方位、立体化、多层次、精细化监管，降低人工和材料的成本投入，大幅度提升施工效率和施工质量，实现工程建设全过程信息化管理。

冰湖、堰塞湖等特殊水域大多地处边远地区，自然环境复杂、基础设施差、基础资料获取困难，以北斗导航定位、卫星遥感技术相结合的通导遥一体化监测手段可以实现流域基础资料获取和信息传输。

图 1-3-3　北斗＋水文监测

4. 气象测报

气象测报是最早应用北斗系统的重要领域之一，已形成北斗系统全面应用新局面。其中，中国北斗探空系统技术达到国际主流技术水平，在温度、湿度和测风等方面的动态观测准确性分别达到 0.4 ℃、5% 和 0.3 m/s。在北斗水汽探测方面，初步构建了北斗水汽解算的准业务系统，准实时处理全国 175 个北斗地基增强系统框架网基准站观测数据，获取高精度、高时空分辨率的准实时对流层和电离层产品，如图 1-3-4 所示。

此外，北斗海风海浪探测系统成功实现了台风期间海风海浪的准确探测和示范应用，在一定程度上改变了中国综合气象观测系统在海上缺乏有效观测手段和观测资料不足的状况；北斗气象预警发布系统，集灾害预警、气象预报、科普宣传、监管功能为一体，能够实现自主建设、独立运行或作为国家突发事件预警信息发布系统、各省份自建预警平台的发布通道，形成立体式、一站式全方位服务体系；北斗通信已广泛用于各地气象部门山洪地质灾害气象站的数据传输。

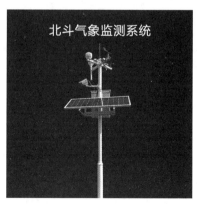

图 1-3-4　北斗＋气象测报

5. 森林防火

北斗系统在森林防火指挥调度系统中的主要功能如下。

1）移动目标监控调度管理

实时监控车辆、人员的具体位置，为应急救援的车辆和人员指挥调度提供可视化的管理界面，可极大地提高应急救援的应急指挥调度能力。

2）移动目标通信

指挥调度中心可与配置有定位终端的人员和车辆进行双向通信，实现应急情况下的信息交互。

3）路径规划与导航

通过对道路进行路径规划，利用北斗系统导航功能，可实现车辆快速到达目的地，从而节省救火时间，提高救火效率。

4）历史轨迹回放

通过对北斗终端系统设备的历史数据进行查询，可恢复车辆或人员的行进轨迹，为各种分析提供科学依据。

5）紧急报警

基于林区突发事件的发生和森林救火危险，在北斗系统终端上设置 SOS 一键报警功能。当发生紧急火灾时，通过按键可及时将所在位置和火情信息上报给指挥中心，最大限度减少损失。

利用北斗导航卫星定位技术，结合地理信息系统、计算机技术，可实现可视化的、高效的导航定位和监控等综合信息管理（图 1-3-5），使森林防火工作从传统的经验型管理转化为自动化、标准化、规范化的定量管理，极大地提高了森林防火管理的效率和现代化水平，进一步提高了森林防火决策的科学性和合理性。

图 1-3-5　北斗 + 森林防火

6. 电力调度

电力是国民经济发展重要的基础能源之一，电力的安全稳定具有极端的重要性。电力行业是北斗系统重要的应用领域之一，在无人机电力巡线、电力线路监管、应急抢修等多个方面，北斗系统都发挥着重要作用，如图 1-3-6 所示。

通过"5G+北斗"的方式对输电线路智能巡检装置进行智慧升级，让巡检人员能够运用北斗巡检无人机，按照事先设定好的路线进行精准飞行巡视，并自动生成巡检报告，使电力巡视更精准，有助于运维人员判别故障类型，缩短抢修时间。

在电力数据采集方面，运用北斗短报文服务，成功开展自动化数据采集，解决偏远小水电站电网运行数据无法上传的问题，以便高效开展电力调度工作。

对于位于山区、荒漠、森林等环境恶劣、风险高、隐患不易及时发现的线路，在输电线路外破易发点和杆塔地质灾害点处安装北斗智能监测终端，实时监测电力设备所在地的状态，预防事故的发生，工作人员可开展线上巡检，以更高的效率保障输电线路安全运行。

图 1-3-6　北斗 + 电力调度

7. 救灾减灾

北斗系统以其定位、授时、短报文三位一体的特性，在提供辅助的天基应急通信保障、完善地面灾害信息管理与服务网络、消除地面通信网络盲区等方面具有独特优势，推进北斗系统在国家减灾救灾领域的应用是完善国家灾害信息服务网络的现实需求，如图 1-3-7 所示。目前，北斗系统在国家救灾减灾领域的应用主要有五大业务：灾情信息采集监控、应急救援指挥调度、救灾物资调运监控、现场人员应急搜救、灾害信息发布服务。

1）灾情信息采集监控

基层灾害信息员可利用北斗减灾信息终端采集现场灾情及其定位信息，北斗数据通信链路将其发送到北斗综合减灾后方应用平台，后方应用平台统一接收和管理所有北斗减灾信息终端上报的灾情信息，实现灾害现场高精确定位、位置与灾情信息采集上报、现场灾害损失评估以及高风险地区灾害信息的监测与汇总等功能。

2）应急救援指挥调度

面向重特大自然灾害的现场应急救助、转移安置和指挥调度需求，基于北斗卫星导航系统、网络地图服务技术及移动通信，以数字地球为背景，以灾害现场为关注区域，实时汇集、统计、分析与展现各类现场灾情信息，提供应急救助需求评估、应急救援任务路径规划、应急工作组路径跟踪标绘、灾害现场态势信息监控以及灾民转移安置地、转移安置路径等救灾信息和任务指令调度，实现现场应急救援指挥任务的前后方协同。

3）救灾物资调运监控

基于北斗系统提供的复杂灾区路况的救灾物资运输路线规划、运输途中路况信息及灾情信息采集、救灾物资车辆运输位置与状态监控以及救灾物资车辆自适应导航等功能，实现救灾物资运输过程的在线查询、可视化监控及任务调度管理。

4）现场人员应急搜救

面向现场被困人员的应急搜救需求，基于北斗定位、短报文通信及移动通信服务提供的被困人员的定位、现场应急搜救任务的监控及现场应急搜救信息的调度与分发等功能，实现现场救援任务的前后方协同，满足快速响应、连续跟踪、迅速搜救。

5）灾害信息发布服务

面向基层灾害信息员和各级灾害管理人员的信息服务需求，基于北斗定位、短报文通信及移动通信服务提供的北斗减灾信息终端应用软件发布服务、灾情与任务数据包推送服务、短报文信息通知服务、灾害专题地图发布服务及现场信息支持服务等功能，实现现场灾情信息监控、移动信息服务及救灾应急通信保障服务能力。

图 1-3-7 北斗＋救灾减灾

8. 公共安全

在公安、反恐、维稳、警卫、安保等大量具有高度敏感性和保密性要求的公安业务中，基于北斗系统的公安信息化系统实现了警力资源动态调度、一体化指挥，提高了响应速度与执行效率，主要包括公安车辆指挥调度、民警现场执法、应急事件信息传输、北斗定位、人脸识别、动态多目标跟踪超速取证、公安授时等应用，如图 1-3-8 所示。北斗系统在公共安全领域的应用，有效提高了对火灾、犯罪现场、交通事故、交通堵塞等紧急事件的响应效率，尤其是在人迹罕至、条件恶劣的大海、山野、沙漠环境的失踪人员搜救。在特殊关爱方面，通过北斗系统导航、定位、短报文等功能，可为老人、孩童以及特殊人员提供相关服务，保障安全，主要提供电子围栏、紧急呼救等应用。

图 1-3-8 北斗＋公共安全

中国坚持开放融合、协调合作、兼容互补、成果共享，愿同各方一道，推动北斗导航卫星系统建设，推进北斗产业发展，共享北斗导航卫星系统成果，促进全球卫星导航事业进步，让北斗系统更好地服务全球、造福人类。

【思考与练习】

（1）简述 GNSS 的含义。

（2）GNSS 的组成有哪些？

（3）GNSS 技术应用功能有哪些？

（4）BDS 应用于哪些领域？

项目二

GNSS 测量基准转换

【项目描述】

GNSS 测量技术是通过安置于地球表面的 GNSS 接收机接收 GNSS 卫星信号来测定地面点位置。观测站固定在地球表面，其空间位置随地球自转而变动，GNSS 卫星和接收机的空间位置与坐标系统密不可分，因此坐标系统是描述卫星运动、处理观测数据和表达观测站位置的数学与物理基础，掌握 GNSS 导航定位中的一些常用坐标系统，熟悉它们各自间的转换关系是极为重要的。通过本项目的学习，学生将了解 GNSS 坐标系统分类；掌握 GNSS 坐标系统和高程基准的转换方法；认识常用的大地水准面模型。

【项目目标】

（1）掌握 GNSS 坐标系统转换的方法。

（2）认识 GNSS 常用的大地水准面模型。

（3）掌握 GNSS 高程基准及转换方法。

（4）了解 GNSS 坐标系统分类。

任务一　　GNSS 测量的坐标系统

【任务导入】

GNSS 导航定位的基本实质是以空间高速运动的卫星为已知点，采用空间距离后方交会的方式确定接收机的空间位置。卫星和接收机的空间位置与坐标系统有关，因此坐标系统是描述卫星运动、处理观测数据和表达观测站位置的数学与物理基础，掌握 GNSS 导航定位中的一些常用坐标系统，熟悉它们各自间的转换关系是极为重要的。

【任务准备】

由 GNSS 定位的原理可知，GNSS 定位是以 GNSS 卫星为动态已知点，根据 GNSS 接收机观测的星站距离来确定接收机或测站的位置，而位置的确定离不开坐标系。GNSS 定位所采用的坐标系与经典测量的坐标系相同之处甚多，但也有其显著特点，具体如下。

（1）由于 GNSS 定位以沿轨道运行的 GNSS 卫星为动态已知点，而 GNSS 卫星轨道与地面点的相对位置关系是时刻变化的，为了便于确定 GNSS 卫星轨道及卫星的位置，必须建立与天球固连的空固坐标系。同时，为了便于确定地面点的位置，还必须建立与地球固连的地固坐标系。因而，GNSS 定位的坐标系既有空固坐标系，又有地固坐标系。

（2）经典大地测量是根据地面局部测量数据确定地球形状、大小，进而建立坐标系的，而 GNSS 卫星覆盖全球，由 GNSS 卫星确定地球形状、大小，进而建立的地球坐标系是真正意义上的全球坐标系，而不是以区域大地测量数据为依据建立的局部坐标系，如中国 2000 年国家大地坐标系。

（3）GNSS 卫星的运行是建立在地球与卫星之间的万有引力基础上的，而经典大地测量主要是以几何原理为基础，因而 GNSS 定位中采用的地球坐标系的原点与经典大地测量坐标系的原点不同。经典大地测量根据本国的大地测量数据进行参考椭球体定位，以此参考椭球体中心为原点建立坐标系，称为参心坐标系；而 GNSS 定位的地球坐标系原点在地球的质量中心，称为地心坐标系。因此，进行 GNSS 测量，常需进行地心坐标系与参心坐标系的转换。

（4）对于小区域而言，经典测量工作通常无须考虑坐标系的问题，只需简单地使新点与已知点的坐标系一致便可；而在 GNSS 定位中，无论测区多么小，都涉及 WGS-84 地球坐标系与当地参心坐标系的转换。

【任务实施】

1. 天球坐标系

1）天球的概念

以地球质心 M 为球心，以任意长为半径的假想球体称为天球。在天文学中常将天体沿天球半径方向投影到天球面上，再根据天球面上的参考点、线、面来确定天体位置。天球面上的参考点、线、面如图 2-1-1 所示。

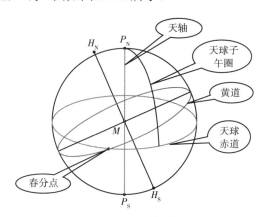

图 2-1-1　天球概念图

Ⅰ. 天轴与天极

地球自转轴的延伸直线称为天轴，天轴与天球面的交点称为天极，交点 P_N 为北天极，位于北极星附近，P_S 为南天极，而位于地球北半球的观测者，因地球遮挡不能看到南天极。

Ⅱ. 天球赤道面与天球赤道

通过地球质心 M 且垂直于天轴的平面称为天球赤道面，与地球赤道面重合；天球赤道面与天球面的交线称为天球赤道。

Ⅲ. 天球子午面与天球子午圈

包含天轴的平面称为天球子午面，与地球子午面重合；天球子午面与天球面的交线为一大圆，称为天球子午圈；天球子午圈被天轴截成的两个半圆称为时圈。

Ⅳ. 黄道

地球绕太阳公转的轨道面与天球相交的大圆称为黄道，即当地球绕太阳公转时，地球上的观测者所看到的太阳在天球上的运动轨迹。黄道面与赤道面的夹角称为黄赤交角，约为 23.5°。

Ⅴ. 黄极

通过天球中心且垂直于黄道面的直线与天球面的两个交点称为黄极，靠近北天极 P_N 的交点 H_N 称为北黄极，H_S 称为南黄极。

Ⅵ. 春分点

当太阳在黄道上从天球南半球向北半球运行时，黄道与天球赤道的交点称为春分点，即春分时刻太阳在天球上的位置。春分之前，春分点位于太阳以东；春分过后，春分点位于太阳以西。春分点与太阳之间的距离每日改变约 1°。

2）天球坐标系

常用的天球坐标系有天球空间直角坐标系和天球球面坐标系，如图 2-1-2 所示。

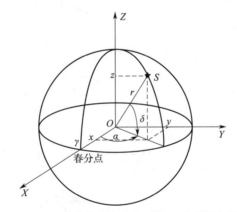

图 2-1-2　天球空间直角坐标系与天球球面坐标系

天球空间直角坐标系的坐标原点位于地球质心，Z 轴指向北天极 P_N，X 轴指向春分点 γ，Y 轴垂直于 XOZ 平面，与 X 轴和 Z 轴构成右手坐标系，即伸开右手，拇指和食指伸直成 "L" 形，其余三指弯曲 90°，拇指指向 Z 轴，食指指向 X 轴，其余三指指向 Y 轴。在天球空间直角坐标系中，任一天体的位置可用天体的三维坐标 (x, y, z) 表示。

天球球面坐标系的坐标原点也位于地球质心，天体所在天球子午面与春分点所在天球子午面之间的夹角称为天体的赤经，用 α 表示；天体到坐标原点 O 的连线与天球赤道面之间的夹角称为赤纬，用 δ 表示；天体到坐标原点的距离称为向径，用 r 表示。这样，天体的位置也可用三维坐标 (α, δ, r) 唯一地确定。

3）协议天球坐标系

由上可知，北天极和春分点是运动的，这样在建立天球坐标系时，Z轴和X轴的指向也会随之而变化，从而给天体位置的描述带来不便。因此，人们通常选择某一时刻作为标准历元，并将标准历元的瞬时北天极和真春分点做章动改正，得到Z轴和X轴的指向，这样建立的坐标系称为协议天球坐标系。国际大地测量学协会（IAG）和国际天文学联合会（IAU）决定，从1984年1月1日起，以2000年1月15日为标准历元。也就是说，目前使用的协议天球坐标系的Z轴和X轴分别指向2000年1月15日的瞬时平北天极和瞬时平春分点。为了便于区别，Z轴和X轴分别指向某观测历元的瞬时平北天极和瞬时平春分点的天球坐标系称为平天球坐标系，Z轴和X轴分别指向某观测历元的瞬时北天极和真春分点的天球坐标系称为瞬时天球坐标系。

2. 地球坐标系

1）地球的形状和大小

在地球表面，陆地约占总面积的29%，海洋约占71%。陆地最高峰高出海平面8 848.86 m，海沟最深处低于海平面11 034 m，两者与地球半径相比均很小，因此海水面就成为描述地球形状和大小的重要参照。但静止海水面受海水中矿物质、海水温度及海面气压的影响，其表面复杂，不便使用。在大地测量中常借助于以下几种与静止海水面很接近的曲面来描述地球的形状和大小。

Ⅰ.大地水准面

水准面也称重力等位面，即重力位相等的曲面。水准面有无穷多个，其中通过平均海水面的水准面称为大地水准面。由大地水准面所包围的形体称为大地体。由于大地水准面是水准面之一，故大地水准面具有水准面的所有特性。

Ⅱ.总地球椭球面与参考椭球面

大地水准面作为高程起算面解决了高程测量的基准问题。由于其不规则性，对于平面测量和三维空间位置测量很不方便。因此，用一个形状和大小与大地体非常接近的椭球体代替大地体。

在卫星大地测量中用总地球椭球代替大地体来计算地面点位。总地球椭球的定义包括以下四个方面。

（1）椭球的形状和大小参数。如WGS-84坐标系采用1979年第17届国际大地测量与地球物理联合会的推荐值，其中长半径a=6 378 137 m，由相关数据算得椭球扁率α=1/298.257 223 563。

（2）椭球中心位置位于地球质心。

（3）椭球旋转轴与地球自转轴重合。

（4）起始大地子午面与起始天文子午面重合。

在天文大地测量与几何大地测量中用参考椭球代替大地体来计算地面点位。参考椭球定义如下。

（1）椭球的形状和大小参数。如1980年国家大地坐标系采用1975年第16届国际大地测量与地球物理联合会的推荐值，其中长半径 a=6 378 140 m，椭球扁率 α=1/298.257。

（2）椭球旋转轴与地球自转轴重合。

（3）起始大地子午面与起始天文子午面重合。

（4）参考椭球与局部大地水准面最贴近，因此参考椭球体的中心位置不在地球质心。

2）地球坐标系

确定卫星位置用天球坐标系比较方便，而确定地面点位用地球坐标系比较方便。最常用的地球坐标系有两种，一种是地球空间直角坐标系，另一种是大地坐标系，如图 2-1-3 所示。

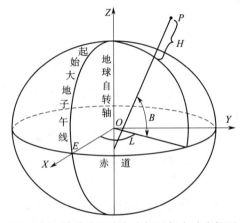

图 2-1-3　地球空间直角坐标系与大地坐标系

地球空间直角坐标系的坐标原点位于地球质心（地心坐标系）或参考椭球中心（参心坐标系），Z 轴指向地球北极，X 轴指向起始子午面与地球赤道的交点，Y 轴垂直于 XOZ 面并构成右手坐标系。

大地坐标系是用大地经度 L、大地纬度 B 和大地高 H 表示地面点位的。过地面点 P 的子午面与起始子午面间的夹角称为 P 点的大地经度。由起始子午面起算，向东为正，称为东经（0°~180°）；向西为负，称为西经（0°~–180°）。过 P 点的椭球法线与赤道面的夹角称为 P 点的大地纬度。由赤道面起算，向北为正，称为北纬（0°~90°）；向南为负，称为南纬（0°~–90°）。从地面点 P 沿椭球法线到椭球面的距离称为大地高。

在 GNSS 测量中，为确定地面点的位置，需要将 GNSS 卫星在协议天球坐标系中的坐标转换为协议地球坐标系中的坐标，转换步骤：协议天球坐标系—瞬时平天球坐标系—瞬时天球坐标系—瞬时地球坐标系—协议地球坐标系。

3. 常用的坐标系统

1）国际常用坐标系统

Ⅰ.WGS-84 坐标系

WGS-84 坐标系是美国根据卫星大地测量数据建立的大地测量基准，是目前 GNSS 所采用的坐标系。GNSS 卫星发布的星历就是基于此坐标系，用 GNSS 所测的地面点位，如不经过坐标系转换，也是此坐标系中的坐标。WGS-84 坐标系定义如表 2-1-1 所示。

表 2-1-1　WGS-84 坐标系定义

坐标系类型	地心坐标系
原点	地球质心
Z 轴	指向国际时间局定义的 BIH1984.0 的协议地球北极点
X 轴	指向 BIH1984.0 的起始子午线与赤道的交点
椭球长半径	a=6 378 137 m
椭球扁率	α=1/298.257 223 563

Ⅱ.PZ-90 坐标系

PZ-90 坐标系是俄罗斯的 GLONASS 在 1993 年采用的坐标系。其坐标系的原点位于地球质心，Z 轴指向国际地球自转服务局推荐的协议地极原点，X 轴指向地球赤道与国际时间局定义的零子午线的交点，Y 轴与 X 轴和 Z 轴垂直，并构成右手坐标系。PZ-90 坐标系定义见表 2-1-2。

表 2-1-2　PZ-90 坐标系定义

坐标系类型	地心坐标系
原点	地球质心
Z 轴	指向国际地球自转服务局推荐的协议地极原点（1900—1905 年的协议北极点）
X 轴	指向地球赤道与国际时间局定义的零子午线的交点
椭球长半径	a=6 378 136 m
椭球扁率	α=1/298.257 839 303

2）中国常用坐标系统

Ⅰ.1954 年北京坐标系

1954 年北京坐标系在一定意义上可看作苏联 1942 年坐标系的延伸。其建立方法是依照 1953 年中国东北边境内若干三角点与苏联境内的大地控制网连接，将其坐标延伸到中国，并在北京市建立了名义上的坐标原点，定名为"1954 年北京坐标系"，经分区域局部平差、扩展、加密而遍及全国。因此，1954 年北京坐标系实际上是苏联 1942 年坐标系，其原点不在北京，而在苏联的普尔科沃。1954 年北京坐标系定义见表 2-1-3。

表 2-1-3　1954 年北京坐标系定义

坐标系类型	参心坐标系
原点	苏联的普尔科沃
椭球长半径	a=6 378 245 m
椭球扁率	α=1/298.3

Ⅱ.1980 年国家大地坐标系

1980 年国家大地坐标系是根据 20 世纪 50—70 年代观测的国家大地网进行整体平差建立的大地测量基准。椭球定位在中国境内，与大地水准面最佳吻合。1980 年国家大地坐标系定义如表 2-1-4 所示。

表 2-1-4　1980 年国家大地坐标系定义

坐标系类型	参心坐标系
原点	中国陕西省泾阳县永乐镇
Z 轴	平行于地球质心，指向中国定义的 1968.0 地极原点
X 轴	起始子午面平行于格林尼治平均天文子午面
椭球长半径	a=6 378 140 m
椭球扁率	α=1/298.257

相对于 1954 年北京坐标系而言，1980 年国家大地坐标系的内符合性要好得多。

Ⅲ.2000 年国家大地坐标系

2000 年国家大地坐标系自 2008 年 7 月 1 日正式启用，属于地心坐标系，北斗定位系统采用的坐标系即为 2000 年国家大地坐标系。2000 年国家大地坐标系定义表 2-1-5。

表 2-1-5　2000 年国家大地坐标系定义

坐标系类型	地心坐标系
原点	包括海洋和大气整个地球质量的中心
Z 轴	由原点指向历元 2000.0 的地球参考极的方向
X 轴	由原点指向格林尼治参考子午线与地球赤道面（历元 2000.0）的交点
椭球长半径	a=6 378 137 m
椭球扁率	α=1/298.257 222 101

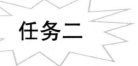

任务二　GNSS 测量坐标及高程系统转换

【任务导入】

坐标转换是将空间实体的位置描述，从一种坐标系统变换到另一种坐标系统的过程。建立两个坐标系统之间一一对应的关系，是应用 GNSS 测量技术建立地图数学基础中必不可少的步骤。

【任务准备】

大地测量基准，由大地测量坐标系定义，包括大地基准、高程基准、重力基准、深度基准等。大地测量基准是 GNSS 测量的起算数据，是确定地理空间信息的几何形态和时空分布的基础，是在数据空间里表示的地理要素在真实世界的空间位置的参考基准。

1）大地基准

大地基准是建立大地坐标系统和测量空间点点位的大地坐标的基本依据。中国先后采用的大地基准有 1954 年北京坐标系、1980 年国家大地坐标系、2000 年国家大地坐标系。

2）高程基准

高程基准是建立高程系统和测量空间点高程的基本依据，是推算国家统一高程控制网中所有水准高程的起算依据。由于大地水准面所形成的形体——大地体，是与整个地球最为接近的形体，因此通常采用大地水准面作为高程基准面。目前中国采用的高程基准为 1985 国家高程基准，以 1952—1979 年青岛验潮站验潮资料为依据。

3）重力基准

重力基准是建立重力测量系统和测量空间点重力值的基本依据。中国先后使用了 1957 重力测量系统、1985 重力测量系统和 2000 重力测量系统。

4）深度基准

深度基准是海洋深度测量和海图上图载水深的基本依据。目前中国采用的深度基准因海区不同而有所不同。中国海区从 1956 年采用理论最低潮面（即理论深度基准面）作为深度基准。内河、湖泊采用最低水位、平均低水位或设计水位作为深度基准。

【任务实施】

1. 坐标系统转换

坐标系统转换分为同一椭球间坐标系的投影变换与不同椭球间的坐标变换两种情况。同一椭球间坐标系的投影变换，即由点的空间直角坐标 (X, Y, Z) 与大地坐标 (L, B, H) 的互换，或由大地坐标系 (L, B) 与平面直角坐标 (x, y) 的互换；不同椭球间的坐标变换，一般是将椭球坐标换算为相应空间直角坐标，通过空间直角坐标之间关系计算出转换参数。这里主要介绍空间直角坐标系的转换与平面直角坐标系的转换。

基于 GNSS 手簿的坐标转换

1）空间直角坐标系的转换

GNSS 测量采用 WGS-84 坐标系，在中国工程测量通常采用 1980 年国家大地坐标系、2000 年国家大地坐标系或地方坐标系，实际应用中需要将 WGS-84 坐标系转换为工程测量所采用的坐标系。

由于上述坐标系统的坐标原点、三个坐标轴方向及尺度均不尽相同，坐标系统转换时需先将坐标系进行整体平移，平移量可分解为 Δx_0、Δy_0 和 Δz_0；再将坐标系分别绕 x 轴、y 轴和 z 轴旋转 ω_x、ω_y、ω_z；最后进行尺度转换。以 WGS-84 坐标系和 1980 年国家大地坐标系为例，两坐标系间转换公式如下：

$$\begin{pmatrix} x \\ y \\ z \end{pmatrix}_{84} = \begin{pmatrix} \Delta x_0 \\ \Delta y_0 \\ \Delta z_0 \end{pmatrix} + (1+m) \begin{pmatrix} 1 & \omega_z & -\omega_y \\ -\omega_z & 1 & \omega_x \\ \omega_y & -\omega_x & 1 \end{pmatrix} \begin{pmatrix} x \\ y \\ z \end{pmatrix}_{80}$$

式中：m 为尺度比因子。

由上可知，想要实现两个空间直角坐标系之间的转换，需已知三个平移参数 Δx_0、Δy_0 和 Δz_0，三个旋转参数 ω_x、ω_y、ω_z，以及尺度比因子 m。为解求以上七个转换参数，在两个坐标系中至少应有三个公共点，即已知三个点在 WGS-84 坐标系中的坐标和在 1980 年国家大地坐标系中的坐标。这种方法通常称为七参数法。在求解转换参数时，公共点坐标的误差对所求参数影响很大，因此所选公共点应满足下列条件：

（1）点的数目要足够多，以便检核；

（2）坐标精度要足够高；

（3）点位分布要均匀；

（4）覆盖面要大，以免因公共点坐标误差引起较大的尺度比因子误差和旋转角度误差。

当测区范围较小时，可以认为三个旋转参数为 0，尺度比因子为 1，此时只需已知 Δx_0、Δy_0 和 Δz_0 三个平移参数即可，这种方法通常称为三参数法。利用三参数法解算时，两个坐标系中至少应有一个公共点。

2）平面直角坐标系转换

在两个平面直角坐标系之间进行转换，需要知道四个转换参数，其中包括两个平移参数 Δx_0、Δy_0，一个旋转参数 α 和一个尺度比因子 m。以 WGS-84 坐标系和 1980 年国家大地坐标系为例，两坐标系间转换公式如下：

$$\begin{pmatrix} x \\ y \end{pmatrix}_{84} = (1+m) \left[\begin{pmatrix} \Delta x_0 \\ \Delta y_0 \end{pmatrix} + \begin{pmatrix} \cos\alpha & \sin\alpha \\ -\sin\alpha & \cos\alpha \end{pmatrix} \begin{pmatrix} x \\ y \end{pmatrix}_{80} \right]$$

为解求以上四个转换参数，需要至少两个公共点，这种方法通常称为平面四参数转换法。

2. 高程系统转换

高程系统是相对于不同性质的起算面（如大地水准面、似大地水准面、椭球面）所定义的高程体系。高程系统有正高系统、正常高系统和大地高系统。中国采用正常高系统。正高和正常高是同一概念的理论值和实际应用值，而大地高为 GNSS 直接测得的某点高程。

1）大地高系统

大地高系统是以参考椭球面为基准面的高程系统。

某点的大地高是该点到通过该点的参考椭球的法线与参考椭球面的交点的距离，大地高也称为椭球高，一般用符号 H 表示。大地高是一个纯几何量，不具有物理意义。同一个点，在不同的基准下，具有不同的大地高。

在测量工作中，把外业测量数据归算到参考椭球面时，需要计算大地高。GNSS 以地球质心为原点直接测量得到大地坐标，所以 GNSS 测量技术直接测得的某点高程为大地高。

2）正高系统

正高系统是以大地水准面为基准面的高程系统。

正高是地球表面某点到通过该点的铅垂线与大地水准面的交点的距离，又称海拔或绝对高程，正高用符号 $H_{正}$ 表示。

3）正常高系统

正常高系统是以似大地水准面为基准的高程系统。

某点的正常高是该点到通过该点的铅垂线与似大地水准面的交点的距离，正常高用符号 $H_{常}$ 表示。

4）高程系统之间的关系

大地水准面差距，即大地水准面到参考椭球面的垂直距离，记为 N。

高程异常，即似大地水准面到参考椭球面的垂直距离，记为 ξ。

假设地面某一点的大地高为 H，正高为 $H_{正}$，正常高为 $H_{常}$，则大地水准面差距为：

$$N=H-H_{正}$$

高程异常为

$$\xi=H-H_{常}$$

实际测量工作中，利用 GNSS 测量技术获取的高程为大地高，其基准面是参考椭球面；利用水准测量方法获得的高程为正常高，其基准面为似大地水准面。通过 GNSS 定位测量技术测定某一点的经纬度和大地高，由该区域的似大地水准面模型求解该点的高程异常，即可求得该点的正常高。

【技能训练】

利用坐标系统转换软件实施常用坐标系统间坐标转换。

【思考与练习】

（1）GNSS 常用的坐标系统有哪些？

（2）地球坐标系包括哪些内容？

（3）简述 GNSS 大地测量基准。

（4）高程系统包括哪些内容？

项目三

GNSS 卫星位置计算

【项目描述】

确定地面某一点的位置坐标，需要已知发射信号的基准、测量信号的到达时间。卫星的基准是随时间变化的，因此需要将卫星随时间变化的位置告知用户。卫星的实时位置是通过卫星和接收机之间的通信，由卫星发送给用户的。卫星发送给用户的信息称为导航电文，导航电文中除包含描述卫星轨道运动的一组参数，即卫星星历，还包含信号发射时刻以及辅助用户定位的其他信息。由卫星提供的轨道信息，计算出卫星的空间位置。通过本项目学习，学生将掌握卫星导航电文的组成及卫星位置计算方法，为实现接收机定位奠定基础。

【项目目标】

（1）了解 GNSS 测量的时间系统。

（2）了解 GNSS 卫星运动基础。

（3）掌握 GNSS 卫星导航电文组成。

（4）掌握 GNSS 卫星星历的含义及作用。

（5）掌握 GNSS 卫星位置的计算方法。

任务一　　卫星位置的计算

【任务导入】

利用 GNSS 卫星进行导航和定位，就是根据已知的卫星轨道参数计算出卫星瞬时位置，通过观测和数据处理，确定接收机的位置和载体的运动速度。因此，获取准确的卫星轨道参数，计算出卫星在观测瞬间的位置，是 GNSS 导航定位的基础。

【任务准备】

1.GNSS 测量的时间系统

时间是一个重要的物理量，在 GNSS 测量中对时间提出了很高的要求。如利用 GNSS 卫星发射的测距信号来测定卫星至接收机的距离时，若要求测距误差小于或等于 1 cm，则测量信号传播时间的误差必须小于或等于 3×10^{-11} s $= 0.03$ ns。所以，任何一个观测量都必须给定取得该观测量的时刻。为了保证观测量的精度，对观测时刻就要有一定的精度要求。

时间系统与坐标系统一样，应有其尺度（时间单位）与原点（历元）。只有把尺度与原点结合起来，才能给出时刻的概念。任何一个周期运动，只要它的运动是连续的、周期是恒定的，并且是可观测和可用实验复现的，都可以作为时间尺度（单位）。在实践中，由于所选用的周期运动现象不同，便产生了不同的时间系统。

1）恒星时 ST

恒星时是以春分点作为参考点。由于地球自转使春分点连续两次经过地方上子午圈的时间间隔为一恒星日。以恒星日为基础均匀分割，从而获得恒星时系统中的"小时""分"和"秒"。恒星时在数值上等于春分点相对于本地子午圈的时角。由于恒星时是以春分点通过本地上子午圈为起始点的，所以它是一种地方时。

由于岁差和章动的影响，地球自转轴在空间的方向是不断变化的，故春分点有真春分点和平春分点之分，相应的恒星时也有真恒星时和平恒星时之分。其中，格林尼治真恒星时（GAST）是真春分点与经度零点（格林尼治起始子午线与赤道的交点）间的夹角，GAST 的变化主要取决于地球自转，但也与由于岁差和章动而导致的真春分点本身的移动有关；格林尼治平恒星时（GMST）则是平春分点与经度零点间的夹角。

2）平太阳时 MT

由于地球围绕太阳公转的轨道为一椭圆，太阳的视运动速度是不均匀的。假设一个平太阳以真太阳周年运动的平均速度在天球赤道上做周年视运动，其周期与真太阳一致，则以平太阳为参考点，由平太阳的周日视运动所定义的时间系统为平太阳时系统。其时间尺度为平太阳连续两次经过本地子午圈的时间间隔为一平太阳日，一平太阳日分为 24 平太阳时。平太阳时以平太阳通过本地上子午圈时刻为起算原点，所以平太阳时在数值上等于平太阳相对于本地子午圈的时角。同样，平太阳时也具有地方性，故常称其为地方平太阳时或地方平时。

3）世界时 UT

格林尼治起始子午线处的平太阳时称为世界时，世界时是以地球自转周期作为时间基准的。随着科学技术水平的发展及观测精度的提高，人们逐渐发现：

（1）地球自转的速度是不均匀的，它不仅有长期减缓的总趋势，而且也有季节性的变化以及短周期的变化，情况较为复杂；

（2）地极在地球上的位置不是固定不变的，而是在不断移动，即存在极移现象。

世界时有 UT0、UT1、UT2 之分，其中 UT0 为直接观测恒星得到的世界时，对应于瞬时极的子午圈；UT1 为 UT0 加入极移改正 $\Delta\lambda$ 之后的修正时；UT2 为 UT1 加入地球自转引起的季节性变化 ΔT_s 之后的修正时。它们之间的关系如下：

$$T_{UT1} = T_{UT0} + \Delta\lambda$$

$$T_{UT2} = T_{UT1} + \Delta T_s = T_{UT0} + \Delta\lambda + \Delta T_s$$

一般地，季节性改动 ΔT_s 较小，而 UT1 直接与地极瞬时位置相联系，因此对于一般的精度要求，可用 UT1 作为统一的时间系统。

4）国际原子时 TAI

随着对时间准确度和稳定度的要求不断提高，以地球自转为基础的世界时系统难以满足要求。20 世纪 50 年代，便开始建立以物质内部原子运动的特征为基础的原子时系统。原子时的秒长被定义为铯原子 Cs133 基态的两个超精细能级间跃迁辐射振荡 9 192 631 170 周所持续的时间。原子时的起点，按国际协定取为 1958 年 1 月 1 日 0 时 0 分 0 秒，此时原子时与世界时对齐。事后发现在这一瞬间原子时与世界时存在 0.003 9 s 的差异，即

$$(TAI - UT)_{1958.0} = -0.003\,9\,s$$

5）协调世界时 UTC

目前，许多应用部门仍然要求时间系统接近世界时。协调世界时即是一种折中办法。它采用原子时秒长，但由于原子时比世界时每年快约 1 s，两者之差逐年积累，便采用跳秒（闰秒）的方法使协调世界时与世界时的时刻相接近，其差不超过 1 s。它既能保持时间尺度的均匀性，又能近似地反映地球自转的变化。按国际无线电咨询委员会（CCIR）通过的关于 UTC 的修正案，从 1972 年 1 月 1 日起 UTC 与 UT1 之间的差值最大可以达到 +0.9 s，超过或接近该值时以跳秒补偿，跳秒一般安排在每年 12 月 31 日或 6 月 30 日，具体日期由国际时间局安排并通告。为了使用 UT1 的用户能得到精度较高的 UT1 时刻，时间服务部门在发播 UTC 时号的同时，还给出了其与 UTC 差值 ΔT 的信息（目前中国的授时部门仍然在直接发播 UT1 时号）。这样可以方便地从协调世界时 UTC 得到世界时 UT1，即

$$T_{UT1} = T_{UTC} + \Delta T$$

6）北斗时 BDT

北斗系统的时间基准为北斗时。北斗时采用国际单位制秒为基本单位连续累计，不闰秒，起始历元为 2006 年 1 月 1 日 0 时 0 分 0 秒 UTC。BDT 通过 UTC 与国际 UTC 建立联系，BDT 与 UTC 的偏差保持在 50 ns 以内（模为 1 s）。BDT 与 UTC 之间的闰秒信息在导航电文中播报。

2. 卫星运动基础

1）作用在卫星上的外力

卫星是在多种外力的作用下绕地球运动的，这些外力有地球对卫星的万有引力、日月对卫星的万有引力、大气阻力、太阳光压力等。为了便于研究，通常人为地把地球万有引力分为两部分：地球万有引力（1）和地球万有引力（2）。设地球的总质量为 M，地球万有引力（1）是质量为 M、密度成球形分布的一个虚拟的圆球所产生的万有引力。所谓密度成球形分布，是指球内任何一点的密度 ρ 只与该点至地心的距离有关，而与经纬度等无关，即 $\rho = l(r)$。这种分层结构与地球的实际情况是很相似的。可以证明，密度成球形分布的圆球所产生的万有引力就相当于把全部质量都集中在球心上的一个质点所产生的万有引力。也就是说，地球万有引力（1）就是质量为 M，位于地心的一个质点所产生的万有引力。但实际上，地球是一个形状十分复杂、质量分布不规

则，从总体上讲类似于旋转椭球的物体，它所产生的万有引力与一个简化的近似的地球万有引力（1）之差，称为地球万有引力（2）。

在上述各种作用力中，地球万有引力（1）的值最大，对卫星的运动起到决定性的作用。如果把地球万有引力（1）的值看成 1，地球万有引力（2）就是一个 10^{-3} 量级的微小量，而日月引力、大气阻力、太阳光压力等通常都是小于或等于 10^{-5} 量级的微小量。在人卫轨道理论中，把这些微小量统称为摄动力。

2）人卫正常轨道与轨道摄动

如果暂且不考虑各种摄动力的影响，只考虑卫星在地球万有引力（1）的作用下的运动状况，即把一个复杂的力学问题简化为二体问题，卫星运动方程就能严格求解。此时，人造地球卫星的运行轨道是一个椭圆，地球质心位于该椭圆轨道的一个焦点上，把这些椭圆轨道称为人卫正常轨道。人卫正常轨道是研究人卫真实轨道的基础，在精度要求不高时，也可近似地把它当作人卫真实轨道。人卫正常轨道虽然可以从数学上严格求解，但毕竟只是在不考虑各种摄动力影响的情况下求得的近似轨道。人造地球卫星的真实轨道与正常轨道之差称为轨道摄动。为了确定人造地球卫星的真实轨道，还必须研究在各种摄动力的作用下人造卫星的真实轨道与正常轨道之间会产生多大的偏移。把求解轨道摄动的一整套理论与方法称为人卫轨道摄动理论。

3）开普勒轨道根数

在人卫轨道理论中，通常用六个开普勒轨道根数来描述卫星椭圆轨道的形状、大小及其在空间的指向，从而确定任一时刻卫星在轨道上的位置。所谓轨道根数，也称轨道参数。

下面介绍六个开普勒轨道根数的具体含义。先以地心 A 为球心作一个半径无穷大的天球，分别将地球赤道面及轨道面向外延伸，并与天球相交得天球赤道及卫星轨道在天球上的投影，如图 3-1-1 所示。

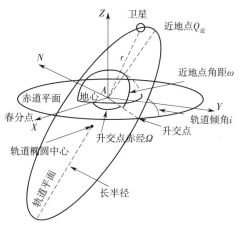

图 3-1-1 轨道根数的几何意义

Ⅰ. 升交点赤经 Ω

一般来说，卫星轨道与赤道平面有两个交点，当卫星从赤道平面以下（南半球）穿过赤道平面进入北半球时与赤道平面的交点 $N_{升}$ 被称为升交点；反之，当卫星从赤道平面以上（北半球）穿过赤道平面进入南半球时与赤道平面的交点 $N_{降}$ 被称为降交点。升交点 $N_{升}$ 的赤经被称为升交点赤经，用 Ω 表示，Ω 可在 $0°\sim360°$ 范围内变动。

Ⅱ. 轨道倾角 i

在升交点处，轨道正方向（卫星运动方向）与赤道正向（赤经增加方向）之间的夹角称为轨道倾角，用 i 表示。显然，i 也即轨道面的法线矢量 N 与 Z 轴之间的夹角。i 的取值范围为 $0°\sim180°$。

用 Ω 和 i 两个轨道根数可以描述卫星轨道平面在空间的指向。

Ⅲ. 长半径（或长半轴）a

从轨道椭圆的中心至远地点的距离，即轨道椭圆长轴的一半，称为长半轴或半长轴。a 的取值范围根据实际情况而定。

Ⅳ. 偏心率 e

$$e = \frac{\sqrt{a^2 - b^2}}{a} \quad (0 \leq e < 1)$$

长半径 a 和偏心率 e 给出了轨道椭圆的形状和大小。当然，描述椭圆形状和大小的参数并非只有 a 和 e 两个。从理论上讲，可在长半径 a、短半径 b、半通径 p、偏心率 e 和扁率 $\alpha = \frac{a-b}{a}$ 中任选两个，但其中至少有一个为长度元素。

Ⅴ. 近地点角距 ω

从升交点矢径 $AN_{升}$ 起逆时针方向（从 N 正方向看）旋转至近地点矢径 $AQ_{近}$ 所经过的角度称为近地点角距，近地点角距是在卫星轨道平面上量测的，用 ω 表示。ω 可确定轨道椭圆在轨道平面内的指向。ω 的取值范围为 $0°\sim360°$。

Ⅵ. 卫星过近地点的时刻 t_0

在实际工作中，也可以用卫星的平近点 M（或真近点角 θ，或偏近点角 E）取代参数 t_0。该轨道根数给出了卫星在椭圆轨道上的位置。

人造卫星的正常轨道的 6 个轨道根数（Ω，i，a，e，ω，t_0）均为常数（卫星绕地球旋转一圈后，过近地点的时刻 t_0 将增加 T，T 为卫星运行周期，也是一个常数），也就是说，卫星将沿着某一固定不变的椭圆轨道做周期运动。但是，在各种摄动力的作用下，上述 6 个轨道根数会随着时间的变化而缓慢地发生变化，同一卫星在不同时刻的轨道根数并不相同。如果参考时刻 t_0 时的卫星轨道根数为 σ_0，那么时刻 t 时的卫星轨道根数 σ 就可以写为

$$\sigma = \sigma_0 + \frac{\mathrm{d}\sigma}{\mathrm{d}t} \times (t - t_0)$$

为了计算方便，上式中略去了高阶导数项，因而 $(t - t_0)$ 的数值就不能过大。也就是说，上式只在一定的时间段内才适用，该时间段就是所谓的导航电文的有效时间段。

对于卫星精密定位来说，在只考虑地球质心引力情况下计算卫星的运动状态（即研究二体问题）不能满足精度要求。必须考虑地球引力场摄动力、日月摄动力、大气阻力、光压摄动力、潮汐摄动力对卫星运动状态的影响。考虑了摄动力作用的卫星运动称为卫星的摄动运动。

3.GNSS 卫星导航电文（包含卫星星历）和卫星信号（与星历有重复）

导航电文是由导航卫星向用户播发的一组反映卫星在空间的运行轨道、卫星钟的改正参数、电离层延迟修正参数及卫星的工作状态等信息的二进制代码，也称数据码它是用户利用全球导航卫星系统进行导航定位时一组十分重要的数据，这里以 GPS 为例进行说明。

1）导航电文的总体结构

导航电文是以帧为单位向外播发的。一个主帧的长度为 1 500 bit，发送速率为 50 bit/s，播发一帧电文需要 30 s。一个主帧包含 5 个子帧，每个子帧均为 300 bit，播发时间为 6 s。每个子帧都是由 10 个字组成的，每个字均为 30 bit，播发时间为 0.6 s，其中第 4、5 子帧各有 25 个不同的页面，因而用户需花费 750 s 才能接收到一组完整的导航电文。每 30 s 第 4 子帧和第 5 子帧将翻转 1 页，而前 3 个子帧则重复原来的内容。第 1、2、3 子帧中的内容每小时更换一次，第 4、5 子帧的内容则要等地面站输入新的历书后才更换。导航电文的基本构成如图 3-1-2 所示。

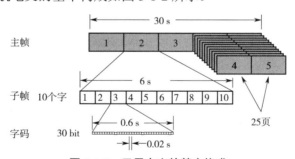

图 3-1-2 卫星电文的基本构成

2）第 1 子帧（第一数据块）

Ⅰ.遥测字（Telemetry Word，TLM）

第 1 子帧的第 1 个字是遥测字，作为捕获导航电文的前导。遥测字中前 8 bit 10001001 为同步码，为各子帧编码提供"起始点"；9~22 bit 为遥测电文，包括地面监控系统在注入数据时的一些相关信息；23 bit、24 bit 空闲备用；最后的 6 bit 用于奇偶检验。

Ⅱ.交接字（Hand Over Word，HOW）

第 1 子帧中的第 2 个字为交接字，可使用户在捕获到 C/A 码解调出导航电文后能尽快捕获 P（Y）码。GPS 时间可以用长度为 29 bit 的 Z 计数来表示，前 10 bit 表示从起始时刻 1980 年 1 月 6 日 0 时 0 分 0 秒（UTC）至今的星期数（模为 1 024），后 19 bit 则给出了本星期内 X1 码的周期数（X1 码的周期为 1.5 s）。因而，Z 计数是一种特殊的计时单位来表示 GPS 时间。

III. 星期数（Week Number，WN）

星期数给出了 GPS 星期数，位于第 1 子帧的第 3 个字的前 10 bit。由于星期数是用 10 bit 来表示的，模为 1 024，也就是说，在离起始时刻 0，1 024，2 048，…星期时，星期数均为零。此外，由于 GPS 时间是连续的，而在日常生活中广泛应用的 UTC 则存在跳秒，两者可能有数十秒的差异。

IV. 用户测距精度（User Range Accuracy，URA）的指数

第 1 子帧的第 3 个字的 13~16 bit 给出了该卫星的用户测距精度的指数，URA 是用户利用该卫星测距时可获得的测距精度。

V. 卫星健康状况（Satellite Health，SH）

第 1 子帧的第 3 个字的 17~22 bit 给出了该卫星的工作状况是否正常的信息。其中，第 1 个比特反映导航资料的总体情况。若该比特为 0，表示全部导航资料都正常；若该比特为 1，表示部分导航资料有问题。

第 1 子帧的第 3 个字的 23 bit、24 bit 以及第 8 个字的 1~8 bit 合起来组成了长度为 10 bit 的参数 IODC（Issue of Data Clock）。该参数给出了卫星钟资料的发布数。

VI. L1 信号和 L2 信号的群延之差（T_{GD}）

L1 信号和 L2 信号都是在卫星的标准频率源（卫星钟）的驱动下生成的。从信号开始生成到最后离开卫星发射天线的相位中心的时间称为信号群延。由于 L1 信号和 L2 信号是通过不同的电路产生的，因而它们的群延也不完全相同，其公共部分会被自动吸收到卫星钟差中，无须另行考虑。L1 信号和 L2 信号的群延之差又可分为两部分：系统误差和随机误差。其中，系统误差是指平均群延差，也就是导航电文中所给出的参数 T_{GD}；随机误差是围绕在平均群延差附近随机变化的部分，其绝对值不会超过 3 ns。

VII. 卫星钟参数的数据龄期（AODC）

卫星钟参数的数据龄期为

$$AODC = t_{OC} - t_L$$

式中　t_{OC}——卫星钟参数的参考时刻，由导航电文给出；

t_L——计算这些参数时所用到的观测资料中最后一次观测值的观测时间。

VIII. 卫星钟误差系数

在导航电文的有效时间段内，任一时刻 t 卫星钟相对于标准 GPS 时间的误差可用下式来表示：

$$\Delta t = a_{f_0} + a_{f_1}(t - t_{oc}) + a_{f_2}(t - t_{oc})^2 + \Delta t_r$$

式中　a_{f_0}——参考时刻 t_{oc} 时的卫星钟差；

a_{f_1}——参考时刻 t_{oc} 时的卫星钟的钟速，也称频偏；

a_{f_2}——参考时刻 t_{oc} 时的卫星钟的加速度的一半；

Δt_r——由于 GPS 卫星非圆形轨道而引起的相对论效应的修正项。

二次多项式的系数 a_{f_0}、a_{f_1}、a_{f_2} 由导航电文给出。

需要指出的是，用上式求得的卫星钟误差是相对于卫星天线平均相位中心的。如前所述，由于L1信号与L2信号间存在群延差，即这两个信号并不是同时离开卫星发射天线平均相位中心的，因此用L1信号测定的卫星钟差与用L2信号测定的卫星钟差也是不相同的，而导航电文中给出的卫星钟误差系数则是全球定位系统的地面控制系统利用双频接收机的观测资料求得的，因而双频用户可直接采用这些系数来计算卫星钟差。

3）第2、3子帧（第二数据块）

导航电文中的第2子帧和第3子帧是用来描述GPS卫星轨道参数的，利用这些参数就可求出导航电文有效时间段内任一时刻 t 卫星在空间的位置（x、y、z）及运动速度（$\dot{x}$、$\dot{y}$、$\dot{z}$）。

描述GPS卫星的运行及其轨道的参数主要分为以下三类，如图3-1-3所示。

Ⅰ.2个时间参数

（1）从星期日子夜零时开始度量的星历参考历元 t_{oe}。

（2）外推星历时的外推时间间隔（AODE），也是星历数据的龄期，它可反映外推星历的可靠程度。

Ⅱ.6个开普勒轨道参数

（1）卫星轨道长半径的平方根 $\sqrt{a}$。

（2）卫星轨道偏心率 e。

（3）参考历元的轨道倾角 i_0。

（4）参考历元的升交点赤经 Ω_0。

（5）近地点角距 ω。

（6）参考时刻的平近点角 M_0。

Ⅲ.9个轨道摄动力参数

（1）平均运动角速度改正值 Δn。

（2）升交点赤经的变化率 $\dot{\Omega}$。

（3）轨道倾角的变化率 $\dot{i}$。

（4）升交点角距的正弦和余弦的调和改正项的振幅 C_{us} 和 C_{uc}。

（5）轨道倾角的正弦和余弦的调和改正项的振幅 C_{is} 和 C_{ic}。

（6）卫星地心距的正弦和余弦的调和改正项的振幅 C_{rs} 和 C_{rc}。

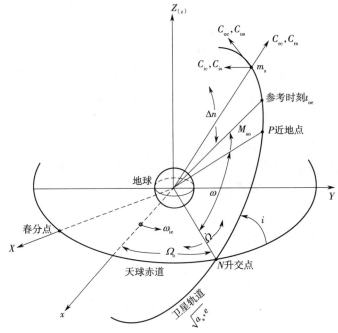

图 3-1-3　GPS 卫星轨道参数

4）第 4、5 子帧（第三数据块）

导航电文中的第 4 子帧和第 5 子帧包括所有 GPS 卫星的历书数据。当接收机捕获到某颗 GPS 卫星后，根据第三数据块提供的其他卫星的概略星历、时钟改正、卫星工作状态等数据，用户可以选择工作正常和位置适当的卫星并且较快地捕获到所选择的卫星。

Ⅰ. 第 4 子帧

（1）第 2，3，4，5，7，8，9，10 页面提供 25~32 颗卫星的历书。

（2）第 17 页面提供专用电文，第 18 页面提供电离层改正模型参数和 UTC 数据。

（3）第 25 页面提供所有卫星的型号、防电子对抗特征符和第 25~32 颗卫星的健康状况。

（4）其余为备用空闲页。

Ⅱ. 第 5 子帧

（1）第 1~24 页面给出第 1~24 颗卫星的历书。

（2）第 25 页面给出第 1~24 颗卫星的健康状况和星期编号。

5）卫星广播星历

广播星历是由 GNSS 地面监控部分的监测站观测数据生成的，最新的观测数据用来计算卫星的参考轨道。广播星历是卫星信息的一部分，星历数据包括一般信息、轨道信息和卫星钟差信息。

GNSS 观测数据文件由 RINEX N 文件和 O 文件组成，N 文件也称导航文件，O 文件为观测文件。导航文件记录了当前观测得到的每一颗卫星的星历参数信息、时钟改正、电离层改正和健康状况。

卫星星历预报

卫星星历下载

图 3-1-4 所示为一组 RINEX 2.10 版本 GPS 卫星广播星历（时间为 2015 年 6 月 9 日 22 时 0 分 0 秒）。

```
     2.10           N: GPS NAV DATA                    COMMENT
rvacn.e(1404.07)                    2015-06-14T12:41 GMTCOMMENT
     1.5832D-08  2.2352D-08 -1.1921D-07 -1.1921D-07     ION ALPHA
     1.1264D+05  1.4746D+05 -1.3107D+05 -3.9322D+05     ION BETA
    -4.656612873077D-09-1.332267629550D-14     503808    1848 DELTA-UTC: A0,A1,T,W
                                                        END OF HEADER
 2 15  6  9 22  0  0.0 5.711056292057D-04 2.387423592154D-12 0.000000000000D+00
    1.020000000000D+02-6.550000000000D+01 5.193787622204D-09 1.410822492683D+00
   -3.412365913391D-06 1.461330964230D-02 8.625909686089D-06 5.153570535660D+03
    2.520000000000D+05-3.129243850708D-07-2.215717161353D+00 1.396983861923D-07
    9.408294920447D-01 2.095937500000D+02-2.259145022687D+00-8.536426676642D-09
   -4.057311986383D-10 1.000000000000D+00 1.848000000000D+03 0.000000000000D+00
    2.000000000000D+00 0.000000000000D+00-2.048909664154D-08 1.020000000000D+02
    2.592000000000D+05
 3 15  6  9 22  0  0.0 3.468496724963D-04 7.617018127348D-12 0.000000000000D+00
    4.800000000000D+01 2.153125000000D+01 4.443756473904D-09 2.826541789108D+00
    9.834766387939D-07 8.900243556127D-04 1.052208244801D-05 5.153673572540D+03
    2.520000000000D+05 9.313225746155D-09-1.136963264570D+00-1.490116119385D-08
    9.590018033716D-01 1.743437500000D+02-2.578360036668D+00-7.959259917811D-09
   -2.607251393949D-11 1.000000000000D+00 1.848000000000D+03 0.000000000000D+00
    2.000000000000D+00 0.000000000000D+00 1.862645149231D-09 4.800000000000D+01
    2.592000000000D+05
 4 15  6  9 22  0  0.0-1.848535612226D-05-1.932676241267D-12 0.000000000000D+00
    6.100000000000D+01-6.481250000000D+01 5.285220155634D-09 7.020525473523D-01
   -3.209337592125D-06 1.135071192402D-02 7.644295692444D-06 5.153683046341D+03
    2.520000000000D+05-1.396983861923D-07-2.200462855185D+00 3.166496753693D-08
    9.398848829151D-01 2.236562500000D+02 1.062958770671D+00-8.618573283886D-09
   -3.650152043484D-10 1.000000000000D+00 1.848000000000D+03 0.000000000000D+00
    2.000000000000D+00 0.000000000000D+00-6.519258022308D-09 6.100000000000D+01
    2.448300000000D+05 4.000000000000D+00
```

图 3-1-4 一组 RINEX 2.10 版本 GPS 卫星广播星历

RINEX 导航文件的格式说明见表 3-1-1，每一颗卫星的记录由 8 行组成：第 1 行为卫星的 PRN 号、当前观测时间及时钟改正参数；第 2~6 行第一个字段表明当前观测卫星的 17 个星历参数；第 8 行为卫星的健康状况、电离层改正参数及卫星的星历龄期。

表 3-1-1 RINEX 导航文件格式说明

观测值记录	说明			
PRN/ 历元 / 卫星钟	卫星号 年 月 日 时 分 秒	卫星时钟偏差 a_0（s）	卫星时钟速 a_1（s/s）	卫星时钟偏移率 a_2（s/s²）
广播轨道 1	星历表数据龄期（IODE）	轨道半径正弦改正项 C_{rs}（m）	平均运动修正量 Δn（rad）	t_{oe} 时的平近点角 M_0（rad）
广播轨道 2	纬度幅角余弦改正项 C_{uc}（m）	卫星轨道偏心率 e	纬度幅角正弦改正项 C_{us}（m）	轨道长半径平方根 $a^{1/2}$（m¹ᐟ²）
广播轨道 3	星历基准时间 t_{oe}（s）	轨道倾角余弦调和项 C_{ic}（m）	升交点赤经 Ω_0	轨道倾角正弦调和项 C_{is}（m）
广播轨道 4	t_{oe} 时的轨道倾角 i_0（rad）	轨道半径余弦调和项 C_{rc}（m）	近地点角距 ω（rad/s）	升交点赤经变化率 $\dot{\Omega}$（rad/s）
广播轨道 5	轨道倾角变化率 $\dot{i}$（rad/s）	L2	GPS 星期数	L2 的 P 数据标志
广播轨道 6	卫星精度	卫星健康状态	载波 L1、L2 的电离层时延差（T_{gd}）（s）	时钟的有效龄期（IODC）
广播轨道 7	电文发送时间	拟合间隔标志（未知时为 0）	备用	备用

BDS 和 Galileo 的 N 文件的格式与 GPS 略有不同，但是计算卫星坐标的 17 个星历参数的记录格式完全相同。

【任务实施】

1. 卫星位置计算

GNSS 坐标系统采用 WGS-84 坐标系统。为了计算卫星在 WGS-84 大地坐标系中的位置，首先需要计算卫星在其轨道平面内的位置，此时定义原点与地心 M 相重合。x 轴指向升交点，y 轴在轨道平面内垂直于 x 轴，称其为轨道平面直角坐标系，它是一种过渡性的坐标系。再进行坐标系的转换，将卫星在其轨道的坐标转换到地面直角坐标系下。

1）计算卫星在轨道平面直角坐标系中的坐标

Ⅰ. 计算卫星运行的平均角速度 n

首先，根据广播星历中给出的参数 $\sqrt{a}$ 计算参考时刻 t_{oe} 的平均角速度 n_0，不考虑摄动时，卫星运行的平均角速度为

$$n_0 = \sqrt{\frac{GM}{a^3}} = \frac{\sqrt{u}}{(\sqrt{a})^3}$$

式中　GM——万有引力常数 G 与地球总质量 M 的乘积，其值为 $GM=3.986\ 005 \times 10^{14}\ \text{m}^3/\text{s}^2$。

然后，根据广播星历中给定的摄动参数 Δn 计算观测时刻卫星的平均角速度 n，即

$$n = n_0 + \Delta n$$

Ⅱ. 计算归化时间 t_k

导航电文提供的轨道参数是相应于参考时刻 t_{oe} 时的数值，为了求得观测时刻 t 的参数，需求出此时刻 t 相对于参考时刻 t_{oe} 的时间差，即

$$t_k = t - t_{oe}$$

在 GNSS 时间系统中，时间是从一周的开始（星期日子夜零时）连续以秒计算的，因此计算归化时间 t_k 时应考虑一个星期（604 800 s）的开始或者结束。也即当 $t_k > 302\ 400$ s 时，t_k 应减去 604 800 s；当 $t_k < -302\ 400$ s 时，t_k 应加上 604 800 s。

Ⅲ. 计算 t 时刻卫星的平近点角 M_k

根据导航电文中已经给出参考时刻 t_{oe} 的平近点角 M_0，计算平近点角 M_k，即

$$M_k = M_0 + nt_k$$

Ⅳ. 计算 t 时刻卫星的偏近点角 E_k

根据导航电文中给出的偏心率 e 和上面计算的平近点角 M_k，计算偏近点角 E_k，即

$$E_k = M_k + e\sin E_k$$

计算 E_k 时，需要进行迭代计算，迭代时令 $E=M_0$，通常需要迭代两次计算 E_k。

Ⅴ. 计算真近点角 f_k

$$f_k = \arctan \frac{\sqrt{1-e^2}\sin E_k}{\cos E_k - e}$$

Ⅵ. 计算升交距角 u_0

根据计算出的真近点角 f_k 和导航电文提供的近地点角距 ω，计算交距角 u_0，即

$$u_0 = f_k + \omega$$

Ⅶ. 计算经过摄动改正的升交距角 u_k、卫星的地心距离 r_k 及轨道倾角 i_k

根据导航电文提供的 6 个轨道摄动改正调和振幅，计算卫星升交距角、卫星矢径和轨道倾角的摄动改正值：

升交距角修正量 $\delta_u = C_{us}\sin 2u_0 + C_{uc}\cos 2u_0$

地心距离修正量 $\delta_r = C_{rs}\sin 2u_0 + C_{rc}\cos 2u_0$

轨道倾角修正量 $\delta_i = C_{is}\sin 2u_0 + C_{ic}\cos 2u_0$

经过摄动改正的升交距角 u_k、卫星的地心距离 r_k 及轨道倾角 i_k 为

$$u_k = u_0 + \delta_u$$
$$r_k = a(1 - e\cos E_k) + \delta_r$$
$$i_k = i_0 + \delta_i + \dot{I}t_k$$

Ⅷ. 计算卫星的轨道平面直角坐标

$$x_k = r_k \cos u_k$$
$$y_k = r_k \sin u_k$$

2）计算卫星在地心空间直角坐标系中的坐标

Ⅰ. 计算观测时刻的升交点经度 Ω_k

由于升交点赤经是由春分点起算，因此卫星轨道参数是以天球坐标系为基准，而 WGS-84 坐标系是地球坐标系，因此要计算升交点在观测时刻 t 的大地经度，即升交点至格林尼治子午面的地心夹角。

观测时刻的升交点 Ω_k 等于该时刻的升交点赤经 Ω 与格林尼治恒星时 $GAST$ 之差，即

$$\Omega_k = \Omega - GAST$$

如果参考时刻 t_{oe} 的升交点赤经为 Ω_{oe}，其变化率为 $\dot{\Omega}$，则观测时刻 t 的升交点赤经为

$$\Omega = \Omega_{oe} + \dot{\Omega}t$$

此外，导航电文中提供了一周的开始时刻 t_w 的格林尼治恒星时 $GAST_w$。由于地球自转，$GAST$ 不断增加，所以

$$GAST = GAST_w + \omega_e t$$

式中　ω_e——地球自转速率，$\omega_e = 7.292\,115\,67 \times 10^{-5}$ rad；

t——观测时刻。

由于导航电文中未给出 t_{oe} 时刻的升交点赤经 Ω_{oe}，而给出了格林尼治起始子午线到升交点的准经度 Ω_0，它们之间的关系为

$$\Omega_{oe} = GAST_w + \Omega_0$$

将上式带入升交点赤经公式，得到升交点经度计算式为

$$\Omega_k = \Omega_0 + (\dot{\Omega} - \omega_e)(t - t_0) - \omega_e t$$

式中：Ω_0、$\dot{\Omega}$、t_{oe} 可从导航电文中获取。

II. 计算卫星在地心空间直角坐标系中的坐标

根据求出的轨道平面直角坐标系中的坐标，绕 x 轴方向顺时针旋转角度 i_k，使轨道平面与赤道平面重合，z 轴与 Z 轴重合；然后绕 z 轴顺时针旋转角度 Ω_k，使 x、y 轴分别与 X、Y 轴重合。

$$\begin{bmatrix} X_k \\ Y_k \\ Z_k \end{bmatrix} = \boldsymbol{R}_3(-\Omega_k)\,\boldsymbol{R}_1(-i_k)\begin{bmatrix} x_k \\ y_k \\ z_k \end{bmatrix} = \begin{bmatrix} \cos\Omega_k & -\sin\Omega_k\cos i_k & \sin\Omega_k\sin i_k \\ \sin\Omega_k & \cos\Omega_k\cos i_k & -\cos\Omega_k\sin i_k \\ 0 & \sin i_k & \cos i_k \end{bmatrix}\begin{bmatrix} x_k \\ y_k \\ z_k \end{bmatrix}$$

$$= \begin{bmatrix} \cos\Omega_k x_k - \sin\Omega_k\cos i_k y_k \\ \sin\Omega_k x_k + \cos\Omega_k\cos i_k y_k \\ \sin i_k y_k \end{bmatrix}$$

【技能训练】

根据以上【任务实施】内容，使用编程软件计算卫星位置。

【思考与练习】

（1）在卫星位置计算中，存在哪些误差？

（2）分析不同精度的星历对卫星定位结果的影响。

（3）分析卫星钟差对卫星定位结果的影响。

项目四

GNSS 接收机的认识与使用

【项目描述】

GNSS 接收机是专门用于接收、跟踪、解码和处理 GNSS 卫星信号的无线电接收设备。根据用户的不同需求，GNSS 接收机设备功能不同，从应用角度可以分为测地型、导航型和授时型。本项目主要介绍测地型 GNSS 接收机的组成部分，以及如何挑选、使用、检验 GNSS 接收机。

【项目目标】

（1）掌握 GNSS 接收机的组成及基本工作原理。

（2）了解 GNSS 接收机的分类以及各类 GNSS 测量接收机的特征。

（3）掌握 GNSS 接收机的基本配置。

（4）能独立使用测地型 GNSS 接收机。

（5）能独立使用导航型 GNSS 接收机。

（6）学会根据需要挑选 GNSS 接收机。

（7）能完成 GNSS 接收机的检验工作。

任务一　　GNSS 接收机的认识

【任务导入】

现在 GNSS 广泛应用于个人位置服务，高精度的测地型 GNSS 接收机主要应用于测量。要全面了解 GNSS 接收机，需了解接收机各部件的功能，用户使用接收机能完成哪些任务，接收机为什么能完成这些任务，以及它是如何完成这些任务的。本任务针对以上问题进行阐述。

GNSS 接收机
的认识与使用

【任务准备】

1.GNSS 接收机的组成

GNSS 接收机一般包括主机（含天线、无线通信模块）和辅助设备等，其中辅助设备包括控制手簿、对中杆等。

GNSS 接收机的主要作用是接收由 GNSS 卫星发射的信号，并对信号进行放大，然后将电磁波信号转变成电流信号，并对电流信号进行放大和变频处理，再对经过放大和变频处理的信号进行跟踪、处理和测量，见表 4-1-1。图 4-1-1 所示为 GNSS 接收机的工作原理，图 4-1-2 所示为南方创享 GNSS 接收机的内部构造。

表 4-1-1　GNSS 接收机部件的作用

接收机部件		作用
硬件部分	天线单元	接收卫星信号，将电磁波信号转化为电流信号，并对电流信号进行放大和变频处理
	接收单元	对信号进行跟踪、处理和测量
	电源	为天线和接收机单元供电
软件部分	内软件	对各卫星信号进行量测的软件以及内存或固化在中央处理器中的自动操作程序等
	外软件	观测数据后处理的软件系统
辅助设备	控制手簿	对接收机进行控制和操作

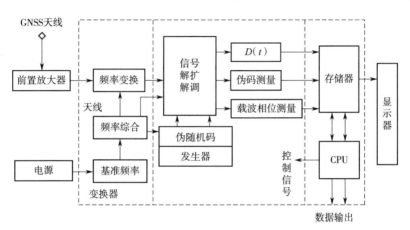

图 4-1-1　GNSS 接收机的工作原理

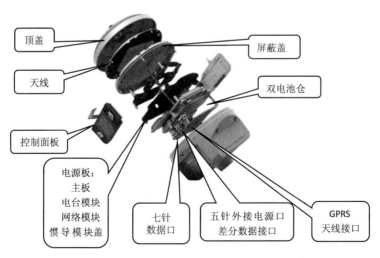

图 4-1-2　南方创享 GNSS 接收机的内部构造

1）天线单元

天线单元由接收器和前置放大器两个部件组成。其基本功能是接收 GNSS 卫星信号，并把该卫星信号的能量转换为相应的电流，再经过前置放大器，放大微弱的 GNSS 信号电流，并送入频率变换器进行频率变换，以便接收机对信号进行跟踪和测量。

Ⅰ. 对天线的要求

（1）天线与前置放大器一般应密封为一体，以保障其在恶劣的气象环境中能正常工作，并减少信号损失。

（2）天线均应呈全圆极化，使天线的作用范围为整个上半球，在天顶处不产生死角，以保证能接收到来自天空任何方向的卫星信号。

（3）天线必须采取适当的防护和屏蔽措施，以最大限度地减弱信号的多路径效应，防止信号被干扰。

（4）天线的相位中心与几何中心之间的偏差应尽量小，且保持稳定。由于 GNSS 测量的观测量是以天线的相位中心为准，在作业过程中应尽可能地保持两个中心的一致性和相位中心的稳定。

Ⅱ. 天线类型

目前，GNSS 接收机的天线有多种类型。

（1）单极天线。这种天线属单频天线，具有结构简单、体积小的优点，需安装在一块基板上，以利于减弱多路径效应的影响，如图 4-1-3（a）所示。

（2）螺旋形天线。这种天线频带宽，全圆极化性能好，可接收来自任何方向的卫星信号，但其也属于单频天线，不能进行双频接收，常用作导航型接收机天线。

（3）微带天线。这种天线是在一块介质板的两面贴上金属片，其结构简单且坚固，质量轻，高度低，既可用于单频机也可用于双频机，目前大部分测地型天线都是微带天线，更适用于飞机、火箭等高速飞行物，如图 4-1-3（b）所示。

（4）锥形天线。这种天线是在介质锥体上利用印刷电路技术制成导电圆锥螺旋表面，也称盘旋螺线天线，如图 4-1-3（c）所示。这种天线可同时在两个频道上工作，主要优点是增益性好；但由于天线较高，而且螺旋线在水平方向上不完全对称，因此天线的相位中心与几何中心不完全一致。所以，在安装天线时要仔细定向，使之得以补偿。

（5）带扼流圈的振子天线，也称扼流圈天线，如图 4-1-3（d）所示。这种天线的主要优点是可以有效抑制多路径误差的影响，但目前这种天线体积较大且重，应用不太普遍。

南方创享 RTK 采用集 GNSS 天线、蓝牙天线、Wi-Fi 天线、网络天线为一体的高度集成天线，可以优化信号传输，具备更强的抗干扰能力。

2）接收单元

GNSS 接收机的接收单元主要由信号通道、存储器、计算与显控等三部分组成。

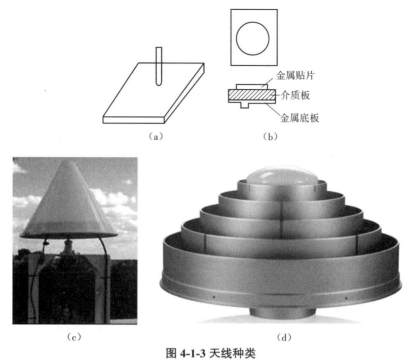

图 4-1-3 天线种类

（a）单极天线　（b）微带天线　（c）锥形天线　（d）带扼流圈的振子天线

Ⅰ. 信号通道

信号通道是接收单元的核心部件，它不是一种简单的信号通道，而是一种由硬件和相应的控制软件结合而成的有机体。它的主要功能是跟踪、处理和量测卫星信号，以获得导航定位所需要的数据和信息。不同的接收机类型，其所具有的信号通道数目不等。每个通道在某一时刻只能跟踪一颗卫星一种频率的信号，当某一颗卫星被锁定后，该卫星会占据这一通道直到信号失锁为止。当接收机需同步跟踪多个卫星信号时，原则上可以采用两种跟踪方式：一种是接收机具有多个分离的硬件通道，每个通道都可连续地跟踪一个卫星信号；另一种是接收机只有一个信号通道，在相应软件的控制下，可跟踪多个卫星信号。目前，大部分接收机均采用并行多通道技术，可同时接收多颗卫星信号。

当前信号通道的类型有多种，若根据通道的工作原理，即对信号处理和量测的不同方式，可分为码相关型通道、平方型通道和码相位型通道，它们分别采用不同的解调技术，三者的基本特点如下。

（1）码相关型通道：用伪噪声码互相关电路，实现对扩频信号的解扩，解译出卫星导航电文。

（2）平方型通道：利用载波信号的平方技术去掉调制信号，恢复完整的载波信号。通过相位计测定接收机内产生的载波信号与接收到的载波信号之间的相位差，测定伪距观测值。

（3）码相位型通道：用 GNSS 信号时延电路和自乘电路相结合的方法，获取 P 码或

C/A 码的码率正弦波，仅能测量码相位，而无法获取卫星导航电文。

Ⅱ. 存储器

接收机内设有存储器，以存储卫星星历、卫星历书，以及接收机采集到的码相位伪距观测值、载波相位观测值、人工测量数据。目前，GNSS 接收机采用 PC 卡或内存作为存储设备。在接收机内还装有多种工作软件，如自测试软件、天空卫星预报软件、导航电文解码软件、GNSS 单点定位软件等。为了防止数据的溢出，当存储设备达到饱和容量的 95% 时，便会发出报警信息，提醒作业人员及时进行处理。

Ⅲ. 计算与显控

在接收机内软件的协同下，微机处理机主要完成下述计算和数据处理。

（1）接收机开机后，立即指令各个通道进行自检，适时地在视屏显示窗内展示各自的自检结果。

（2）接收机对卫星进行捕捉跟踪后，解译出 GNSS 卫星星历，计算出测站的三维位置，不断更新（计算）点的坐标。

（3）用已测得的点位坐标和 GNSS 卫星历书，计算所有在轨卫星的升降时间、方位和高度角，提供在视卫星数量及其工作状况，以便选用分布适宜的定位卫星，达到提高点位精度的目的。

（4）接收用户输入的信号。

3）电源

GNSS 接收机的电源有两种：一种是内电源，一般采用锂电池，主要用于为随机存储器供电，以防止数据丢失；另一种为外接电源，常采用可充电的 12 V 直流镉镍电池组或锂电池，有的也可采用汽车电瓶。当用交流电时，需经过稳压电源或专用电流交换器。当机外电池电压降到 11.5 V 时，便自动接通内电池。当机内电池电压低于 10 V 时，若没有连接新的机外电池，接收机便自动关机，停止工作，以免缩短其使用寿命。在使用机外电池作业过程中，机内电池能够自动地被充电。南方创享 GNSS 接收机的电源配置如下。

（1）主机电池：南方创享的移动站和基准站各配备 2 块智能锂电池，每块电池容量为 3 400 mA·h，电池电压为 7.4 V，供电更持久、安全，如图 4-1-4（a）所示。

（2）主机电池充电器，如图 4-1-4（b）所示。

（3）移动电源：南方创享配备 RTK 可选配专业移动电源，适合外业长时间作业，如图 4-1-4（c）所示。

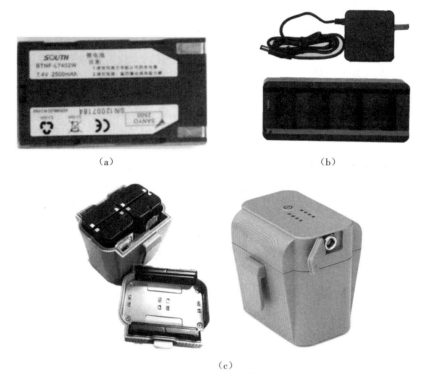

（a）　　　　　　　　　　　　　　　（b）

（c）

图 4-1-4　南方创享 GNSS 接收机的电源配置

（a）主机电池　（b）充电器和适配器　（c）专业移动电源

【任务实施】

GNSS 空间段提供了许多不同的频率、测距码和导航电文等。其大部分针对某些服务，但接收机制造商可以选择信号的处理方式，从而为用户提供最佳的性能。除定位功能外，接收机制造商还需要考虑其他的设计准则，如功耗、尺寸、价格等。下面主要介绍测地型接收机最重要的特征。

（1）制造商和类型：标明制造商的名称和接收机型号。

（2）通道：给出跟踪卫星的通道数，通常一个通道对应一颗卫星和一个频率。南方创享测量系统具备 1 598 个通道。

（3）信号跟踪：指定码和频率。南方创享测量系统可接收北斗载波 B1I、B3I、B1C、B2a、B2b；GPS 载波：L1C、L2W、L5Q；GLONASS 载波 G1C、G2P；Galileo 载波 E1C、E5a、E5b；QZSS 载波 L1C、L2S、L5Q；支持五星十六频。

（4）最大跟踪卫星数：与通道数和跟踪信号数量有关，因此对于双频接收机，如果跟踪 12 颗卫星，通常需要 24 个通道，最大跟踪卫星数由 6 到最多可视卫星数。

（5）用户环境和应用：特定应用宜使用的相应类型，如航空、航海、陆地、导航、测绘与地理信息、气象、娱乐、国防等。其特性同时还包括产品的信息，如是最终产品，还是提供给原始设备制造商的板级、芯片与模块产品。这些信息关系到特性、尺寸和质量等方面。南方创享测量系统防护等级为 IP68，其中 6 为防尘等级，8 为防水等级，IP68 是业内最高的防水防尘等级。

（6）定位精度：一个粗略指标，与仪器类型有关，涉及自主码、实时差分（码）、后处理差分与实时动态等。

（7）时间精度：典型值在几纳秒到 1 000 ns。

（8）定时更新率：以秒为单位给出，通常为 0.01~0.1 s。

（9）冷启动：在历书、初始位置及时间未知的情况下定位所需的时间，通常为几十秒到几分钟。

（10）热启动：在给定最近历书、初始位置以及当前时间，但没有最新星历的情况下定位所需的时间。通常热启动的数据要稍好于冷启动的数据。

（11）重捕获：以秒为单位给出，定义为信号失锁至少 1 min 后重新捕获的时间。

（12）接口数、接口类型、波特率：这些参数对数据传输很重要。采用串口、蓝牙等不同类型的接口，传输速率通常为 4 800~115 200 bit/s，采用以太网传输速率会更高。

（13）工作温度：–30~80 ℃。

（14）电源和功耗：电源主要区分为内接电源和外接电源，也有用太阳能电池。

（15）天线类型：通常有被动式和主动式。

南方创享测量系统技术指标见表 4-1-2。

表 4-1-2　南方创享测量系统技术指标

配置		详细指标
测量性能	信号跟踪	通道：220~555 通道。 BDS：B1、B2、B3。 GPS：L1C/A、L1、L1C、L2C、L2E、L5、L2P。 GLONASS：L1C/A、L1P、L1、L2、L2C/A、L2P、L3、L5、G1、G2。 Galileo：E1、E5AltBOC、E5a、E5b、E6、L1BOC。 SBAS：L1C/A、L5。 QZSS：L1C/A、L1C、L2C、L5、LEX、L1SAIF。 IRNSS：L5。 MSSL-Band
	GNSS 特性	定位输出频率：1~50 Hz。 初始化时间：<10 s。 初始化可靠性：>99.99%。 全星座接收技术：能全面支持来自所有现行的 GNSS 星座信号。 高可靠性的载波跟踪技术：大大提高载波精度，为用户提供高质量的原始观测数据。 智能动态灵敏度定位技术：适应各种环境的变换，适应更加恶劣、更远距离的定位环境。 高精度定位处理引擎

配置		详细指标
定位精度	码差分 GNSS 定位	水平：0.25 m+1×10⁻⁶RMS。 垂直：0.50 m+1×10⁻⁶RMS。 SBAS 差分定位精度：典型 <5 m 3DRMS（三倍距离均方根差）
	静态 GNSS 测量	平面：±（2.5 mm+0.5×10⁻⁶D）。 高程：±（5 mm+0.5×10⁻⁶D）。 （D 为所测量的基线长度）
	实时动态测量	平面：±（8 mm+1×10⁻⁶D）。 高程：±（15 mm+1×10⁻⁶D）。 （D 为所测量的基线长度）
	星链（选配）	4 cm 以内；收敛时间小于 30 min；MSSL-Band
定位精度	断点续测（选配）	水平精度 RTK：5+10 mm/min RMS。 垂直精度 RTK：5+20 mm/min RMS
惯导	倾斜角度	0°~60°
	倾斜补偿精度	30° 内精度 ≤ 2.5 cm，60° 内精度 ≤ 5 cm
操作系统 / 用户交互	操作系统	Linux
	按键	双按键可视化操作
	触摸液晶屏	高清 1.54 in（1 in=2.54 cm）彩色液晶触摸屏，高亮度、低功耗彩屏，更适合野外工作，支持触摸设置，信息浏览、功能设置便捷、高效
	指示灯	两个指示灯
	Web 交互	支持 Wi-Fi 和 USB 模式访问接收机内置 Web 管理页面、监控主机状态、自由配置主机等
	语音	iVoice 智能语音技术，智能状态播报、语音操作提示； 默认支持中文、英语、韩语、俄语、葡萄牙语、西班牙语、土耳其语，且支持语音自定义
	智能人机交互	内嵌智能语音算法，用语音即可完成主机基础模式切换
	二次开发	提供二次开发包，开放 OpenSIC 观测数据格式以及交互接口定义用于二次开发
	数据云服务	强大的云服务管理平台，可远程管理、配置设备，查看进度、管理作业等，可使用南方服务器或自建服务器

续表

配置		详细指标
硬件	尺寸	153 mm（直径）×106 mm（高）
	质量	1.2 kg
	材质	镁合金
	温度	工作温度：−25~+65 ℃。 存储温度：−35~+80 ℃
	湿度	抗 100% 冷凝
	防护等级	防水：1 m 浸泡，IP68 级。 防尘：完全防止粉尘进入，IP68 级
	防震	抗 2 m 随杆跌落
电气	电源	6~28 V 宽压直流设计，带过压保护
	电池	采用可拆式双电池设计，电压为 7.4 V，3 400 mA·h/ 块。
	电源解决方案	静态模式标准持续工作时间：>18 h。 动态模式标准持续工作时间：>12 h （提供 7×24 h 持续工作电源解决方案）
通信	I/O 端口	5PIN LEMO 外接电源接口 +RS232； 7PIN LEMO 外接 USB（OTG）； 1 个网络数据链天线接口（支持内置、外置网络天线切换）； 1 个电台数据链天线接口； SIM 卡卡槽（大卡）
	无线电调制解调器	内置收发一体电台，典型作业距离为 15 km； 可切换网络中继、电台中继模式； 工作频率 410~470 MHz； 通信协议为即迅，TrimTalk450S，ZHD，SOUTH，HUACE，Satel，PCCEOT
	5G	基于 Linux 平台的智能 PPP 拨号技术，自动实时拨号，工作过程中持续在线，配备 4G 全网通高速网络通信模块，兼容各种 CORS 接入
	蓝牙	BLEBluetooth4.0 蓝牙标准，支持 Android、iOS 系统手机连接，Bluetooth2.1+EDR 标准
	NFC 无线通信	采用 NFC 无线通信技术，手簿与主机触碰即可实现蓝牙自动配对（需手簿同样配备 NFC 无线通信模块）
	eSIM	采用 eSIM 卡技术，内嵌 eSIM 芯片，不用插卡，实时提供网络资源，保障主机网络作业持续在线，支持外置卡方案

配置		详细指标
Wi-Fi	标准	802.11b/g 标准
	Wi-Fi 热点	具有 Wi-Fi 热点功能，任何智能终端均可接入接收机，对接收机功能进行丰富的个性化定制； 工业手簿、智能终端等数据采集器可与接收机通过 Wi-Fi 进行数据传输
	Wi-Fi 数据链	接收机可接入 Wi-Fi，通过 Wi-Fi 进行差分数据播发或接收。
数据存储 / 传输	数据存储	64 GB 内置固态存储器； 自动循环存储（存储空间不够时，自动删除最早数据）； 支持外接 USB 存储器进行数据存储； 丰富的采样间隔，最高可支持 50 Hz 的原始观测数据采集
	数据传输	一键智能拷贝，即插即用的 USB 传输数据方式，通过外接 USB 存储器直接导出主机静态数据； FTP 下载、HTTP 下载
	数据格式	静态数据格式：南方 STH、Rinex2.01 和 Rinex3.02 等。 差分数据格式：CMR、CMR+、sCMRx、RTCM2.1、RTCM2.3、RTCM3.0、RTCM3.1、RTCM3.2 输入和输出。 GPS 输出数据格式：NMEA0183、TrimbleGSOF，PJK平面坐标、二进制码。 网络模式支持：VRS、FKP、MAC，支持 NTRIP 协议
惯导系统 / 传感器	电子气泡	手簿软件可显示电子气泡，实时检查对中杆整平情况
	摇一摇倾斜测量	核心专利算法，通过摇摆主机，实现坐标自动校正
	惯导倾斜测量	内置 IMU 惯性测量传感器，支持惯导倾斜测量功能，根据对中杆倾斜方向和角度自动校正坐标
	温度传感器	内置温度传感器，采用智能温控技术，实时监控与调节主机温度

注：以上数据来自南方卫星导航产品实验室，具体情况以当地实际使用情况为准。

配套 H6 手簿技术指标见表 4-1-3。

表 4-1-3　配套 H6 手簿技术指标

产品型号	H6
配套系统	Android8.1 或者更高版本
卡槽模式	A：双 Nano-SIM 卡。 B：单 Nano-SIM 卡 +eSIM 卡（选配）
尺寸	235 mm×90 mm×35 mm
质量	520 g（含电池）
物理键盘	全功能数字 / 字母键盘

网络	支持 4G 全网通（预留 5G 方案）
电池续航	采用内置 9 200 mA·h 大容量锂电池，超长待机不低于 240 h，连续作业时间大于 20 h
充电适配器	支持 PE2.0 快充，充满电时间少于 4 h
三防等级	IP67
温度	工作温度：–20~+60 ℃。 存储温度：–30~+70 ℃
CPU	2.0 GHz 主频八核处理器
存储	RAM 为 4 GB，ROM 为 64 GB，支持最大 128 GB 扩展
显示屏尺寸	5.0 in（1 in=2.54 cm）
显示屏分辨率	720×1 280，阳光可视，典型 400 nits
显示屏触控类型	电容屏，多点触控，湿手触控，支持主动电容笔，支持戴手套触控
蓝牙	BT4.1
Wi-Fi	802.11a/b/g/n，支持双频 2.4G/5G
USB	Type-C 接口，支持电脑同步，支持 OTG
摄像头	后置 1 300 万像素，自动对焦
NFC	支持
陀螺仪	支持
地磁感应	支持
重力传感器	支持
闪光灯	支持
MIC	支持
喇叭	支持

【技能训练】

GNSS 接收机的认识：熟悉南方创享测量系统各技术指标的参数及意义，科学合理使用设备。

任务二　GNSS 接收机的使用

【任务导入】

要想合理使用 GNSS 接收机，需要了解 GNSS 接收机的工作原理。GNSS 接收机通过天线接收由 GNSS 卫星发射的信号，GNSS 卫星发射的信号有测距码、载波和导航电文。其中，测距码和载波都是用来测定卫星至接收机距离（距离＝速度×传播时间）的，导航电文是用来计算卫星位置的。GNSS 信号是电磁波，而电磁波信号的速度大约为 $3×10^{-8}$ m/s，用信号从卫星到接收机的传播时间乘以光速，就得到伪距。本任务对卫星信号的组成、码伪距测量、载波相位伪距测量三个方面进行简要介绍。

【任务准备】

1. 卫星信号的组成

了解卫星和卫星发射的信号结构对于理解接收机内部各个模块的原理和性能意义重大，GPS 和 BDS 的导航信号均采用码分多址方式，各自系统内的多颗卫星发射的导航信号共享相同的载波频率，伪随机码是共享相同的载频的多颗卫星信号能够区分彼此的标识，同时也能对初始信号带宽进行展宽，这也是远离卫星的地球表面用户能够检测并处理微弱信号的关键，所以伪随机码在卫星导航信号中的作用非常关键。

GPS 和 BDS 的导航信号包括载波分量、测距码和导航电文，随着 GPS 现代化和中国北斗三代系统的全球化建设，导航信号的种类越来越多，限于篇幅在此只进行简单介绍，在此基础上可以更好地了解其他类似的卫星导航信号，为进一步学习提供基础。

1）测距码

"码"是表达不同信息的二进制数及其组合，如 0101；"码元"是二进制数（比特）码的最小单位；"编码"是规则组合二进制数；"随机噪声码"的码元 0 或 1 是完全随机的，出现的概率均为 1/2，这种码元幅度是取值完全无规律的码序列，其特点是非周期性序列，无法复制，但其自相关性好，而自相关性的好坏对提高利用 GNSS 卫星码信号测距精度极其重要。

Ⅰ.伪随机码的产生

伪随机码又称伪随机噪声码或伪噪声码，简称 PRN，它是一个具有一定周期的取值为 0 和 1 的离散符号串，它不仅具备随机噪声码良好的自相关特性，而且具备某种确定的编码规则。所以，GNSS 信号中的测距码一般采用伪随机噪声码编码技术，以识别和分离各颗卫星，并提供测距数据。

伪随机码是由一个"多极反馈移位寄存器"装置产生的。移位寄存器由一组连接在一起的存储单元组成，每个存储单元只有 0 或 1 两种状态。移位寄存器的控制脉冲有两个：钟脉冲和置 1 脉冲。移位寄存器是在钟脉冲的驱动和置 1 脉冲的作用下工作的。

如图 4-2-1 所示，假设移位寄存器是由 4 个存储单元组成的 4 级反馈移位寄存器，当钟脉冲加到该移位寄存器后，每个存储单元的内容都顺序地由上一单元转移到下一单元，与此同时，将其中某几个单元，如单元 3 和单元 4 的内容进行模 2 相加，反馈给单元 1，其生成的伪随机码见表 4-2-1。

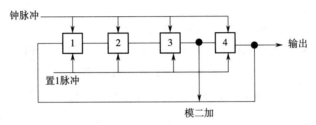

图 4-2-1　4 级 m 序列的产生

表 4-2-1　4 级反馈移位寄存器状态序列

状态编号	各级状态 ①②③④	模 2 相反馈 ③＋④	末级输出的二进制数
1	1111	0	1
2	0111	0	1
3	0011	0	1
4	0001	1	1
5	1000	0	0
6	0100	0	0
7	0010	1	0
8	1001	1	1
9	1100	0	0
10	0110	1	0
11	1011	0	1
12	0101	1	1
13	1010	1	0
14	1101	1	1
15	1110	1	0

北斗系统的 B1I 和 B2I 信号测距码（以下简称 CB1I 码和 CB2I 码）的码速率为 2.046 Mcps，码长为 $N=2^n-2=2\,046$，其中 $n=11$。CB1I 码和 CB2I 码均由两个线性序列

G1 和 G2 模二加产生平衡 Gold 码后截短 1 码片生成，移位控制时钟频率为 2.046 MHz。

G1 和 G2 序列分别由两个 11 级线性移位寄存器生成，其生成多项式为

G1（X）=$1+X+X^7+X^8+X^9+X^{10}+X^{11}$

G2（X）=$1+X+X^2+X^3+X^4+X^5+X^8+X^9+X^{11}$

G1 和 G2 序列的初始相位为

G1 序列初始相位 =01010101010

G2 序列初始相位 =01010101010

北斗系统官方文档《空间信号接口控制文件 V2.1》给出了产生北斗伪随机码的原理图，如图 4-2-2 所示。

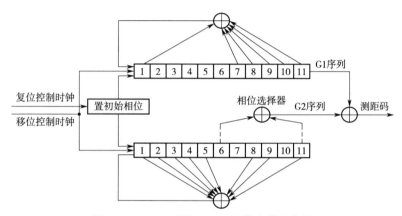

图 4-2-2　CB1I 码和 CB2I 码发生器示意图

Ⅱ. 自相关特性

自相关函数可衡量一个信号和其自身在时间轴上偏移某段时长以后的相似性。对于一个完全随机的函数来说，由于当前时刻和下一时刻的函数值完全不相关，则其自相关函数在时间偏移量不为 0 的情况下应该为 0，其数学表达式为

$$R_{i,\,i}(\tau)=\frac{1}{T}\int_0^T c_i(t)\,c_i(t+\tau)\,\mathrm{d}t \quad \tau\in(-T/2,T/2) \tag{4-2-1}$$

式中　i——第 i 个伪随机噪声码；

　　　$R_{i,\,i}(\tau)$——该伪随机噪声码自相关函数；

　　　T——测距码周期，假设码片长度为 T_c，一个周期内的码片数为 N，则 $T=NT_c$，$R_{i,\,i}(\tau)$ 也是周期函数。

（式 4-2-1）的意思是将测距码移动延迟一段时间后和自身乘积的积分平方。

图 4-2-3 直观展示了测距码自相关函数是如何计算的。其中，上部的波形信号为 $c_i(t)$，下部的波形信号为经过一段时间 τ 延迟后的波形信号 $c_i(t+\tau)$，当 τ 值为正值时信号波形往右边移动，当 t 值为负值时信号波形往左边移动。图 4-2-3 中较深的阴影部分表示两个波形信号之间的相同部分，较浅的阴影部分表示两个波形信号之间的不同部分。很显然，相同部分的乘积是 1，而不同部分的乘积是 –1，所以最终的积分结果

是所有相同部分的累计面积和所有不同部分的累计面积的差值。

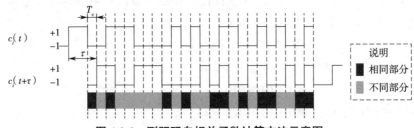

图4-2-3 测距码自相关函数计算方法示意图

当 $\tau=0$ 时， $c_i(t)$ 和 $c_i(t+\tau)$ 完全对齐，则

$$
\begin{aligned}
R_{i,\,i}(0) &= \frac{1}{T}\int_0^T c_i(t)\ c_i(t)\ \mathrm{d}t \\
&= \frac{1}{T}\int_0^T c_i(t)^2 \mathrm{d}t \\
&= 1
\end{aligned}
\tag{4-2-2}
$$

显然，此时 $R_{i,i}(\tau)$ 取得最大值。

当 $\tau \ne 0$ 时，先考虑 τ 为 T_c 的整数倍的情况，即 $\tau=kT_c$，其中 k 为非零整数，则

$$
\begin{aligned}
R_{i,\,i}(kT_c) &= \frac{1}{T}\int_0^T c_i(t)\ c_i(t+kT_c)\ \mathrm{d}t \\
&= \frac{T_c}{T}\sum_{n=1}^{1023} c_i(n)\ c_i(n+k) \\
&= \frac{1}{N}\sum_{n=1}^{1023} c_i(n)\ c_i(n+k)
\end{aligned}
\tag{4-2-3}
$$

$c_i(n)$ 为测距码发生器产生的离散值，在数字逻辑电路中为0或1，因为数字电路的模二加对应这里的数字乘法，所以这里需要将离散码值中的0转换为 -1 才能在此处直接使用数字乘法运算。

可以验证，在 τ 为 T_c 的非零整数倍的情况下， $R_{i,i}(\tau)$ 只能取三个不同的值：

$$
R_{i,\,i}(kT_c) = \left\{ \frac{1}{N}, \frac{-\beta(n)}{N}, \frac{\beta(n)-2}{N} \right\}
$$

这里 $\beta(n)=1+2^{\left\lfloor (n+2)/2 \right\rfloor}$， $\lfloor x \rfloor$ 指不超过 x 的最大整数，对于 GPS C/A 码来说，$n=10$，则 $\beta(n)=65$，所以 $R_{i,\,i}(kT_c)=\left\{\dfrac{1}{1\,023}, \dfrac{-65}{1\,023}, \dfrac{63}{1\,023}\right\}$， $k=1,\cdots,1\,022$。

考虑到 $\tau=0$ 相当于 $k=0$，则可以得到结论：C/A 码的自相关函数在时间偏移整数倍 T_c 的情况下只取三个限值，即 $R_{i,\,i}(kT_c)=\left\{\dfrac{1}{1\,023}, \dfrac{-65}{1\,023}, \dfrac{63}{1\,023}\right\}$。

当 $\tau \neq 0$，且 τ 连续可变时，首先考虑 τ 在（0，T_c]连续变化的情况，如图 4-2-4 所示。当 $\tau=0$ 时，$R_{i,i}(\tau)$ 取得最大值；当 τ 渐增大时，$c_i(t+\tau)$ 和 $c_i(t)$ 之间开始有不同部分，相同部分占全部周期的长度和 τ 有关，并且呈线性关系；当 τ 增大到 T_c 时，$R_{i,i}(\tau)$ 取值就回到 $t=kT_c$ 的情况（此时 $k=1$）。从整个变化过程可见，$c_i(t+\tau)$ 和 $c_i(t)$ 的相同部分占全部周期的比例和 τ/T 呈线性关系。在此过程中，$R_{i,i}(t)$ 取值变化范围为 $1 \sim R_{i,i}(\tau)$。当 t 在（kT_c，（$k+1$）T_c）连续可变时，也可以做类似分析，此时 $R_{i,i}(\tau)$ 的取值在 $R_{i,i}(kT_c)$ $\sim R_{i,i}((k+1)T_c)$ 线性变化，也和 t/T_c 呈线性关系。

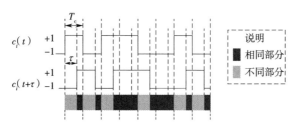

图 4-2-4　τ 在（0，T_c]之间连续变化自相关系数变化情况

Ⅲ. 伪距观测量

伪距就是由卫星发射的测距码信号到达接收机的传播时间乘以光速所测量出来的距离。卫星到接收机的距离是通过测定信号从卫星到接收机的延迟时间乘以光速 c 求得的，GNSS 信号发射时刻由卫星钟确定，收到时刻由接收机钟确定，这就在测定的卫星至接收机的距离中不可避免地包含两台钟不同步的误差和电离层、对流层延迟误差。由于卫星钟、接收机钟的误差以及卫星信号经过电离层和对流层的延迟影响，实际测出的距离与卫星到接收机的几何距离之间，不可避免地会存在一定差值，称其为"伪距"。

伪距测量的基本方法如下：

（1）卫星依据自己的时钟发出某一结构的测距码，该测距码经过 Δt 时间传播后到达接收机；

（2）接收机在自己的时钟控制下产生一组结构完全相同的测距码——复制码，并通过时延器使其延迟时间 τ；

（3）对这两组测距码进行相关处理，直到两组测距码的自相关系数 $R_{i,i}(\tau)$ 为最大值为止，此时复制码已和接收到的来自卫星的测距码对齐，复制码的延迟时间 τ 就等于卫星信号的传播时间 Δt；

（4）将 Δt 乘以光速 c 后，即可求得卫星至接收机的伪距。

时间延迟实际为信号的接收时刻与发射时刻之差，即使不考虑大气折射延迟，为得出卫星至测站的正确距离，要求接收机钟与卫星钟严格同步，且保持频标稳定。实际上，这是难以做到的，在任一时刻，无论是接收机钟还是卫星钟，相对于 GNSS 时间系统下的标准时（以下简称 GNSS 标准时）都存在 GNSS 钟差，即钟面时与 GNSS 标准时之差。

设接收机 p1 在某一历元接收到卫星信号的钟面时为 t_{p1}，与此相应的 GNSS 标准时为 T_{p1}，则接收机钟钟差为

$$\delta t_{p1} = t_{p1} - T_{p1} \tag{4-2-4}$$

若该历元第 i 颗卫星信号发射的钟面时为 t^i，相应的 GNSS 标准时为 T^i，则卫星钟钟差为

$$\delta t^i = t^i - T^i \tag{4-2-5}$$

若忽略大气折射延迟的影响，并将卫星信号的发射时刻和接收时刻均化算到 GNSS 标准时，则在该历元卫星 i 到测站 p1 的几何传播距离可表示为

$$\rho_{p1}^i = c(T_{p1} - T^i) = c\tau_{p1}^i \tag{4-2-6}$$

式中 τ——相应的时间延迟。

考虑对流层和电离层引起的附加信号延迟 $\Delta\tau_{trop}$ 和 $\Delta\tau_{ion}$，则正确的卫地距为

$$\rho_{p1}^i = c(\tau_{p1}^i - \Delta\tau_{trop} - \Delta\tau_{ion}) \tag{4-2-7}$$

由式（4-2-4）、式（4-2-5）和式（4-2-6）并将 $c\Delta\tau_{trop}$ 写为 $\delta\rho_{trop}$，将 $c\Delta\tau_{ion}$ 写为 $\delta\rho_{ion}$，可得

$$\rho_{p1}^i = c(t_{p1} - t^i) - c(\delta t_{p1} - \delta t^i) - \delta\rho_{trop} - \delta\rho_{ion} \tag{4-2-8}$$

式（4-2-8）中左端的卫地距中含有测站 p1 的位置信息，右端的第一项实际上为伪距观测值，因此可将伪距观测值表示为

$$\tilde{\rho}_{p1}^i = \rho_{p1}^i + c\delta t_{p1} - c\delta t^i + \delta\rho_{trop} + \delta\rho_{ion} \tag{4-2-9}$$

式（4-2-9）中，$\delta\rho_{trop}$ 和 $\delta\rho_{ion}$ 分别为对流层和电离层的折射改正。设测站 p1 的近似坐标为 (X_{p1}, Y_{p1}, Z_{p1})，卫星 i 在 t^i 时刻瞬时位置为 (X^i, Y^i, Z^i)，则式（4-2-9）可以写为

$$\sqrt{(X^i - X_{p1})^2 + (Y^i - Y_{p1})^2 + (Z^i - Z_{p1})^2} - c\delta t_{p1} = \tilde{\rho}_{p1}^i + \delta\rho_{ion} + \delta\rho_{trop} - c\delta t^i \tag{4-2-10}$$

式（4-2-10）即为**伪距观测方程**，由式（4-2-10）可知，由于卫星坐标、电离层改正、对流层改正、卫星钟差可根据卫星导航电文获得，因此式（4-2-10）中有 4 个未知数，即测站坐标 $(X_{p1}^0、Y_{p1}^0、Z_{p1}^0)$ 和接收机钟差 δt_{p1}。所以，用户至少需同时对四颗以上卫星进行伪距测量，才可解出接收机所在测站坐标和接收机钟差。

2）载波

在无线电通信技术中，为了有效传播信息，都是将频率较低的有用信号加载到频率较高的载波上，此过程称为调制，然后由载波携带有用信号传送出去，最后到达用户接收机。

Ⅰ.载波频率

GPS、Galileo、BDS 采用码分多址（CDMA）机制，每颗卫星发射的载波频率相同，卫星之间通过调制不同的伪随机噪声码进行区分，采用频点编号及对应的频率，见表 4-2-2；GLONASS 采用频分多址（FDAM）机制进行区分，每颗卫星采用不同的射电频

率，第 j 颗 GLONASS 卫星的射电频率为

$$\left.\begin{array}{l} f_{j1} = (j-1)\Delta f_1 + f_1 \\ f_{j2} = (j-1)\Delta f_2 + f_2 \end{array}\right\} \tag{4-2-11}$$

式中：f_1=1 602.562 5 MHz，　Δf_1 =0.562 5 MHz，f_2=1 246.437 5 MHz，　Δf_2 =0.437 5 MHz，
j=1，2，3，…。

表 4-2-2　各卫星导航系统的信号及频点

系统	信号	中心频点 /MHz	带宽 /MHz
GPS	L1	1 575.42	C/A: 2.046 P: 20.46
	L2	1 227.6	20.46
	L1C	1 575.42	4.092
	L2C	1 227.6	2.046
	L5	1 176.45	20.46
Galileo	E1	1 575.42	24.552
	E6	1 278.75	40.92
	E5	1 191.795	51.15
	E5a	1 176.45	20.46
	E5b	1 207.14	20.46
BDS	B1I	1 561.098	4.092
	B2I	1 207.14	20.46
	B3I	1 268.52	20.46
	B1C	1 575.42	32.736
	B2a	1 176.45	20.46

II. 卫星信号的调制与解调

GPS 卫星信号采用二进制相移键控（BPSK）调制，调制信号为 0 时载波相位不变，为 1 时载波相位反相。GPS 的调制信号为导航电文和伪码的模二加后的合成信号，受调制的载波为 1 575.42 MHz（L1）和 1 227.6 MHz（L2）。对于 P（Y）码信号来说，一个码片宽度内有 154 个 L1 的载波周期或者 120 个 L2 的载波周期；而对于 C/A 码信号来说，一个码片宽度内有 1 540 个 L1 的载波周期。最终的 L1/L2 导航信号的构成可以用图 4-2-5 表示。

图 4-2-5 以 GPS L1 频点的 C/A 码信号为例，其中包含导航电文比特、伪随机码、载波信号和 BPSK 信号。C/A 码的伪码周期为 1 ms，所以伪随机码部分在每 1 ms 重复，载波部分和伪随机码同步，同时也可以看出导航电文比特跳变时刻的时钟和伪随机码的时钟是同步的，这些同步关系都是由 GPS 星载时钟及后续的时钟电路决定的。

注意：图 4-2-5 受图画比例限制，没有按照一个码片内部有 1 540 个载波周期绘

制，主要体现 BPSK 信号随着 C/A 码和导航电文比特的模二加结果对载波相位改变的影响。

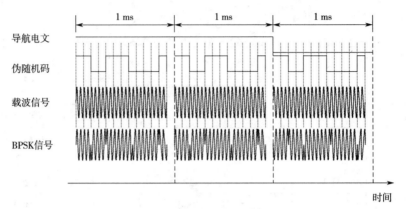

图 4-2-5 GPS 导航信号的构成

北斗卫星发射信号采用正交相移键控（QPSK）调制，B1 和 B2 的载波频率和伪码速率有以下比例关系，$f_{B1}=1\ 561.098\ \text{MHz}=763f_0$，$f_{B2}=1\ 207.140\ \text{MHz}=590f_0$，此处 $f_0=2.046\ \text{MHz}$，表示北斗伪随机码的伪码速率，所以一个 B1I 或 B2I 的伪码码片宽度内有 763 个 B1 载波周期或者 590 个 B2 载波周期。

B1、B2 信号由 I、Q 两个支路的"测距码 + 导航电文"正交调制在载波上构成。B1、B2 信号表达式分别如下：

$$\left. \begin{aligned} S_{B1}^{j}(t) &= A_{B1I}C_{B1I}^{j}(t)D_{B1I}^{j}(t)\cos(2\pi f_1 t + \varphi_{B1I}^{j}) + A_{B1Q}C_{B1Q}^{j}(t)D_{B1Q}^{j}(t)\sin(2\pi f_1 t + \varphi_{B1Q}^{j}) \\ S_{B2}^{j}(t) &= A_{B2I}C_{B2I}^{j}(t)D_{B2I}^{j}(t)\cos(2\pi f_2 t + \varphi_{B2I}^{j}) + A_{B2Q}C_{B2Q}^{j}(t)D_{B2Q}^{j}(t)\sin(2\pi f_2 t + \varphi_{B2Q}^{j}) \end{aligned} \right\}$$

$$(4\text{-}2\text{-}12)$$

式中　j——卫星编号；

　　　A_{B1I}——B1I 信号振幅；

　　　A_{B2I}——B2I 信号振幅；

　　　A_{B1Q}——B1Q 信号振幅；

　　　A_{B2Q}——B2Q 信号振幅；

　　　C_{B1I}——B1I 信号测距码；

　　　C_{B2I}——B2I 信号测距码；

　　　C_{B1Q}——B1Q 信号测距码；

　　　C_{B2Q}——B2Q 信号测距码；

　　　D_{B1I}——调制在 B1I 测距码上的数据码；

　　　D_{B2I}——调制在 B2I 测距码上的数据码；

　　　D_{B1Q}——调制在 B1Q 测距码上的数据码；

　　　D_{B2Q}——调制在 B2Q 测距码上的数据码；

　　　f_1——B1 信号载波频率；

　　　f_2——B2 信号载波频率；

φ_{B1I}——B1I 信号载波初相;

φ_{B2I}——B2I 信号载波初相;

φ_{B1Q}——B1Q 信号载波初相;

φ_{B2Q}——B2Q 信号载波初相。

由于在 GNSS 信号中已用二进制相位调制的方法在载波上调制了测距码和导航电文,因此接收到的卫星信号的相位已不再连续。所以,在进行载波相位测量前,首先要进行解调工作,设法将调制在载波上的测距码和导航电文去掉,重新恢复载波,这一工作称为重建载波。用户接到 GNSS 载波信号,采用码相关法、互相关技术、平方法、Z 跟踪技术可恢复载波的相位。

III. 载波相位观测

伪距的测量实际上是对码相位的测量,其精度与码元宽度有关,由于 C/A 码的码元宽度长达 300 m,伪距测量的测距精度一般为一个码元宽度的 1/100,即其测量精度约为 3 m。很显然,这个精度难以满足日常测量工作的需求。而对于载波来说,波长大约为 20 cm。目前,对载波相位的测量精度换算成距离大约为 1/100 个波长,即载波测量精度可达约 2 mm。由此可见,相位测量的精度要比伪距测量的精度高很多。因此,对于高精度的卫星定位需求,必须利用载波观测值。

载波是可运载调制信号的高频振荡波,载波相位即旋转矢量与 X 轴的夹角,载波在 t 时刻的相位可以表示为

$$\varphi(t) = \varphi(t_0) + \int_{t_0}^{t} f(s)\mathrm{d}s \tag{4-2-13}$$

式中 $\varphi(t_0)$——初始时刻 t_0 的相位;

$f(s)$——时间变化的载波频率。

如果 t 到 t_0 的时间间隔较短,且信号稳定,可以将式(4-2-13)写为

$$\varphi(t) = \varphi(t_0) + f(t - t_0) \tag{4-2-14}$$

若卫星 S 发出一载波信号,该信号在 t 时刻到达接收机 R 处的相位为 ϕ_R,在卫星 S 处的相位为 ϕ_S。ϕ_R、ϕ_S 为从某一起点开始计算的包括整周数在内的载波相位值,可表示为

$$\phi_R = \text{整周部分 } N_1 + \text{不足整周部分 } \varphi_R$$
$$\phi_S = \text{整周部分 } N_2 + \text{不足整周部分 } \varphi_S \tag{4-2-15}$$

站星距离:

$$\rho = \lambda\,(\phi_S - \phi_R) = \lambda\,[\,(N_2 - N_1) + (\varphi_S - \varphi_R)\,] = \lambda N + \lambda\,(\varphi_S - \varphi_R) \tag{4-2-16}$$

式中 λ——波长。

此次 φ_R 可以通过接收机内的鉴相器测出,φ_S 无法测量,如何解决呢?可以在接收机内设计一个接收机晶体振荡器,接收机振荡器和卫星在各自时钟的控制同步产生相同的载波。卫星信号向地面发送,相位 φ_R 经过一段时间传播后到达地面,被接收机接收,在接收瞬间,接收机产生的相位为 φ_S,将 2 个信号进行混频,从而得到一个中频

的差频信号，差频信号的相位就是不足整周部分的相位差。

载波相位测量即是测量接收机接收到的具有多普勒频移的载波信号与接收机产生的参考载波信号之间的相位差，通过相位差来求解接收机位置。它是目前最精确的观测方法。

如图 4-2-6 所示，在接收机首次接收到某颗卫星信号的第一个历元 t_0 时刻，通过相位比对，只能得到不足整周的小数部分 $F(t_0)$，整周数是一个未知数 N，这个未知整周数称作整周模糊度。

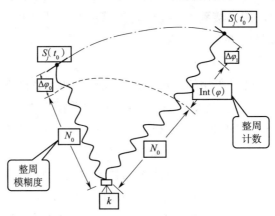

图 4-2-6　GNSS 载波相位测量原理

自 t_0 时刻起，接收机一直跟踪卫星不失锁，不断测定小于一周的相位差，并利用整波计数器记录从 t_0 时刻到 t_i 时间内的整周数变化量 $\text{Int}(\varphi)$，只要卫星 S^j 从 t_0 到 t_i 时间内卫星信号没有中断，则开始时刻整周模糊度就是一个常数，t_i 时刻观测相位差为

$$\phi_k^j(t_i) = 不足整周部分 + 整周数计数部分 \text{Int}(\phi) + 整周未知数 N_0 \qquad (4-2-17)$$

由于卫星相对于测站运动，二者径向距离随时间发生变化，从而产生多普勒频移，而使接收到的信号频率不同于发射的频率，如果载波信号频率为 f，由于多普勒效应而使卫星信号频率变为 f_r，则所产生的多普勒频移为

$$f_r - f = -\frac{f}{c}\frac{\mathrm{d}r}{\mathrm{d}t} \qquad (4-2-18)$$

式中　$\dfrac{\mathrm{d}r}{\mathrm{d}t}$ ——卫星到测站的径向相对速度。

在进行载波相位测量时，将式（4-2-18）求积分，即可得到多普勒频移计数，即

$$n_i = \int_{t_0}^{t_i}(f - f_r)\,\mathrm{d}t = \int_{t_0}^{t_i}\frac{f}{c}\frac{\mathrm{d}r}{\mathrm{d}t}\mathrm{d}t = \frac{f}{c}(r_i - r_0) = \frac{r_i - r_0}{\lambda} \qquad (4-2-19)$$

由于频率差的精度较差，积分得到的相位差精度也较差。因此，只能通过对式（4-2-19）取整，采用其整数部分。

综上所述，只要接收机能对卫星信号连续跟踪，那么每个完整的载波相位观测值均由下列几部分组成：

$$\phi_k^j(t_i) = N_0 + \text{Int}(\phi) + F_r^i(\varphi) \qquad (4-2-20)$$

式中　N_0——载波相位在传播路径上延迟的整周数，Int（ϕ）是起始时刻至观测时刻的载波相位变化的整周数；

$F_r^r（\varphi）$——不足一整周的部分，它是在 t_i 时刻的一个瞬时量测值。

Ⅳ.载波相位观测方程

设在 GNSS 标准时间为 T_a、卫星钟读数为 t_a 的瞬间，卫星发出的载波信号的相位为 $\phi（t_a）$，该信号在 GNSS 标准时间 T_b 到达接收机。根据波动方程，其相位应保持不变，即在标准时间 T_b 接收机接收到的来自卫星的载波信号的相位为 $\phi_s=\phi（t_a）$。设该瞬间接收机钟的读数为 t_b，因而由接收机所产生的基准信号的相位为 $\phi（t_b）$。载波相位测量值为

$$\phi = \varphi(t_b) - \varphi^j(t_a) \tag{4-2-21}$$

考虑到卫星钟差和接收机钟差，式（4-2-21）可以写为

$$\begin{aligned} T_a &= t_a + \delta t_a, \\ T_b &= t_b + \delta t_b \\ \phi &= \varphi(T_b - \delta t_b) - \varphi^j(T_a - \delta t_a) \end{aligned} \tag{4-2-22}$$

对于稳定度较好的振荡器，当时间有微小的增量 Δt 后，该振荡器产生的信号的相位满足下列关系式：

$$\varphi(t + \Delta t) = \varphi(t) + f \cdot \Delta t \tag{4-2-23}$$

由此，可以将式（4-2-22）的载波相位测量的基本方程转换为

$$\phi = \phi(T_b) - f \cdot \delta t_b - \phi(T_a) + f \cdot \delta t_a \tag{4-2-24}$$

假设信号传播时间为 $\Delta\tau$，则 $T_b=T_a+\Delta\tau$，可以将式（4-2-24）转换为

$$\phi = f \cdot \Delta\tau - f \cdot \delta t_b + f \cdot \delta t_a \tag{4-2-25}$$

传播延迟 $\Delta\tau$ 中考虑电离层和对流层的影响 $\delta\rho_{ion}$ 和 $\delta\rho_{trop}$，有

$$\Delta\tau = \frac{1}{C}(\rho - \delta\rho_{ion} - \delta\rho_{trop})$$

于是

$$\phi = \frac{f}{c}(\rho - \delta\rho_{ion} - \delta\rho_{trop}) + f(\delta t_a - \delta t_b) \tag{4-2-26}$$

将式（4-2-26）代入式（4-2-20）中，得到

$$\tilde{\phi} = \frac{f}{c}(\rho - \delta\rho_{ion} - \delta\rho_{trop}) + f \cdot \delta t_a - f \cdot \delta t_b - N_0 \tag{4-2-27}$$

将式（4-2-27）两边乘以波长 λ，得到

$$\lambda \cdot \tilde{\phi} = \rho - \delta\rho_{ion} - \delta\rho_{trop} + c \cdot \delta t_a - c \cdot \delta t_b - \lambda N_0 \tag{4-2-28}$$

式（4-2-28）为载波相位测量的观测方程，其中除增加一个整周未知数 N_0 外，其他和伪距观测方程完全相同，式中 ρ 是 τ_a 时刻卫星位置（x，y，z）和 τ_b 时刻接收机位置（X，Y，Z）之间的实际距离，即

$$\rho = \sqrt{(x-X)^2 + (y-Y)^2 + (z-Z)^2} \tag{4-2-29}$$

引入

$$X = X_0 + \mathrm{d}X$$
$$Y = Y_0 + \mathrm{d}Y$$
$$Z = Z_0 + \mathrm{d}Z$$

将 ρ_0 在 （X_0，Y_0，Z_0）点用泰勒级数展开，得

$$\rho = \rho_0 + \left(\frac{\partial \rho}{\partial X}\right)_0 \mathrm{d}X + \left(\frac{\partial \rho}{\partial Y}\right)_0 \mathrm{d}Y + \left(\frac{\partial \rho}{\partial Z}\right)_0 \mathrm{d}Z$$

$$\rho = \rho_0 + \frac{X_0 - x}{\rho_0}\mathrm{d}X + \frac{Y_0 - y}{\rho_0}\mathrm{d}Y + \frac{Z_0 - z}{\rho_0}\mathrm{d}Z \tag{4-2-30}$$

将式 （4-2-30）代入式 （4-2-28），可以将载波相位测量基本方程线性化，即

$$\frac{f}{c}\frac{X_0 - x}{\rho_0}\mathrm{d}X + \frac{f}{c}\frac{Y_0 - y}{\rho_0}\mathrm{d}Y + \frac{f}{c}\frac{Z_0 - z}{\rho_0}\mathrm{d}Z - f\delta t_a + f\delta t_b + N_0 = \frac{f}{c}(\rho - \delta\rho_{\mathrm{ion}} - \delta\rho_{\mathrm{trop}}) - \tilde{\phi}$$

$$\tag{4-2-31}$$

式 （4-2-31）等号左端各项为未知数项，其中 （z，y，z）是 t_0 时刻的 GNSS 卫星坐标；等号右端各项可根据 GNSS 卫星导航电文或多普勒观测资料算得，而 ϕ 的总和即为误差方程式的常数项。

式 （4-2-31）可用于单点定位， 但更多地用于相对定位。由于作为已知量的 GNSS 卫星位置，其误差远比相位观测值误差大，加之大气延迟改正的精度也难以与相位观测的精度匹配，所以在相对定位中常采用差分法解决这些问题。

3）导航电文

导航电文是用户用来定位和导航的数据基础。它包含该卫星的星历、工作状况、时钟改正、电离层时延改正、大气折射改正以及由 C/A 码捕获 P 码等导航信息，其是由卫星信号中解调出来的数据码 $D（t）$。具体内容见项目三。

2.GNSS 单点定位

GNSS 单点定位也称绝对定位， 即利用 GPS 卫星和用户接收机之间的距离观测值直接确定用户接收机天线在协议地球坐标系（如 CGCS2000 和 WGS-84）中相对于坐标系原点——地球质心的绝对位置。绝对定位可分为静态绝对定位和动态绝对定位。由于受到卫星轨道误差、钟差以及信号传播误差等因素的影响，静态绝对定位的精度约为米级，而动态绝对定位的精度为 10~40 m。这一精度只能用于一般导航定位中，远不能满足大地测量精密定位的要求。

GNSS 相对定位时至少用两台 GNSS 接收机，同步观测相同的 GNSS 卫星，确定两台接收机天线之间的相对位置（坐标差）。它是目前 GNSS 定位中精度最高的一种定位方法，广泛应用于大地测量、精密工程测量、地球动力学的研究和精密导航。下面简要介绍绝对定位的基本原理。

当接收机天线处于静止状态下，确定观测站坐标的方法称为静态单点定位。这时可以连续地在不同历元同步观测不同的卫星，测定卫星至观测站的伪距，获得充分的多余观测量，然后通过数据处理求得观测站的绝对坐标。

1）伪距法绝对定位

不同历元对不同卫星同步观测的伪距观测方程见式（4-2-10），有测站坐标和接收机钟差 4 个未知数。设测站 p1 的近似坐标为（X^0_{p1}，Y^0_{p1}，Z^0_{p1}），其改正数为（δX_{p1}，δY_{p1}，δZ_{p1}），卫星在 t^i 时刻瞬时位置为（X^i，Y^i，Z^i），利用近似坐标将式（4-2-10）线性化为伪距观测方程，即

$$\sqrt{(X^i - X_{p1})^2 + (Y^i - Y_{p1})^2 + (Z^i - Z_{p1})^2} - c\delta t_{p1} = \tilde{\rho}^i_{p1} + \delta\rho_{ion} + \delta\rho_{trop} - c\delta t^i$$

将 $c\delta t_{p1}$ 改写成 B，令式（4-2-10）的左边写成

$$\rho^{\prime i} = \sqrt{(X^i - X_{p1})^2 + (Y^i - Y_{p1})^2 + (Z^i - Z_{p1})^2} - c\delta t_{p1} \tag{4-2-32}$$

将式（4-2-32）展开为泰勒级数，并令

$$\left(\frac{\partial \rho^{\prime i}}{\partial X_{p1}}\right)_0 = -\frac{1}{\rho^{i0}}(X^i - X^0_{p1}) = -l_i$$

$$\left(\frac{\partial \rho^{\prime i}}{\partial Y_{p1}}\right)_0 = -\frac{1}{\rho^{i0}}(Y^i - Y^0_{p1}) = -m_i$$

$$\left(\frac{\partial \rho^{\prime i}}{\partial Z_{p1}}\right)_0 = -\frac{1}{\rho^{i0}}(Z^i - Z^0_{p1}) = -n_i$$

$$\left(\frac{\partial \rho^{\prime i}}{\partial B}\right)_0 = -1$$

其中

$$\tilde{n}^{i0} = \sqrt{(X^i - X^0_{p1})^2 + (Y^i - Y^0_{p1})^2 + (Z^i - Z^0_{p1})^2}$$

于是式（4-3-2）的线性化形式可以写成

$$\begin{bmatrix} \rho^{\prime 1} \\ \rho^{\prime 2} \\ \rho^{\prime 3} \\ \rho^{\prime 4} \end{bmatrix} = \begin{bmatrix} \rho^{\prime 10} \\ \rho^{\prime 20} \\ \rho^{\prime 30} \\ \rho^{\prime 40} \end{bmatrix} - \begin{bmatrix} l_1 & m_1 & n_1 & 1 \\ l_2 & m_2 & n_2 & 1 \\ l_3 & m_2 & n_2 & 1 \\ l_4 & m_2 & n_2 & 1 \end{bmatrix} \begin{bmatrix} dX \\ dY \\ dZ \\ dB \end{bmatrix} \tag{4-2-33}$$

或者写成

$$AX = L$$

式中

$$A = \begin{bmatrix} l_1 & m_1 & n_1 & 1 \\ l_2 & m_2 & n_2 & 1 \\ l_3 & m_2 & n_2 & 1 \\ l_4 & m_2 & n_2 & 1 \end{bmatrix}$$

$$L = (L_1 \quad L_2 \quad L_3 \quad L_4)^{\mathrm{T}} \quad L_i = \rho'^i - \rho'^{i0}$$

则可得坐标数的向量解为

$$\mathrm{d}X = -A^{-1}L \tag{4-2-34}$$

上述公式仅针对观察四颗卫星情况下的求解。此时没有多余观测量，未知数的解算是唯一的。当同步观测的卫星数多于四颗，例如 n（$n>4$）个时，则需要通过最小二乘法求解。此时可将式（4-2-33）写成误差方程式的形式，即

$$V_{\mathrm{p}} = A_{\mathrm{p}}\mathrm{d}X + L_{\mathrm{p}}$$

式中

$$V_{\mathrm{p}} = (v_1 \quad v_2 \quad ... \quad v_n)^{\mathrm{T}}$$

$$A_{\mathrm{p}} = \begin{bmatrix} l_1 & m_1 & n_1 & 1 \\ l_2 & m_2 & n_2 & 1 \\ \vdots & \vdots & \vdots & \vdots \\ l_n & m_n & n_n & 1 \end{bmatrix}$$

$$L = (L_1 \quad L_2 \quad \cdots \quad L_n)^{\mathrm{T}}$$

根据最小二乘法原理求解得

$$\mathrm{d}X = -(A_{\mathrm{p}}^{\mathrm{T}}A_{\mathrm{p}})^{-1}(A_{\mathrm{p}}^{\mathrm{T}}A_{\mathrm{p}}) \tag{4-2-35}$$

测站未知数中误差为

$$m_X = \sigma_0 \sqrt{q_{ii}} \tag{4-2-36}$$

式中　σ_0——伪距测量中误差；

　　　q_{ii}——权系数矩阵 Q_X 中的主对角线元素，其中

$$Q_X = (A_{\mathrm{p}}^{\mathrm{T}}A_{\mathrm{p}})^{-1} \tag{4-2-37}$$

式（4-2-37）适用于计算机进行迭代计算，即给出测站坐标初始值，进行第一次迭代计算，利用所求改正数修正坐标初始值，继续进行迭代计算，由于迭代过程收敛较快，一般迭代 2~3 次即可获得满意结果。

2）载波相位值绝对定位

利用载波相位观测值进行绝对定位的精度要比伪距高，其载波相位观测方程求解方式与伪距法相同，此处不再赘述。同时，应注意对观测值加入电离层、对流层等各项改正，防止和修复整周跳变，以提高定位精度。整周未知数解算后，不再为整数，可将其调整为整数，解算出的观测站坐标称为固定解，否则称为实数解。载波相位静态绝对定位解算的结果可以为相对定位的参考站（或基准站）提供较为精密的起始坐标。

3. 精度衰减因子

由式（4-2-37）伪距绝对定位权系数矩阵 Q_X 可知，Q_X 在空间直角坐标系中的一般形式为

$$\boldsymbol{Q}_X = \begin{bmatrix} q_{11} & q_{12} & q_{13} & q_{14} \\ q_{21} & q_{22} & q_{23} & q_{24} \\ q_{31} & q_{32} & q_{33} & q_{34} \\ q_{41} & q_{42} & q_{43} & q_{44} \end{bmatrix}$$

在实际应用中，为了估算测站点的位置精度，常采用其在大地坐标系中的表达形式，假设在大地坐标系中的相应点坐标的权系数矩阵为

$$\boldsymbol{Q}_B = \begin{bmatrix} g_{11} & g_{12} & g_{13} \\ g_{21} & g_{22} & g_{23} \\ g_{31} & g_{32} & g_{33} \end{bmatrix}$$

根据方差与协方差传播定律可得

$$\boldsymbol{Q}_B = \boldsymbol{H}\boldsymbol{Q}_X\boldsymbol{H}^{\mathrm{T}}$$

$$\boldsymbol{Q}_X = \begin{bmatrix} q_{11} & q_{12} & q_{13} \\ q_{21} & q_{22} & q_{23} \\ q_{31} & q_{32} & q_{33} \end{bmatrix}$$

$$\boldsymbol{H} = \begin{bmatrix} -\sin B\cos L & -\sin B\sin L & \cos B \\ -\sin L & \cos L & 0 \\ \cos B\cos L & \cos B\sin L & \sin B \end{bmatrix}$$

为了评价定位的结果，除可用上式估算每一未知参数解的精度外，在导航学中一般均采用有关精度因子（Dilution of Precision，DOP）的概念。其定义如下：

$$m_X = m \cdot DOP \tag{4-2-38}$$

实际上，DOP 即是权系数矩阵 $\boldsymbol{Q}_B$ 主对角线元素的函数。在实践中，根据不同的要求，可以采用不同的伪精度评价模型和相应的精度因子。

（1）平面位置精度衰减因子（几何精衰减因子，Horizontal　DOP，HDOP），相应的平面位置精度为

$$HDOP = (g_{11} + g_{22})^{1/2}$$
$$m_H = HDOP \cdot \sigma_0 \tag{4-2-39}$$

（2）高程几何精度衰减因子（Vertical DOP，VDOP），对应的高程精度要将三个坐标分量误差投影到测站垂线上，即

$$VDOP = \sqrt{g_{33}}$$

$$m_V = m \cdot VDOP \tag{4-2-40}$$

（3）空间位置精度衰减因子（Position DOP，PDOP），对应的空间定位精度为

$$PDOP = (q_{11} + q_{22} + q_{33})^{1/2}$$

$$m_P = m \cdot PDOP \tag{4-2-41}$$

（4）时钟几何精度衰减因子（Time DOP，TDOP），对应的接收机钟差精度为

$$TDOP = \sqrt{q_{44}}$$

$$m_T = m \cdot TDOP \tag{4-2-42}$$

（5）几何精度衰减因子（Geometric DOP，GDOP）。描述三维位置和时间误差综合影响的精度因子称为几何精度因子，相应的中误差为

$$GDOP = \sqrt{q_{11} + q_{22} + q_{33} + q_{44}} = \sqrt{PDOP^2 + TDOP^2}$$

$$m_G = m \cdot GDOP \tag{4-2-43}$$

由于 $m_X = m \cdot DOP$，所以精度衰减因子就是误差放大因子，即将伪距误差放大 DOP 倍，精度衰减因子的数值与所测卫星的几何分布图形有关，假设观测站与 4 颗观测卫星所构成的六面体体积为 V，则分析表明几何精度衰减因子 $GDOP$ 与该六面体体积 V 的倒数成正比，即

$$GDOP \propto 1/V$$

一般来说，六面体的体积越大，所测卫星在空间的分布范围也越大，GDOP 值越小；反之，六面体的体积越小，所测卫星在空间的分布范围越小，则 GDOP 值越大。实际观测中，为了减弱大气折射影响，卫星高度角不能过低，所以必须在这一条件下尽可能使所测卫星与观测站所构成的六面体的体积接近最大。

【任务实施】

1. 整体介绍

南方创享 GNSS 接收机主要由主机、手簿、配件三大部分组成，南方创享测量系统示意图如图 4-2-7 所示。

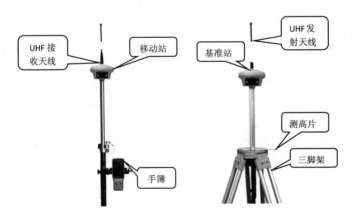

图 4-2-7 南方创享测量系统示意图

2. 主机介绍

南方创享 GNSS 接收机外形如图 4-2-8、图 4-2-9 和图 4-2-10 所示。

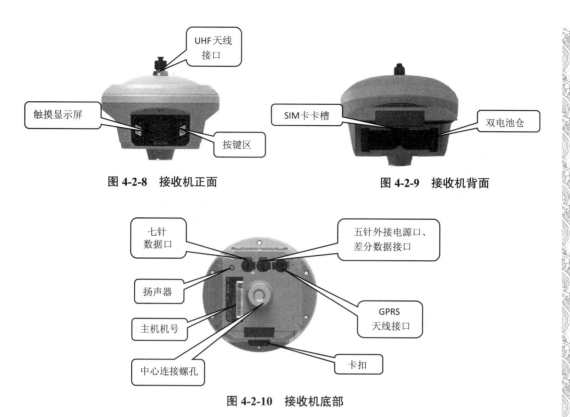

图 4-2-8　接收机正面　　　　　　　　图 4-2-9　接收机背面

图 4-2-10　接收机底部

3. 按键和指示灯

指示灯位于液晶屏的左侧和右侧，左侧为数据发射 / 接收灯、右侧为蓝牙灯；按键位于液晶屏的左侧和右侧，$\boxed{\text{F}}$ 为功能键 / 切换键，$\boxed{\text{⏻}}$ 为确认键 / 关机键，具体信息见表 4-2-3。

表 4-2-3　接收机按键和指示灯信息

项目	功能	作用或状态
⏻	开关机，确定修改	开机、关机，确定修改项目
F	翻页，返回	一般为选择修改项目，返回上级接口
✳	蓝牙灯	蓝牙接通时此灯长亮
⇅	数据指示灯	电台模式：按接收间隔或发射间隔闪烁。 网络模式：网络拨号、Wi-Fi 连接时快闪（10 Hz）；拨号成功后按接收间隔或发射间隔闪烁

4. 手簿

1）手簿介绍

南方创享 GNSS 接收机配套使用的操作手簿是 H6 手簿，其外形如图 4-2-11 和图

4-2-12 所示。

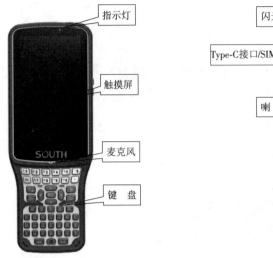

图 4-2-11　H6 手簿正面

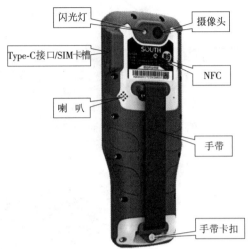

图 4-2-12　H6 手簿背面

2）蓝牙连接

主机开机，H6 手簿进行如下操作，中文版操作页面如图 4-2-13 所示。

（1）打开工程之星软件，点击"配置"—"仪器连接"。

（2）点击"搜索"，即可搜索到附近的蓝牙设备。

（3）选中要连接的设备，点击"连接"即可连接上蓝牙。

图 4-2-13　蓝牙连接操作页面（中文版）

5. 天线高量取方法

天线高的量取方式有直高、斜高、杆高和测片高四种，天线高量取方式如图 4-2-14
所示。

直高（h_1）：地面到主机底部的垂直高度（h_3）加天线相位中心到主机底部的高度

（h_0）。

斜高（h_2）：橡胶圈中部到地面点的高度。

杆高（h_3）：主机下面对中杆的高度，通过对中杆上刻度读取。

测片高（h_4）：地面点至测高片最外围的高度。

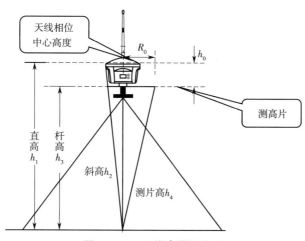

图 4-2-14　天线高量取方法

6. 工程之星主界面介绍

工程之星 5.0 软件是安装在 H6 手簿上的 RTK 野外测绘软件，下面利用工程之星软件了解单点定位的相关概念。首先运行工程之星软件，进入主界面视图（图 4-2-15）。

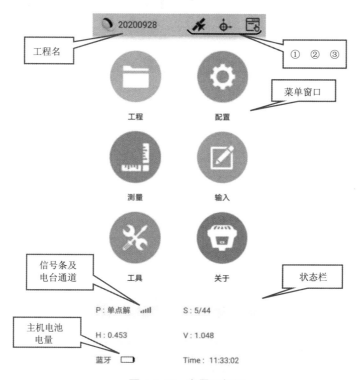

图 4-2-15　主界面视图

　　将 H6 手簿与 GNSS 接收机连接，在室外空旷位置熟悉工程之星软件的主界面。

　　状态栏中，"P"代表当前的解状态，包括固定解、浮点解、差分解、单点解；"S"代表 X/Y（锁定卫星数量 / 可视卫星数量），分类卫星 GPS（G）、GLONASS（R）、BDS（C）、Galileo（E）的卫星颗数可于右上角"定位信息"—"卫星图"查看；"H"和"V"分别代表水平残差和竖直残差；Time 代表时间；还有信号条、电台通道及主机电池电量。

　　左上角的"20200928"为当前工程的工程名，点击右上角的两个相交的"箭头"②图标，可以查看及更改当前的工程属性；点击右上角的"卫星"①图标，可以查看当前主机的定位信息，如图 4-2-16 所示，"详细"页面包括当前 GNSS 接收机的点位信息、精度因子和基准站信息，"卫星图"页面可以看到当前 GNSS 接收机可视卫星数量，并选择查看不同 GNSS 星座卫星，"信噪比"页面显示导航信号功率与噪声功率的比值，通常都以对数的方式进行计算，单位为 dB，信噪比反映了 GNSS 接收信号的强弱，决定了产品的定位性能；右上角的"界面定制"③图标，可以对软件界面进行"经典风格"和"通用风格"的切换，如图 4-2-17 所示。

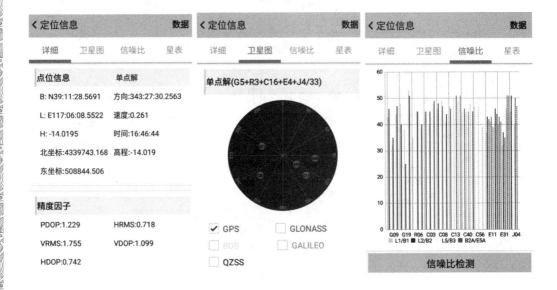

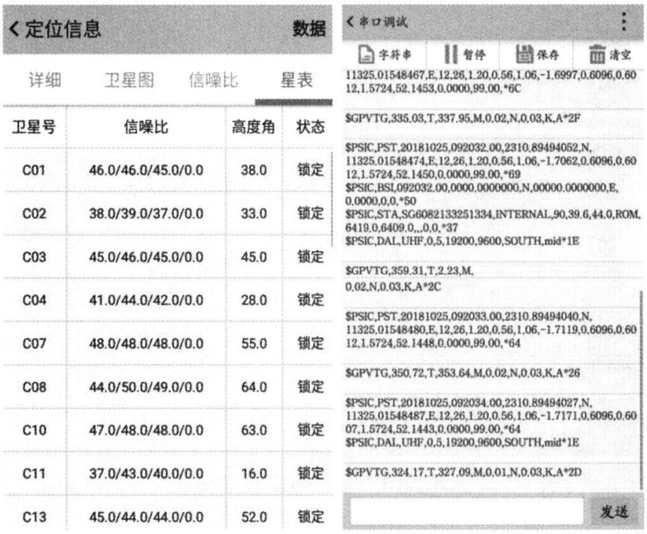

图 4-2-16 定位相关信息

图 4-2-17 "经典风格"和"通用风格"界面

7. 水准气泡校准

如果在外业操作过程中发现电子气泡与对中杆气泡不符，需要进行水准气泡校准。校正方法是将 GNSS 接收机架设在指定位置，对中整平，将 H6 手簿与 GNSS 接收机连接，点击"配置"—"工程设置"—"系统设置"—"水准气泡"—"气泡校准"—"开始校准"—校准成功后返回主界面，具体步骤如图 4-2-18 所示。以同样的方法可以进行磁场校准。

图 4-2-18　水准气泡校准步骤

注意：气泡校准过程中要保证主机水平居中且处于静止状态，如果出现进度提示110%，说明校准失败，此时应使用辅助工具对主机进行固定。惯导模块对角度敏感度极高，稍微偏移即会导致校准失败，所以在气泡校准时强烈建议使用辅助工具对其进行固定后，方才校准。

8. 惯导功能

南方创享测量系统配备了第三代惯导倾斜测量，倾斜 30° 内测量精度≤ 2.5 cm，倾斜 60° 内精度≤ 5 cm，如图 4-2-19 所示。

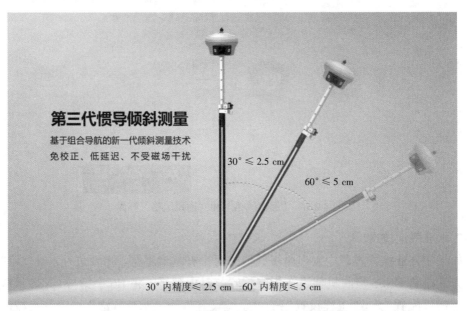

图 4-2-19　南方创享测量系统第三代惯导倾斜测量示意

惯导倾斜测量具体操作步骤如下。

（1）设置杆高。点击"配置"—"工程设置"—"输入正确的杆高"—确定。

注意：惯导测量前，杆高和实际设置杆高需保持一致，否则会导致坐标补偿异常，从而导致坐标出错。

（2）气泡校准。为保证惯导精度，测量作业前若更换过对中杆或者更换过工作区域，建议重新对气泡进行校准，以免因对中杆弯曲变形或者温度、气压、重力变化等影响测量精度。一般情况下不需频繁校准。

（3）测量。在主机固定解情况下，点击"测量"—"点测量"—"气泡形状的图标"—根据提示"左右摇摆主机"—主机提示"倾斜测量可用"或者右上角 RTK 标志由红变绿，此时惯导使用，可进行倾斜测量作业，如图 4-2-20 所示。

若根据提示左右摇摆主机仍未提示"倾斜测量可用"，则使主机在居中状态下静置 5 s，再摇晃主机，提示"倾斜测量可用"后即可进行测量工作。

图 4-2-20　惯导倾斜测量步骤

【技能训练】

使用 GNSS 接收机采集坐标：会使用工程之星软件查看定位相关信息，并完成惯导倾斜测量作业流程。

任务三　　GNSS 接收机的检校

【任务导入】

如今市场上的接收机种类繁多，价格也相差很大，要想选择一款质量可靠、性能较好的接收机，就需要测量人员对接收机的类型、最佳的接收机应该具备的条件、如何对接收机进行检验等有全面的了解。为了了解仪器性能、工作特性及其可能达到的精度水平，需要对 GNSS 接收机进行检验，其是制定 GNSS 作业计划的依据，也是GNSS 定位测量顺利完成的重要保证。

【任务准备】

1.GNSS 接收机的类型

GNSS 接收机可以按用途、工作原理、接收频率等进行分类。

1）按用途分类

导航型接收机：主要用于运动载体的导航，可以实时给出载体的位置和速度；一般采用 C/A 码伪距测量，单点实时定位精度较低，一般为 10 m 左右；接收机价格较低，应用广泛。

测地型接收机：主要用于精密大地测量和精密工程测量；主要采用载波相位观测值进行相对定位，定位精度高；仪器结构复杂，价格较高。

授时型接收机：主要利用 GNSS 卫星提供的高精度时间标准进行授时，常用于天文台、无线通信及电力网络中的时间同步。

2）按载波频率分类

单频接收机：只接收 L1 载波信号，测定载波相位观测值进行定位。由于不能有效消除电离层延迟影响，单频接收机只适用于短基线的精密定位。

双频接收机：可以同时接收 L1、L2 载波信号，利用双频对电离层延迟的不同可以消除电离层对电磁波信号的延迟影响，可用于长达几千千米的精密定位。

3）按通道数分类

GNSS 接收机能同时接收多颗 GNSS 卫星的信号，为了分离接收到的不同卫星信号，以实现对卫星信号的跟踪、处理和量测，具有这样功能的器件称为天线信号通道。根据接收机所具有的通道种类可分为多通道接收机、序贯通道接收机、多路多用通道接收机。

4）按工作原理分类

码相关型接收机：利用码相关技术得到伪距观测值。

平方型接收机：利用载波信号的平方技术去掉调制信号，恢复完整的载波信号。通过相位计测定接收机内产生的载波信号与接收到的载波信号之间的相位差，测定伪距观测值。

混合型接收机：综合上述两种接收机的优点，既可以得到码相位伪距，也可以得到载波相位观测值。

干涉型接收机：将 GNSS 卫星作为射电源，采用干涉测量方法，测定两个测站间的距离。

5）按卫星系统分类

单星系统接收机：通常只具有跟踪一个卫星导航定位系统能力的卫星信号接收机，

目前主要有 GPS 接收机、GLONASS 接收机、Galileo 接收机、BDS 接收机等。

双星系统接收机：同时具有跟踪两个卫星导航定位系统能力的卫星信号接收机，目前主要有 GPS 集成接收机、GLONASS 集成接收机、BDS 集成接收机。

多星系统接收机：同时具有跟踪两个以上卫星导航定位系统能力的卫星信号接收机，目前主要有 GNSS 集成接收机、GLONASS 集成接收机、Galileo 集成接收机、BDS 集成接收机。

6）按作业模式分类

静态接收机：具有标准静态、快速静态功能的接收机。

动态接收机：具有动态、准动态功能和实时差分技术的接收机。

7）按结构分类

分体式接收机：将组成接收机的接收主机、天线、控制器、电台、电源各单元全部或部分设计为独立的整体，它们之间需利用电缆或蓝牙技术进行数据通信，但从仪器基本结构分析，则可概括为天线单元和接收单元两大部分，将两个单元分别安装成两个独立的部件，以便将天线单元安设在测站上，接收单元置于测站点附近的适当位置，用电缆将两者连成一个整体，如图 4-3-1（a）所示。

整体式接收机：将组成接收机的接收主机、天线、控制器、电源各单元在制造过程中全部或部分集成为一个整体，或各单元之间模块化集成，通过无线电缆连接，如图 4-3-1（b）所示。

手持式接收机：采用整体式结构，接收机主机、天线、控制器、电源各单元全部高度集成一体化，接收机系统根据手持特点设计封装，具有功耗小、质量轻、价格低廉等特点，应用十分广泛，如图 4-3-1（c）所示。

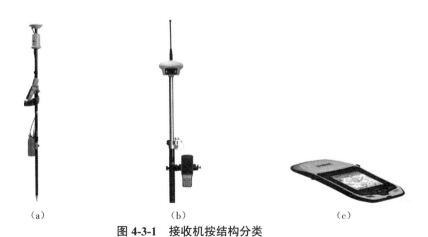

（a）　　　　　　　　　　　（b）　　　　　　　　　（c）

图 4-3-1　接收机按结构分类

（a）分体式接收机　（b）整体式接收机　（c）手持式接收机

2. 最佳 GNSS 接收机应具备的条件

1）组成

接收机一般包括主机（含天线、无线通信模块）和辅助设备等，辅助设备包括控制手簿、对中杆等。

2）功能

控制手簿应能通过蓝牙或 Wi-Fi 等无线通信方式与接收机通信并进行设置，或利用接收机自身按键进行设置，具体设置功能包括设置数据采样率、截止高度角、通信参数及接入网络 RTK 等。接收机可设置多种工作模式，应能支持流动站工作模式，也可设置为基准站工作模式。在流动站工作模式下，应能将接收机设置为既可接收网络 RTK 差分数据，也可接收单基站差分数据；在基准站工作模式下，应具备设置为单基站发送差分数据能力。接收机应具有显示或提示功能，具体包括电源状态、工作模式、卫星状态、通信方式及状态、差分状态、数据记录及存储状态等。

3）性能

（1）具有同时跟踪和测量 4 颗以上 GNSS 卫星的能力。一台 GNSS 信号接收机能否同时跟踪和测量多颗 GNSS 卫星，取决于它具有的波道数。其具有的波道数最少不能低于 8 个波道，最佳者为 24 个甚至 48 个波道（对于双星集成接收机而言）。为了使卫星跟踪性能良好不易失真，最好还具有 WAAS 信号和无线电信标的接收波道。

（2）具有双频甚至三频的接收能力。单频接收机的制作成本和售价虽较低，但其不宜用于过长距离和厘米级精度的差分 GNSS 测量，一台理想的 GNSS 信号接收机，应具有双频甚至三频的接收能力，在海、陆、空应用时能跟踪全部可见卫星。

（3）一台较理想的 GNSS 信号接收机，既能做静态定位，又能做快速静态和动态测量；既能在高低动态环境条件下做七维状态参数测量，又具有极微弱信号的探测能力和抗客体干扰能力。例如，既能够在森林或街区正常作业，又能担任差分 GNSS 和地理信息系统任务。

（4）具备较低的 C/A 码测距噪声（≤ 10 cm）和载波相位噪声（<1 mm）；天线相位中心一致性，使用室外相对定位法，天线相位中心变化应小于接收机静态测量水平标称精度的固定误差（3 mm）。

4）测量精度

单点定位精度：接收机单点定位水平精度应优于 5 m（RMS），垂直精度应优于 10 m（RMS）。

静态测量精度：接收机的标称精度可表示为 $a+b\times D$，其中 a 为固定误差，单位为 mm；b 为比例误差，单位为 mm/km；D 为基线长度，单位为 km。接收机进行静态测量的水平精度应优于（$5+1\times10^{-6}\times D$）mm，垂直精度应优于（$10+1\times10^{-6}\times D$）mm。

RTK 测量精度：接收机进行 RTK 测量的水平精度应优于（$20+1\times10^{-6}\times D$）mm，垂直精度应优于（$40+1\times10^{-6}\times D$）mm。

5）数据存储

接收机具备存储与输出原始观测数据、差分定位结果的功能；接收机在非正常断电时，应具有数据保存功能；接收机应具有至少能存储 72 h、1 Hz 采样率的 RTK 定位结果的能力，并应具有至少存储一天原始数据的能力。

6）时间特性

冷启动首次定位时间：接收机在概略位置、概略时间、星历和历书均未知的状态下开机，到首次定位所需的时间，应不超过 120 s。

温启动首次定位时间：接收机在概略位置、概略时间、历书已知，星历未知的状态下开机，到首次定位所需的时间，应不超过 60 s。

热启动首次定位时间：接收机在概略位置、概略时间、星历和历书均已知的状态下开机，到首次定位所需的时间，应不超过 20 s。

RTK 初始化时间：RTK 初始化分为单基站 RTK 模式和网络 RTK 模式，单基站 RTK 模式下初始化时间不超过 20 s，网络 RTK 模式下初始化时间不超过 15 s。

7）环境适应性

温度：接收机正常工作温度范围为 –20~+60 ℃，存储温度范围为 –40~+75 ℃。

湿热：接收机应能够在温度为 40 ℃、相对湿度为 95% 的环境下正常工作。

振动：接收机经过表 4-3-1、表 4-3-2 的条件振动后，应能正常工作，保持结构完好。

表 4-3-1 接收机正弦振动参数

振动模式	位移幅值（mm）	加速度幅值（m/s²）	频率范围（Hz）
正弦振动	3.5	—	2~9
	—	10	9~200
	—	15	200~500

表 4-3-2 接收机平稳随机振动参数

振动模式	加速度谱密度（m/s²）	频率范围（Hz）
平稳随机振动	10	2~10
	1	10~200
	0.3	200~2 000

防尘、防水：接收机外壳防护等级应不低于 IP65，即不能完全防止尘埃进入，但进入的灰尘量不得影响设备的正常运行，也不得影响安全，外壳喷水无漏水。

抗冲击（抗摔）：接收机在无外包装下从 1.0 m 高度自由落地，接收机加电后应能正常工作。

8）安全性

安全性要求：各接口端应有防插错措施，并有明显标记；接口应具有防静电功能以及偶然极性反接的保护措施。

9）可靠性

接收机的平均故障间隔时间（MTBF）应大于或等于 3 000 h。

3. 接收机基本配置

GNSS 接收机完成测量任务的关键指标精度、数量与测量要求精度的有关具体要求可参照表4-3-3（GB/T 18314—2009《全球定位系统（GPS）测量规范》）和表4-3-4（CJJ/T 73—2019《卫星定位城市测量技术标准》）。

表4-3-3　接收机选用（《全球定位系统（GPS）测量规范》）

级别	A	B	C	D、E
单频/双频	双频/全波长	双频/全波长	双频/全波长	双频或单频
观测量至少有	L1、L2 载波相位	L1、L2 载波相位	L1、L2 载波相位	L1 载波相位
同步观测接收机数	≥4	≥4	≥3	≥2

表4-3-4　接收机选用（《卫星定位城市测量技术标准》）

项目	等级				
	二等	三等	四等	一级	二级
接收机类型	双频	双频	双频或单频	双频或单频	双频或单频
标称精度	$H \leq$ （5 mm+2× $10^{-6}D$） $V \leq$ （10 mm+2× $10^{-6}D$）	$H \leq$ （5 mm+2× $10^{-6}D$） $V \leq$ （10 mm+2× $10^{-6}D$）	$H \leq$ （10 mm+5× $10^{-6}D$） $V \leq$ （20 mm+5× $10^{-6}D$）	$H \leq$ （10 mm+5× $10^{-6}D$） $V \leq$ （20 mm+5× $10^{-6}D$）	$H \leq$ （10 mm+5× $10^{-6}D$） $V \leq$ （20 mm+5× $10^{-6}D$）
同步观测接收机数	≥4	≥3	≥3	≥3	≥3

注：D 为测量得到的两点间距离，单位为 km。

4. 仪器维护

GNSS 接收机是贵重的精密电子仪器，对于其运输、使用、存放，用户均需制定严格的维护办法。

（1）应指定专人保管，不论采用何种运输方式，均应有专人押运，并采取防震措施，不得碰撞、倒置或重压。

（2）作业期间，应严格遵守技术规定和操作要求，未经允许非作业人员不得擅自操作仪器。

（3）应注意防震、防潮、防晒、防尘、防蚀、防辐射；电缆线不应扭折，不应在地面拖拉、碾砸，其接头和连接器应保持清洁。

（4）作业结束后，应及时擦净接收机上的水汽和尘埃，及时存放在仪器箱内。仪器箱应置于通风、干燥、阴凉处，仪器箱内干燥剂呈粉红色时及时更换。

（5）仪器交接时应按规定的一般检验项目进行检查，并填写交接情况记录。

（6）接收机在使用外接电源前，应检查电源电压是否正常，电池正负极切勿接反。

（7）当天线置于楼顶、高标及其他设施的顶端作业时，应采用加固措施，雷雨天气时应有避雷设施或停止观测。

（8）接收机在室内存放期间，室内应定期通风，每隔 1~2 个月应通电检验一次，接收机内电池要保持充满电状态，外接电池应按其要求按时充放电。

（9）严禁拆卸接收机各部件，天线电缆不得擅自切割改装、改换型号或接长。如发生故障，应认真记录并报告有关部门，请专业人员维修。

【任务实施】

对于观测中所选用的接收机，必须对其性能与可靠性进行检验，合格后方可参加作业。对新购和经修理后的接收机，应按规定进行全面的检验。接收机全面检验的内容包括一般性检验、通电检验和实测综合性能检验。

1. 一般性检验

一般性检验主要检查接收机设备各部件及其附件是否齐全、完好，紧固部分是否松动与脱落，使用手册及资料是否齐全等。另外，天线底座的圆水准器和光学对中器，应在检验前进行测试和校正，光学对中器的对中误差小于 1 mm；对气象测量仪表（通风干湿表、气压表、温度表）等应定期送气象部门检验。

2. 通电检验

通电检验主要检查接收机通电后有关信号灯、按键、显示系统和仪表的工作情况，以及自测试系统的工作情况，当自测正常后，按操作步骤检验仪器的工作情况。接收机锁定卫星能力初始化时间不大于 15 min，实时载波相位差分（RTK）与实时伪距差分（RTD）初始化时间不大于 3 min。

3. 实测综合性能检验

实测综合性能检验是 GNSS 接收机检验的主要内容，其检验方法有用标准基线检验已知坐标、边长检验、零基线检验、相位中心偏移量检验等。以上各项检验应按作业时间的长短，至少每年进行一次。

1）接收机天线相位中心一致性检验

在超短基线（6 m<D<24 m）上将接收机正确安置，按统一约定的方向指向北，观测一个时段。然后固定一个天线，其余天线依次转动 90°、180°、270°，各观测一个时段，每个时段的观测时间应不少于 30 min。分别求出各时段基线向量，其最大值与最小值之差应小于静态测量水平标称精度的固定误差 a。

2）测地型 GNSS 接收机的测量检验

测地型 GNSS 接收机的测量检验在 GNSS 校准场进行，可分为短基线测量检验和中、长基线测量检验。

（1）短基线测量检验，在 GNSS 校准场的短基线上进行。按 GNSS 接收机的正确操作方法工作，调整基座使 GNSS 接收机天线严格整平居中，天线按约定统一指向正北方向，天线高量取精确至 1 mm，每台 GNSS 接收机必须保证同步观测时间在 1 h 以上。两台套的检验结果不得少于三条边长。经配套软件解算出的基线与已知基线值相比，其差值应小于 GNSS 接收机的标称标准差。若 GNSS 接收机标称值为（$a+b×D$），则 GNSS

接收机测量误差的最大允许值为

$$\sigma = \sqrt{a^2 + (b \times D \times 10^{-6})^2}$$

式中 σ——标准差，mm；

       a——固定误差，mm；

       b——比例误差系数，mm/km；

       D——测量距离，km。

（2）中、长基线测量检验，可分为已知基线长度和已知坐标两种方法。在已知中、长基线上按静态测量模式进行检验，最短观测时间见表4-3-5。观测数据可以用配套处理软件进行解算，解得的基线与已知基线值之差作为校准结果。

表 4-3-5   中、长基线测量检验最短观测时间表

基线长度分类	最短观测时间（h）
$D \leqslant 5$ km	1.5
5 km$<D \leqslant 15$ km	2.0
15 km$<D \leqslant 30$ km	2.5
$D>30$ km	4.0

GNSS 接收机校准场应选择在地质构造坚固稳定、利于长期保存、交通方便、便于使用的地方建设，各点位应埋设成强制归心的观测墩，周围无强电磁信号干扰，点位环视高度角 15° 以上无障碍物。校准场点位布设应含有超短距离、短距离和中长距离，组成网形，以便进行闭合差检验。

3）单点定位测量精度

根据《北斗 / 全球卫星导航系统（GNSS）RTK 接收机通用规范》（BD 420023—2019）规定，接收机应具备单点定位功能，接收机单点定位水平精度应优于 5 m（RMS），垂直精度应优于 10 m（RMS）。将接收机安置在检验场地的已知坐标点上，得到定位结果后，开始记录坐标，数据采样间隔为 30 s，记录数据 100 个，按以下公式计算单点定位精度：

$$m_{\mathrm{H}} = \sqrt{\frac{1}{n}\sum_{i=1}^{n}\left[(N_i - N_0)^2 + (E_i - E_0)^2\right]} \tag{4-3-1}$$

$$m_{\mathrm{V}} = \sqrt{\frac{1}{n}\sum_{i=1}^{n}\left[(U_i - U_0)^2\right]} \tag{4-3-2}$$

式中 m_{H}、m_{V}——单点定位水平、垂直精度，m；

       N_0、E_0、U_0——已知点在站心坐标系下的北、东、高坐标，m；

       N_i、E_i、U_i——第 i 个定位结果在站心坐标系下的北、东、高坐标，m；

       n——单点定位坐标个数。

4）静态基线测量精度

将接收机安置在检验场地的已知点位上，基线长度为 8~20 km，设置卫星截止高度

角不大于 15°，采样间隔不大于 15 s，观测四个时段，每个时段的观测时间应不少于 30 min，按式（4-3-3）计算的静态基线测量精度应优于按式（4-3-4）计算的接收机标称标准差 σ：

$$\left.\begin{array}{l} m_{Hs} = \sqrt{\dfrac{1}{4}\sum_{i=1}^{4}\left[(\Delta N_i - \Delta N_0)^2 + (\Delta E_i - \Delta E_0)^2\right]} \\ \\ m_{Vs} = \sqrt{\dfrac{1}{4}\sum_{i=1}^{4}\left[(\Delta U_i - \Delta U_0)^2\right]} \end{array}\right\} \tag{4-3-3}$$

$$\sigma = a + b \times D \tag{4-3-4}$$

式中　m_{Hs}，m_{Vs}——静态基线测量水平、垂直精度，m；

　　　ΔN_0、ΔE_0、ΔU_0——已知基线在站心坐标系下北、东、高方向分量，m；

　　　ΔN_i、ΔE_i、ΔU_i——第 i 时段基线测量结果在站心坐标系下北、东、高方向分量，m。

　　　σ——接收机标称标准差，mm。

　　　a——固定误差系数，mm。

　　　b——比例误差系数，mm/km。

　　　D——基线长度，km，当实际基线长度 D<0.5 km 时，取 D=0.5 km 进行计算。

5）RTK 测量精度

接收机分别设置单 BDS、BDS/GPS/GLONASS RTK 差分。在单基站模式下，在检验场地内选取两个距离不大于 5 km 的已知坐标点，单系统有效 GNSS 卫星数目不少于 8 颗，进行单基站 RTK 测试，基准站播发 BDS/GPS/GLONASS 载波相位差分改正数据。接收机成功定位单点后，接收基准站差分数据，初始化完成后，记录 RTK 定位结果，每组连续采集不少于 100 个测量结果，共进行 10 组观测，每组测量结束后重新开机进行初始化。在网络 RTK 模式下，单系统有效 GNSS 卫星数目不少于 8 颗，进行网络 RTK 测试，在接收机成功定位单点后，接收网络差分数据，初始化完成后，记录 RTK 定位结果，每组连续采集不少于 100 个测量结果，共进行 10 组观测，每组测量结束后重新开机进行初始化。按以下公式计算 RTK 测量精度：

$$\left.\begin{array}{l} m_{Hrtk} = \sqrt{\dfrac{1}{4}\sum_{i=1}^{n}\left[(N_i - N_0)^2 + (E_i - E_0)^2\right]} \\ \\ m_{Vrtk} = \sqrt{\dfrac{1}{4}\sum_{i=1}^{n}\left[(U_i - U_0)^2\right]} \end{array}\right\} \tag{4-3-5}$$

式中　m_{Hrtk}，m_{Vrtk}——RTK 测量水平、垂直精度，mm；

　　　N_0、E_0、U_0——测试点的已知坐标在站心坐标系下的北、东、高坐标，m；

　　　N_i、E_i、U_i——分别为被测设备第 i 个定位结果经投影后得到的站心坐标系下的北、东、高坐标，mm；

　　　i——动态 RTK 测量结果序号；

　　　n——动态 RTK 测量结果个数。

【技能训练】

结合实训场地实际情况，选择检验项目进行 GNSS 接收机的检验。

任务四　影响 GNSS 测量的误差因素

【任务导入】

GNSS 测量误差来源于 GNSS 卫星信号的产生和发出、信号在介质中传播和接收机接收信号的各个过程中，按误差性质可分为系统误差（偏差）和偶然误差两大类。其中系统误差无论从误差的大小还是对定位结果的影响来讲都比偶然误差要大得多，而且有规律可循，可以采取一定措施加以消除。本任务主要从误差的分类、来源及消除措施等方面进行讲解。

【任务准备】

1.GNSS 测量的误差来源及其影响

GNSS 定位中出现的各种误差按误差来源可分为三类：与卫星有关的误差、与信号传播有关的误差和与接收机有关的误差。各种误差源对 GNSS 定位带来的影响如表4-4-1 所示。

表 4-4-1　GNSS 定位误差分类及对基线测量的影响

误差来源	误差分类	对基线测量的影响（m）
GNSS 卫星	卫星星历误差 卫星钟的钟误差 相对论效应	1.5~15
信号传播	电离层延迟误差 对流层延迟误差 多路径效应	1.5~15
接收机	接收机钟的钟误差 接收机的位置误差 接收机相位中心变化引起的误差	1.5~5
其他影响	地球潮汐 负荷潮	1

2.GNSS 测量主要误差分类

1) 与卫星有关的误差

Ⅰ. 卫星星历误差

由广播星历或其他轨道信息所给出的卫星位置与卫星的实际位置之差称为星历误差。在一个观测时间段中（1~3 h），它主要呈现系统误差特性。

星历误差的大小主要取决于卫星跟踪系统的质量（如跟踪站的数量及空间分布，观测值的数量及精度，轨道计算时所用的轨道模型及定轨软件的完善程度等），还与星历的预报间隔（实测星历的预报间隔可视为零）有直接关系。由于美国政府的 SA 技术，星历误差中还引入了大量人为因素而造成的误差，它们主要也呈现系统误差特性。

星历误差对相距不远的两个测站的定位结果产生的影响大体相同，各个卫星的星历误差一般看成互相独立的。然而，由于 SA 技术的实施，这一特性很可能被破坏。

Ⅱ. 卫星钟的钟误差

卫星上虽然使用了高精度的原子钟，但仍不可避免地存在误差。这种误差既包含系统性的误差（由钟差、频偏、频漂等产生的误差），也包含随机误差，且系统误差远比随机误差大，但系统误差可以通过模型加以改正，因而随机误差就成为衡量原子钟的重要标志。钟误差主要取决于原子钟的质量。

SA 技术实施后，卫星钟的误差中又引入了由于人为因素而造成的信号的随机抖动。两个测站对卫星进行同步观测时，卫星钟的误差对两个测站观测值的影响是相同的。各卫星钟的误差一般也被看成互相独立的。

Ⅲ. 相对论效应

相对论效应是由于卫星钟和接收机钟所处的状态（运动速度和重力位）不同而引起卫星钟和接收钟之间产生相对钟误差的现象。严格地说，将其归入与卫星有关的误差不完全准确。但由于相对论效应主要取决于卫星的运动速度和重力位，并且是以卫星钟误差的形式出现的，因此将其归入此类误差。

与卫星有关的误差对伪距测量和载波相位测量所造成的影响相同。

2) 与信号传播有关的误差

Ⅰ. 电离层折射

电磁波信号通过电离层时传播速度会产生变化，致使量测结果产生系统性的偏离，这种现象称为电离层折射。电离层折射的大小取决于外界条件（时间、太阳黑子数、地点等）和信号频率。在伪距测量和载波相位测量中，电离层折射的大小相同、符号相反。

Ⅱ. 对流层折射

卫星信号通过对流层时传播速度要发生变化，从而使测量结果产生系统误差，这种现象称为对流层折射。对流层折射的大小取决于外界条件（气温、气压、温度等）。对流层折射对伪距测量和载波相位测量的影响相同。

Ⅲ. 多路径误差

经某些物体表面反射后到达接收机的信号，将和直接来自卫星的信号叠加进入接收机，使测量值产生系统误差，这种现象称为多路径误差。多路径误差对伪距测量的影响比对载波相位测量的影响严重。多路径误差的大小取决于测站周围的环境和接收天线的性能。

载波相位测量中残留在观测值中的整周跳变（未被发现或错误地进行修复所造成的）以及整周未知数确定的不正确，都会使载波测量值中产生系统的偏差，它们通常也被归入与信号传播有关的误差。

3）与接收机有关的偏差

Ⅰ. 接收机钟的多个误差

接收机中一般使用精度较低的石英钟，因而钟误差更为严重。该项误差的大小主要取决于钟的质量，与使用环境也有一定关系。其对伪距测量和载波相位测量的影响相同。同一台接收机对多颗卫星进行同步观测时，接收机钟的误差对各相应观测值的影响相同，且各接收机的钟差之间可视为相互独立。

Ⅱ. 接收机的位置误差

在进行授时和定轨时，接收机的位置（指接收机天线的相位中心）是已知值，接收机的位置误差将使授时和定轨的结果产生系统误差。该项误差对伪距测量和载波相位测量的影响相同。

3. 消除、削弱上述误差影响的措施和方法

上述各项误差对测距的影响可达数十米，有时甚至可超过 100 米，比观测噪声大几个数量级。因此必须加以消除和削弱。消除和削弱这些误差所造成的影响的方法主要有以下几种。

1）建立误差改正模型

误差改正模型既可以通过对误差特性、机制以及产生的原因进行研究、分析、推导建立起理论公式（如利用电离层折射的大小与信号频率有关这一特性（即所谓的"电离层色散效应"）建立起的双频电离层折射改正模型基本上属于理论公式），也可以通过大量观测数据的分析、拟合建立起经验公式。在多数情况下是同时采用以上两种方法建立综合模型（各种对流层折射模型则大体上属于综合模型）。

误差改正模型本身的误差以及所获取的改正模型各参数的误差，仍会有一部分偏差残留在观测值中。这些残留的偏差通常比偶然误差要大得多。

误差改正模型的精度好坏不等，有的误差改正模型效果较好，如双频电离层折射改正模型的残余偏差约为总量的 1% 或更小；有的效果一般，如多数对流层折射改正模型的残余偏差为总量的 5%~10%；有的则效果较差，如由广播星历所提供的单频电离层折射改正模型的残余偏差高达 30%~40%。

2）求差法

仔细分析误差对观测值或平差结果的影响，安排适当的观测纲要和数据处理方法

（如同步观测、相对定位等），利用误差在观测值之间的相关性或在定位结果之间的相关性，通过求差来消除或削弱其影响的方法称为求差法。

例如，当两个测站对同一卫星进行同步观测时，观测值中都包含共同的卫星钟误差，将观测值在接收机间求差，即可消除此项误差。同样，一台接收机对多颗卫星进行同步观测时，将观测值在卫星间求差即可消除接收机钟误差的影响。

又如，目前广播星历的误差可达数十米，这种误差属于起算数据的误差，并不影响观测值，不能通过观测值相减来消除。利用相距不太远的两个测站上的同步观测值进行相对定位时，由于两个测站至卫星的几何图形十分相似，因而星历误差对两站坐标的影响也很相似。利用这种相关性，在求坐标差时就能把共同的坐标误差消除掉，其残余误差对基线的影响很小。

3）选择较好的硬件和较好的观测条件

有的误差（如多路径误差）既不能采用求差法来消除或削弱也无法建立改正误差模型，削弱它的唯一办法是选用较好的天线，并仔细选择测站，远离反射物和干扰源。

上述方法也可结合使用，例如采用大气传播延迟改正模型进行改正，再用求差法来消除无法用模型改正却具有相关性的残余误差。

【任务实施】

结合前述相关内容，对误差产生原因及消减方法进行总结，如表4-4-2所示。

表 4-4-2 GNSS 定位误差分析

误差	产生原因	消减办法
星历误差	无论是精密星历还是预报星历，都不是卫星真实位置的体现；星历误差是一种起始误差，其大小主要取决于卫星跟踪站的数量及空间分布、观测值的数量及精度、轨道计算时所用的轨道模及定轨软件的完善程度等；它对单点定位的精度有很大的影响，也是精密相对定位中重要误差的来源之一	（1）建立自己的卫星跟独立定轨； （2）相对定位； （3）轨道松弛法
卫星钟差	频率偏差、频率漂移和钟的随机误差	（1）改正模型； （2）相对定位差分中的一次求差
相对论效应	因卫星钟和接收机钟所处的状态不同而引起的卫星钟和接收机钟之间产生相对钟误差的现象	将卫星钟的频率降低
电离层误差	GNSS 信号通过电离层时，因受带电介质的非线性散射特性的影响，信号的传播路径会发生弯曲，由于自由电子的作用，其传播速度会发生变化；电离层折射改正的关键在于电子密度，电子密度随着距离地面的高度、时间变化、太阳活动程度、季节不同、测站位置等因素而变化	（1）相对定位； （2）双频接收； （3）利用电离层改正模型

续表

误差	产生原因	消减办法
对流层误差	GNSS 信号通过对流层时发生折射，对流层折射率与大气压力、温度和湿度密切相关	（1）相对定位； （2）用改正模型进行改正
多路径效应	传播路径不是卫星到接收机之间的直线距离	（1）点位选取； （2）改进接收机天线构造
接收机钟差	接收机选择的只是在一次定位期间保持稳定的石英钟	（1）当作未知数解算； （2）建立钟的误差模型，卫星间求一次差
天线相位中心位置误差	天线相位中心与几何中心不一致	（1）天线指北标志指北 （2）使用同种型号、类型的接收机
接收机对中误差	测量点位与实际点位不一致	强制对中

【思考与练习】

（1）GNSS 接收机由哪些部分组成？各部分都有什么作用？

（2）GNSS 卫星信号一般包括哪些部分？

（3）什么是伪随机噪声码？它有哪些特性？

（4）什么是自相关系数？

（5）精度因子的数值与所测卫星的几何分布图形之间有什么关系？

（6）GNSS 接收机的检验包括哪些内容？

项目五

GNSS 静态控制测量

【项目描述】

GNSS 静态控制测量可以获取高精度的 GNSS 控制点，GNSS 静态控制测量包括专业技术设计、外业数据采集、内业数据处理、专业技术总结等几个阶段。其中，专业技术设计包括基准设计、精度设计、密度设计、图形设计、GNSS 测前准备工作及专业技术设计书的编制等；外业数据采集包括外业准备、选点埋石、外业观测等；内业数据处理包括数据传输、数据预处理、基线解算及 GNSS 网平差等；专业技术总结包括专业技术总结的编写、成果验收及上交资料等。本项目以南方创享 GNSS 接收机及南方地理数据处理平台软件 SGO 为例，针对以上问题进行阐述。通过学习，学生将掌握如何实施 GNSS 静态控制测量和作业前准备工作，以及外业测量时网形布设、数据下载、数据解算等技能。

【项目目标】

（1）熟悉 GNSS 的测前准备工作及专业技术设计书的编写。

（2）理解 GNSS 静态控制测量工作的技术设计和图形设计。

（3）详细讨论 GNSS 外业施测，包括选点、埋石、野外观测的方法和注意事项。

（4）掌握 GNSS 控制网静态数据内业解算的基本概念及方法。

（5）掌握 GNSS 测量技术总结内容和上交的技术成果资料。

任务一　专业技术设计书的编制

【任务导入】

测绘技术设计的目的是制订切实可行的技术方案，保证测绘成果（或产品）符合技术标准和满足顾客要求，并获得最佳的社会效益和经济效益。每个测绘项目作业前都应进行技术设计，形成技术设计文件。技术设计文件是测绘生产的主要技术依据，也是影响测绘成果（或产品）能否满足顾客要求和技术标准的关键因素。为了确保技术设计文件满足规定要求的适宜性、充分性和有效性，测绘技术设计活动必须按照规定的程序进行。本任务主要介绍如何完成 GNSS 控制测量专业技术设计书的编制。

在进行 GNSS 外业观测之前，应做好施测前的测区踏勘、资料收集、器材准备、观测计划拟订、GNSS 接收机的检定及专业技术设计书的编制等工作。

【任务准备】

测绘技术设计可分为项目设计和专业技术设计。项目设计是对测绘项目进行的综合性整体设计。专业技术设计是对测绘专业活动的技术要求进行设计，它是在项目设计的基础上，按照测绘活动内容进行的具体设计，是指导测绘生产的主要技术依据。专业技术设计由具体承担相应测绘专业任务的法人单位负责。

1. 专业技术设计书的内容

专业技术设计书的内容通常包括概述、测区自然地理概况与已有资料情况、引用文件、成果（或产品）主要技术指标和规格、技术设计方案等部分。

1）概述

概述部分主要说明任务的来源、目的、任务量、作业范围和作业内容、行政隶属以及完成期限等基本情况。

2）测区自然地理概况与已有资料情况

Ⅰ.测区自然地理概况

应结合不同专业测绘任务的具体内容和特点，根据需要说明与测绘作业有关的测区自然地理概况，包括内容如下。

（1）测区的地形概况、地貌特征：居民地、道路、水系、植被等要素的分布与主要特征，地形类别（平地、丘陵地、山地及高山地）、困难类别、海拔高度、相对高差等。

（2）测区的气候情况：气候特征、风雨季节等。

（3）测区需要说明的其他情况，如测区有关工程地质与水文地质的情况，以及测区经济发达状况等。

Ⅱ.已有资料情况

主要说明已有资料的数量、形式、主要质量情况（包括已有资料的主要技术指标和规格等）和评价，以及已有资料利用的可能性和利用方案等。

3）引用文件

说明专业技术设计书编写过程中所引用的标准、规范或其他技术文件。文件一经引用，便构成专业技术设计书设计内容的一部分。

4）成果（或产品）主要技术指标和规格

根据具体成果（或产品），规定其主要技术指标和规格，一般可包括成果（或产品）类型及形式、坐标系统、高程基准、重力基准、时间系统、比例尺、分带、投影方法，分幅编号及其空间单元，数据基本内容、数据格式、数据精度以及其他技术指标等。

5）技术设计方案

具体内容应根据各专业测绘活动的内容和特点确定。技术设计方案一般包括以下内容。

（1）软、硬件环境及其要求：

①规定作业所需的测量仪器的类型、数量、精度指标以及对仪器校准或检定的要求；

②规定对作业所需的数据处理、存储与传输等设备的要求；

③规定对专业应用软件的要求和其他软、硬件配置方面需特别规定的要求。

（2）作业的技术路线或流程。

（3）各工序的作业方法、技术指标和要求。

（4）生产过程中的质量控制环节和产品质量检查的主要要求。

（5）数据安全、备份或其他特殊的技术要求。

（6）上交和归档成果及其资料的内容和要求。

（7）有关附录，包括设计附图、附表和其他有关内容。

2. 技术设计应遵照的基本原则

（1）技术设计应依据设计输入内容，充分考虑用户的要求，引用适用的国家、行业或地方的相关标准，重视社会效益和经济效益。

（2）技术设计方案应先考虑整体而后考虑局部，且顾及发展；要根据作业区实际情况，考虑作业单位的资源条件（如人员的技术能力和软、硬件配置情况等），挖掘潜力，选择最适用的方案。

（3）积极采用适用的新技术、新方法和新工艺。

（4）认真分析和充分利用已有的测绘成果（或产品）和资料，对于外业测量，必要时应进行实地勘察并编写踏勘报告。

技术设计的编写应做到：内容明确，文字简练；对标准或规范中已有明确规定的，一般可直接引用，并根据引用内容的具体情况，标明所引用标准或规范名称、日期以及引用的章、条编号，且应在其引用文件中列出；对于作业生产中容易混淆和忽视的问题，应重点描述；名词、术语、公式、符号、代号和计量单位等应与有关法规和标准一致；当用文字不能清楚、形象地表达其内容和要求时，应增加设计附图，并在附录中列出。技术设计书的幅面、封面格式和字体、字号等均应符合相关要求。

技术设计实施前，承担设计任务的单位或部门的总工程师或技术负责人负责对测绘技术设计进行策划，并对整个设计过程进行控制。必要时，可指定相应的技术人员负责。设计策划应根据需要决定是否进行设计验证。当设计方案采用新技术、新方法和新工艺时，应对设计输出进行验证，验证宜采用试验、模拟或试用等方法，根据其结果验证技术设计文件是否符合规定要求。

设计策划的内容包括：设计的主要阶段；设计评审；验证（必要时）和审批活动的安排；设计过程中职责和权限的规定；各设计小组之间的接口。

3. GNSS 静态控制测量准备工作

1）测区踏勘

在接收到下达的 GNSS 静态控制测量任务后，根据合同规定内容，依据施工设计图踏勘测区，了解下列情况，从而为编写技术设计、施工设计、成本预算等提供基础资料。

（1）交通情况：公路、铁路、乡村道路分布及通行情况。

（2）水系分布情况：江河、湖泊、池塘等分布情况，桥梁、码头及水路交通情况。

（3）植被情况：森林、草原、农作物分布及面积。

（4）控制点分布情况：三角点、水准点、GNSS 点、导线点的等级、平面坐标系统、高程系统，以及点位的数量及分布、点位标志的保存状况等。

（5）居民点分布情况：测区内城镇、乡村居民点的分布，以及食宿和供电情况。

（6）当地风俗民情：民族的分布、风俗、习惯、地方方言以及社会治安情况。

2）资料收集

资料收集是进行控制网技术设计的一项重要工作。技术设计前，应收集测区或工程各项有关资料，结合 GNSS 静态控制测量工作特点和测区具体情况，确定重点收集如下资料。

（1）各类图件：测区 1∶10 000~1∶100 000 比例尺地形图，大地水准面起伏图、交通图等。

（2）原有控制测量资料：点的平面图、高程、坐标系统、技术总结等有关资料，国家及各测绘部门所设三角点、水准点、GNSS 点、导线点等控制点测量成果及相关技术总结资料。

（3）测区有关的地质、气象、交通、通信等资料。

（4）城市及乡村行政划分表。

（5）有关规范、规程。

3）设备、器材筹备及人员组织

根据技术设计的要求，设备、器材筹备及人员组织应包括以下内容：

（1）观测仪器、计算机及配套设备的准备；

（2）交通、通信设施的准备；

（3）准备施工器材和其他消耗材料；

（4）组织测量队伍，拟订测量人员名单及岗位，并进行必要的培训；

（5）进行测量工作成本的详细预算。

4）拟订外业观测计划

外业观测工作是 GNSS 静态控制测量的主要工作，外业观测计划的拟订对于顺利完成野外数据采集任务、保证测量精度、提高工作效率是极其重要的。在施测前，应根据控制网的布设方案、规模大小、精度要求、经费预算、GNSS 卫星星座、投入作业的 GNSS 接收机数量及后勤保障条件，制订外业观测计划。

Ⅰ.制订观测计划的依据

（1）根据 GNSS 控制网的精度要求确定观测时间、观测时段数、GNSS 控制网规模大小、点位精度及密度。

（2）观测期间 GNSS 卫星星历分布状况、卫星的几何图形强度，且位置精度衰减因子（PDOP）值不得大于 6，必须做可见卫星预报。

（3）投入作业的 GNSS 接收机类型及数量。

（4）测区交通、通信及后勤保障等。

Ⅱ. 观测计划的主要内容

（1）选择卫星的几何图形强度。GNSS 定位精度与卫星和测站构成的几何图形有关，所测卫星和测站所组成的几何图形的强度因子可用 PDOP 表示，无论绝对定位还是相对定位，PDOP 值不应大于 6。

（2）选择最佳观测时段。可见卫星的数量大于 4 颗且分布均匀，PDOP 值小于 6 的时段就是最佳观测时段。

（3）观测区域的设计与划分。当 GNSS 控制网的点数较多、规模较大，而参与观测的接收机数量有限，交通和通信不便时，可实行分区观测。但必须在相邻分区设置公共点，且公共点的数量一般不少于 3 个。当相邻分区的公共点过少或者分配不合理时，会导致控制网的整体性变差，从而影响控制网的精度，增加公共点会延缓测量的工作进程，用户应根据实际情况选择公共点的数量和位置。

（4）接收机调度计划拟订。作业组应根据测区的地形、交通状况、控制网的大小、精度的高低、仪器的数量、GNSS 静态控制网的设计等情况拟订接收机调度计划和编制作业的调度表，以提高工作效率。

调度计划制订应遵循以下原则：

①保证同步观测；

②保证足够重复基线；

③设计最优接收机调度路径；

④保证作业效率；

⑤保证最佳观测窗口。

GNSS 接收机调度表见表 5-1-1。

表 5-1-1　GNSS 接收机调度表

时段编号	观测时间	测站号 / 名	测站号 / 名	测站号 / 名	测站号 / 名	测站号 / 名
		机号	机号	机号	机号	机号
1						
2						
3						

（5）确定 GNSS 静态数据处理软件

《全球定位系统（GPS）测量规范》（GB/T 18314—2009）中提出 A、B 级 GNSS 静态控制网基线数据处理应采用高精度数据处理专用的软件，C、D、E 级 GNSS 静态控制网基线解算可采用随接收机配备的商用软件。数据处理软件应经有关部门试验鉴定并经业务部门批准方能使用。

《卫星定位城市测量技术规范》（CJJ/T 73—2010）中规定城市二等 GNSS 静态控制

网基线解算和平差宜采用高精度软件，其他等级控制网可采用商用软件。城市二等 GNSS 静态控制网应采用卫星精密星历解算基线，其他等级控制网可采用卫星广播星历解算基线。当使用不同型号的接收机共同作业时，应将观测数据转换成标准格式后，再进行统一的基线解算。

【任务实施】

GNSS 静态控制测量专业技术设计书是 GNSS 静态控制测量项目实施的基本依据，用于指导外业测量、内业数据处理等工作。它规定了项目实施应该遵循的规范和应采取的施测方案或方法。GNSS 静态控制测量专业技术设计书编制过程中要充分考虑以下因素。

（1）测站因素：网点的密度，网的图形结构，时段分配、重复设站和重合点的布置等。

（2）卫星因素：卫星高度角与观测卫星的数目，几何图形精度衰减因子（GDOP），卫星信号质量。大部分接收机具有解码并记录来自卫星的广播星历表的能力。

（3）仪器因素：接收机、天线质量、记录设备。

（4）后勤因素：使用的接收机台数、来源和使用时间，各观测时段的机组调度，交通工具和通信设备的配置等。

GNSS 静态控制测量专业技术设计书的主要内容如下。

（1）项目概述：包括 GNSS 静态控制测量项目的来源、性质、用途及意义；项目总体概况，如工作量等。

（2）测区概况：测区隶属的行政管辖；测区范围地理坐标和控制面积；测区交通状况和人文地理；测区地形及气候状况；测区控制点分布及对其的分析、利用、评价等。

（3）作业依据：完成 GNSS 静态控制测量项目所需的主要测量规范、工程规范、行业标准。

（4）技术要求：根据任务书、合同要求或控制网用途提出 GNSS 静态控制测量的具体精度指标要求、成果的坐标系统和高程系统等。

（5）测区已有资料收集和利用情况：详细介绍收集到的测区已有资料，特别是控制点成果资料，包括控制点的数量、点名、等级、平面坐标、高程及其所属系统、点位保存状况、可利用情况等。

设计方案主要内容如下。

（1）布网方案：在适当比例尺的地形图上进行 GNSS 静态控制网图上设计，包括 GNSS 网点的图形、网点数、连接形式，GNSS 控制网结构特征测算、精度估算和点位图的绘制。

（2）选点与埋标。

①选点：测量线路、标志布设的基本要求，点位选址、重合利用旧点的基本要求，

需要联测点的踏勘要求、点名及其编号规定，选址作业中应收集的资料和其他相关要求等。

②埋石：测量标志、标石材料的选取要求，石子、沙、混凝土的比例，标石、标志、观测墩的数学精度，埋设的标石、标志及附属设施的规格、类型，测量标志的外部整饰要求，埋设过程中需获取的相应资料（地质、水文、照片等）及其他应注意的事项，路线图、点之记绘制要求，测量标志保护及其委托保管要求。

（3）GNSS 平面控制测量。

①规定 GNSS 接收机或其他测量仪器的类型、数量、精度指标，以及对仪器校准或检定的要求，测量和计算所需的专业应用软件和其他配置。

②规定作业的主要过程、各工序作业方法和精度质量要求，确定观测网的精度等级和其他技术指标等。

③规定观测作业各过程的方法和技术要求，如观测的基本程序与基本要求、观测计划的制订；数据采集的注意事项，包括外业观测时的具体操作规程、对中整平精度、天线高测量方法及精度要求、气象元素测量等。

④规定观测成果记录的内容和要求，外业数据处理的内容和要求，外业成果检查（或检验）、整理、预处理的内容和要求，基线向量解算方案和数据质量检核的要求，必要时需确定平差方案、高程计算方案等。

⑤规定补测与重测的条件和要求。

⑥规定其他特殊要求，如拟订所需的交通工具、主要物资及其供应方式、通信联络方式及其他特殊情况下的应对措施。

⑦规定上交和归档成果及其资料的内容和要求。

（4）大地测量数据处理。

①计算所需的软、硬件配置及其检验和测试要求。

②数据处理的技术路线或流程。

③各过程作业要求和精度质量要求，说明对已知数据和外业成果资料的统计、分析和评价的要求；说明数据预处理和计算的内容和要求，如采用的平面、高程、重力基准和起算数据；确定平差计算的数学模型、计算方法和精度要求，规定程序编制和检验的要求等；提出精度分析、评定的方法和要求等；规定其他有关的技术要求内容。

④规定数据质量检查的要求。

⑤规定上交成果内容、形式、打印格式和归档要求等。

7）质量保证措施：措施要具体，方法要可靠，能在实际作业中贯彻执行。

【技能训练】

编写 GNSS 专业技术设计书。

任务二　　GNSS 控制网技术设计

【任务导入】

在布设 GNSS 控制网时，技术设计是非常重要的环节，它依据 GNSS 测量的用途、用户的需求，按照国家及行业主管部门颁布的有关规范（规程），对网形、精度、基准、作业纲要等做出具体规定，提供布设和实施 GNSS 控制网的技术准则。本任务主要介绍如何实施 GNSS 控制网技术设计。

【任务准备】

应用 GNSS 定位技术建立的测量控制网称为 GNSS 控制网，其控制点称为 GNSS 点。

GNSS 控制网技术设计必须根据相关标准、技术规程的要求进行，常用的依据有国家和行业 GNSS 测量相关规范（规程）、测量任务书或合同书等。

1.GNSS 测量相关规范（规程）

GNSS 测量相关规范（规程）是国家质量监督检验检疫部门或者国家测绘管理部门和相关行业部门所制定的技术标准和法规，目前 GNSS 控制网技术设计依据的规范（规程）有：

（1）《全球定位系统（GPS）测量规范》（GB/T 18314—2009），以下简称《国标规范》；

（2）《全球导航卫星系统连续运行基准站网技术规范》（GB/T 28588—2012）；

（3）《卫星定位城市测量技术标准》（CJJ/T 73—2019），以下简称《城市标准》；

（4）各部委根据本部门 GNSS 相关工作实际情况指定的其他 GNSS 测量规程或细则。

2. 测量任务书或合同书

测量任务书是测量任务承担单位的委托方或业主方下达的具有强制约束力的文件，常用于下达指令性任务。测量合同书是由委托方或业主方与测量任务承担单位共同签署的合同，该合同由双方协商同意并签订后具有法律效力。GNSS 静态控制测量任务书或合同书规定了任务的目的、用途、范围、精度、密度，任务完成的规定时间和需上交的成果及资料等。

GNSS 控制网技术设计时必须依据 GNSS 静态控制测量任务书或合同书所规定的内容。

【任务实施】

1.GNSS 控制网的精度和密度设计

1）GNSS 控制网的精度设计

GNSS 控制网可分为两大类：一类是国家或区域性的高精度 GNSS 控制网；另一类是局部性的 GNSS 控制网，包括城市或工矿区及各类工程控制网。根据 GNSS 控制网的应用目的不同，其精度要求也有不同。

对于 GNSS 控制网的精度要求，主要取决于控制网的用途和定位技术所能达到的精度。精度指标通常以 GNSS 控制网相邻点间的弦长标准差来表示，即

$$\sigma = \sqrt{a^2 + (bd)^2}$$

式中　　σ——标准差（基线向量的弦长中误差），mm；

　　　　a——GNSS 接收机标称精度中的固定误差，mm；

　　　　b——GNSS 接收机标称精度中的比例误差系数（1×10^{-6}）；

　　　　d——相邻点间的距离，km。

《国标规范》将 GNSS 控制网按精度划分为 A、B、C、D、E 五个精度级别，其中：

A 级 GNSS 控制网主要用于建立国家一等大地控制网，进行全球动力学研究、地壳形变测量和精密定轨等；

B 级 GNSS 控制网主要用于建立国家二等大地控制网，建立地方或者城市坐标基准框架，进行区域性地球动力学研究、地壳形变测量、局部形变测量和各种精密工程测量等；

C 级 GNSS 控制网主要用于建立国家三等大地控制网，建立区域、城市及工程测量的基本控制网；

D 级 GNSS 控制网主要用于建立国家四等大地控制网；

D、E 级 GNSS 控制网主要用于中小城市、城镇及测图、地籍、土地信息、房产、物探、勘测、建筑施工等的控制测量。

A 级 GNSS 控制网由卫星定位连续运行站构成，其精度不低于表 5-2-1 的要求。

表 5-2-1　A 级 GNSS 控制网精度要求

级别	坐标年变化率中误差		相对精度	地心坐标各分量年平均中误差 /mm
	水平分量 /（mm）	垂直分量 /（mm）		
A	2	3	1×10^{-8}	0.5

B、C、D、E 级 GNSS 控制网的精度要求不低于表 5-2-2 的要求。

表 5-2-2　B、C、D、E 级 GNSS 控制网精度要求

级别	相邻点基线分量中误差		相邻点间平均距离 /km
	水平分量 /（mm）	垂直分量 /（mm）	
B	5	10	50
C	10	20	20

续表

级别	相邻点基线分量中误差		相邻点间平均距离 /km
	水平分量 /（mm）	垂直分量 /（mm）	
D	20	40	5
E	20	40	3

在实际工作中，GNSS 控制网精度标准的确定要根据用户的实际需求以及人力、财力、物力的投入情况合理设计。用于建立国家二等大地控制网和三、四等大地控制网的 GNSS 控制网测量，在满足表 5-2-2 中 B、C、D 级网精度要求的基础上，其对应的相对精度还应不低于 1×10^{-7}、1×10^{-6}、1×10^{-5}。

此外，《城市标准》将城市测量 GNSS 控制网按相邻站点的平均距离和精度划分为二等、三等、四等网和一级、二级网，主要技术要求应符合表 5-2-3 的规定。

表 5-2-3　城市测量 GNSS 控制网主要技术要求

等级	平均边长 /km	固定误差 a /mm	比例误差系数 b /（mm/km）	最弱边相对中误差
二等	9	≤ 5	≤ 2	1/120 000
三等	5	≤ 5	≤ 2	1/80 000
四等	2	≤ 10	≤ 5	1/45 000
一级	1	≤ 10	≤ 5	1/20 000
二级	<1	≤ 10	≤ 5	1/10 000

2）GNSS 控制网的点位密度设计

《国标规范》对各等级 GNSS 控制网（A 级除外）相邻点间的距离，以及各级 GNSS 控制网最简异步观测环或附合路线的边数均做出了相应规定，要求各级 GNSS 点位应均匀分布，相邻点间的距离最大不宜超过该网平均点间距的 2 倍，具体要求详见表 5-2-4。特殊情况下，个别 GNSS 点间的距离可结合具体任务和技术服务目的，对其技术指标做出相应的调整。

表 5-2-4　GNSS 控制网相邻点间距离及边数要求

级别	B	C	D	E
相邻点间平均距离 / km	50	20	5	3
相邻点间最大距离 / km	100	40	10	6
闭合环或附合路线的边数 / 条	6	6	8	10

《城市标准》规定二等、三等、四等网相邻点最大边长不宜超过平均边长的 2 倍，最小边长不宜小于平均边长的 1/2；一级、二级网最大边长不宜超过平均边长的 2 倍，具体要求详见表 5-2-5。当边长小于 200 m 时，边长较差应小于 ±20 mm。工程 GNSS 控制网的技术要求宜根据需求单独设计最大边长、最小边长和平均边长，但 GNSS 控制网的基线长度中误差和最弱边相对中误差应符合上述要求。

表 5-2-5　城市测量 GNSS 控制网相邻点间距离及边数要求

级别	二等	三等	四等	一级	二级
相邻点最小距离 / km	4.5	2.5	1	0.5	0.5
相邻点最大距离 / km	18	10	4	2	2
相邻点平均距离 / km	9	5	2	1	<1
闭合环或附合路线的边数 / 条	≤ 6	≤ 8	≤ 10	≤ 10	≤ 10

2.GNSS 控制网的基准设计

对于 GNSS 控制网测量工程项目，专业技术设计阶段必须明确 GNSS 测量成果所采用的坐标系统和起算数据，即明确 GNSS 控制网所采用的基准。通常将这项工作称为 GNSS 控制网的基准设计。GNSS 控制网的基准包括位置基准、方位基准和尺度基准。GNSS 控制网的基准设计实质上主要是确定控制网的位置基准。

1）位置基准

GNSS 控制网的位置基准一般由给定的起算点坐标确定。在 GNSS 基线向量解算中，作为位置基准的固定点误差是引起基线误差的一个重要因素。GNSS 控制网位置基准设计时，应按如下优先顺序采用。

（1）若控制网中有国家 A、B 级 GNSS 控制点或者其他高等级 GNSS 控制点，应优先采用这些点在 WGS-84 坐标系的坐标值，作为解算基线向量的固定位置基准。

（2）若控制网中有较高等级控制点的国家坐标或地方坐标成果，可以把它们转换成 WGS-84 坐标后，作为 GNSS 控制网的固定位置基准。

（3）若控制网中无任何其他已知起算数据，可选控制网中长时间观测（不少于 30 min）的点，将其长时间观测的单点定位结果作为固定位置基准。

2）方位基准

方位基准一般由给定的起算方位角确定，也可以通过两个以上起算点反算方位角的方法确定，或者将 GNSS 基线向量的方位作为方位基准。

3）尺度基准

尺度基准一般通过电磁波测距方式确定，也可以直接根据 GNSS 基线向量的距离确定，或者由 GNSS 控制网中两起算点间的坐标反算距离确定。GNSS 观测量本身含有尺度信息，但 GNSS 控制网的尺度含有系统误差，因此需要提供外部尺度基准，以消除 GNSS 控制网尺度系统误差，主要有以下两种方案。

（1）提供外部尺度基准。

对于边长小于 50 km 的 GNSS 控制网，可以采用高精度的电磁波测距仪（精度在 1×10^{-6} 以上）测量 2~3 条基线边长，作为整网的尺度基准。对于长基线的 GNSS 控制网，可以采用卫星激光测距（SLR）站的相对定位观测值和甚长基线干涉测量技术（VLBI）基线作为 GNSS 控制网的尺度基准。

（2）提供内部尺度基准。在无法提供外部尺度基准时，可以采用不同时期长时间、多次测量的 GNSS 观测值作为 GNSS 控制网的尺度基准。

4）GNSS 控制网基准设计注意事项

（1）新布设的 GNSS 控制网应与附近已有高等级控制点进行联测，联测点数不应少于 3 点且分布均匀，以便可靠确定 GNSS 控制网与原有网之间的转换参数。

（2）为保证 GNSS 控制网平差后坐标精度的均匀性，减少尺度对误差的影响，应将 GNSS 控制网内已知国家或城市高等级控制点与未知点连接构成图形。

（3）联测的高程点需均匀分布在 GNSS 控制网中，丘陵或山地区域联测高程点应按高程拟合曲面的要求进行布设。

（4）新建 GNSS 控制网的坐标系统应尽可能与测区常用原有坐标系保持一致。

3.GNSS 控制网图形设计

1）GNSS 控制网构成基本概念

（1）观测时段：从测站开始接收卫星信号到观测停止，连续工作的时间段，简称时段。

（2）同步观测：两台或两台以上接收机同时对同一组卫星进行的观测。

（3）同步观测环：三台或三台以上接收机同步观测获得的基线向量所构成的闭合环，简称同步环。

（4）独立基线：对于 N 台 GNSS 接收机构成的同步观测环，有 J 条同步观测基线，其中独立基线数为 $N-1$，独立基线之间没有相关性。

（5）独立观测环：由独立观测所获得的基线向量构成的闭合环，简称独立环。

（6）异步观测环：在构成多边形环路的所有基线向量中有非同步观测基线向量，则该多边形环路叫异步观测环，简称异步环。

（7）非独立基线：除独立基线外的其他基线，总基线数与独立基线数之差为非独立基线数。

2）GNSS 控制网特征条件计算

假设在一个测区中需要布设 n 个 GNSS 点，用 N 台 GNSS 接收机进行观测，在每一个点观测 m 次，则 GNSS 观测时段数 C 为

$$C = n \cdot m/N$$

式中　n——网点数；

　　　m——每点设站数；

　　　N——接收机数。

（1）总基线数：

$$J_{总} = C \cdot N \cdot (N-1)/2$$

（2）必要基线数：

$$J_{必} = n-1$$

（3）独立基线数：

$$J_{独} = C \cdot (N-1)$$

（4）多余基线数：

$$J_{多} = C \cdot (N{-}1) - (n{-}1)$$

3）GNSS 控制网同步图形构成及独立边选择

由总基线数计算公式可知，对于由 N 台 GNSS 接收机构成的同步图形中一个时段包含的 GNSS 基线数为 $J = N(N{-}1)/2$。但其中仅有 $N{-}1$ 条是独立边，其余为非独立边。

当用于作业的接收机多于 2 台时，可以在同一时段内几个测站上的接收机同步观测共视卫星。此时，由同步观测边所构成的几何图形称为同步网，或称为同步环路。N 台接收机同步观测所构成的同步网图形如图 5-2-1 所示。

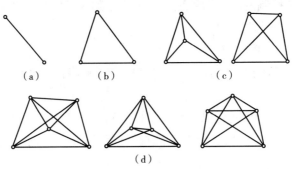

图 5-2-1　N 台接收机同步观测所构成的同步网图形

（a）$N=2$　（b）$N=3$　（c）$N=4$　（d）$N=5$

当同步观测的 GNSS 接收机数 $N \geqslant 3$ 时，同步闭合环的最少个数应为

$$L = B - (N{-}1) = (N{-}1)(N{-}2)/2$$

图 5-2-2 给出了 $N{-}1$ 条 GNSS 独立边的不同选择形式。

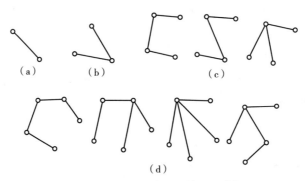

图 5-2-2　GNSS 独立边的不同选择

（a）$N=2$　（b）$N=3$　（c）$N=4$　（d）$N=5$

GNSS 接收机数 N、GNSS 边数 B 和同步闭合环 L（最小个数）的对应关系见表 5-2-6。

表 5-2-6　N 与 B、L 的关系

GNSS 接收机数 N	2	3	4	5	6
GNSS 边数 B	1	3	6	10	15
同步闭合环 L	0	1	3	6	10

理论上同步闭合环中各 GNSS 的坐标差之和即闭合差应为零，但实际上并非如此，一般规范都规定了同步闭合差的限差。在实际工程应用中，同步闭合环的闭合差较小只能说明基线向量计算合格，并不能说明 GNSS 边的观测精度高，也不能发现因接收信号受到干扰而产生的某些粗差。为了确保 GNSS 观测效果的可靠性，有效发现观测成果中的粗差，必须使 GNSS 控制网中的独立边构成一定的几何图形。这种几何图形可以是由数条独立边构成的非同步闭合环（亦称异步环）。

GNSS 控制网的图形设计，即是根据所布设的控制网的精度及其他方面的要求，设计出由独立边构成的多边形网。

4）GNSS 控制网的图形设计

由于 GNSS 控制网点间不需要通视，控制网的精度主要取决于观测时段与测站间的几何图形、观测数据的质量、数据处理的方法，而与 GNSS 控制网形关系不大。因此，GNSS 控制网布设方式较为灵活，主要取决于用户的要求和用途。GNSS 控制网是由同步图形作为基本图形扩展得到的，采用的连接方式不同，接收机的数量不同，网形结构的形状也不同。GNSS 控制网的布设就是要将各同步图形合理地衔接成一个整体，使其达到精度高、可靠性强、效率高、经济实用的目的。

GNSS 控制网常用的布设方式有跟踪站式、会战式、多基准站式（枢纽点式）、同步图形扩展式和单基准站式。

Ⅰ. 跟踪站式

若干台接收机长期固定安放在测站上，进行长年、不间断的观测，即一年观测 365天，一天观测 24 h，这种观测方式很像是跟踪站，因此这种布网形式被称为跟踪站式。

接收机在各个测站上进行连续的观测，观测时间长、数据量大，数据处理通常采用精密星历。跟踪站式的布网方式精度极高，具有框架基准的特性。每个跟踪站为了保证连续观测，需建立专门的永久性建筑即跟踪站，用以安装仪器设备，观测成本很高。这种布网方式一般适用于建立 GNSS 跟踪站（A 级网）、永久性监测网（如用于监测地壳形变、大气物理参数等的永久性监测网络）。

Ⅱ. 会战式

在布设 GNSS 控制网时，一次组织多台 GNSS 接收机，集中在一段不太长的时间内共同作业。作业时，观测分阶段进行，同一阶段中所有的接收机在若干天的时间里分别各自在同一批点上进行多天、长时段的同步观测；在完成一批点的测量后，所有接收机又都迁移到另一批点上，采用相同方式进行另一阶段的观测，直至所有点观测完毕，这就是所谓的会战式布网。

会战式布网的优点是可以较好地消除 SA 等因素的影响；由于各基线均进行过较长时间、多时段的观测，因而具有特高的尺度精度，一般适用于布设 A、B 级网。

Ⅲ. 多基准站式

若干台接收机在一段时间里长期固定在某几个点上进行长时间的观测，这些测站称为基准站，在基准站进行观测的同时，另外一些接收机则在这些基准站周围相互之间进行同步观测，如图 5-2-3 所示。

多基准站式布网的优点是各个基准站之间进行了长时间的观测，因此能获得较高精度的定位结果，这些高精度的基线向量可以作为整个 GNSS 控制网的骨架。而其余进行同步观测的接收机间除自身间有基线向量相连外，它们与各个基准站之间也存在同步观测，也有同步观测基线相连，这样可以获得更强的图形结构，一般适用于 C、D 级网。

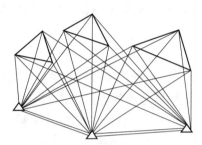

图 5-2-3　多基准站式布网

Ⅳ. 同步图形扩展式

多台接收机在不同测站上进行同步观测，在完成一个时段的同步观测后，又迁移到其他的测站上进行同步观测，每次同步观测都可以形成一个同步图形。在测量过程中，不同的同步图形间一般有若干个公共点相连，整个 GNSS 控制网由这些同步图形构成。

GNSS 控制网以同步图形的形式连接扩展，构成具有一定数量独立环的布网形式，不同的同步图形间有若干公共点连接，具有扩展速度快、图形强度较高、作业方法简单等优点。其是最常用的一种 GNSS 控制网布网形式，通常可分为点连式、边连式、网连式和混连式。

（1）点连式：相邻同步图形之间只有一个公共点连接，如图 5-2-4 所示。这种布网方式图形扩展快、几何强度较弱、抗粗差能力较差，如果连接点发生问题会影响到后面的同步图形。一般可以加测几个时段，以增强控制网异步图形闭合条件的个数。

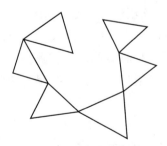

图 5-2-4　点连式布网

（2）边连式：相邻同步图形由一条公共基线连接，如图 5-2-5 所示。这种布网方式几何强度较高、抗粗差能力较强，有较多的复测边和非同步图形闭合条件，在相同的仪器数量的条件下，观测时段将比点连式大幅度增加。

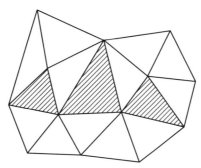

图 5-2-5　边连式布网

（3）网连式：相邻同步图形之间有两个以上的公共点相连接，相邻图形间有一定的重叠。这种布网方式需要 4 台以上的接收机，其所测设的 GNSS 控制网具有较强的图形强度和较高的可靠性，但作业效率低，花费的经费和时间较多，一般仅适用于精度要求较高的控制网测量。

（4）混连式：把点连式和边连式有机结合在一起，如图 5-2-6 所示。这种布网方式既可以提高控制网的几何强度和可靠性指标，又可减少外业工作量，是一种较为理想的布网方法。

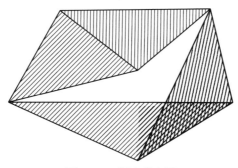

图 5-2-6　混连式布网

（5）单基准站（星形网）式：以一台接收机作为基准站，在某个测站上连续观测，其余的接收机在基准站观测期间，在其周围流动，每到一点就进行观测，流动的接收机之间一般不要求同步。这样，流动的接收机每观测一个时段，就与基准站间测得一条同步观测基线，所有这样测得的同步基线就形成了一个以基准站为中心的星形 GNSS 控制网，如图 5-2-7 所示。单基准站式布网的优点是作业效率高，但缺少检核、图形强度弱，一般适用于 D、E 级网。

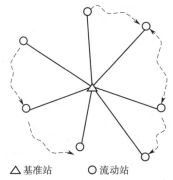

△ 基准站　　○ 流动站

图 5-2-7　单基准站（星形网）式布网

5）多台接收机异步网观测方案

在城市或大中型工程中布设 GNSS 控制网时，控制点数目比较多，受接收机数量的限制，难以选择同步网的观测方案。此时，必须将多个同步网相互连接，构成整体的 GNSS 控制网。这种由多个同步网相互连接而成的 GNSS 控制网，称作异步网。

异步网的观测方案取决于投入作业的接收机数量和同步网之间的连接方式。不同的接收机数量决定了同步网的网形结构，而同步网的不同连接方式又会出现不同的异步网的网形结构。由于 GNSS 控制网的平差及精度评定主要是由不同时段观测的基线组成异步闭合环的多少及闭合差的大小决定的，而与基线边长度和基线所夹角度无关，所以异步网的网形结构与多余观测密切相关。3 台接收机的不同连接方式形成的异步网如图 5-2-8 所示。

（1）点连式异步网：同步网之间仅有一点相连接的异步网。

（2）边连式异步网：同步网之间由一条基线边相连接的异步网。

（3）混连式异步网：点连式与边连式的一种混合连接方式。

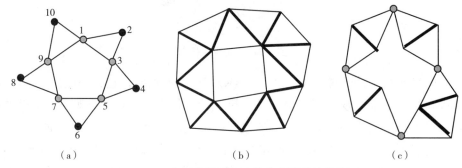

（a）　　　　　　　　　　（b）　　　　　　　　　　（c）

图 5-2-8　3 台接收机不同连接方式形成的异步网

（a）点连式异步网　（b）边连式异步网　（c）混连式异步网

GNSS 静态控制测量外业实施

【任务导入】

GNSS 静态控制测量外业观测是利用接收机接收来自 GNSS 卫星的无线电信号，它是外业阶段的核心工作，具体包括准备工作、天线安置、接收机操作、数据观测、成果记录及数据检核等内容。

【任务准备】

1. 控制点的选择

GNSS 点位的正确选择对观测工作的顺利进行和测量结果的可靠性具有重要意义。

GNSS 观测站间不需要通视，控制网的图形结构也较灵活，因此选点工作比经典控制测量简便。选点人员在实地选点前，应收集有关布网任务与测区的资料，包括测区 1：50 000 或更大比例尺的地形图，已有各类控制点、卫星定位连续运行基准站的资料等；充分了解和研究测区情况，特别是交通、通信、供电、气象、地质及大地点等情况。在此基础之上，还应遵守以下原则。

（1）应便于安置接收设备和操作，视野开阔，且视场内障碍物的高度角不宜超过 15°。

（2）远离大功率无线电发射源（如电视台、电台、微波站等），其距离不小于 200 m；远离高压输电线和微波无线电信号传送通道，其距离不应小于 50 m。

（3）附近不应有强烈反射卫星信号的物件（如大型建筑物等）。

（4）附近不应有大面积水域，以减弱多路径效应的影响。

（5）交通方便，并有利于其他测量手段扩展和联测。

（6）地面基础稳定，易于标石的长期保存。

（7）充分利用符合要求的已有控制点。当利用旧点时，应对旧点的稳定性、可靠性、完好性以及觇标是否安全、可用逐一进行检查，符合要求方可利用。

（8）网形应有利于同步观测边、点连接。

（9）选点人员应按技术设计进行踏勘，在实地按要求选定点位，并在实地加以标定；当所选点位需要进行水准联测时，选点人员应实地踏勘水准路线，提出有关建议。

2. 标志埋设

GNSS 控制网点一般应埋设具有中心标志的标石，以精确标志点位，同点的标石和标志必须稳定、坚固，以便长久保存和利用。在基岩露头地区，也可以直接在基岩上嵌入金属标志。埋石工作应符合以下要求。

（1）城市各等级 GNSS 控制点应埋设永久性测量标志，标志应满足平面、高程共用，标石及标志规格应符合相关规范（规程）的要求。

（2）控制点中心标志应用铜、不锈钢或其他耐腐蚀、耐磨损的材料制作，应安放正直、镶接牢固，控制点中心应有清晰、精细的十字线或嵌入直径小于 0.5 mm 的不同颜色的金属；标志顶部应为圆球状，且顶部应高出标石面。

（3）控制点可用混凝土预制或者现场灌制；利用基岩、混凝土或沥青路面时，可以凿孔现场灌注混凝土埋设标志；利用硬质地面时，可以在地面上刻正方形方框，其中心埋直径不大于 2 mm、长度不短于 30 mm 的铜条作为标志。

（4）埋设 GNSS 观测墩应符合规范（规程）的要求。

（5）标石的底部应埋设在冻土层以下，并浇灌混凝土基础。

（6）GNSS 控制网测量点埋设经过一个雨季和一个冻结期，方可进行观测，地质坚硬的地方可在混凝土浇筑一周后进行观测。

（7）新埋标石时，应办理测量标志委托保管。

（8）每个点标石埋设结束后，应填写点之记并提交以下资料：

①GNSS 点点之记（表 5-3-1）；

②GNSS 控制网的选取点网图；

③土地占用批准文件与测量标志委托保管书；

④选点与埋石工作技术总结。

表 5-3-1　GNSS 点点之记

点　名		点　号			等　级	
地　类		土　质			标石类型	
点所在地						
点位说明						
通视方向			远景照片：			
概略位置	X:	Y:				
所在图幅号						
作业单位						
选点者						
埋石者						
日　期						

续表

概略图:	近景照片:
备　注	

【任务实施】

1. 观测工作的技术要求

GNSS 静态控制测量观测

GNSS 观测工作与常规测量在技术要求上有很大的区别,《国标规范》规定各级 GNSS 测量作业基本技术要求按表 5-3-2 执行。

表 5-3-2　各级 GNSS 测量作业基本技术要求

项　目	级　别			
	B	C	D	E
卫星截止高度角 /(°)	10	15	15	15
同时观测有效卫星数	≥ 4	≥ 4	≥ 4	≥ 4
有效观测卫星总数	≥ 20	≥ 6	≥ 4	≥ 4
观测时段数	≥ 3	≥ 2	≥ 1.6	≥ 1.6
时段长度	≥ 23 h	≥ 4 h	≥ 60 min	≥ 40 min
采样间隔 /s	30	10~30	5~15	5~15

注: 1. 计算有效卫星观测总数时, 应将各时段的有效卫星数扣除期间的重复卫星数。

2. 观测时段长度应为开始记录数据到结束记录的时间段。

3. 观测时段数 ≥ 1.6, 指采用网观测模式时, 每站至少观测一个时段, 其中两次设站点数应不少于 GNSS 控制网总点数的 60%。

4. 采用基于卫星定位连续参考站点观测模式时, 可连续观测, 但连续观测时间应不低于表中规定的各时段观测时间总和。

《城市标准》中关于各等级 GNSS 测量作业的基本技术要求按表 5-3-3 执行。

表 5-3-3　各等级 GNSS 测量作业的基本技术要求

项　目	级　别				
	二等	三等	四等	一级	二级
卫星高度角 /(°)	≥ 15	≥ 15	≥ 15	≥ 15	≥ 15
有效观测同系统卫星数	≥ 4	≥ 4	≥ 4	≥ 4	≥ 4
平均重复设站数	≥ 2.0	≥ 2.0	≥ 1.6	≥ 1.6	≥ 1.6
时段长度 /min	≥ 90	≥ 60	≥ 45	≥ 30	≥ 30
采样间隔 /s	10~30	10~30	10~30	10~30	10~30
PDOP 值	<6	<6	<6	<6	<6

2. 安置仪器

在正常点位，天线应架设在三脚架上，并安置在标志中心的上方直接对中，天线基座上的圆水准气泡必须整平，而且观测站周围环境必须符合 GNSS 控制点选点要求。

天线的定向标志应指向正北，并考虑当地磁偏角的影响，以减弱相位中心偏差的影响。天线的定向误差依定位精度不同而异，一般不应超过 ±（3°~5°）。

在刮风天气下安置天线时，应对天线进行三向固定，以防倒地碰坏。在雷雨天气下安置天线时，应该注意将其底盘接地，以防雷击天线。

架设天线不宜过低，一般应距地 1 m 以上。天线架设好后，在圆盘天线间隔120°的三个方向分别量取天线高，三次测量结果之差不应超过 3 mm，取其三次测量结果的平均值记入测量手簿中，天线高记录精确至 1 mm。

在高精度 GNSS 测量中，要求测定气象元素。每时段气象观测应不少于 3 次（时段开始、中间、结束），气压读至 0.1 kPa，气温读至 0.1 ℃，对一般城市及工程测量只记录天气状况。

3. 观测作业

观测作业的主要目的是捕获 GNSS 卫星信号，并对其进行跟踪、处理和测量，以获得所需要的定位信息和观测数据。

天线安置完成后，在离开天线适当位置的地面上安放 GNSS 接收机，接通接收机与电源、天线、控制器的连接电缆，并经过预热和静置，即可启动接收机进行观测。通常来说，在外业观测工作中，仪器操作人员应注意以下事项。

（1）当确认外接电源电缆及天线等各项连接完全无误后，方可接通电源，启动接收机。

（2）开机后接收机有关指示显示正常并通过自测后，方能输入有关测站和时段控制信息。

（3）接收机在开始记录数据后，应注意查看有关观测卫星数量、卫星号、相位测量残差、实时定位结果及其变化、存储介质记录等情况。

（4）在一个时段观测过程中，不允许进行以下操作：关闭又重新启动；进行自测试（发现故障除外）；改变卫星高度角；改变天线位置；改变数据采样间隔；按动关闭文件和删除文件等功能键。

（5）在每一观测时段中，气象元素一般应在始、中、末各观测记录一次，当时段较长时可适当增加观测次数。

（6）在观测过程中要特别注意供电情况，除在初测前认真检查电池容量是否充足外，作业中观测人员不要远离接收机，听到仪器的低电报警要及时予以处理，否则可能会造成仪器内部数据的破坏或丢失。对观测时段较长的观测工作，建议尽量采用太阳能电池或汽车电瓶进行供电。

（7）仪器高一定要按规定在始、末各测一次，并及时输入及记入测量手簿。

（8）在观测过程中，不要靠近接收机使用对讲机；在雷雨季节架设天线要防止雷击，雷雨过境时应关机停测，并卸下天线。

（9）观测站的全部预定作业项目经检查均已按规定完成，且记录与资料完整无误后，方可迁站。

（10）观测过程中要随时查看仪器内存或硬盘容量；每日观测结束后，应及时将数据转存至计算机硬盘、光盘、记忆卡上，确保观测数据不丢失。

4. 观测记录

观测记录由 GNSS 接收机自动进行，均记录在存储介质（如硬盘、光盘或记忆卡等）上，其主要内容有：

（1）载波相位观测值及相应的观测历元；

（2）同一历元的测码伪距观测值；

（3）GNSS 卫星星历及卫星钟差参数；

（4）实时绝对定位结果；

（5）测站控制信息及接收机工作状态信息。

测量手簿是在接收机启动前及观测过程中由观测者随时填写的，其记录格式在现行《国标规范》中有规定，具体外业观测手簿记录格式见表 5-3-4。

表 5-3-4 外业观测手簿记录格式

观测者＿＿＿＿＿＿＿＿＿＿＿＿＿＿＿＿＿＿＿ 测站名＿＿＿＿＿＿＿＿＿＿＿＿＿＿＿＿＿＿＿ 天气状况＿＿＿＿＿＿＿＿＿＿＿＿＿＿＿＿＿＿	日 期＿＿＿＿年＿＿＿＿月＿＿＿＿日 测站号＿＿＿＿＿＿＿＿＿＿＿＿＿＿＿＿＿＿＿ 时段号＿＿＿＿＿＿＿＿＿＿＿＿＿＿＿＿＿＿＿
测站近似坐标 经度：＿＿＿＿＿° ＿＿＿＿＿′ 纬度：＿＿＿＿＿° ＿＿＿＿＿′ 高程：＿＿＿＿＿＿＿＿＿＿＿m	本测站为 ＿＿＿＿＿＿＿＿＿新 点 ＿＿＿＿＿＿＿＿＿等大地点 ＿＿＿＿＿＿＿＿＿等水准点
记录时间（○北京时间 □ UTC □区时）： 开始时间＿＿＿＿＿＿＿＿＿＿＿＿	结束时间＿＿＿＿＿＿＿＿＿＿＿＿＿＿＿
接收机号＿＿＿＿＿＿＿＿＿＿＿＿＿＿＿ 天线高（m）： 1.＿＿＿＿＿＿ 2.＿＿＿＿＿＿ 3.＿＿＿＿＿＿	测后校核值＿＿＿＿＿＿＿＿＿＿＿＿ 平均值＿＿＿＿＿＿＿＿＿＿＿＿＿＿
天线高量取方式图：	备注：

填写外业观测手簿应注意以下要求。

（1）测站名的记录，测站名应符合实际点位。

（2）时段号的记录，时段号应符合实际观测情况。

（3）接收机号的记录，应如实反映所用接收机的型号和具体编号。

（4）起止时间的记录，起止时间宜采用协调世界时（UTC），填写至时、分。当采用当地标准时，应与 UTC 进行换算。

（5）天线高的记录，观测前后量取天线高的互差应在限差之内，取平均值作为最后结果，精确至 0.001 m。

（6）备注栏应记载观测过程中发生的重要问题、问题出现的时间及其处理方式等。

（7）观测手簿必须使用铅笔在现场按作业顺序完成记录，字迹要清楚、整齐、美观，不得涂改、转抄。如有读、记错误，可整齐划掉，将正确数据写在上面并注明原因。

（8）外业观测手簿是 GNSS 精密定位的依据，必须认真、及时填写，坚决杜绝事后补记或追记。

（9）外业观测手簿需装订成册，交内业验收。

外业观测中存储介质上的数据文件应及时拷贝并一式两份，分别保存在专人保管的防水、防静电的资料箱内。在存储介质的外部适当处应粘贴标签，注明文件名、网区名、点名、时段名、采集日期、观测手簿编号等。

接收机内存数据文件在转录到外存介质上时，不得进行任何剔除或删改，不得调用任何对数据实施重新加工组合的操作指令。

【技能训练】

观测 GNSS 控制网。

任务四　　GNSS 控制网
静态数据内业解算

【任务导入】

GNSS 控制网静态数据内业解算是指对外业采集的原始观测数据进行处理，得到最终控制测量成果的过程。GNSS 控制网静态数据内业解算主要分为数据传输、数据预处理、基线解算、GNSS 网平差等阶段，如图 5-4-1 所示。

【任务准备】

1. 数据传输和数据预处理

1）数据传输

由于观测过程中接收机采集的数据存储在接收机内部存储器上，进行数据处理时必须将其下载到计算机上，这一数据下载过程即数据传输。通常不同厂商的 GNSS 接收机有不同的数据存储格式，若采用的数据处理软件不能读取该格式的数据，则需事先进行数据格式转换，一般转换为 RINEX（GNSS 标准数据格式）格式，以便于数据处理软件读取。

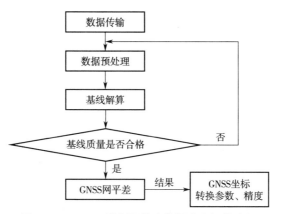

图 5-4-1　GNSS 控制网静态数据内业解算流程

2）数据预处理

数据预处理的目的是对数据进行平滑滤波检验、粗差剔除；统一数据文件格式，并将各类数据文件加工成标准文件（GNSS 卫星轨道方程的标准化、卫星钟钟差标准化、观测文件标准化等）；找出整周跳变点，并修复观测值；对观测值进行各种模型改正，为后面的计算工作做准备。

2.GNSS 基线向量的解算

1）基线向量

基线向量是利用两台或两台以上的接收机所采集的同步观测数据形成的差分观测值，通过参数估计的方法计算出各台接收机间的三维坐标差。与常规地面测量测定的基线边长不同，基线向量是既具有长度特性，又具有方向特性的矢量，而基线边长则是仅具有长度特性的标量。常规测量与 GNSS 测量基线向量的区别如图 5-4-2 所示。

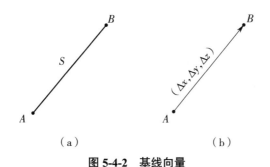

（a）　　　　　　　　　　（b）

图 5-4-2　基线向量

（a）常规测量中的基线向量　（b）GNSS 测量中的基线向量

基线向量可采用空间直角坐标差、大地坐标差等形式表示。采用空间直角坐标差形式表示的一条基线向量为

$$b_i=[\Delta X_i \quad \Delta Y_i \quad \Delta Z_i]^{\mathrm{T}}$$

（5-4-1）

采用大地坐标差形式表示的一条基线向量为

$$b_i=[\ \Delta B_i \quad \Delta L_i \quad \Delta H_i]^T$$ （5-4-2）

这两种基线向量的表示形式在数学上是等价的，可以相互转化。

2）基线向量解算过程

在基线解算过程中，通过对多台接收机的同步观测数据进行复杂的平差计算，得到基线向量及其相应的方差—协方差矩阵。在解算中，要考虑周跳引起的数据剔除、观测数据粗差的发现和剔除、星座变化引起的整周未知数的增加等问题。基线解算的结果除用于后续的网平差外，还被用于检验和评估外业观测数据质量，它提供了点与点之间的相对位置关系，可确定控制网的形状和定向，而要确定控制网的位置基准，则需要引入外部起算数据。

基线向量解算的基本数学模型有非差载波相位模型、单差载波相位模型、双差载波相位模型、三差载波相位模型。在平差计算求解测站之间的基线向量时，一般选取双差载波相位模型，即以双差观测值或其线性组合作为平差解算时的观测量，以测站间的基线向量坐标 $b_i=[\ \Delta X_i \quad \Delta Y_i \quad \Delta Z_i]^T$ 为主要未知量，建立误差方程，用方程求解基线向量，其平差方式类似于间接平差法。由于平差过程复杂，在此不做介绍。基线向量解算流程，如图5-4-3所示。

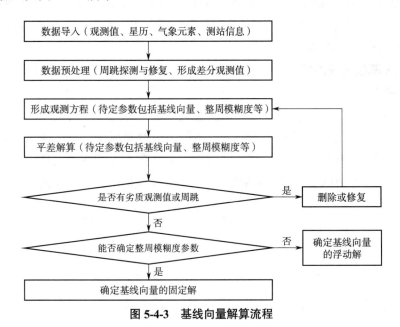

图5-4-3 基线向量解算流程

3）基线向量解算的质量控制

基线向量解算是GNSS静态相对定位数据后处理过程中的重要环节，其解算结果是GNSS基线向量网平差的基础数据，其质量好坏直接影响到GNSS静态相对定位测量的成果和精度。

基线向量解算质量控制主要有以下几个衡量指标。

Ⅰ. 观测值残差的均方根

$$RMS=V^{\mathrm{T}}V/n \tag{5-4-3}$$

RMS 表明了观测值与参数估值间的符合程度，观测值质量越好，*RMS* 就越小；观测值质量越差，*RMS* 就越大。它不受观测条件（观测期间卫星分布图形）好坏的影响。

Ⅱ. 数据删除率

在基线向量解算时，如果观测值的改正数大于某一个阈值，则认为该观测值含有粗差，需要将其删除。被删除观测值的数量与观测值总数的比值，就是数据删除率。

数据删除率从某一方面反映了 GNSS 原始观测值的质量。数据删除率越高，说明观测值的质量越差。一般 GNSS 测量技术规范规定，同一时段观测值的数据删除率应小于 10%。

Ⅲ. 比率

$$RATIO=RMS_{次最小}/RMS_{最小} \tag{5-4-4}$$

可以看出，该值大于或等于 1，反映了所确定整周未知数的可靠性，该值越大，可靠性越高。它既与观测值的质量有关，也与观测条件的好坏有关，通常观测时卫星数量越多，分布越均匀；观测时间越长，观测条件也越好。

Ⅳ. 相对几何强度因子

相对几何强度因子指的是在基线向量解算时待定参数的协因数阵的迹的平方根，即

$$RDOP = \sqrt{\mathrm{tr}(Q)} \tag{5-4-5}$$

RDOP 的大小与基线位置和卫星在空间中的几何分布及运行轨迹（即观测条件）有关，当基线位置确定后，*RDOP* 就只与观测条件有关，而观测条件又是时间的函数，因此实际上对于某条基线向量来讲，其 *RDOP* 的大小与观测时间段有关。

RDOP 表明了 GNSS 卫星的状态对相对定位的影响，即取决于观测条件的好坏，不受观测值质量好坏的影响。

Ⅴ. 单位权方差因子（参考因子）$\hat{\sigma}_0$

$$\hat{\sigma}_0 = \frac{V^{\mathrm{T}}PV}{n} \tag{5-4-6}$$

式中　V——观测值的残差；

　　　P——观测值的权；

　　　n——观测值的总数。

单位权方差因子以毫米为单位，该值越小，表明基线的观测值残差越小，且相对集中，观测质量也较好，可在一定程度上反映观测值质量的优劣。

Ⅵ. 同步环闭合差

同步环闭合差指同步观测基线所组成的闭合环闭合差。从理论上讲，同步观测基线间具有一定的内在联系，从而使同步环闭合差三维向量总和为 0。只要基线向量解算数学模型正确，数据处理无误，即使观测值质量不好，同步环闭合差也有可能非常小。所以，同步环闭合差不超限不能说明闭合环中所有基线质量合格，而同步环闭合差超限肯定表明闭合环中至少有 1 条基线向量有问题。

Ⅶ. 异步环闭合差

异步环闭合差指相互独立的基线组成闭合环的三维向量闭合差。异步环闭合差满足限差要求，说明组成异步环的所有基线向量质量合格；异步环闭合差不满足限差要求，则表明组成异步环的基线向量中至少有1条基线向量的质量有问题。若要确定哪些基线向量不合格，可以通过多个相邻的异步环闭合差检验或重复观测基线较差来确定。在实际作业中，将各基线同步观测时间少于观测时间的40%所组成的闭合环按异步环处理。

Ⅷ. 重复观测基线较差

重复观测基线较差指不同观测时段对同一条基线进行重复观测的观测值间的差异。当其满足限差要求时，说明基线向量解算合格；当其不满足限差要求时，则说明至少有一个时段观测的基线有问题，可通过多条复测基线来判定哪个时段的基线观测值有问题。

3.GNSS 控制网平差

在网平差阶段，将基线向量解算所确定的基线向量作为观测值，将基线向量的验后方差－协方差阵作为确定观测值的权阵，同时引入适当的起算数据，进行整网平差，确定网中各点的坐标。

在实际应用中，往往还需要将 WGS-84 坐标系统中的平差结果按用户需要进行坐标系统的转换，或者与地面网进行联合平差，确定 GNSS 网与经典地面网的转换参数，改善已有的经典地面网。

1）GNSS 网平差的目的

在 GNSS 网的数据处理过程中，基线向量解算所得的基线向量仅能确定 GNSS 网的几何形状，无法提供最终网中各点的绝对坐标所需的绝对坐标基准。在 GNSS 网平差中，通过起算点坐标可以达到引入绝对基准的目的。不过，这不是 GNSS 网平差的唯一目的，GNSS 网平差的目的主要有 3 个。

（1）消除由观测值和已知条件中所存在的误差而引起的 GNSS 网在几何条件上的不一致。例如，闭合环的闭合差不为零、复测基线较差不为零、由基线向量形成的附合导线闭合差不为零等，通过网平差可以消除这些不符值。

（2）改善 GNSS 网的质量，评定 GNSS 网的精度。通过网平差，可以获得一系列可以用于评估 GNSS 网精度的指标，如观测值改正数、观测值验后方差、观测值单位权方差、相邻点距离中误差、点位中误差等。结合这些精度指标，还可以设法确定可能存在的粗差或者质量不佳的观测值，并对其进行相应的处理，从而达到改善网的质量的目的。

（3）确定 GNSS 网中点在指标参考系下的坐标以及其他所需参数的估值。在网平差过程中，通过引入起算数据（如已知点、已知边长、已知方向等），可最终确定点在指定参考系下的坐标及其他一些参数（如基准转换参数等）。

2）GNSS 网平差的类型

根据 GNSS 网平差时所采用的观测量和已知条件的类型、数量，通常 GNSS 网平差可分为三维无约束平差、三维约束平差和三维联合平差等三种模型。

Ⅰ.三维无约束平差

GNSS 网的三维无约束平差是在 WGS-84 三维空间直角坐标系下进行的，指在平差时不引入会造成 GNSS 网产生由非观测量所引起的变形的外部起算数据。常见的 GNSS 网的无约束平差一般是在平差时没有起算数据或没有多余的起算数据。

Ⅱ. 三维约束平差

GNSS 网的三维约束平差所采用的观测量也完全是 GNSS 基线向量，但与三维无约束平差不同的是平差中引入了国家大地坐标系或者地方坐标系的某些点的固定坐标、固定边长及固定方位为网的基准，将其作为平差中的约束条件，并在平差计算中考虑 GNSS 网与地面网之间的转换参数。

Ⅲ. 三维联合平差

GNSS 网的三维联合平差一般是在某一个地方坐标系下进行的，平差所采用的观测量除 GNSS 基线向量外，有可能还引入了常规的地面观测值，这些常规的地面观测值包括边长观测值、角度观测值、方向观测值等；平差所采用的起算数据一般为地面点三维大地坐标。除此之外，有时还加入了已知边长和已知方位等作为起算数据。工程中通常采用三维联合平差。

3）GNSS 网平差的流程

在 GNSS 网平差中，通过起算点坐标可以达到引入绝对基准的目的。在 GNSS 控制网的平差中以基线向量及协方差为基本观测量。各类型的平差具有各自不同的功能，必须分阶段采用不同类型的网平差方法。GNSS 网平差流程如图 5-4-4 所示。

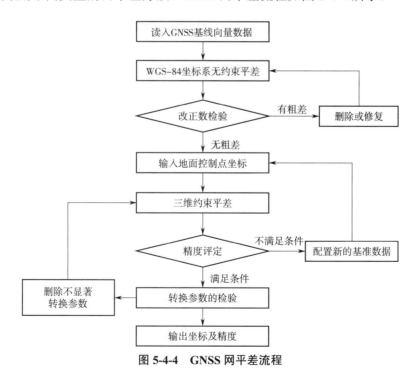

图 5-4-4　GNSS 网平差流程

4.GNSS 高程计算

传统的地面观测技术在确定地面点的位置时，由于平面位置和高程所采用的基准面不同，以及确定平面位置和高程的技术手段不同，所以平面位置和高程往往分开独立确定。GNSS 虽然可以精确测量点的三维坐标，但其所确定的高程却是基于 WGS-84 椭球的大地高程，并非实际应用中采用的正常高程系统。因此，需要找出 GNSS 点的大地高程与正常高程的关系，并采用一定的模型进行转换。

采用 GNSS 测定正高或正常高，称为 GNSS 水准。通过 GNSS 测出的是大地高，要确定点的正高或正常高，需要进行高程系统转换，即需要确定大地水准面差距或高程异常。由此可以看出，GNSS 水准实际上包括两方面内容：一方面是采用 GNSS 方法确定大地高；另一方面是采用其他技术方法确定大地水准面差距或高程异常。如果大地水准面差距已知，就能够进行大地高与正高间的相互转换，但当其未知时，则需要设法确定大地水准面差距。确定大地水准面差距的基本方法有天文大地法、大地水准面模型法、重力测量法、几何内插法和残差模型法等。下面以几何内插法为例，介绍高程拟合的方法。

几何内插法的基本原理是利用既进行了 GNSS 观测，又进行了水准测量的公共点获得相应的大地水准面差距，采用平面或曲面拟合、三次样条等内插方法，拟合出测区大地水准面，得到待定点的大地水准面差距，进而求出待定点的正高。

若在公共点上分别利用 GNSS 和水准测量测得了大地高 H 和正高 H_g，可利用下式得到其大地水准面差距：

$$N = H - H_g \tag{5-4-7}$$

设大地水准面差距与点的坐标存在以下关系：

$$N = a_0 + a_1 dB + a_2 dL + a_3 dB^2 + a_4 dL^2 + a_5 dBdL \tag{5-4-8}$$

式中：$dB = B - B_0$，$dL = L - L_0$，$B_0 = \dfrac{1}{n}\sum B$，$L_0 = \dfrac{1}{n}\sum L$，n 为进行了 GNSS 观测的点数。

若存在 m 个这样的公共点，则有

$$V = AX + L \tag{5-4-9}$$

式中

$$A = \begin{bmatrix} 1 & dB_1 & dL_1 & dB_1^2 & dL_1^2 & dB_1dL_1 \\ 1 & dB_2 & dL_2 & dB_2^2 & dL_2^2 & dB_2dL_2 \\ \vdots & \vdots & \vdots & \vdots & \vdots & \vdots \\ 1 & dB_m & dL_m & dB_m^2 & dL_m^2 & dB_mdL_m \end{bmatrix}$$

$$X = \begin{bmatrix} a_0 & a_1 & a_2 & a_3 & a_4 & a_5 \end{bmatrix}^T$$

$$V = \begin{bmatrix} N_1 & N_2 & \cdots & N_m \end{bmatrix}$$

通过最小二乘法可求解出多项式系数：

$$X = -\left(A^T P A\right)^{-1}\left(A^T P L\right) \tag{5-4-10}$$

式中：权阵 P 根据大地高和正高的精度确定。

由此可见，采用二次多项式来拟合大地水准面差距，至少需要 6 个公共点才能求出多项式系数。解出系数后，可按式（5-4-8）来内插确定出待定点的大地水准面差距，从而求出正高。GNSS 水准可替代传统三、四等水准测量，能大大提高作业效率。

为了提高拟合精度，必须注意以下几点。

（1）测区中联测的几何水准点的点数根据测区的大小和（似）大地水准面的变化情况而定，但联测的几何水准点的点数不能少于待定点的个数。

（2）联测的几何水准点的点位，应均匀布设于测区，并能包围整个测区。

（3）对含有不同趋势地区的地形，在地形突变处的 GNSS 点，要联测几何水准，面积大的测区可采取分区计算的方法。

【任务实施】

本任务以南方创享 GNSS 接收机、南方地理数据处理平台软件 SGO 为例，介绍数据下载、GNSS 静态数据处理的一般过程。

1. 数据下载

1）用户登录

用户可用手机、平板、PC 机等设备连接南方创享 GNSS 接收机 Wi-Fi，打开创享网页管理端，进行数据传输等工作，Wi-Fi 连接方式如图 5-4-5 所示。Wi-Fi 热点的名称默认为"SOUTH_　主机编号后四位"，热点没有密码，可以直接连接。

GNSS 静态控制测量数据处理

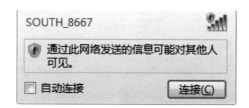

图 5-4-5　Wi-Fi 连接方式

Web 管理端网页 IP 地址为 10.1.1.1，登录用户名、密码均为"admin"，Web 登录页如图 5-4-6 所示。

2）数据下载

依次选择"数据记录"—"记录设置"，设置存储数据格式、存储器选择、文件 /采样间隔、点名等。记录设置页面如图 5-4-7 所示。

依次选择"数据记录"—"数据下载"，查询已采集数据并下载，选择对应的日期，点击"刷新数据"，即可看到当前日期的所有静态观测数据。数据下载页面如图 5-4-8 所示。

图 5-4-6　Web 登录页

图 5-4-7　记录设置页面

图 5-4-8　数据下载页面

2.GNSS 静态数据处理

1）新建工程

启动南方地理数据处理平台软件 SGO，进入软件平台主程序。SGO 主页面如图 5-4-9 所示。

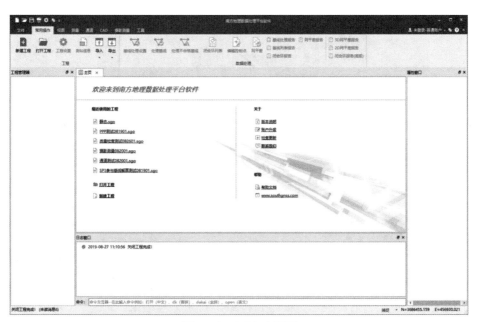

图 5-4-9   SGO 主页面

点击"常用操作"菜单下的"新建工程"或主页面下的"新建工程"按钮，选择单位制、输入项目名称、选择存储路径，点击"确定"按钮后完成新项目的创建。新建工程页面如图 5-4-10 所示。

图 5-4-10   新建工程页面

新建工程后，系统将自动弹出"工程设置"对话框，用户根据项目情况和实际需求，在该对话框中对工程进行设置，选择正确的坐标系统和投影方式。工程设置页面如图5-4-11所示。

图 5-4-11　工程设置页面

工程信息设置完成后，点击"确定"按钮，新建工程结束。

2）导入数据

新建工程后，点击"常用操作"菜单下的"导入"中的"导入观测值文件"，选择导入 STH 或 RINEX 格式的数据文件。数据加载完毕后，会弹出一个文件列表对话框，在该对话框中可进行 ID（点名）的修改、天线高量取方式的选择。测站信息页面如图5-4-12 所示。

	ID	文件名	开始时间	结束时间	数据类型	制造商	天线类型	天线高	天线高量取方式	天线计算高	序列号	文件路径
1	G001	☐	G001007Q.12O	2012-01-07 16:00:00	2012-01-07 16:59:59	静态	Default	Ant	0.000	天线参考点	0.000		D:\SGO\新建工程1\G001007Q.12O
2	G002	☐	G002007Q.12O	2012-01-07 16:00:00	2012-01-07 17:00:00	静态	Default	Ant	0.000	天线参考点	0.000		D:\SGO\新建工程1\G002007Q.12O
3	G005	☐	G005007Q.12O	2012-01-07 16:00:00	2012-01-07 17:00:00	静态	Default	Ant	0.000	天线参考点	0.000		D:\SGO\新建工程1\G005007Q.12O
4	G007	☐	G007007Q.12O	2012-01-07 16:00:01	2012-01-07 17:00:00	静态	Default	Ant	0.000	天线参考点	0.000		D:\SGO\新建工程1\G007007Q.12O
5	JZ25	☐	JZ25007Q.12O	2012-01-07 16:00:00	2012-01-07 17:00:00	静态	Default	Ant	0.000	天线参考点	0.000		D:\SGO\新建工程1\JZ25007Q.12O

☐ 全选　　　　　　　　　　　　　　　　　　　　编辑　确定　取消

图 5-4-12　测站信息页面

注意：读取的 ID（点名）为内部文件名，若内部文件名与实际所需点名不符，可在文件列表中修改 ID。若数据为 RINEX 格式，也可直接用记事本打开文件，在文件中修改点名。

3）基线处理

点击"常用操作"菜单下的"处理基线"，系统将会弹出"处理基线"对话框，在该对话框中勾选"全选"，点击"处理"按钮，系统将采用默认设置，处理所有基线向量。基线解算页面如图 5-4-13 所示。

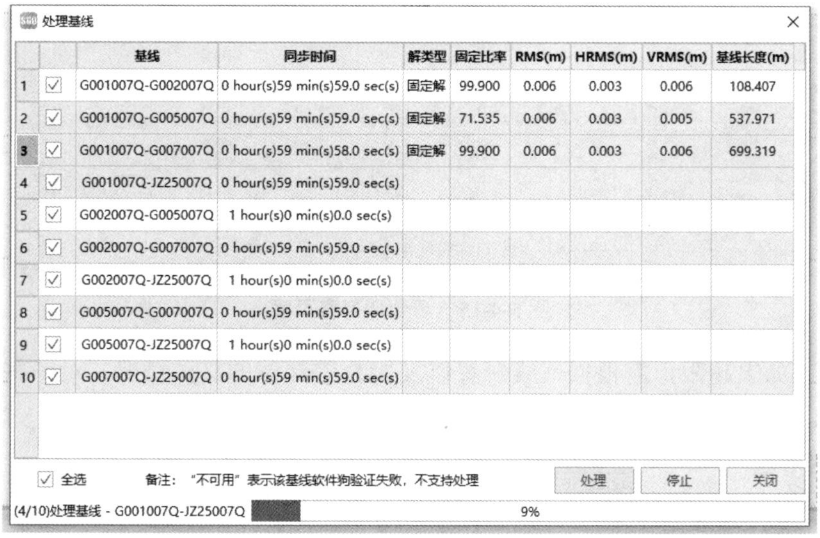

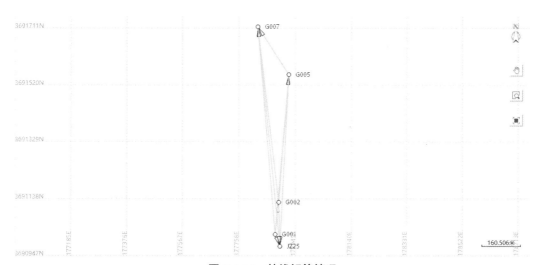

图 5-4-13　基线解算页面

待全部基线解算完成后，点击"关闭"按钮。此时，可在平面视图中查看基线解算的情况，绿色线段代表解算合格的基线，红色线段代表解算不合格的基线。基线解算情况如图 5-4-14 所示。

图 5-4-14　基线解算情况

（1）处理不合格的基线：依次单击"常用操作"—"处理不合格基线"，选中解算不合格的基线，属性窗口中会显示相应基线的解算参数，通过修改解算参数（采样间隔、高度截止角、解算类型），根据残差图再次剔除不合格的数据，重新解算，可使大部分的基线解算合格。

（2）处理不合格的闭合环：待基线解算合格后，点击工具栏中的"闭合环列表"，检查闭合环的闭合情况。闭合环列表页面如图 5-4-15 所示。

ID	类型	质量	X闭合差(mm)	Y闭合差(mm)	Z闭合差(mm)	边长闭合差(mm)	环长(m)	相对误差(ppm)	分量限差(mm)	闭合限差(mm)
G005-G007-JZ25	同步环	合格	0.052	-0.126	-0.008	0.137	1508.36	0.09059	27.137	47.003
G002-G007-JZ25	同步环	合格	-0.01	0.122	-0.042	0.13	1480.71	0.08749	27.096	46.932
G002-G005-JZ25	同步环	合格	0.009	-0.011	-0.013	0.02	1153.13	0.01721	26.663	46.181
G002-G005-G007	同步环	合格	-0.033	-0.007	0.037	0.05	1215.03	0.04126	26.737	46.31
G001-G007-JZ25	同步环	合格	-0.038	0.112	0.077	0.141	1481.86	0.09513	27.098	46.935
G001-G005-JZ25	同步环	合格	-0.186	0.136	0.16	0.28	1156.71	0.24242	26.667	46.188
G001-G005-G007	同步环	合格	0.199	-0.15	-0.091	0.266	1429.29	0.18608	27.021	46.802
G001-G002-JZ25	同步环	合格	0.058	-0.019	-0.097	0.114	298.004	0.38373	26.027	45.08
G001-G002-G007	同步环	合格	0.03	-0.029	0.022	0.047	1401.14	0.03379	26.982	46.733
G001-G002-G005	同步环	合格	-0.137	0.128	0.077	0.203	1075.99	0.18836	26.576	46.03

总数量 10　每页 100　首页　上一页　1/1　下一页　尾页

图 5-4-15　闭合环列表页面

闭合差如果超限，需根据基线解算以及闭合差计算的具体情况，对一些基线进行重新解算。具有多次观测基线的情况，可以不使用或者删除该基线。

4）网平差

基线与闭合环处理合格后，进行网平差计算，依次点击"常用操作"—"编辑控制点"，选择作为控制点的点号，输入控制点的坐标。编辑控制点页面如图 5-4-16 所示。

图 5-4-16　编辑控制点页面

所有的控制点信息输入完毕后，点击"常用操作"菜单下的"网平差"，进行网平差计算。

5）报告查看

点击"常用操作"菜单下的"网平差报告"，进行查看。网平差报告如图 5-4-17 所示。

至此，静态数据解算操作完毕。

SOUTH 南方卫星导航 网平差报告

2022-07-28 17:49:54

| 报告头

项目名称：	2022-03-21.sgo
项目实施单位：	Default
项目实施时间：	2022-03-21 14:34:27

| 坐标系统

椭球名称：	CGCS2000(China)
椭球长半轴：	6378137
椭球扁率倒数：	298.257222101004
投影类型：	高斯-克吕格
坐标轴正方向：	北-东
坐标轴正方向：	0
中央子午线：	114°00'00.00000"E
原点纬度：	0°00'00.00000"N
东向常数：	500000
北向常数：	0
尺度比：	1
投影高：	0
平均纬度：	0°00'00.00000"N

图 5-4-17　网平差报告

【技能训练】

GNSS 接收机数据通信及 GNSS 静态控制测量数据处理。

任务五　专业技术总结编写及资料上交

【任务导入】

测绘技术总结是在测绘任务完成后，对测绘技术设计文件和技术标准、规范等的执行情况，技术设计方案实施中出现的主要技术问题和处理方法，成果（或产品）质量、新技术的应用等进行分析研究和总结，并做出客观描述和评价。测绘技术总结可为用户（或下工序）对成果（或产品）的合理使用提供方便，为测绘单位持续进行质量改进提供依据，同时也为测绘技术设计、有关技术标准和规定的制定提供资料。测绘技术总结是与测绘成果（或产品）有直接关系的技术性文件，是长期保存的重要技术档案。本任务主要介绍如何编写 GNSS 控制测量专业技术总结。

【任务准备】

测绘技术总结可分为项目总结和专业技术总结。

专业技术总结是测绘项目中所包含的各测绘专业活动在其成果（或产品）检查合格后，分别总结撰写的技术文档。项目总结是一个测绘项目在其最终成果（或产品）检查合格后，在各专业技术总结的基础上，对整个项目所做的技术总结。对于工作量较小的项目，可根据需要将项目总结和专业技术总结合并为项目总结。

项目总结由承担项目的法人单位负责编写或组织编写；专业技术总结由具体承担相应测绘专业任务的法人单位负责编写。具体的编写工作通常由单位的技术人员承担。技术总结编写完成后，单位总工程师或技术负责人应对技术总结编写的客观性、完整性等进行审核并签字，且对技术总结编写的质量负责。技术总结经审核、签字后，随测绘成果（或产品）测绘技术设计文件和成果（或产品）检查报告一并上交和归档。

1. 专业技术总结编写依据

（1）测绘任务书或合同有关要求，用户书面要求或口头要求的记录，市场需求或期望。

（2）测绘技术设计文件、相关法律、法规、技术标准和规范。

（3）测绘成果（或产品）的质量检查报告。

（4）以往测绘技术设计、测绘技术总结提供的信息以及现有生产过程和产品的质量记录和有关数据。

（5）其他有关文件和资料。

2. 专业技术总结编写注意事项

（1）内容真实、全面，重点突出。说明和评价技术要求的执行情况时，不应简单抄录设计书的有关技术要求，而应重点说明作业过程中出现的主要技术问题和处理方法，特殊情况的处理及其达到的效果、经验、教训和遗留问题等。

（2）文字应简明扼要，公式、数据和图表应准确，名词、术语、符号和计量单位等均应与有关法规和标准一致。

3. 专业技术总结的主要内容

专业技术总结通常由概述、技术设计执行情况、测绘成果（或产品）质量说明和评价、上交测绘成果（或产品）和资料清单四部分组成。

1）概述

概要说明测绘项目的名称、专业测绘任务的来源；专业测绘任务的内容、任务量和目标，产品交付与接收情况等；计划与实际完成情况、作业率的统计；作业区概况和已有资料的利用情况。

2）技术设计执行情况

技术设计执行情况的主要内容如下。

（1）说明专业活动所依据的技术性文件，内容包括专业技术设计书及其有关的技术设计更改文件，必要时也包括本测绘项目的项目设计书及其设计更改文件，有关的技术标准和规范。

（2）说明和评价专业技术活动过程中专业技术设计文件的执行情况，并重点说明专业测绘生产过程中专业技术设计书的更改情况（包括专业技术设计更改内容、原因等）。

（3）描述专业测绘生产过程中出现的主要技术问题和处理方法、特殊情况的处理及其达到的效果等。

（4）当作业过程中采用新技术、新方法、新材料时，应详细描述和总结其应用情况。

（5）总结专业测绘生产中的经验、教训（包括重大的缺陷和失败）和遗留问题，并对今后生产提出改进意见和建议。

3）测绘成果（或产品）质量情况

说明和评价测绘成果（或产品）的质量情况（包括必要的精度统计）、产品达到的技术指标，并说明测绘成果（或产品）的质量检查报告的名称和编号。

4）上交测绘成果（或产品）和资料清单

说明上交测绘成果（或产品）和资料的主要内容和形式，主要内容如下。

（1）测绘成果（或产品）：说明其名称、数量、类型等，当上交成果的数量或范围有变化时，需附上交成果分布图。

（2）文档资料：专业技术设计文件、专业技术总结、检查报告，必要的文档簿（图历簿）以及其他作业过程中形成的重要记录。

（3）其他必须上交和归档的资料。

【任务实施】

1. 专业技术总结的编写

GNSS 控制测量成果完成后，应按照要求编写专业技术总结。GNSS 控制测量专业技术总结不仅是每项 GNSS 控制测量工程一系列必要文档的重要组成部分，而且还能帮助技术人员完整和充分了解工程项目的各个细节，便于今后能够全面、充分地利用这些成果。同时，通过编写专业技术总结，测绘作业单位能及时总结经验、发现不足，为今后实施同类工程项目提供参考。

GNSS 控制测量专业技术总结包括概述、外业实施情况、内业数据解算情况、结论，编写时应涵盖以下内容。

1）概述

（1）测区及其位置，自然地理条件，交通、通信及供电情况。

（2）任务来源，项目名称，测区已有测量成果情况，本次施测的目的及基本精度要求。

（3）施工单位、施测时间，投入作业人员的数量及技术技能状况等。

（4）技术依据，介绍作业依据的测量规范、工程规范、行业标准等。

2）外业实施情况

（1）施测方案，介绍测量所采用的仪器类型、数量、精度、检验及使用状况和布网方案等。

（2）点位观测质量的评价，埋石与重合点情况。

（3）联测方法，完成各级点数量，补测与重测情况，以及作业中存在问题的说明。

（4）外业观测数据质量分析与野外数据检核情况。

3）内业数据解算情况

（1）数据处理方案，所采用的软件、星历、起算数据、坐标系统。

（2）无约束平差和约束平差情况。

（3）误差检验及相关参数与平差结果的精度估计等。

（4）上交成果中存在的问题和需要说明的其他问题，以及建议或改进意见。

（5）综合附表与附图。

4）结论

对整个 GNSS 控制测量工程的质量及成果做出结论。

2. 成果验收及上交资料

1）成果验收

在测绘工程组织实施过程中，对于测绘成果（或产品）检查验收一般执行"两级检查、一级验收"制度。其中，测绘任务承担单位负责成果质量的"两级检查"（即过程检查和最终检查），测绘任务委托或下达部门负责组织成果质量的"一级验收"。

GNSS 控制测量任务完成后，应按《测绘成果质量检查与验收》（GB/T 24356—2023）进行成果验收。交送验收的成果包括观测记录的存储介质及其备份，内容与数量必须齐全、完整无缺，各项注记、整饰应符合要求。验收重点包括以下内容。

（1）实施方案是否符合规范和技术设计要求。

（2）补测、重测和数据剔除是否合理。

（3）数据处理软件是否符合要求，处理的项目是否齐全，起算数据是否正确。

（4）各项技术指标是否达到要求。

（5）验收完成后，应出具成果验收报告，在验收报告中按相关规范的规定对成果质量做出评定。

2）上交资料

（1）测绘任务书或合同、专业技术设计书。

（2）点之记、环视图、测量标志委托保管书、选点资料与埋石资料。

（3）接收设备、气象及其他仪器的检验资料。

（4）外业观测记录、测量手簿及其他记录。

（5）数据处理中生成的文件、资料和成果表以及 GNSS 控制网及点图。

（6）专业技术总结和成果验收报告。

【思考与练习】

（1）GNSS 控制网设计的主要技术依据是什么？

（2）如何表示 GNSS 控制网的精度？如何划分 GNSS 网的精度等级？

（3）何为同步观测、同步闭合环、异步闭合环？

（4）简述 GNSS 控制网形构成的几种形式。

（5）在 GNSS 观测前，需要搜集哪些资料？

（6）GNSS 控制测量技术设计书包括哪些主要内容？

（7）GNSS 控制点选点有哪些要求？

（8）简述如何判断 GNSS 接收机是否已经设置为静态接收模式。

（9）详述基于南方地理数据处理平台 SGO 的 GNSS 静态控制测量数据处理流程。

项目六

GNSS-RTK 测量

【项目描述】

GNSS 实时动态测量（Real Time Kinematic，RTK）技术，是全球卫星导航定位技术与数据通信技术相结合的载波相位实时动态差分定位技术，它能够实时地提供定位点在特定坐标系中的三维坐标数据。GNSS-RTK 技术作业方便、精度高，在工程测量、控制测量、地籍测量等工作中普遍使用。

本项目以南方创享 GNSS 设备为例，介绍 GNSS-RTK 的基本原理、坐标系统、作业流程及相关的测量应用。

【项目目标】

（1）熟悉 GNSS-RTK 作业的原理。

（2）掌握 GNSS-RTK 的工作流程。

（3）能设置 GNSS-RTK 基准站和移动站。

（4）能进行 GNSS-RTK 放样。

（5）了解 GNSS-PPK 原理。

任务一　　常规 GNSS-RTK 模式

【任务导入】

GNSS 测量中的卫星星历误差、大气延迟（电离层延迟和对流层延迟）误差和卫星钟钟差具有空间相关性。如果基准站接收机能将上述测量误差改正数通过数据通信链发送给附近工作的移动站接收机，移动站接收机定位精度将得到大幅度提高。

【任务准备】

1.GNSS-RTK 测量原理

在一定的观测时间内，一台或几台接收机分别在一个或几个固定测站上一直保持跟踪观测卫星，其余接收机在这些测站的一定范围内流动作业，这些固定测站称为基准站，在基准站的一定范围内流动作业的接收机称为移动站。

GNSS-RTK 定位的基本原理：在基准站上安置一台 GNSS 接收机，另一台或几台接收机置于载体（即移动站）上，基准站和移动站同时接收同一组 GNSS 卫星发射的信号；基准站所获得的观测值与已知位置信息进行比较，得到 GNSS 差分改正值，并将这个改正值及时通过电台以无线电数据链的形式传递给移动站接收机；移动站接收机通过无线电接收基准站发射的信息，并对载波相位观测值实时进行差分处理，得到基准站和移动站坐标差（ΔX，ΔY，ΔZ）；此坐标差加上基准站坐标后，可得到移动站每个点的

GNSS 坐标基准下的坐标；通过坐标转换参数转换可得出移动站每个点的平面坐标（X, Y, Z）及对应的精度，如图 6-1-1 所示。

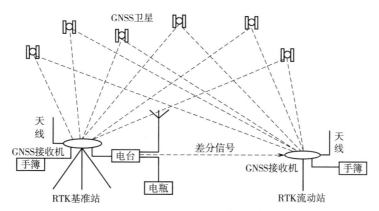

图 6-1-1　GNSS-RTK 测量示意图

2.GNSS-RTK 系统组成

1）GNSS 接收机

GNSS 接收机的功能是接收、处理和存储卫星信号。GNSS 接收机的天线是卫星信号的实际采集点，因此要确定一个观测点的位置，就必须把 GNSS 接收机天线安放在观测点的上方。观测点的平面位置由天线的相位中心确定，观测点的垂直位置由天线的相位中心减去天线高确定。GNSS 接收机的外形及各部件名称如图 6-1-2 所示。

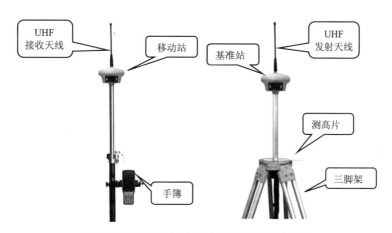

图 6-1-2　GNSS 接收机的外形及各部件名称

2）电源系统

基准站和移动站都需要电源才能工作。根据所选用电台类型的不同，基准站系统的电源要求比移动站系统要高出很多。

3）数据传输系统

基准站与移动站之间的联系是靠数据传输系统（简称为数据链）实现的。数据传输设备是完成实时动态测量的关键设备之一，由调制解调器和无线电台组成。在基准站利用调制解调器对有关数据进行编码调制，然后由无线电发射台发射出去，再在移动站利用无线电接收机将其接收下来，由解调器将数据还原，并发送给移动站上的GNSS接收机。

3. 单基站 RTK 测量

常规的单基站 RTK 测量工作结构由一个基准站、电台和若干移动站组成，数据间的通信使用 VHF、UHF、扩频或跳频。常规 RTK 测量的精度可达到水平方向 1~3 cm，垂直方向 2~5 cm。单基站 RTK 测量技术的出现，实现了 GNSS 的定位实时化，方便了测量行业中控制测量、数字测图、工程放样和工程监测等项目的开展。

4.GNSS-RTK 测量技术要求

1）GNSS-RTK 平面测量技术要求

GNSS-RTK 平面控制点测量按精度划分为一级控制点、二级控制点和三级控制点，其要求应符合表 6-1-1 的规定。

表 6-1-1　GNSS-RTK 平面控制点测量主要技术要求

等级	相邻点间平均距离 /m	点位中误差 /cm	边长相对中误差	与基准站的距离 /km	测回数	起算点等级
一级	500	≤ ±5	≤ 1/20 000	≤ 5	≥ 4	四等及以上
二级	300	≤ ±5	≤ 1/10 000	≤ 5	≥ 3	一级及以上
三级	200	≤ ±5	≤ 1/6 000	≤ 5	≥ 2	二级及以上

注：1. 点位中误差指控制点相对于最近基准站的误差。

　　2. 采用单基准站 RTK 测量一级控制点需至少更换一次基准站进行观测，每站观测次数不少于 2 次。

　　3. 采用网络 RTK 测量各级平面控制点可不受移动站到基准站距离的限制，但应在网络有效服务范围内。

　　4. 相邻点间距离不宜小于该等级平均边长的 1/2。

2）GNSS-RTK 高程测量技术要求

GNSS-RTK 高程控制点的埋设一般与 GNSS-RTK 平面控制点同步进行，标石可以重合，且重合时应采用圆头带十字的标志。GNSS-RTK 高程控制点测量应符合表 6-1-2 规定。

表 6-1-2　GNSS-RTK 高程控制点测量主要技术要求

大地高中误差 /cm	与基准站的距离 /km	观测次数	起算点等级
≤ ±3	≤ 5	≥ 3	四等及以上水准

3）GNSS-RTK 测量卫星的状况要求

GNSS-RTK 测量精度在很大程度上受卫星分布状况的影响。这里所说的卫星为移动站和基准站的共视卫星。为保证移动站和基准站收到足够多数目的卫星信号（表 6-1-3），单基站 RTK 测量时，基准站要选择在空旷平地或者地势较高处。

表 6-1-3 GNSS-RTK 测量卫星状态的基本要求

观测窗口状态	截止高度角在 15° 以上的卫星个数	PDOP 值
良好	$\geqslant 6$	<4
可用	5	$\geqslant 4$ 且 $\leqslant 6$
不可用	<5	>6

5.GNSS-RTK 测量检核

GNSS-RTK 测量时，开始作业或重新设置基准站后，应至少在一个已知点上进行检核，并应符合下列规定：

（1）在控制点上检核，平面位置较差不应大于 5 cm；

（2）在碎部点上检核，平面位置较差不应大于图上 0.5 mm。

6.GNSS-RTK 测量要求

1）GNSS 基准站设置的要求

（1）选点要求：

①点位附近不应有大型建筑物、玻璃幕墙及大面积水域等强烈干扰接收机接收卫星信号的物体；

②点位应选择在交通便利，并有利于扩展和联测的地点；

③视场内障碍物的高度角不宜大于 15°；

④对符合要求的已有控制点，经检查点位稳定可靠的，可充分利用；

⑤点位选定后应现场作标记、画略图。

（2）测前准备：

①用三脚架安置 GNSS 接收机天线时，对中误差应小于 3 mm；

②在高标基板上安置天线时，应将标志中心投影到基板上，投影示误三角形最长边或示误四边形对角线应小于 5 mm；

③天线高量测应精确至 mm，测前、测后应各量测一次，两次较差不应大于 3 mm，并应取平均值作为最终成果；

④较差超限时，应查明原因，并应记录在 GNSS 外业观测手簿备注栏内。

（3）仪器对中、天线高的量取要求：接收机中的天线类型、天线高量取方式以及天线高量取位置等项目设置应和天线高量测时的情况一致。

（4）基准站的卫星截止高度角设置不应低于 10°。

（5）选择无线电台通信方法时，数据传输工作频率应按约定的频率设置。

（6）仪器类型、测量类型、电台类型、电台频率、天线类型、数据端口、蓝牙端口等设备参数应在随机软件中正确选择。

（7）基准站坐标、数据单位、尺度因子、投影参数和坐标转换参数等计算参数应正确输入。

2）GNSS-RTK 观测要求

（1）GNSS 天线、通信接口、主机接口等设备连接应牢固可靠；连接电缆接口应无氧化脱落或松动。

（2）数据采集器、电台、基准站和移动站接收机等设备的工作电源电量应充足。

（3）数据采集器内存或储存卡应有充足的存储空间。

（4）接收机的内置参数应正确。

（5）水准气泡、投点器和基座应符合作业要求。

（6）天线高度设置与天线高的量取方式应一致。

3）坐标系统转换的要求

（1）所用已知点的地心坐标框架应与计算转换参数时所用地心坐标框架一致。

（2）已有转换参数时，可直接输入。

（3）已有三个以上同时具有地心和参心坐标系的控制点成果时，可直接将坐标输入数据采集器，计算转换参数。

（4）已有三个以上参心坐标系的控制点成果时，可直接输入参心坐标，并在控制点上采集地心坐标计算转换参数。

【任务实施】

常规 GNSS-RTK 作业流程包括架设和配置基准站、架设和配置移动站、移动站初始化、点校正、RTK 定位测量、RTK 精度分析。

1. 外业准备工作

在进行野外工作之前，要检查基准站系统的设备是否齐全、电源电量是否充足。基准站的接收机发生断电或者信号失锁，将影响网络内移动站的正常工作，因此基准站的点位选择也必须严格。RTK 在作业期间，基准站不允许进行下列操作：

（1）关机又重新启动；

（2）进行自测；

（3）改变卫星高度截止角或仪器高度值、测站名等；

（4）改变天线位置；

（5）关闭文件或删除文件。

2. 架设基准站并设置作业模式

1）架设基准站

在基准站拧上 UHF 天线，将主机与连接杆固定，用测高片或者基座将连接杆固定在三脚架上，基准站可设置在已知点位上，也可在任意点上设站；当在已知点位设站时，应对中、整平，天线高量取应精确至 1 mm；最后将基准站开机。

常规（单基站）GNSS-RTK 作业模式设备及启动

2）蓝牙连接

将手簿与基准站接收机通过蓝牙进行连接。

3）基准站设置

在手簿中打开"工程之星"程序，依次点击"配置"—"仪器设置"—"基准站设置"，提示"是否切换基准站"，点击"确定"，进入"基准站设置"界面，点击"数据链"，选择"内置电台"，再依次点击"数据链设置"—"通道设置"，通道可任意选择，保证基准站和移动站一致即可，注意不要和附近其他基准站相同，其他设置默认。以上设置完成后，点击"启动"，完成基准站设置工作，这时观察基准站主机的数据灯是否规律闪烁，并填写基准站观测手簿，见表 6-1-4。

表 6-1-4　GNSS-RTK 测量基准站观测手簿

点号		点名		参考点等级	
观测记录员		观测日期		采样间隔	
接收机类型		接收机编号		开始记录时间	
天线类型		天线编号		结束记录时间	
近似纬度 N	° ′ ″	近似经度 E	° ′ ″	近似高程 H	m
天线高测定		天线高测定方法及略图		点位略图	
测前	测后				
平均值：	平均值：				
时间（UTC）	卫星号及信噪比	纬度/（°′″）	经度/（°′″）	大地高/m	天气状况
备注					

3. 架设移动站并设置作业模式

1）架设移动站

打开移动站主机，安装 UHF 天线，将其固定在对中杆上，并安装手簿托架及手簿。

2）蓝牙连接

将手簿与移动站连接，如已连接设备，先点击"断开"，再选中要连接的设备，点击"连接"即可。

3）移动站设置

在"工程之星"程序中，依次点击"配置"—"仪器设置"—"移动站设置"，提示"是否切换移动站"，点击"确定"，进入"移动站设置"界面，点击"数据链"，选择"内置电台"，再依次点击"数据链设置"—"通道设置"，选择与基准站相同的通道，其他设置默认。

4. 移动站初始化

移动站在进行任何工作之前，必须先进行初始化，初始化是接收机在定位前确定整周未知数的过程。这一初始化过程也被称作 RTK 初始化、整周模糊度解算、OTF（On-The-Fly）初始化等。

在初始化之前，移动站只能进行单点定位，精度在 0.15~2 m，在条件比较好的情况下（有 5 颗以上卫星，信号无遮挡），初始化时间一般在 5 s 左右。测量点的类型有单点解（Single）、差分解（DGPS）、浮点解（Float）和固定解（Fixed）。浮点解是指整周未知数已被解算，测量还未被初始化。固定解是指整周未知数已被解算，测量已被初始化。只有当移动站获取到固定解之后，才算完成了初始化的工作。

5. 点校正

GNSS-RTK 接收机直接得到的数据是 WGS-84 坐标系中的数据，需要将测出的 WGS-84 坐标系转换到项目使用的坐标系，这个过程称为点校正。

如果基准站置于已知点上且收集到准确的坐标转换参数，可直接输入。如果没有坐标转换参数，需根据测区情况使用七参数校正、四参数校正或者三参数校正（单点校正）。

七参数校正至少已知三个控制点的三维坐标和相对独立的 WGS-84 坐标，已知点最好均匀分布在整个测区的边缘，能控制整个区域。一定要避免已知点线性分布，如果用三个已知点进行点校正，这三个点组成的三角形要尽量接近正三角形，如果是四个点，就要尽量接近正方形。一定要避免所有已知点分布接近一条直线，否则会严重影响测量的精度，特别是高程精度。

如果测量任务只需要平面坐标，不需要高程，可以使用两个点进行校正，即四参数校正。但如果要检核已知点的水平残差，还需要一个点，即至少需要三个点。如果需要高程，也可以进行四参数校正，另加高程拟合进行测量。

如果既需要水平坐标，又需要高程，建议采用三个点进行校正，但如果要检核点的水平残差和高程残差，至少需要四个点进行校正。

如果测区范围很小、地势平坦，且测区中间有已知点，可以使用三参数校正（单点校正），但必须检核测量残差，因此至少需要两个已知点。点校正后，进行检核的，方法如下。

（1）检查水平残差和垂直残差的数值。一般残差应该在 2 cm 以内，如果超过 2 cm，则说明存在粗差，或者参与校正的点不在一个系统下，而且最大可能就是残差最大的那个点，应检查输入的已知点，或者更换使用的已知点。

（2）查看转换参数值。一般三个坐标轴的旋转参数值小于 3°，坐标转换的尺度变化量应接近数值 1。求取坐标转换参数后，测量检核已知当地坐标。若进行转换后这个差值在 2 cm 内，则说明坐标转换正确。

校正向导的操作步骤如下。

1）基准站架设在已知点校正

（1）连接基准站，进入"基准站设置"界面，设置好基准站启动坐标并启动基准站，基站启动坐标可以手动输入或者从外部获取，如图 6-1-3 所示。

图 6-1-3　"基准站设置"界面

（2）连接移动站（在收到基站信号的情况下），进入"校正向导"界面，依次点击"输入"—"校正向导"，校正模式选择"基准站架设在已知点"，点击"下一步"，手动输入校正的平面坐标，或点击"历史基站获取"进行坐标选择添加，点击"校正"，完成基准站架设在已知点模式校正，如图 6-1-4 所示。

图 6-1-4　校正设置界面

2）基准站架设在未知点校正

（1）打开"工程之星"程序，连接移动站，在移动站达到固定解的前提下，依次点击"输入"—"校正向导"，校正模式选择"基准站架设在未知点"，点击"下一步"，手动输入校正的平面坐标，或点击"点库获取"进行坐标选择，如图6-1-5所示。

图6-1-5　基准站校正模式选择及坐标输入

（2）在完成移动站平面坐标选择后，将移动站对中立于已知点上，点击"校正"，系统会提示是否校正，点击"确定"即可，完成基准站在未知点校正操作，如图6-1-6所示。

图6-1-6　校正界面

6.RTK 进行点测量

进行点测量的方法可以使用"测量"—"点测量"，当基准站与移动站的距离超过 5 km 时，测量精度会逐渐下降，因此一般控制 RTK 的作业范围在 5 km 以内，当信号受到影响时，还应该缩短作业半径，以提高 RTK 的作业精度。

点测量的操作步骤如下。

（1）依次点击"测量"—"点测量"，进入"点测量"界面，如图 6-1-7 所示。

图 6-1-7　点测量操作 1

（2）点击"保存"按钮，进入保存"测量点"界面，依次输入点名、编码，并选择"杆高"，输入"天线量取高度"，点击"确定"按钮，即完成点测量采集工作。

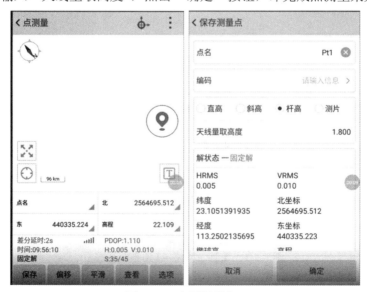

图 6-1-8　点测量操作 2

【技能训练】

以小组为单位进行 GNSS-RTK 参数设置和连接，要求能够在 GNSS-RTK 单基站模式下完成基准站和移动站等设备的正确连接，并达到固定解状态。

任务二　GNSS 网络 RTK 与连续运行基准站模式

【任务导入】

1.GNSS 网络 RTK 技术

GNSS 网络 RTK 系统是利用 GNSS 网络 RTK 技术建立起来的实时 GNSS 连续运行卫星定位服务网络，现阶段使用范围最广的是单基站和多基站网络 RTK 系统，它们省去了每次测量前都要计算转换参数的麻烦，同时移动站的作用距离也能更远，测量更加方便快捷。

连续运行基准站 CORS 系统

单基站网络 RTK 系统只有一个 GNSS 基准站（图 6-2-1），其基准站是一个固定的可以每天 24 h 连续运行的 GNSS 设备，同时又是一个服务器，通过它可以实时查看当前卫星状态、存储静态数据、实时向网络发送差分信息，还可以实时监控移动站作业情况。移动站一般通过 GPRS/CDMA 网络通信和基站服务器通信。

图 6-2-1　单基站网络 RTK 系统基准站

多基站网络 RTK 系统通过分布在一定区域内的多个单基站联合作业，基站与基站之间的距离不超过 50 km，它们都将数据发送到一个服务器。移动站作业时，只要发送它的位置信息到服务器，系统就能自动计算出移动站与各个基站之间的距离，并将距离近的基站差分数据发送给移动站。这样就确保了在基站覆盖的目标区域内移动作业时，系统总能够将距离最近的基站差分数据发送给移动站，以获得最佳的测量精度。

2.GNSS 连续运行参考站系统

GNSS 连续运行参考站系统（CORS）是以多基站网络 RTK 技术建立的，它已成为城市 GNSS 应用的发展热点之一。CORS 是卫星定位技术、计算机网络技术、数字通信技术等高新科技多方位、深度融合的产物。

CORS 由基准站网、数据处理中心、数据传输系统、定位导航数据播发系统、用户应用系统五个部分组成，各基准站与数据处理中心之间通过数据传输系统连接成一体，形成专用网络，并实时地向不同类型、不同需求、不同层次的用户提供 GNSS 观测值（载波相位、伪距）、各种改正数、状态信息以及其他有关 GNSS 服务项目的系统。与传统的 GNSS 作业方式相比，CORS 具有作用范围广、精度高等优点，特别是能够实现野外单移动站高精度定位作业。

按照应用的精度不同，CORS 的用户服务子系统可分为毫米级用户系统、厘米级用户系统、分米级用户系统和米级用户系统等；而按照用户的应用不同，可分为测绘工程用户（厘米、分米级）、车辆导航与定位用户（米级）、高精度用户（毫米级）等。

【任务准备】

目前应用较广的 CORS 技术有虚拟参考站（VRS）、FKP、主辅站技术、综合误差内插技术，其各自的数学模型和定位方法有一定的差异，但在基准站架设和改正模型的建立方面基本原理是相同的。

CORS 可以满足各类不同行业用户对精确定位、快速和实时定位及导航的要求，及时地满足城市规划、国土测绘、地籍管理、城乡建设、环境监测、防灾减灾、交通监控、矿山测量等多种现代化、信息化管理的社会要求。世界上很多城市都已建立或正在建立 CORS。

CORS 彻底改变了传统 RTK 测量的作业方式，其主要优势体现在以下方面：

（1）改进了初始化时间，扩大了有效工作的范围；

（2）采用连续基准站，用户可以随时观测，使用方便，提高了工作效率；

（3）拥有完善的数据监控系统，可以有效地消除系统误差和周跳，增强差分作业的可靠性；

（4）用户不需再架设基站，真正实现了单机作业，更方便快捷；

（5）使用固定可靠的数据链通信方式，减少了噪声干扰；

（6）提供远程网络服务，实现了数据的共享；

（7）扩大了 GNSS 技术在动态领域的应用范围，更有利于车辆、飞机和船舶的精密导航；

（8）为建设数字化城市提供了新的契机。

【任务实施】

1. 手簿连接 GNSS 接收机

目前，大部分 GNSS 设备都采用 NFC 无线通信技术，只需将手簿与 GNSS 接收机触碰即可实现蓝牙自动配对，具体操作步骤：首先将 GNSS 接收机与手簿都开机启动，然后将两者标注 NFC 的部位相互靠近，即可实现手簿与 GNSS 接收机的自动连接。

网络 GNSS-RTK 作业模式设置及启动

2. 进入移动站设置界面

开启手簿，打开"工程之星"测量软件，依次点击"配置"—"仪器设置"—"移动站设置"，进入"移动站设置"界面，如图 6-2-2 所示。

图 6-2-2 "移动站设置"界面

3. 移动站参数选择与设置

在"移动站设置"界面，"数据链"选择"手机网络"，勾选"CORS 连接设置"，进入"数据链参数设置"界面，如图 6-2-3 所示。

注意：如果 SIM 卡放置到手簿中，"数据链"选择"手机网络"；如果 SIM 卡放置到 GNSS 主机中，则选择"主机网络"。

图 6-2-3 移动站参数设置

点击"增加",新建网络数据链参数模板,并对各参数进行如下设置。

(1)名称:自行命名。

(2)地址(IP):CORS 商家提供。

(3)端口(Port):CORS 商家提供。

(4)账户:购买的 CORS 账号。

(5)密码:购买的 CORS 账号密码。

(6)模式:NTRIP(移动站模式)。

(7)接入点选择:CORS 商家提供。

注意:对于不同 CORS 供应商,各参数略有不同。

4. 确认连接,开始测量

以上参数设置好后点击"确定",返回上一页面,选择刚刚输入的模板,点击"连接",收敛至"固定解"后即可开始测量,如图 6-2-4 所示。

图 6-2-4　CORS 连接界面

【技能训练】

分小组进行 CORS 参数设置和网络连接，要求能够在移动站 CORS 模式下完成设备的正确连接。

任务三　GNSS-RTK 图根控制测量

【任务导入】

直接为了测绘地形图而进行的控制点测量称为图根控制测量，其控制点称为图根控制点，简称图根点，GNSS-RTK 可用于图根控制测量。本任务主要讲解 GNSS-RTK 图根控制测量的相关规定和操作。相比使用导线方式布设图根控制点，使用 GNSS-RTK 技术进行图根控制测量更加方便、快捷。

【任务准备】

1. GNSS-RTK 图根控制测量作业流程

GNSS-RTK 图根控制测量作业流程如图 6-3-1 所示。

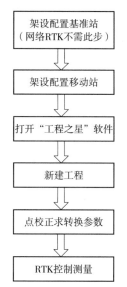

图 6-3-1　GNSS-RTK 图根控制测量作业流程

1）转换参数

通过接收卫星信号，GNSS 接收机直接获取 WGS-84 大地坐标系下的坐标（经纬度），需要将其转换至平面坐标系，这就应进行坐标转换参数的计算和设置。

2）点校正

点校正为 GNSS 设备求解转换参数的过程，求取转换参数后，还需将移动站架设在一个已知点进行检核，检核通过后，方可进行测量工作。

2. GNSS-RTK 图根控制测量

1）RTK 图根控制测量的主要技术要求

（1）图根点标志宜采用木桩、铁桩或其他临时标志，必要时可埋设一定数量的标石。

（2）RTK 平面图根点测量，移动站观测时应采用三脚架对中、整平，每次观测历元数应大于 10 个。

（3）测区坐标系统转换时，计算的 RTK 图根点测量平面坐标转换残差应小于或等于图上 ± 0.07 mm；RTK 图根点测量高程拟合残差应不大于等高距的 1/12。

（4）RTK 图根控制测量可采用单基站 RTK 测量模式，也可采用网络 RTK 测量模式；作业时有效卫星数不宜少于 6 个，多星座系统有效卫星数不宜少于 7 个，PDOP 值应小于 6，并应采用固定解成果。

（5）RTK 图根控制点应进行两次独立测量，坐标较差不应大于图上 0.1 mm，高程较差应小于等高距的 1/10，符合要求后应取两次独立测量的平均值作为最终成果。

（6）RTK 图根控制测量的主要技术要求应符合表 6-3-1 规定。

表 6-3-1　RTK 图根控制测量主要技术要求

等级	相邻点间距离 /m	点位中误差 /mm	高程中误差	与基准站的距离 /km	观测次数
图根点	≥ 100	图上距离 ≤ ±0.1	≤ 1/10 基本等高距	≤ 5	≥ 2

注：点位中误差指控制点相对于最近基准站的误差。

2）成果数据处理与检查

用 GNSS-RTK 技术施测的图根点平面成果应进行 100% 的内业检查和不少于总点数 10% 的外业检测，外业检查采用相应等级的全站仪测量边长和角度或导线联测等方法进行，其检测点应均匀分布在测区的中部和周边。其检测结果应满足表 6-3-2 的要求。

表 6-3-2　RTK 图根点平面检测精度要求

等级	边长检核		角度检核		坐标检核	高程较差
	测距中误差 /mm	边长较差的相对误差	测角中误差 /（″）	角度较差的限差 /（″）	图上平面坐标较差 /mm	
图根	≤ ±20	≤ 1/3 000	≤ ±20	60	≤ ±0.15	≤ 1/7 基本等高距

用 GNSS-RTK 技术施测的图根点高程成果应进行 100% 的内业检查和不少于总点数 10% 的外业检测，外业检测应采用相应等级的三角高程、几何水准测量等方法进行，其检测点应均匀分布在测区内。其检测结果应满足表 6-3-3 的要求。

表 6-3-3　RTK 图根点高程检测精度要求

等级	检核高差 /mm
五等	≤ 50 $\sqrt{D}$

3. GNSS-RTK 测量精度

影响 GNSS-RTK 测量成果精度的误差主要有 GNSS 接收机标称误差、转换参数误差及人为误差等。

（1）GNSS 接收机标称误差为仪器固定误差。

（2）转换参数误差大小取决于点位的分布情况、所采用的拟合方式及实测误差。

（3）人为误差主要是对中误差及数据录入错误等。

【任务实施】

根据主要技术要求进行不同等级控制点测量的设置，并检核控制测量成果。

1. 基站架设

如果使用网络 RTK 模式，可不用架设基准站。

2. 移动站架设

控制点数据采集需要使用三脚架架设移动站。

GNSS-RTK 控制测量

3. 参数配置

手簿中的"工程之星"软件是以工程文件的形式对软件进行管理的，所有软件操作都需要在某个定义的工程下完成。每次进入"工程之星"软件,其会自动调入最后一次使用"工程之星"时的工程文件。

1)新建工程

一般情况下,每次开始一个地区的测量施工前都要新建一个与当前工程测量所匹配的工程文件,具体步骤详见表 6-3-4。

表 6-3-4　新建工程步骤

任务	步骤	"工程之星"界面显示
新建工程	依次点击"工程"—"新建工程",设置"工程名称"(默认当前日期为工程名称),新建的工程将保存在默认的作业路径"\SOUTHGNSS_EGStar\"中。 (如要套用以前的工程,可以勾选"套用模式",然后点击"选择套用工程",选择想要使用的工程文件,最后点击"确定")	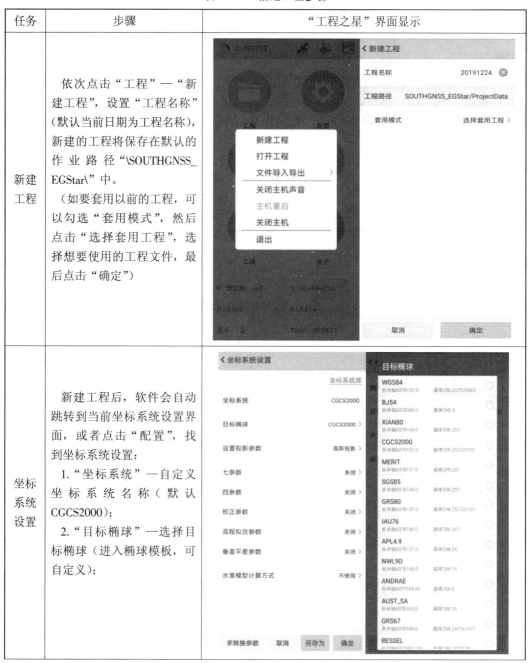
坐标系统设置	新建工程后,软件会自动跳转到当前坐标系统设置界面,或者点击"配置",找到坐标系统设置: 1."坐标系统"—自定义坐标系统名称(默认CGCS2000); 2."目标椭球"—选择目标椭球(进入椭球模板,可自定义);	

续表

任务	步骤	"工程之星"界面显示
坐标系统设置	3. "设置投影参数"（中央子午线），投影方式选择"高斯投影"，中央子午线输入当地中央子午线或者点击 ⊙ 定位图标自动获取； 4. 其他设置默认； 5. 点击"确定"，完成新建工程	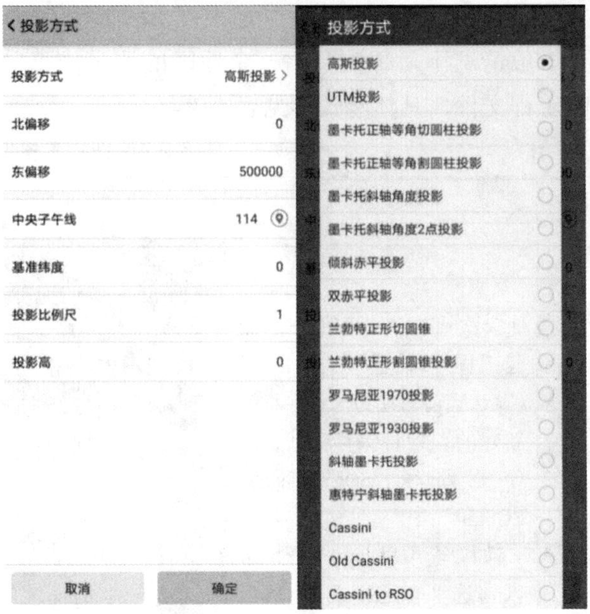

2）求转换参数

"工程之星"软件中的四参数指在投影设置下选定的椭球内大地坐标系和施工测量坐标系之间的转换参数，具体步骤详见表6-3-5。需要特别注意的是，参与计算的控制点数量应为三个或三个以上，控制点等级的高低和点位分布直接决定了四参数的控制范围。四参数理想的控制范围一般都在20~30 km²。

表 6-3-5　求转换参数步骤

任务	步骤	"工程之星"界面显示
求转换参数	1. 点击"输入"； 2. 点击"求转换参数"，首先点击右上角的"设置"按钮，将"坐标转换方法"改为"一步法"，点击"确定"则可以开始四参数的设置； 3. 点击"添加"，输入已知平面坐标及大地坐标；	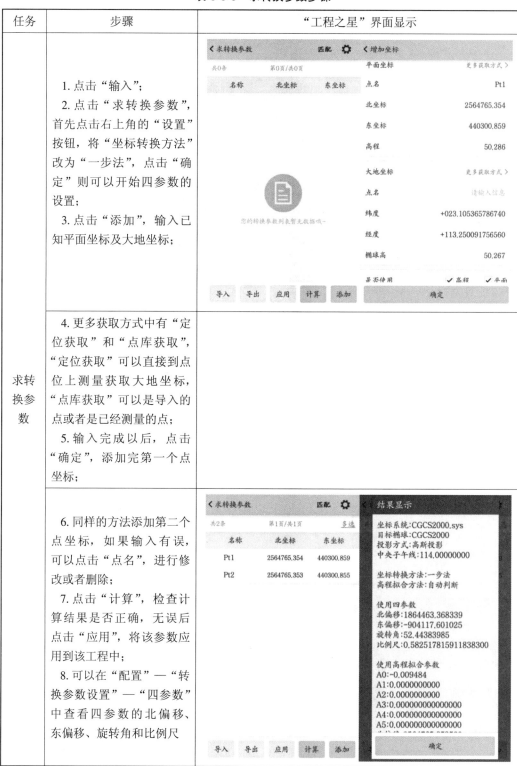
	4. 更多获取方式中有"定位获取"和"点库获取"，"定位获取"可以直接到点位上测量获取大地坐标，"点库获取"可以是导入的点或者是已经测量的点； 5. 输入完成以后，点击"确定"，添加完第一个点坐标；	
	6. 同样的方法添加第二个点坐标，如果输入有误，可以点击"点名"，进行修改或者删除； 7. 点击"计算"，检查计算结果是否正确，无误后点击"应用"，将该参数应用到该工程中； 8. 可以在"配置"—"转换参数设置"—"四参数"中查看四参数的北偏移、东偏移、旋转角和比例尺	

注意：RTK 图根点测量平面坐标转换残差不应大于图上 ±0.07 mm；RTK 图根点测量高程拟合残差不应大于 1/12 基本等高距。

3）控制点数据采集配置

控制点数据采集配置步骤见表6-3-6。

表6-3-6　控制点数据采集配置步骤

任务	步骤	"工程之星"界面显示
控制点数据采集配置	1. 点击"测量"，选择"控制点测量"功能； 2. 点击右上角"设置"，设置测回数为"2"，测点数为"10"，历元数为"1"，延迟时间为"8"，平面限差（m）为"0.02"，高程限差（m）为"0.03"	

4. 控制点测量

RTK图根点控制测量，移动站应采用三脚架及基座严格对中、整平，每次观测历元数应大于20个，具体步骤见表6-3-7。

表6-3-7　控制点测量步骤

任务	步骤	"工程之星"界面显示
控制点测量	点击"开始"，则开始采集，采集完成以后会弹出"保存测量点"界面，点击"确定"，会弹出"是否查看"GPS"控制点测量报告"，点击"确定"，则生成"GPS"控制点测量报告	

【技能训练】

1.1:500数字测图图根点测量

1:500数字测图图根控制可分为平面控制和高程控制。图根平面控制采用的坐标系应与国家或城市的坐标系统一。图根平面控制的布设形式，可根据测区的大小和地形情况而定，应尽量利用已有的国家或城市平面控制加密建立。图根高程控制必须在国家或城市高程各等级水准点的基础上布设，以取得统一的高程基准。目前城市中应用最多的图根点控制测量方法即为GNSS-RTK测量，相比导线测量的方法，进行图根控制测量更简单、方便、快捷。

数据采集步骤如下。

（1）按照单基站连接法或者CORS连接法连接设备，得到固定解后，检查水平残差（HRMS）和垂直残差（VRMS）的数值，满足项目的测量精度要求后方可开始测量，正常情况下该数值不大于0.02 m。

（2）图根控制点一般测量三次，每次采集30个历元，采样间隔为1 s。在采集过程中需要使用三脚架和对中基座。

（3）每个图根控制点采集完毕后，需要绘制点之记，用来记录控制点的位置，方便使用时根据点之记进行寻找。

2. 航摄像片控制点测量

航摄像片控制测量是在测区内实地测定用于空中三角测量（空三加密）或直接用于测图定向的像片控制点平面位置和高程的测量工作。航摄像片控制测量的布点方案分为全野外布点方案、非全野外布点方案和特殊情况布点方案，布点完成后即可开展测量工作。

像控点测量

目前，GNSS已广泛作用，利用GNSS可极大地提高像控点外业测量工作效率。采用GNSS网、CORS站、双基准站、RTK等方法，可以迅速获取像控点平面位置与高程。使用RTK方式已经可以满足大部分的作业需求。

像控点坐标的采集采用GNSS-RTK方法。为保证像控点和航测相片POS坐标系处于同一坐标系内，使用RTK网络差分的方式采集数据时需要保证无人机连接的网络CORS接入点、端口要和RTK接收机连接的一致。

数据采集步骤如下。

（1）按照单基站连接法或者CORS连接法连接设备，得到固定解后，检查水平残差（HRMS）和垂直残差（VRMS）的数值，满足项目的测量精度要求后方可开始测量，正常情况下该数值不大于0.02 m。

（2）控制点和检查点采集观测三次，每次采集30个历元，采样间隔为1 s。在采集过程中保证对中杆的气泡始终处于居中状态。

（3）每个控制点采集完毕后，对像控点至少拍摄3张照片，分别为1张近照、2张远照，也可拍摄多张方便寻找。近照要求拍摄对中杆杆尖落地处；远照要求拍摄像控点全景，需反映刺点处与周边特征地物的相对位置关系，以便于内业人员刺点操作。

（4）控制点、检查点成果表分开保存，每个点均保存大地坐标和投影平面坐标。

（5）整理控制点、检查点照片，每一个控制点分别建立一个文件夹，把所拍的控制点照片分类，并放入相应点的文件夹中，使点号、点位与照片一一对应。在文件夹外保存所有控制点和检查点对应的表格文件，格式为 *.csv。

任务四　GNSS-RTK 数字测图

【任务导入】

数字地形图可为城乡各类工程建设提供基础数据，满足工程规划和设计的需要。GNSS-RTK 技术可用于地形测图中的碎部点采集工作。

【任务准备】

（1）RTK 碎部点测量时可采用固定高度对中杆进行对中、整平，观测历元数应大于 5 个。

（2）连续采集一组地形碎部点数据超过 50 点，应重新进行初始化，并检核一个重合点，当检核点位坐标较差不大于图上 0.5 mm 时，方可继续测量。

（3）RTK 碎部点测量平面坐标转换残差不应大于图上 ±0.1 mm，RTK 碎部点测量高程拟合残差不应大于 1/10 基本等高距。RTK 碎部点测量主要技术要求见表 6-4-1。

表 6-4-1　RTK 碎部点测量主要技术要求

等级	点位中误差 /mm	高程中误差	与基准站的距离 /km	观测次数
碎部点	图上距离≤ ±0.5	≤ 1/10 基本等高距	≤ 10	≥ 1

【任务实施】

1. 基准站、移动站架设并设置工作模式

1）架设基准站并设置作业模式（使用网络 RTK 模式不需架设基准站）

（1）架设三脚架并量取天线高。基准站连接 UHF 天线后，需将主机与连接杆固定，用测高片或者基座将连接杆固定在三脚架上，基准站可设置在已知点位上，也可在任意点上设站；当在已知点位设站时，应对中和整平，天线高量取应精确至 1 mm。上述操作完成后将基准站接收机开机。

（2）蓝牙连接设备。

（3）基准站设置。

参照本项目任务一中的要求完成基准站设置。

2）架设移动站并设置作业模式

参照本项目任务一中的要求完成移动站设置。

GNSS-RTK 数字测图

GNSS-RTK 断面测量

2. 野外草图的绘制

1）工作草图

（1）工作草图是内业绘图的依据，可以根据测区内已有的相近比例尺地形图编绘，也可以在碎部点采集时画出。

（2）工作草图的绘制内容包括地物的相对位置、地貌的地性线、点名、丈量距离记录、地理名称和说明注记等。

2）草图法测定碎部点的操作过程

（1）进入测区后，绘草图作业员首先观察测站周围的地形、地物分布情况，认清方向，及时按近似比例勾绘一份含主要地物、地貌的草图，便于观测时在草图上标明所测碎部点的位置及点号。

（2）碎部点测量，按成图规范要求进行 GNSS-RTK 碎部点采集，同时将绘图信息绘制在草图上。

3）绘制草图注意事项

（1）采用数字测记模式绘制草图时，采集的地物、地貌原则上遵照地形图图式的规定绘制，对于复杂的图式符号可以简化或自行定义。但数据采集时所使用的地形码，应与草图上绘制的符号一一对应。

（2）草图应标注所测点的测点编号，且所标注的测点编号应与数据采集记录中的测点编号一致。

（3）草图上要素的位置、属性和相互关系应清楚、正确。

（4）地形图上需要注记的各种名称、地物属性等，应在草图上标注清楚。

草图绘制示例如图 6-4-1 所示。

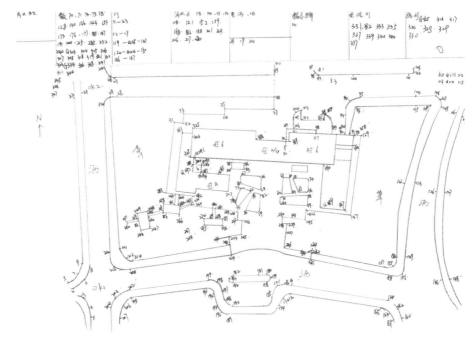

图 6-4-1 草图绘制示例

3. 图根控制测量

具体内容参考本项目任务三 GNSS-RTK 图根控制测量。

4. 碎部测量

将移动站放在待测地物地貌特征点上，打开"工程之星"软件，依次点击"测量"—"点测量"，扶稳对中杆，保持气泡居中，点击"保存"，输入点名（继续测点时，点名将自动累加）、杆高，点击"确定"，完成数据采集，并在草图相应位置标注点号。

5. 数据导出

（1）打开"工程之星"软件，依次点击"工程"—"文件导入导出"—"成果文件导出"，输入导出文件名，选择需要导出的文件类型（一般选择"测量成果数据 *.dat"），或者在"输入"—"坐标管理库"中导出。

（2）将手簿连接电脑，在路径 /storage/emulated/0/SOUTHGNSS_EGStar/Export 中，将导出的"测量成果数据 *.dat"文件拷贝出来，根据野外草图，在绘图软件中完成内业成图工作。

【技能训练】

1.GNSS-RTK 点状地物测量

在数字测图外业数据采集中，点状地物（如路灯、监控、井盖、独立树等，如图 6-4-2 所示）的采集比较简单，一般使用 GNSS 设备测量其几何中心的坐标即可；无法采集到几何中心的地物，可使用偏心改正法将坐标换算至地物几何中心，采集时需要保持对中杆的圆气泡居中。

图 6-4-2　路灯等点状地物

2.GNSS-RTK 线状地物测量

对于道路、行树、围墙、地类界等线状地物（图 6-4-3），使用 GNSS 设备采集时需要采集地物的特征点，如道路直线段的首尾端点、弧段道路的端点和中点等，采集时需要保持对中杆的圆气泡居中。

图 6-4-3　围墙等线状地物

3. GNSS-RTK 面状地物测量

对于建筑物、水塘、农田、花坛等面状地物（图 6-4-4），使用 GNSS 设备采集时需要逐个采集地物的特征折点，不能遗漏，防止在内业绘图时地物形状与实际不符。对于高大建筑物采集时，若卫星信号较差，可采用方向交会法确定建筑物角点坐标，采集时需要保持对中杆的圆气泡居中。

图 6-4-4　农田等面状地物

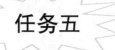 **任务五** **GNSS-RTK 点放样**

【任务导入】

GNSS-RTK 经常运用在施工测量中。采用 GNSS-RTK 技术放样，可将设计好的点位坐标输入手簿中直接放样。本任务主要介绍 GNSS-RTK 放样流程、放样数据的计算方法、应用 RTK 技术进行点放样。

【任务准备】

1.GNSS-RTK 点放样原理

1）放样距离的计算

在 RTK 作业模式下，只要正常连接和配置基准站和移动站，GNSS 接收机就可以获得差分解，可以实时获得移动站接收机所处位置的坐标。将待放样的数据导入手簿时，如果数据量少，可以采用直接输入的方式；如果数据量大，可以编辑成数据文件导入手簿。现假设待放样点的坐标为（X_m，Y_m，H_m），而移动站 GNSS 接收机在经过一定时间后的位置为（X_t，Y_t，H_t），则移动站接收机与待放样点之间的关系为

$$\Delta X = X_m - X_t$$

$$\Delta Y = Y_m - Y_t$$

$$\Delta H = H_m - H_t$$

$$D = \sqrt{(X_m - X_t)^2 + (Y_m - Y_t)^2 + (H_m - H_t)^2}$$

式中　D——移动站接收机距待放样点的距离。

根据 ΔX、ΔY、ΔH、D 这四个值，即可由接收机当前位置移动到待放样点位置，完成放样。

Ⅰ.以北方向为作业指示方向

由于测量坐标系 X 轴正方向指向北，Y 轴正方向指向东。当 $\Delta X > 0$ 时，说明 $X_m > X_t$，即移动站接收机要在 X 轴方向向北移动，移动的数量就是 $|\Delta X|$。当 $\Delta X < 0$ 时，说明 $X_m < X_t$，即移动站接收机要在 X 轴方向向南移动，移动的数量就是 $|\Delta X|$。RTK 放样分析见表 6-5-1。

表 6-5-1 RTK 放样分析

坐标差值	差值符号	移动方向	移动量
ΔX	>	北	ΔX
	<	南	$|\Delta X|$
	=	不移动	0
ΔY	>	东	ΔY
	<	西	$|\Delta Y|$
	=	不移动	0
ΔH	>	上	ΔH
	<	下	$|\Delta H|$
	=	不移动	0

II. 以箭头方向为作业指示方向

箭头指向的标准要确定前进方向。假设 GNSS 接收机在经过时间 t_1 后的位置记为 P_1（X_1,Y_1）。在经过时间 t_2 后，如果测量员向前移动了一个位置，GNSS 接收机的位置记为 P_2（X_2,Y_2）。则 P_1 至 P_2 的矢量就可作为前进方向，而与该方向垂直的方向为左右方向，这样就如同建立了一个独立坐标系。在进行放样时，GNSS-RTK 手簿中的应用软件会直接表示为前后或左右指示移动。

2）GNSS-RTK 点放样

GNSS-RTK 点放样方法一般用于道路、地下管道等市政工程的点位放样，放样时要求周围无遮挡，平面点位放样中误差不得大于 5 cm。

GNSS-RTK 点放样

【任务实施】

1.RTK 点放样具体操作

1）测前准备

获取 2~3 个控制点的坐标（如果没有已知数据，可用静态 GNSS 先进行控制测量），解算或用相关软件求出放样点的坐标，检查仪器是否能正常使用。

2）基准站架设

将基准站架设在较空旷的地方（附近无高大建筑物或高压电线等），架设完后安装电台，连接仪器后，开启基准站主机，打开电台并设置频率。如果采用 CORS 连接模式，可以省去基准站的架设工作。

3）建立新工程

开启移动站主机和测量手簿，待连接卫星的数量达到 5 颗以上时，在测量手簿软件上先连接蓝牙，连接成功后，设置相关参数（包括工程名称、椭球名称、投影参数（若未启用可以不填写）），最后点击"确定"，工程新建完毕。

4）输入放样点

如果放样点的数量比较少，可以将放样点的坐标值直接手动输入手簿中。如果放样点数量比较大，采用文件导入手簿中。需要注意的是，在完成点校正步骤以后，再导入放样数据。

5）求坐标转换参数

GNSS-RTK 测量是在 WGS-84 坐标系中进行的，而各种工程测量和定位是在地方独立坐标系中进行的，需要按照相关步骤完成坐标转换参数的求解。

6）放样点位

（1）依次点击"测量"—"点放样"，进入"点放样"界面，如图 6-5-1 所示。

图 6-5-1　放样点位操作 1

（2）点击"目标"，进入"放样点库"界面，如图 6-5-2 所示。

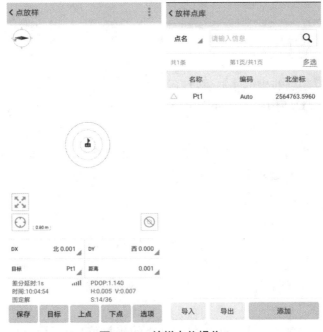

图 6-5-2　放样点位操作 2

（3）选择需要放样的点，依次点击"点放样"—"选项"，"提示范围"选择 1　m，则当前点移动到离目标点 1 m 范围以内时，系统会语音提示，如图 6-5-3 所示。

图 6-5-3　放样点位操作 3

（4）在放样主界面上会提三个方向上的移动距离。当放样点与当前点相连的点时，可以不用进入"放样点库"，点击"上点"或"下点"根据提示选择即可。

【技能训练】

分小组完成点放样前的准备工作，至少完成 2 个点位的放样。

任务六　　GNSS-RTK 直线放样

【任务导入】

GNSS-RTK 直线放样常用于市政工程中设计道路、地下管线的放样等。根据设备界面的导航信息，可以快速到达待定直线，方便快捷。

【任务准备】

需要根据任务要求获取待放样直线的起点和终点坐标，并将坐标提前导入 GNSS 设备中，这里需要注意对起点和终点的准确命名。

【任务实施】

**GNSS-RTK
线放样**

GNSS–RTK 直线放样具体操作如下。

（1）新建项目，完成新建项目后，点击主界面选择"放样"—"直线放样"，出现放样界面。首先设置放样参数，线型选择直线，软件提供了两种方式，分别为"两点式"和"一点 + 方位角 + 距离"，如果选择"两点式"，从点库中提取两个点的起点和终点坐标，输入起点里程；如果选择"一点 + 方位角 + 距离"，则只需要从点库中输入一个坐标，以实时显示当前坐标的方式来寻找目标。

（2）依次点击"测量"—"直线放样"，进入"直线放样"界面，如图 6-6-1 所示。

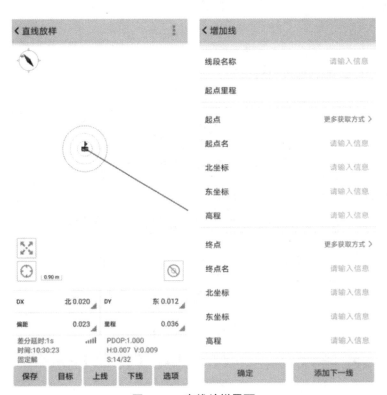

图 6-6-1　直线放样界面

（3）点击"目标"，如果有已经编辑好的放样线文件，选择要放样的线，点击"确定"按钮即可；如果线放样坐标库中没有放样线文件，点击"增加"，输入线的起点和终点坐标，就可以在线放样坐标库中生成放样线文件。

（4）直线放样主界面会提示当前点与目标直线的垂距、里程、向北和向东距离等信息（要显示内容可以点击"显示"，会出现很多可以显示的选项，选择需要显示的选项即可），与点放样一样，在"选项"里也可以进行线放样的设置，如图 6-6-2 所示。

＜ 线放样设置

提示范围(m)	1.00 ＞
整里程提示(m)	0.00 ＞
显示所有放样线	
初始进入模式	放样上次目标线 ＞
屏幕缩放方式	手工 ＞
选择放样线	手工选择 ＞
✓ 屏幕选线直接线放样	
保存点名自动累加	

取消	确定

图 6-6-2　线放样设置界面

【技能训练】

分小组完成直线放样前的准备工作，至少完成 1 条直线上两点的放样。

GNSS-RTK
道路放样

任务七　　　GNSS-PPK 测量

GNSS-RTK
CAD 放样

【任务导入】

PPK（Post Processed Kinematic）测量技术是利用载波相位进行事后差分的 GNSS 定位技术，属于动态后处理测量技术，该技术采用动态初始化 OTF（On The Flying）可快速解算整周模糊度，外业测量时观测 10~30 s 就可以解算出厘米级的空间三维坐标。

与 RTK 实时载波相位差分测量技术不同，PPK 测量时在移动站和基准站之间不需要建立实时通信链接，而是在外业观测结束以后，对移动站与基准站 GNSS 接收机所采

集的原始观测数据进行事后处理，从而计算出移动站的三维坐标。本任务主要讲解
PPK原理、作业流程及应用。

【任务准备】

1.PPK 工作原理

PPK测量技术的工作原理是在一定的有效距离范围内，在测量工作区适当位置处
架设一台或者多台基准站接收机，再使用至少一台GNSS接收机作为移动站在作业区域
进行测绘，由于同步观测的移动站和基准站的卫星钟差等各类误差具有较强的空间相
关性，外业观测结束以后，在计算机中利用GNSS处理软件进行差分处理和线性组合，
并形成虚拟的载波相位观测值，计算出移动站和基准站接收机之间的空间相对位置；然
后在软件中固定基准站的已知坐标，即可解算出移动站待测点的坐标。在作业过程中，
基准站GNSS接收机保持连续观测，移动站GNSS接收机先进行初始化，再依次在每个
待测点上进行一定时间的观测，为了将整周模糊度传递至待测点，移动站接收机在迁
站过程中需要对卫星进行持续跟踪，基准站也可以是CORS，即移动站只要在CORS有
效覆盖范围内即可进行PPK作业并解算。PPK工作原理如图6-7-7所示。

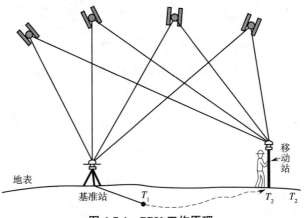

图 6-7-1　PPK 工作原理

2.PPK 系统与 RTK 系统的区别

PPK系统包括基准站和移动站两部分，而RTK系统则是由基准站、移动站和数据
链组成，两个系统最大的不同就是是否使用数传电台。

1）相同点

（1）作业模式相同，两种技术都采用基准站加移动站的作业模式。

（2）两种技术在作业前都需要初始化。

（3）两种技术都能达到厘米级精度。

2）不同点

（1）通信方式不同。RTK技术需要电台或者网络，传输的是差分数据；PPK技术
不需要通信技术的支持，记录的是静态数据。

（2）定位作业的方式不同。RTK技术采用实时定位技术，可以在移动站随时看到

测量点的坐标以及精度情况；PPK技术采用后处理定位，在现场看不到点的坐标，需要事后处理才能看到结果。

（3）作业半径不同。RTK技术作业受到通信电台的制约，作业距离一般不超过10 km，在网络模式下需要网络信号全覆盖区域；PPK技术作业的一般作业半径可以达到50 km。

（5）受卫星信号影响的程度不同。RTK作业时，如果在大树等障碍物的附近，非常容易失锁；而PPK作业时，经过初始化后，一般不易失锁。

（6）定位精度不同。RTK平面精度为8 mm+1 ppm，高程精度为15 mm+1 ppm；PPK平面精度为2.5 mm+0.5 ppm，高程精度为5 mm+0.5 ppm。

（7）定位频率不同。RTK基站发送差分数据和移动站接收的频率一般为1~2 Hz；PPK定位频率最大可达50 Hz。

【任务实施】

1.PPK作业流程

（1）依次点击"测量"—"PPK测量"。

（2）输入点名、杆高、采集时间。

（3）打开"记录原始数据"，点击"开始"，如图6-7-2所示。

图6-7-2 PPK作业流程

2. 数据导出

（1）拷贝基站和移动站静态数据。

（2）从工程之星5.0的"坐标管理库"页面导出移动站RTK文件。

（3）拷贝手簿 SOUTHGNSS_EGSTAR-ProjectDate 下的对应工程文件夹，如图6-7-3所示。

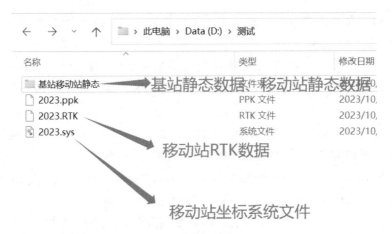

图 6-7-3 数据导出

3. 内业软件处理（SGO）

（1）新建工程。

（2）设置参数，选择投影椭球、设置中央子午线，如图 6-7-4 所示。

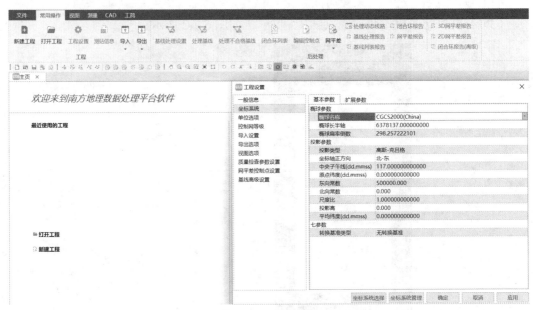

图 6-7-4 设置参数

（3）导入基站、移动站主机静态数据，如图 6-7-5 至图 6-7-7 所示。

图 6-7-5　导入数据 1

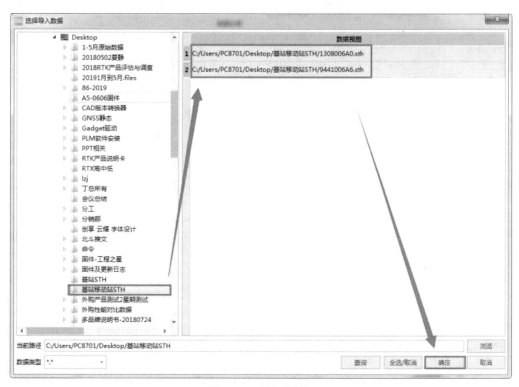

图 6-7-6　导入数据 2

图 6-7-7　导入数据 3

（4）导入工程之星 PPK/RTK/SYS 文件，如图 6-7-8 所示。

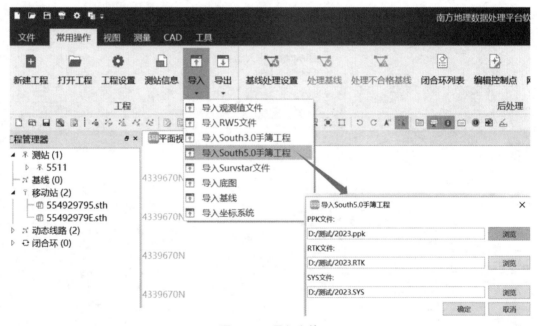

图 6-7-8　导入文件

4.PPK 成果报告

PPK 成果报告如图 6-7-9 所示。

图 6-7-9　PPK 成果报告

【技能训练】

分小组完成 PPK 测量中 SGO 软件的操作，能够输出 PPK 成果报告。

【思考与练习】

（1）点校正的方法是如何进行参数计算的？

（2）如何利用手机热点网络共享的方式替代 SIM 卡网络连接进行设备设置？

（3）RTK 控制测量中移动站接收机的点位校核应符合哪些规定？

（4）简述 RTK 图根控制测量作业步骤。

（5）GNSS-RTK 碎部点测量主要技术要求有哪些？

（6）GNSS-RTK 点放样的方式和全站仪点放样的方式有什么不同？

（7）思考 GNSS-RTK 直线放样有哪些实际用途？

（8）PPK 测量和 RTK 测量有哪些区别？

项目七

GNSS 虚拟仿真实训

【项目描述】

卫星定位测量仿真实训软件是以 GNSS 接收机的使用为主导，采用虚拟现实技术构建 GNSS 设备及实训场景，通过仿真软件的学习，学会 GNSS 接收机及手簿操作，理解卫星定位测量原理，并熟悉卫星定位测量在实际项目中的应用。卫星定位测量仿真实训软件构建了大型虚拟实训场景，可模拟实现外业数据采集全流程作业。

【项目目标】

（1）学会 GNSS 接收机部件结构名称及作用。

（2）学会使用 GNSS 接收机进行测量与放样。

（3）学会使用 GNSS 接收机进行静态数据采集。

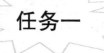

任务一　GNSS 测量与放样虚拟仿真实训

【任务导入】

GNSS 测量与放样虚拟仿真实训以 GNSS 接收机的使用为主导，采用虚拟现实技术构建 GNSS 设备及实训场景，通过仿真软件的学习，掌握 GNSS 测量与放样的外业操作流程。

【任务准备】

1. 开始界面认知

如图 7-1-1 所示，开始界面操作说明如下。

（1）点击"认知原理"，进入认知原理演示。

（2）点击"退出"，退出软件至桌面。

（3）点击"设备认知"，认识 GNSS 接收机基本结构。

（4）点击"开始"，进入实训场景。

（5）点击"按键指南"，展示键盘以及鼠标按键说明提示。

图 7-1-1　开始界面

在实训场景中，"ESC"快捷键退出界面，用户可选择返回开始界面或退出程序，如图 7-1-2 所示。

图 7-1-2　ESC 界面

2. 按键指南

如图 7-1-3 所示，按键指南展示实训场景内按键操作，可分为常规操作、仪器操作、基准站操作。

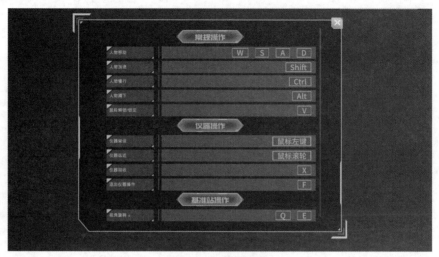

图 7-1-3　按键指南

3. 设备认知

图 7-1-4　设备认知界面

如图 7-1-4 所示，学习 GNSS 接收机基本结构及功能，具体操作说明如下。

（1）点击"复位"，恢复成开始时的样子。

（2）点击"爆炸图"，将 GNSS 接收机部件拆分单独展示。

（3）点击"剖面图"，查看 GNSS 接收机剖面图。

（4）点击"返回"，返回软件主界面。

【任务实施】

现在进入测量与放样虚拟仿真训练，完成实训任务。在开始界面点击"开始"进入实训场景，在实训场景中可以完成外业的基本测量操作，还可以从虚拟软件导出真实数据，实现虚实结合内外业一体化，开始测量界面如图 7-1-5 所示。

图 7-1-5　开始测量界面

1. 按键说明

（1）点击"主机"或按快捷键"F1"，进行仪器开关机操作。

（2）点击"蓝牙"或按快捷键"F2"，用外部设备连接虚拟软件。

（3）点击"背包"或按快捷键"Tab"，打开背包，进行仪器安置和回收。

（4）点击"地图"或按快捷键"M"，展开地图，进行选点等操作，点击已知控制点可快速传送，地图显示图上实时位置。

（5）点击"任务"或按快捷键"P"，查看任务完成度。

2. 架设仪器

进行测量操作前，需要先架设基准站，进行仪器设置，如图 7-1-6 所示。

图 7-1-6　架设仪器

（1）进入实训场景后，点击"背包"或按快捷键"Tab"，取出基准站，将 GNSS 基准站安置在周围没有较高障碍物且较高的地面，设置完成，按"F2"开机。

（2）基准站设置完成后，点击"背包"或按快捷键"Tab"，取出移动站，设置完成，按"F2"开机。

3. 仪器工作模式设置

设置移动站、基准站或静态采集模式，根据配置要求设置数据链，如图 7-1-7 所示。

图 7-1-7　仪器工作模式设置

（1）仪器开机完毕后，点击"背包"或按快捷键"Tab"，取出手簿。

（2）基准站工作模式设置方法：点击配置—仪器连接—扫描—选择基准站主机编号—点击连接—点击返回蓝牙管理器—仪器设置—基准站设置—数据链选择—内置电台—启动。

（3）移动站工作模式设置方法：点击配置—仪器连接—扫描—断开基准站连接—选择移动站主机编号—点击连接—点击返回蓝牙管理器—仪器设置—移动站设置—数据链选择—内置电台—启动。

4. 求转换参数

GNSS 接收机输出的数据是 WGS-84 经纬度，需要转化到施工测量坐标系，这就需要进行坐标转换参数的计算和设置，求转换参数是完成这一工作的主要手段，如图 7-1-8 所示。

（1）移动站配置完成后，按"R"拾取移动站—打开地图—点击"1 号点"，快速移动到"1 号点"—对准控制点—将仪器安置到"1 号点"–打开背包取出手簿—点击"输入"—求转换参数—添加—平面坐标—点库获取—选择"1 号点"—确定—大地坐标—定位获取—确定—再确定。

图 7-1-8 求转换参数

（2）退出手簿，按"R"拾取移动站—打开地图—点击"2 号点"，快速移动到"2 号点"—对准控制点—将仪器安置到"2 号点"—打开背包，取出手簿—添加—平面坐标—点库获取—选择"2 号点"—确定—大地坐标—定位获取—确定—再确定。

（3）退出手簿，按"R"拾取移动站—打开地图—点击"3 号点"快速移动到"3 号点"—对准控制点—将仪器安置到"3 号点"—打开背包，取出手簿—添加—平面坐标—点库获取—选择"3 号点"—确定—大地坐标—定位获取—确定—再确定。

（4）点位添加完成后，计算—确定—应用—确定。

5. 校正向导

校正向导需要在已经求取转换参数的基础上进行，校正参数一般用于求完转换参数而基站进行过开关机操作，或工作区域的转换参数可以直接输入时，校正向导产生的参数实际上是使用一个公共点计算两个不同坐标的"三参数"，在软件中称为校正参数，如图 7-1-9 所示。

图 7-1-9 校正向导

（1）返回"工程之星"软件主界面—输入—校正向导—基准站架设在未知点—下一步—移动站已知平面坐标—点库获取—选择当前点位—校正。

（2）返回"工程之星"软件主界面—测量—点测量—移动站架设在任一已知点上—保存—将测得的坐标值与已知点坐标值进行比较，满足限差要求，即完成校正工作。

6. 点测量

"工程之星"软件主界面—测量—点测量—移动站架设在任一位置—保存，保存当前测量点坐标，可以输入点名，继续存点时，点名将自动累加—确定。

7. 点放样

（1）"工程之星"软件主界面—测量—点放样—目标—添加—点库获取—选择需要放样的坐标点—确定—选择添加的坐标点—点放样—根据地图显示移动到放样点位，如图 7-1-10 所示。

（2）点击"目标"，选择需要放样的点，点击"点放样"，在放样界面上有北、东、高三方向距离提示，提示距离放样点需要移动多少米。

（3）点击"选项"，选择提示范围，若选择 1 m，则当前点移动到离目标点 1 m 范围以内时，系统会语音提示。

图 7-1-10　点放样

【技能训练】

（1）GNSS 接收机进行地物点测量的操作流程：架设仪器、仪器工作模式设置、求转换参数、校正向导、点测量、成果数据导出。

（2）GNSS 接收机进行目标点放样的操作流程：架设仪器、仪器工作模式设置、求转换参数、校正向导、放样点文件导入、点放样。

<table>
<tr><td>任务二</td><td>GNSS 静态控制网测量
虚拟仿真实训</td></tr>
</table>

任务二　GNSS 静态控制网测量虚拟仿真实训

【任务导入】

GNSS 静态测量方法是目前工程控制网布设的主要方法，GNSS 静态控制网测量虚拟仿真实训是以 GNSS 接收机的使用为主导，采用虚拟现实技术构建 GNSS 设备及实训场景，通过仿真软件的学习，掌握 GNSS 静态控制测量的外业操作流程。

GNSS 静态控制测量的操作流程包括检查仪器、选点、埋石、静态观测、数据解算、成果输出，本任务讲解外业操作部分。

【任务准备】

1. 开始界面认知

打开软件，进入开始界面，如图 7-2-1 所示。

图 7-2-1　开始界面

开始界面操作说明如下。

（1）点击"认知原理"，进入认知原理演示。

（2）点击"退出"，退出软件至桌面。

（3）点击"设备认知"，认识 GNSS 接收机基本结构。

（4）点击"开始"，进入实训场景。

（5）点击"按键指南"，展示键盘以及鼠标按键说明提示。

在实训场景中，按"ESC"快捷键退出界面，用户可选择返回开始界面或退出程序，如图 7-2-2 所示。

图 7-2-2　ESC 界面

2. 按键指南

如图 7-2-3 所示，按键指南展示实训场景内按键操作，可分为常规操作、仪器操作、基准站操作。

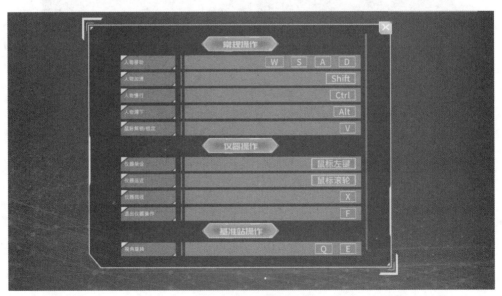

图 7-2-3　按键指南

3. 设备认知

学习 GNSS 接收机基本结构及功能，如图 7-2-4 所示。

图 7-2-4 设备认知界面

（1）点击"复位"，恢复成开始时的样子。

（2）点击"爆炸图"，将 GNSS 接收机部件拆分单独展示。

（3）点击"剖面图"，查看 GNSS 接收机剖面图。

（4）点击"返回"，返回软件主界面。

【任务实施】

1. 实训场景

在开始界面点击"开始"，进入实训场景，在实训场景中点击"静态模式"，页面上方显示"图上选点""踏勘选点""开始测量""结束测量"四个节点图标，右侧显示"主机""背包""任务""大地图"图标，如图 7-2-5 所示。

图 7-2-5 开始测量

（1）点击"图上选点"、"踏勘选点"、"开始测量"、"结束测量"，按顺序进行测量。

（2）点击"主机"或按快捷键"F1"，进行仪器开关机操作。

（3）点击"背包"或按快捷键"Tab"，打开背包，进行仪器安置和回收。

（4）点击"地图"或按快捷键"M"，展开地图，进行选点等操作，点击已知控制点可快速传送，地图显示图上实时位置。

（5）点击"任务"或按快捷键"P"，查看任务完成度。

2. 图上选点

点击"图上选点"，进入地图页面，双击可进行静态点位布设，也可双击控制点设为静态布设点，如图 7-2-6 所示。

图 7-2-6 图上选点

（1）点击右侧"设置同步观测数"来设置同步观测数（数值多少代表多少台 GNSS接收机同步观测）。

（2）点击"打开坐标"，显示图上已知点坐标。

（3）点击"清除所有选点"，清除图上选点。

（4）点击"关闭地图"，回到测量场景。

3. 踏勘选点

图上选点完毕后，点击"踏勘选点"，再点击地图上任一已布设完毕的静态布设点或控制点，一键传送至实训场景中进行踏勘选点，用户可点击"地图"或按快捷键"M"进入地图进行一键传送操作，如图 7-2-7 所示。

图 7-2-7 踏勘选点

（1）点击地图上已选点位，可快速进行传送。

（2）传送到已选点位后，打开背包，调取测钉，设置到已选点位。

（3）测钉设置完成后，点击上方"开始测量"。

（4）点击右侧"打开坐标"，在图上查看坐标。

选点时的注意事项如下：

（1）测站点的顶空开阔；

（2）避开周围的电磁波干扰源，以保证 GNSS 接收机能正常工作；

（3）限制卫星高度角，以减弱对流层的影响；

（4）远离强烈反射卫星信号的物体，以减弱多路径效应的影响。

4. 静态测量

点击"开始测量"，对在静态模式实训场景中所有的踏勘点进行 GNSS 接收机的架设，架设完成后测量布设点坐标，如图 7-2-8 所示。

图 7-2-8　静态测量

（1）点击"开始测量"后，打开地图，依次传送到点 1、点 2、点 3，逐点进行 GNSS 接收机的架设。

（2）架设完成后，实训场景上方出现所有 GNSS 接收机各自的控制面板。

（3）用户移动到当前 GNSS 接收机，进行对中、整平操作，对中、整平完毕后在所属仪器的控制面板下对安置仪器、对中整平进行勾选。

（4）靠近仪器按"F"键操作，再按 W、A、D、S 进行视角移动。

（5）打开"背包"，点击"计划表"，按时间测站数填写。

5. 结束测量

点击实训场景中的"结束测量"，场景中所有测钉点和仪器都自动回收到"背包"，如图 7-2-9 所示。

图 7-2-9　结束测量

【技能训练】

（1）掌握 GNSS 接收机的部件名称和功能。

（2）学会 GNSS 接收机的基本操作。

（3）能够使用 GNSS 接收机进行静态测量。

【思考与练习】

（1）运用 GNSS 接收机进行放样工作的步骤有哪些？

（2）运用 GNSS 接收机进行静态控制测量工作的步骤有哪些？

参考文献

[1] 周建郑.GNSS 定位测量（第三版）[M].3 版.北京：测绘出版社，2019.

[2] 郭涛，陈志兰，吴永春.GNSS 定位测量技术 [M].成都：西南交通大学出版社，2022.

[3] 李艳双，王素霞.工程测量装备与应用 [M].天津：天津大学出版社，2022.

[4] 李娜.GNSS 测量技术 [M].武汉：武汉大学出版社，2020.

[5] 赵长胜，等.GNSS 原理及其应用 [M].2 版.北京：测绘出版社，2020.

[6] 李娜，任利敏.GNSS 原理及应用 [M].北京：北京理工大学出版社，2020.

[7] 牛志宏，陈志兰.GPS 测量技术 [M].2 版.郑州：黄河水利出版社，2021.

[8] 范录宏，皮亦鸣，李晋.北斗卫星导航原理与系统 [M].北京：电子工业出版社，2021.

[9] 魏浩翰，沈飞，桑文刚，等.北斗卫星导航系统原理与应用 [M].南京：东南大学出版社，2020.

[10] 鲁郁.北斗 /GPS 双模软件接收机原理与实现技术 [M].北京：电子工业出版社，2016.

[11] 中华人民共和国国家质量监督检验检疫总局，中国国家标准化管理委员会员.全球定位系统（GPS）测量规范：GB/T 18314—2009[S].北京：中国标准出版社，2009.

[12] 中华人民共和国住房和城乡建设部.卫星定位城市测量技术标准：CJJ/T 73—2019[S].北京：中国建筑工业出版社，2019.

[13] 国家测绘局.全球定位系统实时动态测量（RTK）技术规范：CH/T 2009-2010[S].北京：测绘出版社，2010.

[14] 国家测绘局.测绘技术总结编写规定：CH/T 1001—2005[S].北京：中国标准出版社，2006.

[15] 国家测绘局.测绘技术设计规定：CH/T 1004—2005[S].北京：中国标准出版社，2006.

[16] 中华人民共和国国家质量监督检验检疫总局，中国国家标准化管理委员会员.测绘成果质量检查与验收：GB/T 24356—2009[S].北京：中国标准出版社，2009.

[17] 陈鹏.格洛纳斯卫星导航系统的发展历程及其现代化计划 [J].导航定位学报，2021，9（5）：20-24.

[18] 杨子辉，薛彬.伽利略卫星导航系统的发展历程及其现代化计划 [J].导航定位学报，2022，10（3）：1-8.

[19] 中国卫星导航系统管理办公室.北斗 / 全球卫星导航系统（GNSS）RTK 接收机通用规范：BD 420023—2019[S].2019.

ДВУЯЗЫЧНЫЕ УЧЕБНЫЕ МАТЕРИАЛЫ ДЛЯ
ПРОФЕССИОНАЛЬНО-ТЕХНИЧЕСКОГО ОБУЧЕНИЯ

Методы съемки и позиционирования с применением GNSS

Главные редакторы: У Чжэнпэн, Ли Яньшуан, Ван Суся

 天津大学出版社

Данные каталогизации книг в публикации(**CIP**)

Технология съемки с использованием систем позиционирования GNSS/ главный редактор： У Чжэнпэн, Ли Яньшуан, Ван Суся.

Тяньцзинь： Издательство Тяньцзиньского университета, 09.2023

Двуязычные учебные материалы для профессионально-технического обучения

ISBN 978-7-5618-7606-0

Ⅰ .① G··· Ⅱ.① У··· ②Ли··· ③Ван···
Ⅲ.① Спутниковая навигация — Глобальная система позиционирования — Двуязычное обучение — Высшее профессионально — техническое обучение — Учебные материалы Ⅳ.①P228.4

Китайская библиотека с правом получения обязательного экземпляра, № CIP： （2023）187188

Издательство	Издательство Тяньцзиньского университета
Адрес	300072, г. Тяньцзинь, д.92, в Тяньцзиньском университете
Телефон	Отдел выпуска， 022-27403647
URL-адрес	www.tjupress.com.cn
Печать	ООО «Пекинская научно-техническая компания по сетевому коммерческому печатанию «Шэньтун»»
Комиссионная продажа	Книжные магазины Синьхуа по всей стране
Формат книги	787мм × 1092 мм
Печ. л.	31.875
Количество слов	894 тыс.
Издание	Версия 9 июня 2023г.
Версия печати	Первоочередная версия， июнь 2023 года
Цена	96，00 юаней

При наличии проблем с качеством， таких как отсутствие страниц， перевернутые страницы， неполные страницы и т.д.， пожалуйста обратитесь в отдел дистрибуции нашего издательства для обмена

Редакционная коллегия

Предисловие

Мастерская имени Лу Баня в Таджикистане построена Тяньцзиньским профессионально-техническим университетом управления городским строительством и Таджикским техническим университетом имени академика М. С. Осими с целью укрепления сотрудничества между Китаем и Таджикистаном в области прикладной технологии и профессионально-технического обучения, а также совместного использования высококачественных ресурсов китайского профессионально-технического обучения.

Данный учебник основан на потребностях в обучении и преподавании при мастерской имени Лу Баня в Таджикистане. С целью подготовки высококвалифицированных технических специалистов в области съемки для получения географической информации, центр обучения интеллектуальной геодезии и картографии при мастерской имени Лу Баня, используя инженерно-измерительное оборудование, представляет миру знания о высококачественном устройстве позиционирования и съемки GNSS и технологиях Китая.

Материал разработан в соответствии с проектной моделью и концепцией профессионального образования, ориентированной на практические рабочие задачи, выделяет особенности связи профессионально-технического обучения и практического образования, делает акцент на сочетании теории и практики, интегрируя модульное обучение через теорию и практику. Пособие сопровождается информационными учебными ресурсами, которые можно просмотреть, отсканировав QR-код в книге с помощью мобильного телефона.

Данное учебное пособие объединяет в себе государственные стандарты, квалификационные стандарты отбора и аттестации профессиональных навыков специалистов в области съемки для получения географической информации. Учебник состоит из 7 учебных проектов о приемнике GNSS и его применении, статической контрольной съёмке GNSS и виртуальном имитационном практическом обучении GNSS, 24 типичных задач по позиционированию и съемке GNSS, и

19 видеоматериалов. Согласно нормам восприятия знаний учащимися, каждая задача состоит из таких разделов, как «Задача проекта», «Подготовка к задаче», «Выполнение задачи», «Обучение навыкам», «Размышление и тренировка». Проект I был подготовлен Цзи Цзяцзя, проект II - Ху Мэнъяо, , проект III - Чжан Сяо, проект IV - Ван Суся, проект V - У Чжэнпэн и Ли Яньшуан, проект VI - Фань Яънань и Не Мин, проект VII - Тань Ян. В разработке учебных материалов принял и участие Тешаев Умарджон Риёзидинович, Джалилов Тохир Файзиевич, Муниев Джуракул Дехконович из кафедры инженерной съемки Таджикского технического университета имени академика М.С. Осими. Планирование и заключительное редактирование всего учебника выполнили У Чжэнпэн и Ли Яньшуан. У Хайюе участвовала в проверке перевода.

Данное пособие составлено на китайском и русском языках, подходит для обучения и профессиональной подготовки в различных учебных заведениях стран с китайской и русской языковой средой, может служить справочным пособием для технических специалистов по геодезии.

Данный учебник был разработан группой преподавателей по специальности съемки для получения географической информации Тяньцзиньского профессионально-технического института управления городским строительством совместно с техническими специалистами, при содействии и поддержке со стороны ООО Южной геодещической и картографической компании города Гуанчжоу. Часть книги была составлена с учетом соответствующих литературных материалов, в связи с чем мы выражаем искреннюю благодарность.

Из-за ограниченности объема знаний редакторов в данной области, книга может содержать некоторые ошибки и недочеты, поэтому критика и исправления от читателей приветствуется.

от Редактора

Июль 2023 года

Содержание

Понимание технологии съемки GNSS

【Описание проекта】

На протяжении тысячелетий люди искали «свое место», и для того, чтобы определять время, мы изобрели часы; для того, чтобы откалибровать определять пространство, мы изобрели навигацию. GNSS, также известная как Глобальная навигационная спутниковая система（Global Navigation Satellite System）, относится ко всем спутниковым системам радионавигации и определения местоположения, которые могут предоставлять пользователям комплексную информацию（наземные, океанские, авиационные и аэрокосмические）, глобальные, всепогодные, непрерывные услуги определения местоположения, навигации и синхронизации в режиме реального времени. В данном проекте будут представлены концепция, процесс разработки, комплектация и варианты применения GNSS в области геодезии и картографирования.

【Цели проекта】

（1）Понимание концепции GNSS.

（2）Понимание истории развития, текущей ситуации и тенденций развития GNSS.

（3）Освоение компонентов и функций GNSS.

（4）Понимание области применения технологий GNSS.

Задача 1   История развития GNSS

【Введение в задачу】

В настоящее время действуют и планируются к внедрению четыре глобальные навигационные спутниковые системы, а именно американская система глобального позиционирования（GPS）, российская Глобальная навигационная спутниковая система（GLONASS）, европейская Глобальная навигационная спутниковая система（Galileo）и китайская навигационная спутниковая система «Бэйдоу»（BDS）.

【Подготовка к задаче】

«История — лучший учебник. Всякий раз, когда мы движемся вперед, мы не должны забывать о пройденном пути. Независимо от того, как бы далеко мы ни зашли или каким бы светлым ни было будущее, нельзя забывать о прошлом.» Важно сохранить историю и понимание процесса разработки технологии GNSS, тем самым опираясь на настоящее, анализируя историю иметь представление о будущем. Это поможет инженерным изыскателям углубить их понимание технологии GNSS и создать общую систему знаний, которая поспособствует внедрению инновации и совершенствованию данной технологии в будущем.

【Выполнение задачи】

4 октября 1957 года Советский Союз успешно запустил первый в мире искусственный спутник Земли «Спутник-1», люди начали использовать спутники для определения местоположения и навигационных исследований. Исследования и применение человеком космической науки и техники также вступили в новую эру.

1. Ранняя технология спутникового позиционирования

Технология спутникового позиционирования относится к технологии, которую люди используют для определения местоположения измерительных станций с помощью искусственных спутников Земли. Первоначально искусственные спутники Земли использовались только в качестве ориентира для космических наблюдений, при этом наземные станции наблюдения проводили фотографическую съемку мгновенного положения спутника, определяли направление от измерительной станции к спутнику и создавали спутниковую триангуляционную сеть. В то же время лазерная технология также использовалась для измерения расстояния между станциями наблюдения и спутниками, а также для создания спутниковой сети измерения дальности. С помощью двух вышеупомянутых методов геометрического наблюдения со спутников можно реализовать позиционирование наземных точек, особенно совместное измерение и позиционирование континентов и островов, тем самым решив проблему совместного измерения и позиционирования на больших расстояниях, которую трудно достичь в традиционной геодезии. С 1966 по 1972 год Национальная геодезическая служба Соединенных Штатов в сотрудничестве с департаментами геодезии и картографии Соединенного Королевства и Федеративной Республики Германии использовала спутниковую триангуляцию для создания глобальной триангуляционной сети, состоящей из 45 станций, достигнув точности определения точек ± 5 м. Однако, поскольку на спутниковую триангуляцию влияют погодные и видимые условия, на наблюдение и преобразование результатов уходит много времени, при этом точность позиционирования низкая, а геоцентрические координаты точек получить невозможно. Поэтому методы спутниковой триангуляции были быстро заменены технологией спутникового позиционирования Доплера.

2. Спутниковая система позиционирования Доплера

В конце 1950-х годов Соединенные Штаты приступили к разработке навигационной спутниковой системы, использующей технологию спутникового позиционирования Доплера для измерения скорости и определения местоположения, — Навигационной спутниковой системы военно-морского флота США（NNSS）. Будучи глобальной навигационной спутниковой системой первого поколения, эта система положила начало новой эре морской и воздушной навигации, а также открыла новую главу в спутниковой геодезии.

Поскольку плоскость орбиты спутника проходит через полюса Земли, система NNSS также известна как спутниковая система «Транзит». Система создает спутниковую группировку «Транзит», состоящую из шести спутников, с орбитой, близкой к круглой, и высотой в 1100 км. Угол наклона орбиты составляет около 90°, а период работы спутника составляет около 107 минут. С любой станции на поверхности Земли один из спутников можно наблюдать в среднем каждые 2 часа. В 1970-х годах правительство США объявило о предоставлении частичной расшифровки навигационных сообщений для гражданского использования. С тех пор технология спутникового позиционирования Доплера стала стремительно развиваться. Благодаря таким преимуществам, как экономичная скорость, равномерная точность и независимость от погодных условий и временных ограничений, до тех пор, пока радиосигнал, излучаемый спутником «Транзит», может быть принят на измерительной станции, позиционирование в одной точке или совместное позиционирование может осуществляться в любой точке земной поверхности, тем самым получая трехмерные геоцентрические координаты измерительной станции. В то время как Соединенные Штаты создали навигационную спутниковую систему «Транзит», в 1965 году Советский Союз также приступил к созданию навигационной спутниковой системы CICADA. Данная система состоит из 12 спутников в созвездии CICADA с высотой орбиты 1000 км и периодом работы спутника 105 минут.

Несмотря на то, что NNSS и CICADA вывели навигацию и позиционирование на новый этап развития, у них все еще есть некоторые очевидные недостатки, такие как небольшое количество спутников и невозможность определения местоположения в режиме реального времени. Интервал между прохождением спутников «Транзит» над наземными точками относительно велик, а количество проходов спутников за сутки в районах низких широт намного меньше, чем в районах высоких широт. Для одной и той же наземной точки интервал времени между прохождением двух спутников «Транзит» составляет 0, 8-1, 6 часа; для одного и того же спутника «Транзит», максимальное количество проходов в день составляет 13, с более длительными интервалами. В связи с тем, что приемнику Доплера обычно требуется 15 проходов квалифицированных спутников для достижения точности определения местоположения одной точки в 10 м, в то время как каждая станция наблюдает 17 проходов квалифицированных спутников, точность совместного определения местоположения может достигать всего около 0, 5 м. Интервал и время наблюдения являются большими, что не позволяет предоставлять пользователям услуги определения местоположения и навигации в режиме реального времени. Низкая точность также ограничивает область его применения. Кроме того, низкая высота орбиты спутника «Транзит» затрудняет точное определение его орбиты, а низкие радиочастоты спутника （ 400 МГц и 150 МГц ） затрудняют компенсацию влияния ионосферных эффектов, в результате чего точность доплеровского позиционирования спутника ограничивается метровым уровнем （ предел точности 0, 5-1 м ）. Система прекратила передачу навигационной и временной информации 31 декабря 1996 года.

3. Глобальная навигационная спутниковая система

Система «Транзит» подтвердила возможность определения местоположения с помощью спутниковых систем. В конце 1960-х и начале 1970-х годов для удовлетворения потребностей военных и гражданских ведомств в непрерывной 3D-навигации, а также позиционировании в реальном времени появилась навигационная спутниковая система второго поколения.

1) Глобальная система позиционирования （ GPS ）

В декабре 1973 года Министерство обороны США одобрило совместную разработку ВМС, армии и ВВС США нового поколения спутниковых систем навигации и позиционирования, а именно Навигационную спутниковую систему синхронизации времени и дальности или Глобальную систему позиционирования (GPS). Это первая всесторонняя (сухопутная, морская, авиационная) глобальная, всепогодная, высокоточная система навигации, позиционирования и синхронизации, работающая в режиме реального времени.

С момента своего создания в 1974 году GPS прошла три этапа: демонстрация схемы, разработка системы и производственные эксперименты. Это была огромная космическая программа после программ «Аполлон» и «Спейс шаттл». 22 февраля 1978 года был успешно запущен первый экспериментальный спутник GPS. 14 февраля 1989 года был успешно запущен первый работающий спутник GPS, объявивший о том, что GPS вступила в фазу эксплуатации. 28 марта 1994 года был завершен запуск 24-го рабочего спутника.

На сегодняшний день созданы три поколения спутников GPS: BLOCK-I, BLOCK-II и BLOCK-III. Чтобы сохранить и усилить ведущее преимущество и доминирующее положение США в области глобальной спутниковой навигации, Соединенные Штаты внедрили план модернизации GPS: на первом этапе было запущено 12 усовершенствованных спутников GPS II R со значительным увеличением мощности сигнала. Коды C/A были загружены на L2, а военный код M загружается, в то время как код P (Y) транслируется на L1 и L2. На втором этапе был запущен спутник GPS II F, который не только обладает функцией спутника GPS II R, но и еще больше усиливает мощность M-кода и увеличивает частоту L5; а на третьем этапе был запущен спутник GPS III. Планировалось, что на завершение плана GPS III и замену плана GPS II уйдет почти 20 лет. Первый спутник GPS III был успешно запущен 23 декабря 2018 года, что ознаменовало начало этапа межпоколенческой модернизации GPS.

2) Глобальная навигационная спутниковая система ГЛОНАСС (GLONASS)

Широкое применение GPS привлекло внимание стран по всему миру. На основе всестороннего обобщения преимуществ и недостатков навигационной спутниковой системы первого поколения CICADA Советский Союз тщательно изучил успешный опыт GPS Соединенных Штатов и приступил к разработке и запуску спутника GLONASS в октябре 1982 года. К 1996 году было запущено в общей сложности 24+1 спутника. После загрузки данных, настройки и тестирования они были официально введены в эксплуатацию 18 января 1996 года, главным образом для военных целей.

Из-за низкой надежности навигационных спутников GLONASS первого поколения и высокой вероятности выхода из строя, в 2002 году правительство России запустило федеральную программу под названием «Глобальная навигационная спутниковая система» (2002-2011 годы). К декабрю 2011 года GLONASS вновь вывела на орбиту 24 действующих навигационных спутника, обеспечив глобальный охват и предоставляя пользователям круглосуточные услуги глобальной навигационной спутниковой системы. Нынешняя система GLONASS основана на спутнике GLONASS-MSC, что означает рождение первой в мире двухчастотной навигационной службы. Это не только улучшает помехозащищенность позиционирования, но и уменьшает погрешности позиционирования, вызванные ионосферой Земли. Стандартная точность для гражданского использования следующая: точность по горизонтали — 50-70 м, точность по вертикали — 75 м, точность измерения скорости — 15 см/с и точность синхронизации времени — 1 мкс.

В отличие от стратегии распределения сигналов множественного доступа с кодовым разделением каналов (CDMA, где разные спутники используют одну и ту же частоту и разные случайные коды) трех других основных навигационных спутниковых систем, в системе GLONASS вв основном используется стратегия распределения сигналов множественного доступа с частотным разделением каналов (FDMA, где разные спутники используют разные частоты и одинаковые случайные коды) с момента своего основания, как это было на трех существующих версиях спутников (GLONASS, GLONASS-M и GLONASS-K).

3) Спутниковая навигационная система «Галилео» (Galileo)

Учитывая ограничения политики SA и применения GPS в Соединенных Штатах, гражданское использование спутниковой навигации, особенно в навигации гражданской авиации, ограничено. Крупнейшие европейские страны считают, что навигационные спутниковые системы являются важной гарантией европейской безопасности, и должны предотвратить появление затруднительных положений и дилеммы контроля или монополизации с точки зрения навигации и позиционирования у европейских пользователей. Учитывая политические, экономические, военные и другие интересы, Европа предложила навигационную спутниковую систему «Галилео», получившую название «Galileo».

Система «Galileo» — это первая в мире гражданская глобальная спутниковая система навигации и определения местоположения. В феврале 1999 года Европейский Союз объявил, что он создаст Глобальную навигационную спутниковую систему

（GNSS）следующего поколения и будет работать с другими GNSS для обеспечения глобальной бесперебойной навигации и позиционирования. В марте 2002 года саммит Европейского Союза утвердил план внедрения спутниковой системы навигации и определения местоположения «Galileo», который был реализован в три этапа: исследования, разработка и проверка на орбите с 2001 по 2005 год, развертывание группировки с 2006 по 2007 год и коммерческая эксплуатация с 2008 года, включая этап предварительной функциональной эксплуатации 18 спутников на орбите и этап полнофункциональной эксплуатации 30 спутников. С тех пор этот план неоднократно откладывался, и до сих пор не все его спутники были запущены.

4）Навигационная спутниковая система «Бэйдоу»（BDS）

В соответствии с принципами развития «автономии, открытости, совместимости и постепенного прогресса» и общей идеей сначала регионального, а затем глобального, китайская навигационная спутниковая система «Бэйдоу»（BDS）неуклонно и упорядоченно развивалась в соответствии с планом развития «три шага»: где первым шагом было начало строительства испытательной спутниковой навигационной системы «Бэйдоу» в 1994 году, а в 2000 году был сформирован региональный потенциал активного обслуживания. Вторым шагом было начало строительства навигационной спутниковой системы «Бэйдоу» в 2004 году и создание региональной системы пассивного обслуживания в 2012 году. Третий шаг: к 2020 году Навигационная спутниковая система «Бэйдоу» сформировала глобальную систему пассивного обслуживания.

I. Система «Бэйдоу-1»（также известная как испытательная система спутниковой навигации «Бэйдоу»）

В 1994 году было начато строительство проекта системы «Бэйдоу-1»; в 2000 году были запущены два спутника на геостационарной орбите, и система была создана и введена в эксплуатацию. Система активного позиционирования была внедрена для обеспечения определения местоположения, синхронизации времени, глобальной дифференциальной связи и передачи коротких сообщений для китайских пользователей; в 2003 году был запущен третий спутник на геостационарной орбите для дальнейшего повышения производительности системы.

Представление группировки спутников «Бэйдоу»

II. Система «Бэйдоу-2»

В 2004 году было начато строительство проекта

системы «Бэйдоу-2»; в конце 2012 года было запущено и подключено к сети 14 спутников（5 спутников на геостационарной орбите, 5 спутников на наклонной геостационарной орбите и 4 спутника на средней круговой орбите）. Исходя из совместимости с технической системой системы «Бэйдоу-1», в систему «Бэйдоу-2» была добавлена пассивная система позиционирования для обеспечения определения местоположения, измерения скорости, синхронизации, разграничения по территории и передачи коротких сообщений пользователям в Азиатско-Тихоокеанском регионе.

III. Глобальная система «Бэйдоу»

В 2009 году было начато строительство проекта системы «Бэйдоу-3»; в 2020 году было запущено и подключено к сети 30 спутников, система «Бэйдоу-3» была полностью завершена. Система «Бэйдоу-3» унаследовала две технические системы: активное и пассивное обслуживание, обеспечивая базовую навигацию（определение местоположения, измерение скорости, синхронизация）, глобальную передачу коротких сообщений и международные поисково-спасательные услуги для пользователей по всему миру. В то же время она может предоставлять такие услуги, как спутниковое и наземное усиление, точное одноточечное позиционирование и региональные услуги связи короткими сообщениями для пользователей в Китае и прилегающих регионах. Чтобы удовлетворить растущие потребности пользователей, навигационная спутниковая система «Бэйдоу» в будущем усилит технологические исследования и разработки таких технологий, как спутники, атомные часы и сигнальные системы, изучит и разработает новое поколение технологий навигации, позиционирования и синхронизации, а также продолжит постоянное улучшение качества обслуживания.

В настоящее время GNSS включает в себя не только четыре основные глобальные навигационные спутниковые системы, упомянутые выше, а именно американская система глобального позиционирования（GPS）, российская Глобальная навигационная спутниковая система（GLONASS）, европейская Глобальная навигационная спутниковая система（Galileo）и китайская навигационная спутниковая система «Бэйдоу»（BDS）, но и региональные навигационные спутниковые системы, такие как японская Квазизенитная спутниковая система （QZSS）, индийская региональная спутниковая система навигации（IRNSS）, и связанные с ними системы расширения, такие как американская система распространения поправок к данным（WAAS）, японская многофункциональная система дифференциальной коррекции спутникового базирования (MSAS) и европейская геостационарная служба навигационного покрытия (EGNOS). Таким образом, GNSS представляет собой сложную составную систему с множеством систем, уровней и комбинаций, как показано на рисунке 1-1-1.

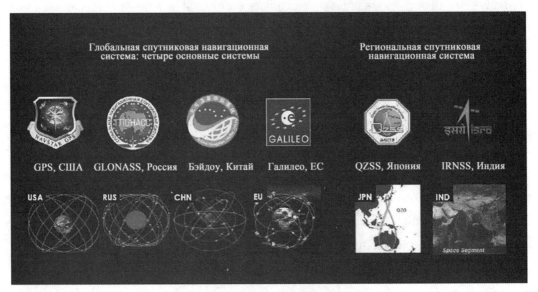

Рис. 1-1-1   GNSS

Задача II   Комплектация GNSS

【 Введение в задачу 】

Изучение комплектации GNSS является основой для освоения использования GNSS, что играет связующую роль в понимании принципов позиционирования и применения GNSS.

【 Подготовка к задаче 】

GNSS обычно состоит из трех частей, а именно космической группировки, состоящей из спутников, наземной системы мониторинга, состоящей из нескольких наземных станций, и пользовательской приемной части, состоящей в основном из приемников, образующих органическое целое, как показано на рисунке 1-2-1.

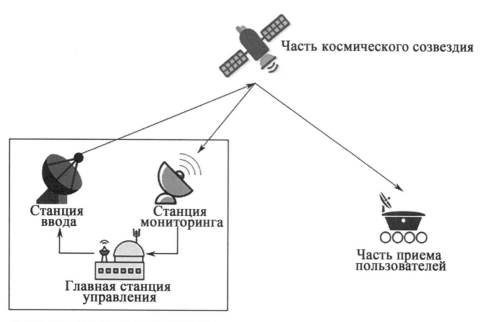

Рис. 1-2-1 Взаимосвязь комплектации GNSS

1. Часть космического созвездия

Ряд действующих спутников на орбите, состоящий из одной или нескольких спутниковых систем навигации и позиционирования, называется спутниками GNSS. Он может обеспечивать необходимые сигналы радионавигации и определения местоположения для автономных служб навигации и позиционирования системы, а также является основным компонентом части космической группировки. Атомные часы внутри спутника (рубидиевые, цезиевые или водородные атомные часы) могут обеспечивать высокоточную привязку времени и высокостабильную привязку частоты сигнала для системы.

Поскольку высокоорбитальные спутники имеют низкую чувствительность к аномалиям земной гравитации, спутники GNSS в качестве целей наблюдения на большой высоте обычно используют высокоорбитальные спутники для выполнения задач навигации и определения местоположения путем измерения расстояния или разницы расстояний между пользовательским приемником и спутником.

К основным функциям спутников GNSS относятся:

（1）Во время пролета спутника над наземной станцией мониторинга, он принимает навигационные сообщения и информацию, относящуюся к рабочему состоянию спутника, отправляемые наземной станцией, и отправляет их в режиме реального времени наземному пользовательскому приемнику;

（2）Обеспечение точные привязки времени и частоты для системы с помощью атомных часов внутри спутника, генерация и непрерывная передача сигналов несущей частоты, а также кодовых сигналов определения дальности на наземные пользовательские приемники;

（3）Отправка сигналов службы определения местоположения, не связанных с навигацией, таких как спутники «Бэйдоу», предоставляющие сигналы службы передачи коротких сообщений, и спутники «Галилео», предоставляющие сигналы поисково-спасательной службы.

2. Наземная система мониторинга

Наземная система мониторинга состоит из ряда наземных станций, распределенных по всему миру, которые можно разделить на станцию спутникового мониторинга, главную станцию управления и станцию ввода информации. Основными функциями наземной системы мониторинга являются управление спутником и задачами. Управление спутником подразумевает использование телеметрии слежения и каналов дистанционного управления для загрузки инструкций по мониторингу и управления группировками спутников; управление задачей относится к комплексному контролю и управлению навигационными задачами, такими как определение орбиты и синхронизация часов.

1）Главная станция управления

Главная станция управления является ядром наземной системы мониторинга и выполняет следующие функции: ① Вычисляет эфемериды спутника, параметры коррекции спутниковых часов, а также параметры атмосферной коррекции на основе данных наблюдений каждой станции мониторинга и передает эти данные на станцию ввода; ② Вводит эти данные в спутник через станции ввода; ③ Предоставляет привязку времени для GNSS, атомные часы каждой станции мониторинга и спутника GNSS должны быть синхронизированы с атомными часами главной станции управления, или должно быть измерено отклонение часов между ними, данная информация должна быть скомпилирована в навигационные сообщения и отправлена на станцию ввода; ④ Управляет спутником, отдает ему инструкции, в случае если рабочий спутник выходит из строя, назначает резервный спутник для замены вышедшего из строя спутника; ⑤ Выполняет функцию станции мониторинга; ⑥ Регулирует спутники, которые отклонились от своих орбит, так, чтобы они следовали заданной орбите.

2) Станция мониторинга

Станция мониторинга — это автоматический центр сбора данных, непосредственно управляемый главной станцией управления, который используется для приема спутниковых сигналов и мониторинга рабочего состояния спутников. Станция мониторинга оснащена приемниками, высокоточными атомными часами, компьютерами и датчиками окружающей среды. Среди них приемник непрерывно наблюдает за спутником для сбора данных и контроля его рабочего состояния; атомные часы обеспечивают привязку ко времени; датчики окружающей среды собирают местные метеорологические данные; все данные наблюдений предварительно обрабатываются компьютерами, сохраняются и передаются на главную станцию управления для определения орбиты спутника.

3) Станция ввода

Основная задача станции ввода состоит в том, чтобы ввести эфемериды спутника, отклонение часов, навигационные сообщения и другие команды управления, рассчитанные и скомпилированные главной станцией управления, в систему хранения соответствующего спутника под управлением главной станции, а также определить правильность введенной галактики. Функция станции ввода заключается во вводе эфемерид и параметров коррекции спутниковых часов, рассчитанных главной станцией управления в спутник.

3. Часть приема пользователей

Пользовательский комплекс GNSS состоит из ряда приемников, программного обеспечения для сбора и обработки данных, а также соответствующего пользовательского оборудования (такого как компьютеры, метеорологические приборы и т.д.). Среди них приемник является компонентом инфраструктуры, используемым для приема радиосигналов, передаваемых спутниками GNSS, получения информации о навигации, позиционировании и наблюдении, а также их обработки с помощью программного обеспечения обработки данных для выполнения различных задач навигации, позиционирования и синхронизации времени. Терминал приемника является важным компонентом GNSS и единственным интерфейсом между GNSS и огромным числом пользователей.

【 Выполнение задачи 】

Комплектация четырех основных глобальных навигационных спутниковых систем показан в таблице 1-2-1.

Таблица 1-2-1 Комплектация системы GNSS

Система	Составные части	Компоненты
GPS	Часть космического созвездия	32 спутника расположены на 6 приблизительно круговых орбитах с углом наклона 55» относительно экватора, высотой 20 200 км и периодом работы 11 часов 58 минут. Каждый спутник может охватывать примерно 38% территории земного шара. Распределение спутников гарантирует, что четыре спутника можно наблюдать в любое время и в любой точке земного шара, как показано на рисунке 1-2-2
	Наземная система мониторинга	1 главная станция управления, 5 станций мониторинга и 3 станции ввода
	Часть приема пользователей	GPS-приемник или приемник, совместимый с BDS, Galileo и GLONASS
GLONASS	Часть космического созвездия	24 （21+3）спутника расположены в трех орбитальных плоскостях с углом наклона 64, 8°, высотой 19 100 км и периодом работы спутника 11 часов 15 минут, как показано на рисунке 1-2-3.
	Наземная система мониторинга	Центр управления системой, центральный синхронизатор, станция телеметрии и дистанционного управления （включая станцию лазерного слежения）, а также оборудование для управления полевой навигацией
	Часть приема пользователей	Приемник GLONASS или приемник, совместимый с BDS, GPS и Galileo
Галилео	Часть космического созвездия	30 （27+3）спутников на средней и низкой орбитах расположены в трех орбитальных плоскостях с углом наклона 56° и высотой 23 000 км. Период обращения спутника по орбите составляет 14 часов, 4 минуты и 45 секунд, как показано на рисунке 1-2-4
	Наземная система мониторинга	1 главная станция управления, 5 глобальных станций мониторинга и 3 наземные станции управления; Станции мониторинга оснащены прецизионными цезиевыми часами и приемниками, которые могут непрерывно измерять все видимые спутники
	Часть приема пользователей	Приемник Galileo или приемник, совместимый с BDS, GPS и GLONASS
Бэйдоу № 1	Часть космического созвездия	2 спутника на геостационарной орбите с разницей долгот в 60° и 1 резервный спутник на высоте 36 000 км, как показано на рисунке 1-2-5
	Часть приема пользователей	Трансивер с направленной антенной
Бэйдоу № 2	Часть космического созвездия	5 спутников на геостационарной орбите, 5 спутников на наклонной геостационарной орбите и 4 спутника на средней круговой околоземной орбите, как показано на рисунке 1-2-5

Система	Составные части	Компоненты
Бэйдоу № 2	Наземная система мониторинга	1 наземный центр, центр управления сетью, станция измерения орбиты, станция измерения высоты с электронной картой высот и 32 наземные опорные станции, распределенные по всей стране
	Часть приема пользователей	Приемник Бэйдоу
Бэйдоу № 3	Часть космического созвездия	3 спутника на геостационарной орбите, 3 спутника на наклонной геостационарной орбите и 24 спутника на средней круговой околоземной орбите, как показано на рисунке. 1-2-5
	Наземная система мониторинга	32 наземные опорные станции, распределенные по всей стране, включая основные станции управления, станции ввода и станции мониторинга
	Часть приема пользователей	Приемник Бэйдоу или терминалы, совместимые с другими навигационными системами

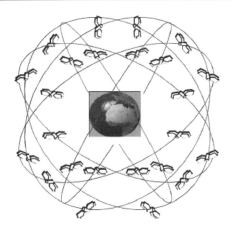

Рис. 1-2-2   Спутниковая группировка GPS

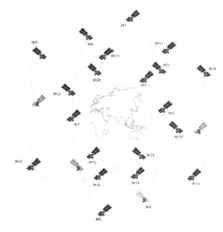

Рис. 1-2-3   Спутниковая группировка GLONASS

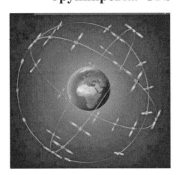

Рис. 1-2-4   Спутниковая группировка Галиео

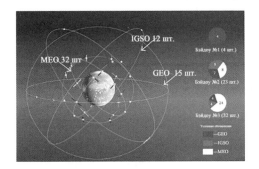

Рис. 1-2-5   Спутниковая группировка Бэйдоу

MEO - средняя околоземная орбита;

IGSO - наклонная геосинхронная орбита;

GEO - геостационарная орбита (круговая орбита)

Задача Ⅲ   Отрасль применения GNSS

Краткое описание
спутниковой
навигационной
системы «Бэйдоу»

【 Введение в задачу 】

Первоначальная разработка GNSS была направлена на военное применение, но с быстрым развитием гражданского рынка и огромными экономическими выгодами, которые он приносит, GNSS все чаще применяется на гражданском рынке. Возьмем в качестве примера навигационную спутниковую систему «Бэйдоу»（BDS）. С момента успешного создания сети и предоставления услуг она широко используется во многих областях Китая. В целях реализации директивы «система «Бэйдоу» приносит пользу китайскому народу, а также жителям различных стран по всему миру» Китай будет делиться достижениями «Бэйдоу», способствовать развитию глобальной спутниковой навигации и способствовать тому, чтобы система «Бэйдоу» лучше служила миру и приносила пользу человечеству.

【 Подготовка к задаче 】

Применение GNSS в основном обусловлено его функциями в следующих трех аспектах.

1. Съемка

GNSS может выполнять статическое относительное позиционирование с точностью до сантиметра или даже миллиметра, и динамическое позиционирование с точностью до метра или даже субметра. GNSS может обеспечить точное 3D-позиционирование для персонала, занимающегося съемкой, и быстрое предоставление 3D-координат пользователям.

2. Синхронизация времени

Система синхронизации времени приемника GNSS использует приемник сигнала времени атомных часов на спутнике, а затем передает данные на микроконтроллер для обработки и отображения времени, тем самым создавая точные часы GNSS. Точность по времени может достигать 10-12 секунд, обеспечивая точное время для научных исследований, научных экспериментов и инженерных технологий. Имеет обширные и важные области применения в таких отраслях промышленности, как связь, энергетика, управление и национальная оборона.

3. Навигация

GNSS может вычислять трехмерные координаты местоположения приемника в режиме реального времени. Когда приемник находится в движении, он может определять местоположение приемника, обеспечивая таким образом навигацию. Навигационные системы широко используются, например, в самолетах, кораблях, автомобилях и т.д.

【 Выполнение задачи 】

Навигационная спутниковая система «Бэйдоу» — это навигационная спутниковая система, разработанная в Китае, которая предоставляет высококачественные услуги определения местоположения, навигации и синхронизации времени для пользователей по всему миру, включая открытые и авторизованные сервисы. Среди них открытые сервисы предоставляют бесплатное позиционирование, измерение скорости и времени по всему миру с точностью позиционирования 10 м, точностью измерения скорости 0, 2 м/с и точностью синхронизации времени 10 нс. Авторизованный сервис предназначен для пользователей, нуждающихся в высокоточной и надежной спутниковой навигации, предоставляющий услуги позиционирования, измерения скорости, синхронизации и связи, а также информацию о целостности системы. Навигационная спутниковая система «Бэйдоу» широко применяется в различных областях, таких как транспорт, морское рыболовство, гидрологический мониторинг, метеорологическое прогнозирование, предотвращение лесных пожаров, диспетчеризация энергоснабжения, ликвидация последствий стихийных бедствий и уменьшение их опасности, а также общественная безопасность, что приносит значительные социальные и экономические выгоды.

1. Транспортные перевозки

Отрасль транспортных перевозок является наиболее основной и важной гражданской областью применения навигационной спутниковой системы «Бэйдоу», особенно в области интеллектуального транспорта, контроля загруженности дорог, мониторинга и автономной навигации транспортных средств. Высокоточное позиционирование является основой для обеспечения взаимодействия транспортных средств на дороге и автономного вождения. Система «Бэйдоу» эффективно интегрирует с такими технологиями, как связь 5G и искусственный интеллект, тем самым улучшая интеграцию людей, транспортных средств, дорог и облаков, координируя и действуя сообща. В то же время позиционирование и мониторинг местоположения транспортного средства в режиме реального времени, информация о дорожном покрытии и состоянии светофоров могут обеспечить базовую информационную поддержку для управления городским движением и составления расписания движения транспортных средств.

Кроме того, в области высокоскоростных железных дорог система «Бэйдоу» может помочь в дорожном строительстве, мониторинге состояния дорожного полотна, а также в оперативном управлении и мониторинге безопасности. Высокоскоростная железная дорога Пекин-Чжанцзякоу — первая интеллектуальная высокоскоростная железная дорога в Китае, использующая систему «Бэйдоу» с расчетной скоростью 350 кВт/ч. Строительный персонал применил интеллектуальную систему «Бэйдоу» при строительстве высокоскоростной железной дороги Пекин-Чжанцзякоу, как показано на рисунке 1-3-1. Основанный на таких технологиях, как система «Бэйдоу» и географическая информационная система, весь процесс строительства, эксплуатации, планирования, технического обслуживания и реагирования на чрезвычайные ситуации высокоскоростной железной дороги Пекин-Чжанцзякоу был интеллектуализирован. С первого взгляда становится ясно, стареют ли детали, проседает ли дорожное полотно и повреждено ли освещение.

Рис. 1-3-1 Бэйдоу + транспортные перевозки

2. Морской рыболовный промысел

Навигация для судоходства и водного транспорта — одна из самых ранних областей, в которых применялись спутниковые навигационные системы. Комплексная информационная сервисная платформа для морского рыболовства, основанная на навигационной спутниковой системе «Бэйдоу» (рисунок 1-3-2), может обеспечивать навигацию рыболовных судов в море, надзор за рыболовством, управление рыболовными судами, входящими в порты и выходящими из них, предупреждение о морских катастрофах и передачу коротких сообщений рыбакам. Применение навигационной спутниковой системы «Бэйдоу» на морском и водном транспорте может обеспечить гарантии безопасности и правильную информацию о маршруте движения судов, что делает их транспортировку более удобной и быстрой. В то же время навигационная спутниковая система «Бэйдоу» может также поддерживать услуги связи, позволяя людям общаться с другими во время транспортировки судна. Что касается морских поисково-спасательных операций, то демонстрационный проект китайской морской поисково-спасательной информационной системы, основанной на навигационной спутниковой системе «Бэйдоу», использует данную систему в качестве технического средства для определения местоположения в случае бедствия, передачи сигналов тревоги и управления поисково-спасательными операциями, что может обеспечить более разнообразные методы оповещения о бедствии на море и способствовать научному планированию спасательных сил.

Рис. 1-3-2 Бэйдоу + морской рыболовный промысел

3. Гидрологический контроль

В рамках первого демонстрационного проекта «Бэйдоу» Министерства водных ресурсов Китая — демонстрационного проекта комплексного применения водных ресурсов и гидроэнергетики «Бэйдоу», данная система способствует развитию интеллектуального управления водными ресурсами, как показано на рисунке 1-3-3.

Рис. 1-3-3   Бэйдоу + гидрологический контроль

Мониторинг деформации плотин водохранилищ является важным средством для определения эксплуатационного состояния плотин. Интегрированная система мониторинга деформаций наземной и космической составляющих, основанная на высокоточном позиционировании системы «Бэйдоу», позволяет достигать точности наблюдений в режиме реального времени в пределах ± 3 мм.

Когда происходит катастрофическое наводнение в горах, различные причины, такие как перебои в работе сети общего пользования и слабые сигналы наземной сети, могут привести к невозможности своевременной передачи информации мониторинга. Функция коротких сообщений системы «Бэйдоу» позволяет осуществлять двунаправленную связь в районах, которые не могут быть охвачены обычными сигналами мобильной связи (например, необитаемые районы, пустыни, океаны, полярные регионы и т.д.), или в ситуациях, когда опорные станции связи повреждены (например, землетрясения, наводнения, тайфуны и т.д.).

При строительстве сверхвысоких плотин и высоких склонов миллиметровое позиционирование системы «Бэйдоу» может быть применено для автоматизированного онлайн-высокоточного мониторинга деформации поверхности, определения положения подвижной строительной техники в режиме реального времени, обеспечения всестороннего, трехмерного, многоуровневого и усовершенствованного контроля процесса строительства, что позволяет снизить затраты на рабочую силу и материалы, значительно повышая эффективность и качество строительства, а также обеспечивая управление информацией на протяжении всего процесса строительства.

Ледяные озера, барьерные озера и другие особые водные объекты в основном расположены в отдаленных районах со сложной природной средой, неразвитой инфраструктурой, что создает трудности в получении базовых данных. Интегрированный метод мониторинга навигации и дистанционного зондирования, который сочетает в себе навигационное позиционирование «Бэйдоу» и технологию спутникового дистанционного зондирования, позволяет осуществлять сбор и передачу базовых данных в речных бассейнах.

4. Метеорологический прогноз

Метеорологическое прогнозирование является одной из первых и важных областей применения системы «Бэйдоу», что сформировало новую ситуацию комплексного применения данной системы. Среди них технология китайской системы зондирования «Бэйдоу» достигла международного уровня с точностью наблюдения (динамической) 0, 4 ℃, 5% и 0, 3 м/ с при измерении температуры, влажности и ветра соответственно. Что касается обнаружения водяного пара, то предварительно была сконструирована квазибизнес-система «Бэйдоу» для расчета водяных паров, которая обрабатывает данные наблюдений со 175 контрольных станций наземной системы по всей стране в квазиреальном режиме времени и получает высокоточные данные с высоким пространственно-временным разрешением, как показано на рисунке 1-3-4.

Рис. 1-3-4   Бэйдоу + метеорологический прогноз

Кроме того, система обнаружения морского ветра и волн «Бэйдоу» успешно реализует точное обнаружение и демонстрационное применение морского ветра и волн во время тайфунов, что в некоторой степени изменило ситуацию с комплексной системой метеорологического наблюдения Китая, в которой отсутствуют эффективные методы наблюдения и недостаточно данных наблюдений на море. Была создана система выпуска метеорологических предупреждений «Бэйдоу», которая объединяет функции предупреждения о стихийных бедствиях, метеорологического прогнозирования, популяризации науки и надзора. Она может обеспечивать независимое строительство, эксплуатацию или служить каналом передачи информации для национальных систем оповещения о чрезвычайных ситуациях и самостоятельно построенных платформ оповещения в различных провинциях, образуя комплексную систему обслуживания с системой «одного окна». Связь «Бэйдоу» широко используется среди метеорологических служб для передачи данных на метеорологических станциях при горных наводнениях и геологических катастрофах в различных провинциях.

5. Предотвращение лесных пожаров

Основные функции системы «Бэйдоу» в командно-диспетчерской системе предотвращения лесных пожаров заключаются в следующем.

1）Мониторинг мобильных целей и управление диспетчерской службой

Мониторинг конкретного местоположения транспортных средств и персонала в режиме реального времени обеспечивает визуальный интерфейс управления для диспетчерского руководства и составления расписания аварийно-спасательных транспортных средств и людей, что значительно улучшает возможности аварийного управления и составления расписания аварийно-спасательных работ.

2）Мобильная целевая связь

Командно-диспетчерский центр может осуществлять связь двустороннюю связь с персоналом и транспортными средствами, оснащенными терминалами определения местоположения, для обеспечения обмена информацией в чрезвычайных ситуациях.

3）Планирование маршрута и навигация

Планируя маршрут движения и используя навигационную функцию системы «Бэйдоу», транспортные средства могут быстро добраться до места назначения, тем самым экономя время на тушение пожара и повышая эффективность пожаротушения.

4）Воспроизведение истории траектории

Запросив данные оборудования в конце терминальной системы «Бэйдоу», можно восстановить траекторию движения транспортных средств или человека, что обеспечивает научную основу для различных анализов.

5）Аварийная сигнализация

В зависимости от возникновения чрезвычайных ситуаций в лесных массивах и опасности тушения лесных пожаров, на системном терминале «Бэйдоу» настраивается функция SOS-сигнализации одним щелчком мыши. При возникновении аварийного пожара информация о местоположении и пожаре может быть оперативно передана в командный центр одним нажатием кнопки, что сводит к минимуму потери.

Используя технологию спутникового позиционирования «Бэйдоу» в сочетании с геоинформационной системой и компьютерными технологиями, можно достичь визуального и эффективного комплексного управления информацией, такого как навигационное позиционирование и мониторинг（рисунок 1-3-5）, преобразуя работу по предотвращению лесных пожаров из традиционного эмпирического управления в автоматизированное, стандартизированное и унифицированное количественное управление, значительно повышая эффективность и уровень модернизации системы управления предотвращения лесных пожаров, а также научность и рациональность принятия решений по предотвращению лесных пожаров.

Рис. 1-3-5　Бэйдоу + предотвращение лесных пожаров

6. Регулирование электроэнергии

Электроэнергия является одним из важных базовых источников энергии для развития национальной экономики, поэтому безопасность и стабильность электроэнергетики имеют огромное значение. Электроэнергетическая отрасль является одной из важных областей применения системы «Бэйдоу». Данная система играет важную роль во многих аспектах, таких как проверка линий электропередачи БПЛА, надзор за линиями электропередачи, аварийный ремонт и т. д., как показано на рисунке 1-3-6.

Рис. 1-3-6   Бэйдоу + регулирование электроэнергии

Благодаря подходу «5G + Бэйдоу» интеллектуальное устройство контроля линий электропередачи было интеллектуально модернизировано, что позволило инспекционному персоналу использовать инспекционные дроны «Бэйдоу» для проведения точных летных проверок в соответствии с заранее определенными маршрутами и автоматически генерировать отчеты о проверках, что делает проверки электропередачи более точными, помогает персоналу по эксплуатации и техническому обслуживанию выявлять типы неисправностей, а также сокращает время ремонта.

Что касается сбора данных об электропередаче, то служба коротких сообщений «Бэйдоу» была успешно использована для автоматизированного сбора данных, решая проблему невозможности загрузки данных о работе энергосистемы удаленных малых гидроэлектростанций, с целью эффективного выполнения энергодиспетчерских работ.

Для линий электропередачи, расположенных в горных районах, пустынях, лесах и других районах с суровыми условиями, высокими рисками и скрытыми опасностями, которые трудно своевременно обнаружить, интеллектуальные терминалы мониторинга «Бэйдоу» следует устанавливать в точках за пределами линии электропередачи, подверженных повреждениям, а также в местах геологической опасности опорных вышек. Мониторинг состояния расположения энергетического оборудования в режиме реального времени может предотвратить возникновение аварий. Персонал может проводить онлайн-проверки, чтобы обеспечить безопасную эксплуатацию линии электропередачи с более высокой эффективностью.

7. Помощь в случае стихийных бедствий и уменьшение их масштабов

Система «Бэйдоу» обладает уникальными преимуществами в обеспечении, позиционирования, синхронизации времени, передачи коротких сообщений, улучшении наземных сетей управления информацией о стихийных бедствиях и обслуживания, а также устранении «слепых зон» в наземных сетях связи благодаря триединству определения местоположения, синхронизации и коротких сообщений. Содействие применению системы «Бэйдоу» в области национального уменьшения опасности стихийных бедствий и оказания чрезвычайной помощи является практическим требованием для совершенствования национальной сети информационных служб о стихийных бедствиях, как показано на рисунке 1-3-7. В настоящее время применение системы «Бэйдоу» в области национальной помощи при стихийных бедствиях и уменьшения их опасности в основном включает пять основных направлений деятельности: сбор и мониторинг информации о стихийных бедствиях, командование и диспетчеризация аварийно-спасательных работ, транспортировка и мониторинг материалов для оказания помощи при стихийных бедствиях, поиск и спасение людей на месте, а также услуги по распространению информации о стихийных бедствиях.

Рис. 1-3-7   Бэйдоу + помощь в случае стихийных бедствий и уменьшение их масштабов

1) Сбор и мониторинг информации о стихийных бедствиях

Сотрудники службы информации о стихийных бедствиях на местах могут использовать информационный терминал по уменьшению опасности бедствий «Бэйдоу» для сбора информации о ситуации на месте стихийного бедствия и местоположении. Канал передачи данных «Бэйдоу» отправляет их на комплексную прикладную платформу «Бэйдоу», которая получает и управляет всей информацией о стихийных бедствиях, передаваемой информационным терминалом «Бэйдоу», обеспечивая высокоточное позиционирование места бедствия, а также обеспечивая сбор информации и отчетности о местоположении стихийных бедствий, такие как оценка ущерба от стихийных бедствий на месте, а также мониторинг и обобщение информации о стихийных бедствиях в районах повышенного риска.

2) Аварийно-спасательное командование и диспетчерская служба

На основе спутниковой навигационной системы «Бэйдоу», технологии сетевого картографического сервиса и мобильной связи, а также принимая во внимание цифровой фон Земли и место бедствия в качестве зоны сосредоточения, различная информация о стихийных бедствиях на месте собирается, статистически анализируется и отображается в режиме реального времени для удовлетворения потребностей экстренных служб на месте, экстренном перемещении, а также в командовании и диспетчеризации в случае крупных стихийных бедствий. Оценка потребностей в аварийно-спасательных работах, планирование маршрута аварийно-спасательных операций, отслеживание и картирование маршрутов аварийных рабочих групп, мониторинг информации о ситуации на месте бедствия, рассылка информации об оказании помощи при стихийных бедствиях и рассылка инструкций по выполнению задач, таких как места переселения и маршруты перевозки пострадавших, помогает осуществлять фронтальную и тыловую координацию задач аварийно-спасательного управления на месте.

3) Мониторинг транспортировки материалов для оказания помощи в случае стихийных бедствий

Система «Бэйдоу» предоставляет планирование маршрута транспортировки материалов для оказания помощи при стихийных бедствиях, сбор информации о дорогах и стихийных бедствиях во время транспортировки, мониторинг местоположения и состояния транспортных средств для оказания помощи, а также адаптивную навигацию транспортных средств с материалами для оказания помощи при стихийных бедствиях, включая онлайн-запросы, визуальный мониторинг и управление процессом транспортировки материалов для оказания помощи в случае стихийных бедствий.

4）Экстренный поиск и спасение

При экстренном поиске и спасении людей, оказавшихся в ловушке, основываясь на таких функциях, как определение местоположения, короткие сообщения и услуги мобильной связи, система «Бэйдоу» обеспечивает такие функции, как определение местоположения застрявших людей, мониторинг аварийно-спасательных задач на месте, а также отправку и распространение информации о чрезвычайном поиске и спасании на месте. Данная информация обеспечивает координацию спасательных работ на месте и отвечает требованиям быстрого реагирования.

5）Служба распространения информации о стихийных бедствиях

Исходя их потребностей в информационном обслуживании низовых информаторов о стихийных бедствиях и персонала по ликвидации последствий стихийных бедствий на всех уровнях, а также основываясь на таких функциях, как определение местоположения, короткие сообщения и услуги мобильной связи, система «Бэйдоу» предоставляет услуги, прикладного программного обеспечения, отправки пакетов данных о стихийных бедствиях и задачах, уведомлений с помощью коротких сообщений, публикации тематической карты стихийных бедствий, услуги по информационной поддержке на местах и т. д. Система реализует мониторинг информации о стихийных бедствиях на месте, мобильные информационные услуги и возможности службы поддержки экстренной связи при оказании помощи в случае стихийных бедствий.

8. Общественная безопасность

На многих предприятиях общественной безопасности с очень высокими требованиями к конфиденциальности, таких как общественная безопасность, борьба с терроризмом, поддержание стабильности, охрана и безопасность, используется информационная система общественной безопасности, основанная на системе «Бэйдоу». Она реализует динамическую диспетчеризацию и интегрированное управление ресурсами полиции, повышая скорость реагирования и эффективность исполнения. Главным образом, включая управление транспортными средствами общественной безопасности и планирование их движения, обеспечение правопорядка полицией на месте, передача информации о чрезвычайных ситуациях, позиционирование, распознавание лиц, динамическое отслеживание нескольких целей и ускоренная судебно-медицинская экспертиза, определение времени общественной безопасности и т. д., как показано на рисунке 1-3-8. Применение системы «Бэйдоу» в области общественной безопасности значительно повысило эффективность реагирования на чрезвычайные ситуации, такие как пожары, места преступлений, дорожно-транспортные происшествия и заторы на дорогах, особенно при поиске и спасении пропавших без вести лиц в малонаселенных пунктах, а также суровых условиях моря, гор и пустынь. Что касается частных случаев, то с помощью таких функций, как навигация, позиционирование и короткие сообщения системы «Бэйдоу», пожилым людям, детям и особому персоналу могут быть предоставлены соответствующие услуги для обеспечения безопасности, в основном такие приложения, как электронные ограждения и экстренные вызовы.

Рис. 1-3-8   Бэйдоу + общественная безопасность

Китай придерживается принципов открытой интеграции, скоординированного сотрудничества, совместимости и взаимодополняемости, а также обмена достижениями. Он готов сотрудничать со всеми сторонами, чтобы содействовать созданию навигационной спутниковой системы «Бэйдоу», способствовать развитию индустрии «Бэйдоу», а также делиться достижениями данной навигационной спутниковой системы, способствовать прогрессу глобальной спутниковой навигации и позволить системе «Бэйдоу» служить миру и приносить пользу человечеству.

【 Размышления и упражнения 】

（1）Кратко опишите значение GNSS.

（2）Какова комплектация GNSS ?

（3）В чем заключаются прикладные функции технологии GNSS ?

（4）В каких областях применяется «Бэйдоу» ?

Проект II

Преобразование базы съемки GNSS

【Описание проекта】

Технология съемки GNSS измеряет положение наземных точек путем приема спутниковых сигналов от приемников GNSS, расположенных на поверхности Земли. Станция наблюдения закреплена на поверхности Земли, и ее пространственное положение меняется в зависимости от вращения Земли. Пространственное положение спутников и приемников GNSS неотделимо от системы координат. Таким образом, система координат является математической и физической основой для описания движения спутника, обработки данных наблюдений и выражения положения станции наблюдения. Чрезвычайно важно освоить некоторые широко используемые системы координат в навигации и позиционировании GNSS, а также взаимосвязи преобразования между ним. В ходе изучения этого проекта студенты разберутся в классификации систем координат GNSS; освоят метод преобразования системы координат GNSS и ориентира высот; разберутся в часто используемых моделях геоидов.

【Цель проекта】

（1）Освоение метода преобразования системы координат GNSS.

（2）Знакомство с часто используемыми моделями геоидов в GNSS.

（3）Освоение системы координат высоты GNSS и методы преобразования.

（4）Понимание классификации систем координат GNSS.

Задача | Система координат съемки GNSS

【Введение в задачу】

Основная суть навигации и позиционирования GNSS заключается в определении пространственного положения приемника с использованием известной точки спутника, движущегося с высокой скоростью в пространстве, и метода определения пространственного расстояния. Пространственное положение спутников и приемников связано с системами координат, поэтому системы координат являются математической и физической основой для описания движения спутников, обработки данных наблюдений и выражения положения станций наблюдения. Чрезвычайно важно ознакомиться с соотношениями преобразования между некоторыми широко используемыми системами координат в навигации и позиционировании GNSS.

【 Подготовка к задаче 】

В соответствии с принципом позиционирования GNSS, система позиционирования GNSS использует спутники в качестве динамических известных точек и определяет положение приемника или измерительной станции на основе расстояния между спутниковыми станциями, наблюдаемыми приемником GNSS. Определение местоположения невозможно без системы координат. Система координат, используемая для позиционирования GNSS, во многом схожа с системой координат классических измерений, но имеет и свои отличительные особенности, о которых подробно указано ниже:

（1）Поскольку для определения местоположения GNSS используются спутники GNSS, движущиеся по орбите, в качестве динамических известных точек, а соотношение относительного положения между орбитой спутника GNSS и наземными точками постоянно меняется, для облегчения определения орбиты спутника GNSS и положения спутника необходимо установить фиксированную пространственную систему координат, связанную с небесной сферой. В то же время, чтобы облегчить определение положения наземных точек, также необходимо установить фиксированную систему координат, связанную с Землей. Таким образом, система координат для определения местоположения GNSS включает в себя как пространственную, так и наземную системы координат.

（2）Классическая геодезия определяет форму и размер Земли на основе данных местной наземной съемки, а затем устанавливает систему координат. Как известно, спутники GNSS покрывают весь мир, тем самым определяя форму и размер Земли. Установленная система координат Земли является глобальной системой координат в истинном смысле этого слова, а не локальной системой координат, созданной на основе региональных геодезических данных, такой как Национальная геодезическая система координат Китая 1980 года.

（3）Работа спутников GNSS основана на гравитационной силе между Землей и спутниками, в то время как классическая геодезия основывается на геометрических принципах. Таким образом, начало земной системы координат, используемой при позиционировании GNSS, отличается от классической геодезической системы координат. Классическая геодезия использует отечественные геодезические данные для определения местоположения опорного эллипсоида и устанавливает систему координат, основанную на центре опорного эллипсоида в качестве начала координат, известную как система координат опорного центра. Начало земной системы координат для позиционирования GNSS находится в центре масс Земли, который называется геоцентрической системой координат. Поэтому при проведении GNSS съемки часто возникает необходимость преобразования геоцентрической системы координат в опорную центрическую систему координат.

（4）Для небольших территорий классическая съемка обычно не требует учета системы координат, достаточно просто привести систему координат новой точки в соответствие с известной точкой. При позиционировании с помощью GNSS, независимо от того, насколько мала площадь съемки, требуется преобразование земной системы координат WGS-84 и системы координат локального опорного центра.

【Выполнение задачи】

1. Система координат небесной сферы

1）Понятие небесной сферы

Воображаемая сфера, центром которой является центр масс Земли M, а радиусом — любая длина, называется небесной сферой. В астрономии небесные тела часто проецируются вдоль радиуса небесной сферы на небесную поверхность, а положение небесного тела определяется на основе опорных точек, линий и плоскостей на небесной поверхности. Опорные точки, линии и поверхности на небесной сфере показаны на рисунке 2-1-1.

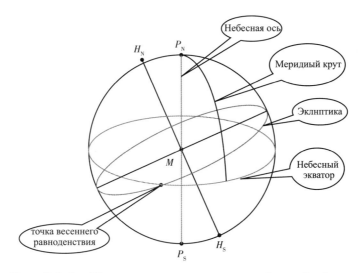

Рис. 2-1-1 Концептуальная карта небесной сферы

I. Небесная ось и небесный полюс

Протяженная прямая линия оси вращения Земли называется небесной осью, а пересечение небесной оси и небесной поверхности называется небесным полюсом. Точка пересечения P_N — это северный небесный полюс, расположенный вблизи Полярной Звезды, а P_S — южный небесный полюс. Наблюдатели, расположенные в северном полушарии Земли, не могут видеть южный небесный полюс из-за преграды, создаваемой Землей.

II. Плоскость небесного экватора и небесный экватор

Плоскость, проходящая через центр масс Земли M и перпендикулярная небесной оси, называется небесной экваториальной плоскостью, которая совпадает с экваториальной плоскостью Земли; пересечение плоскости небесного экватора и небесной сферы называется небесным экватором.

III. Плоскость небесного меридиана и меридианный круг

Плоскость, содержащая небесную ось, называется плоскостью небесного меридиана, которая совпадает с плоскостью меридиана Земли. Линия пересечения между небесным меридианом и небесной сферой представляет собой большой круг, известный как меридианный круг. Два полукруга меридианного круга небесной сферы пересекаемые небесной осью, называются часовыми кругами.

IV. Эклиптика

Большой круг, в котором орбита Земли вокруг Солнца пересекается с небесной сферой, называется эклиптикой, которая представляет собой траекторию движения Солнца по небесной сфере, как его видят наблюдатели на Земле, когда Земля вращается вокруг Солнца. Угол между эклиптикой и экваториальной плоскостью называется углом эклиптики, который составляет приблизительно 23, 5 градуса.

V. Полюс эклиптики

Две точки пересечения прямой, проходящей через центр небесной сферы и перпендикулярной эклиптике, с небесной поверхностью называются полюсами эклиптики. Точка пересечения H_N близкая к северному полюсу небесной сферы P_N называется северным полюсом эклиптики, а H_S — южным полюсом эклиптики.

VI. Весеннее равноденствие

Когда Солнце движется по эклиптике из южного полушария в северное, пересечение эклиптики и небесного экватора называется точкой весеннего равноденствия, которая представляет собой положение Солнца на небесной сфере во время весеннего равноденствия. До весеннего равноденствия точка весеннего равноденствия расположена к востоку от Солнца; после весеннего равноденствия точка весеннего равноденствия расположена к западу от него. Расстояние между точкой весеннего равноденствия и Солнцем меняется примерно на $1°$ ежедневно.

2）Система координат небесной сферы

Обычно используемые небесные системы координат включают прямоугольную (декартовую) систему координат небесного пространства и сферическую систему координат небесного пространства, как показано на рисунке 2-1-2.

Начало координат прямоугольной (декартовой) системы координат небесного пространства расположено в центре масс Земли, ось Z направлена к северному небесному полюсу P_N, а ось X направлена к точке весеннего равноденствия γ. Ось Y перпендикулярна плоскости XOZ и образует правостороннюю систему координат с осями X и Z. То есть вытянув правую руку, затем выпрямив большой и указательный пальцы в форме буквы «L», затем согнув остальные три пальца на $90°$, большой палец будет указывать на ось Z, указательный палец — на ось X, а остальные три пальца — на ось Y. В прямоугольной (декартовой) системе координат небесного пространства положение любого небесного тела может быть представлено его трехмерными координатами (x, y, z).

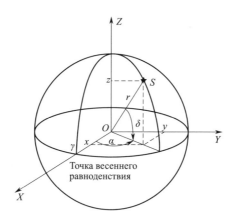

Рис. 2-1-2 Прямоугольная и сферическая система координат небесного пространства

Начало координат небесной сферической системы координат также находится в центре масс Земли. Угол между плоскостью небесного меридиана, в которой расположено небесное тело, и плоскостью небесного меридиана, в которой находится точка весеннего равноденствия, называется прямым восхождением небесного тела, обозначаемого буквой α. Угол между линией, соединяющей небесное тело с началом координат O, и плоскостью небесного экватора называется склонением, и обозначается буквой δ. Расстояние от небесного тела до начала координат называется радиальной траекторией, и обозначается буквой r.

Таким образом, положение небесных тел также может быть определено по трехмерным координатам (α, δ, r).

3) Протокольная система небесных координат

Как видно из вышеизложенного, северный небесный полюс и точка весеннего равноденствия находятся в движении, поэтому при установлении небесной системы координат направление осей Z и X также соответственно изменяется, что создает неудобства при описании положения небесных тел. Поэтому был выбран определенный момент в качестве нормативной эпохи, а также внесены нутационные поправки к мгновенному северному небесному полюсу и истинному весеннему равноденствию, чтобы получить направление осей Z и X. Установленная таким образом система координат называется протокольной небесной системой координат. Международная ассоциация геодезии（IAG）и Международный астрономический союз（IAU）начиная с 1 января 1984 года решили использовать 15 января 2000 года в качестве нормативной эпохи. Иными словами, оси Z и X используемые в настоящее время протокольной небесной системой координат указывают на мгновенный северный небесный полюс и мгновенное весеннее равноденствие 15 января 2000 года соответственно. Чтобы облегчить различие, небесная система координат, в которой ось Z и ось X соответственно указывают на мгновенный северный небесный полюс и мгновенное весеннее равноденствие определенного момента наблюдения, называются небесными системами координат, в то время как небесные системы координат, в которых ось Z и ось X соответственно указывают на мгновенный северный небесный полюс и истинное весеннее равноденствие определенного момента наблюдения называются мгновенными небесными системами координат.

2. Земная система координат

1）Форма и размер Земли

На поверхности Земли суша составляет примерно 29% от общей площади, в то время как на долю океана приходится примерно 71%. Самая высокая вершина на суше находится на высоте 8848, 86 метров над уровнем моря, а самая глубокая впадина — на 11 034 метра ниже уровня моря. Оба они очень малы по сравнению с радиусом Земли, что делает морскую поверхность важным ориентиром для описания формы и размера Земли. Однако на статическую поверхность морской воды влияют минералы, содержащиеся в морской воде, температура морской воды и давление на поверхность моря, что делает ее сложной и неудобной в использовании. В геодезии форма и размер Земли часто описываются с использованием нескольких криволинейных поверхностей, которые находятся очень близко к неподвижной поверхности моря.

I. Геоид

Горизонтальная плоскость, также известная как гравитационная эквипотенциальная плоскость, представляет собой криволинейную поверхность с равным гравитационным потенциалом. Существует бесконечное число горизонтальных плоскостей, среди которых горизонтальная плоскость, проходящая через средний уровень моря, называется геоидом. Тело, окруженное геоидом, называется геодезическим телом. Поскольку геоид является одной из горизонтальных плоскостей, он обладает всеми характеристиками горизонтальной плоскости.

Ⅱ. Общий эллипсоид Земли и опорный эллипсоид

Геоид, как исходная поверхность для измерения высот, решает базовую задачу измерения высот. Из-за своей неровности он очень неудобен для планиметрической съемки и определения трехмерного пространственного положения. Поэтому геодезическое тело заменяется эллипсоидом, который очень похож по форме и размеру на геодезическое тело.

В спутниковой геодезии для вычисления положения наземных точек вместо геодезического тела используется общий земной эллипсоид. Определение полного земного эллипсоида включает в себя следующие четыре аспекта.

（1）Параметры формы и размера эллипсоида. Например, система координат WGS-84 использует значения рекомендованные 17-м Международным союзом геодезии и геофизики в 1979 году, где большой радиус $a = 6\ 378\ 137$ м, а сплюснутость эллипсоида рассчитана по соответствующим данным $\alpha = 1/298.257\ 223\ 563$.

（2）Центр эллипсоида расположен в центре масс Земли.

（3）Ось вращения эллипсоида совпадает с осью вращения Земли.

（4）Начальный геодезический меридиан совпадает с начальным астрономическим меридианом.

В астрономической геодезии и геометрической геодезии опорные эллипсоиды используются вместо геодезических тел для вычисления положения наземных точек. Опорный эллипсоид определяется следующим образом.

（1）Параметры формы и размера эллипсоида. Например, национальная геодезическая система координат в 1980 году приняла значения, рекомендованные 16-м Международным союзом геодезии и геофизики в 1975 году, где большой радиус $a = 6\ 378\ 140$ м, а сплюснутость эллипсоида $\alpha = 1/298.257$.

（2）Ось вращения эллипсоида совпадает с осью вращения Земли.

（3）Начальный геодезический меридиан совпадает с начальным астрономическим меридианом.

（4）Опорный эллипсоид находится ближе всего к местному геоиду, поэтому центральное положение опорного эллипсоида находится не в центре тяжести Земли.

2）Наземная система координат

Небесная система координат более удобна для определения положения спутников, в то время как земная система координат более удобна для определения положения наземных точек. Существует две широко используемые системы координат Земли: одна — прямоугольная（декартова）система координат земного пространства, а другая — геодезическая система координат, как показано на рисунке 2-1-3.

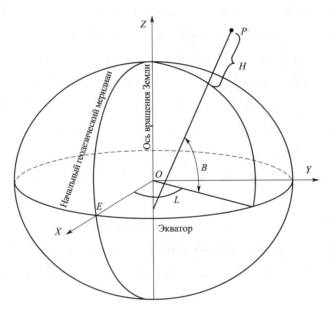

Рис. 2-1-3 Прямоугольная и сферическая система координат небесной сферы

Начало координат космической прямоугольной（декартовой）системы координат Земли находится в центре масс Земли（геоцентрическая система координат）или в центре опорного эллипсоида（система координат опорного центра）, при этом ось Z указывает на Северный полюс Земли, ось X указывает на пересечение плоскости начального меридиана, земного экватора и оси Y, перпендикулярной плоскости XOZ, образует правую систему координат.

Геодезическая система координат представляет наземные точки с использованием геодезической долготы L, геодезической широты B и геодезической высоты H. Угол между плоскостью меридиана, проходящей через точку P, и начальной плоскостью меридиана называется геодезической долготой точки P. Если считать от начального меридиана, направление является положительным на восток называется восточной долготой (0° -180°); направление на запад является отрицательным и называется западной долготой (0° ~ -180°). Угол между эллипсоидальной нормалью, проходящей через точку P, и экваториальной плоскостью называется геодезической широтой точки P. Начиная с экваториальной плоскости, направление на север является положительным и называется северной широтой (0° -90°); направление на юг является отрицательным и называется южной широтой (0° ~ -90°). Расстояние от наземной точки P вдоль эллипсоидальной нормали до поверхности эллипсоида называется геодезической высотой.

При съемке с помощью GNSS для определения положения наземных точек необходимо преобразовать координаты спутников GNSS в протокольной небесной системе координат в координаты протокольной земной системы координат. Этапы преобразования следующие: протокольная небесная система координат — мгновенная небесная система координат — мгновенная небесная система координат — мгновенная земная система координат — протокольная земная система координат.

3. Часто используемые системы координат

1) Международные часто используемые системы координат

I. Система координат WGS-84

Система координат WGS84 — это геодезическая система координат, установленная в США на основе спутниковых геодезических данных, и в настоящее время является системой координат, используемой GNSS. Эфемериды, передаваемые спутником GNSS, основаны на данной системе координат. Наземные точки, измеренные GNSS, если они не преобразованы в систему координат, также являются координатами в этой системе координат. Определение системы координат WGS-84 показано в таблице 2-1-1.

Таблица 2-1-1   Определение системы координат WGS-84

Тип системы координат	Геоцентрическая система координат
Исходная точка	Центр масс Земли
Ось Z	Указывает на Северный полюс Земли согласованный протоколом BIH1984.0, определенный Международным бюро времени
Ось X	Указывает на пересечение начального меридиана и экватора BIH1984.0
Большой радиус эллипсоида	$a = 6\ 378\ 137\ м$
Сплюснутость эллипсоида	$\alpha = 1/298.257\ 223\ 563$

II. Система координат PZ-90

Система координат PZ-90 была принята российской GLONASS в 1993 году.

Начало системы координат расположено в центре масс Земли, ось Z указывает на начало полярных координат, рекомендованное Международной службой вращения Земли, ось X указывает на пересечение экватора Земли и нулевого меридиана, определенного Международным бюро времени, а ось Y перпендикулярна осям X и Z, образуя правую систему координат. Определение системы координат PZ-90 показано в таблице 2-1-2.

Таблица 2-1-2   Определение системы координат PZ-90

Тип системы координат	Геоцентрическая система координат
Исходная точка	Центр масс Земли
Ось Z	Указывает на начало полярного координата, рекомендованное Международной службой автобиографии Земли (протокол «Северный полюс» 1900-1905 гг.)
Ось X	Указывает на пересечение земного экватора и нулевого меридиана, определенного Международным бюро времени
Большой радиус эллипсоида	$a = 6\ 378\ 136\ м$
Сплюснутость эллипсоида	$\alpha = 1/298.257\ 839\ 303$

2) Распространенные системы координат в Китае

I. Пекинская система координат 1954 года

Пекинскую систему координат 1954 года в определенном смысле можно рассматривать как продолжение системы координат Советского Союза 1942 года. Метод установления был основан на соединении нескольких треугольных точек на северо-восточной границе Китая с геодезической контрольной сетью на территории Советского Союза в 1953 году, распространении их координат на Китай и установлении номинальной точки отсчета координат в Пекине, названной «Пекинская система координат 1954 года». После локальной настройки, расширения и шифрования в разных регионах она распространилась на всю страну. Таким образом, Пекинская система координат 1954 года на самом деле является системой координат Советского Союза 1942 года, которая берет свое начало не в Пекине, а в Пулково, Советский Союз. Определение Пекинской системы координат 1954 года показано в таблице 2-1-3.

Таблица 2-1-3   Определение Пекинской системы координат 1954 года

Тип системы координат	Система координат опорного центра
Исходная точка	Пулково в Советском Союзе
Большой радиус эллипсоида	$a = 6\ 378\ 245$ м
Сплюснутость эллипсоида	$\alpha = 1/298.3$

II. Национальная геодезическая система координат 1980 года

Национальная геодезическая система координат 1980 года представляет собой геодезическую базу данных, созданную на основе общей корректировки Национальной геодезической сети, наблюдавшейся в 1950-х и 1970-е годы. Эллипсоид расположен в пределах Китая и наилучшим образом соответствует геоиду. Определение национальной геодезической системы координат 1980 года показано в таблице 2-1-4.

Таблица   2-1-4   Определение   национальной   геодезической   системы координат 1980 года

Тип системы координат	Система координат опорного центра
Исходная точка	Китай, провинция Шэньси, уезд Цзинъян, поселок Юнлэ
Ось Z	Параллельна центру масс Земли, указывает на исходную точку земного полюса 1968.0, определенного Китаем
Ось X	Начальная плоскость меридиана параллельна плоскости астрономического меридиана по Гринвичу
Большой радиус эллипсоида	$a = 6\ 378\ 140$ м
Сплюснутость эллипсоида	$\alpha = 1/298.257$

По сравнению с Пекинской системой координат 1954 года внутреннее соответствие Национальной геодезической системе координат 1980 года намного лучше.

II. Национальная геодезическая система координат 2000 года

Национальная геодезическая система координат 2000 года была официально введена в эксплуатацию 1 июля 2008 года и относится к геоцентрической системе координат. Национальная геодезическая система координат 2000 года является системой координат, используемой системой позиционирования «Бэйдоу». Определения Национальной геодезической системы координат 2000 года показано в таблице 2-1-5.

Таблица 2-1-5 Определение Национальной геодезической системы координат 2000 года

Тип системы координат	Геоцентрическая система координат
Исходная точка	Центр массы всей Земли, включая океан и атмосферу
Ось Z	Направление опорного полюса Земли от исходной точки координат до нормативной эпохи 2 000.0
Ось X	Направление от начала координат к пересечению Гринвичского опорного меридиана и экваториальной плоскости Земли (нормативная эпоха 2 000.0)
Большой радиус эллипсоида	$a = 6\ 378\ 137\ м$
Сплюснутость эллипсоида	$\alpha = 1/298.257\ 222\ 101$

Задача ‖ Преобразование координат съемки GNSS и системы высот

【 Введение в задачу 】

Преобразование координат — это процесс преобразования описания положения пространственных объектов из одной системы координат в другую. Установление взаимно-однозначного соответствия между двумя системами координат является важным шагом в создании математической основы для карт с использованием технологии съемки GNSS.

【 Подготовка к задаче 】

Основные исходные геодезические данные, определяемые геодезической системой координат, включают в себя геодезическую систему, точку отсчета высоты, точку отсчета силы тяжести, точку отсчета глубины и т.д. Основные исходные геодезические данные — это исходные данные съемки GNSS, которые являются основой для определения геометрической формы и пространственно-временного распределения географической пространственной информации. Это эталонный показатель расположения географических объектов в реальном мире, представленных в пространстве данных.

1) Геодезические данные

Геодезическая база данных является основой для установления геодезической системы координат и измерения геодезических координат пространственных точек. Геодезические данные, принятые Китаем, включают Пекинскую систему координат 1954 года, Национальную геодезическую систему координат 1980 года и Национальную геодезическую систему координат 2000 года.

2) Высотный ориентир

Точка отсчета высоты является базовой основой для создания системы высот и съемки высот пространственных точек, а также является отправной точкой для расчета всех высот выравнивания в национальной единой сети контроля высот. В связи с тем, что форма, образованная геоидом, геодезическим телом, является наиболее близкой к форме всей Земли, геоид обычно используется в качестве точки отсчета высот. Текущим высотным ориентиром, используемым в Китае, является национальный эталон высоты 1985 года, основанный на данных о приливах, полученных со станции измерения приливов в Циндао за период с 1952 по 1979 год.

3) Гравитационный ориентир

Данные гравитации являются базовой основой для создания системы гравиметрической съемки и измерения значений силы тяжести в точках пространства. Китай последовательно использовал систему гравиметрической съемки 1957, 1985 и 2000 годов.

4) Ориентир глубины

Система отсчета глубины является базовой основой для измерения глубины океана и глубины воды на морских картах. Ориентиры глубины, используемые в настоящее время в Китае, варьируются в зависимости от района моря. С 1956 года теоретический самый низкий уровень прилива (т.е. теоретический базовый уровень глубины) используется в качестве ориентира глубины в районе Китайского моря. Самый низкий уровень воды, средний низкий уровень воды или расчетный уровень воды используются в качестве ориентиров глубины для внутренних рек и озер.

【Выполнение задачи】

1. Преобразование системы координат

Преобразование систем координат можно разделить на два вида: проекционное преобразование систем координат между одним и тем же эллипсоидом и преобразование координат между разными эллипсоидами. Проекционное преобразование систем координат между одними и теми же эллипсоидами, которое включает в себя обмен пространственными прямоугольными (декартовыми) координатами (X, Y, Z) точек с геодезическими координатами (L, B, H) или обмен геодезическими системами координат (L, B) с плоскими прямоугольными (декартовыми) координатами (x, y). Преобразование координат между различными эллипсоидами обычно включает преобразование эллипсоидальных координат в соответствующие пространственные прямоугольные координаты и вычисление параметров преобразования на основе соотношения между пространственными прямоугольными координатами. Это в основном вводит преобразование пространственной прямоугольной системы координат и плоской прямоугольной системы координат.

Преобразование координат на основе журнала GNSS

1) Преобразование пространственной прямоугольной (декартовой) системы координат

При съемке GNSS используется система координат WGS-84. В Китае при инженерной съемке обычно используется Национальная геодезическая система координат 1980 года, Национальная геодезическая система координат 2000 года или местная система координат. В практических приложениях необходимо преобразовать систему координат WGS84 в систему координат, используемую при инженерной съемке.

Из-за различий в начале координат, направлении и масштабе трех координатных осей вышеуказанной системы координат необходимо сначала преобразовать систему координат целиком. Величина преобразования может быть разложена на $\varDelta_{x0}$, $\varDelta_{y0}$ и $\varDelta_{z0}$. Затем следует повернуть систему координат вокруг осей x, y и z соответственно ω_x, ω_y, ω_z и, наконец, выполнить преобразование масштаба. На примере системы координат WGS84 и Национальной геодезической системе координат 1980 года, формула преобразования между двумя системами координат выглядит следующим образом:

$$\begin{pmatrix} x \\ y \\ z \end{pmatrix}_{84} = \begin{pmatrix} \Delta x_0 \\ \Delta y_0 \\ \Delta z_0 \end{pmatrix} + (1+m) \begin{pmatrix} 1 & \omega_z & -\omega_y \\ -\omega_z & 1 & \omega_x \\ \omega_y & -\omega_x & 1 \end{pmatrix} \begin{pmatrix} x \\ y \\ z \end{pmatrix}_{80}$$

Где: m——коэффициент масштабирования.

Как видно из вышеизложенного, для достижения преобразования между двумя пространственными прямоугольными (декартовыми) системами координат необходимо знать три параметра перемещения Δ_{x0}, Δ_{y0} и Δ_{z0}, три параметра вращения ωx, ωy, ωz и коэффициент масштабирования m. Для расчета вышеуказанных семи параметров преобразования должно быть по крайней мере три общие точки в двух системах координат, а именно координаты трех точек в системе координат WGS-84 и координаты в Национальной геодезической системе координат 1980 года. Этот метод обычно называют методом семи параметров. При вычислении параметров преобразования погрешность определения координат общих точек оказывает существенное влияние на искомые параметры. Следовательно, выбранные общие точки должны соответствовать следующим условиям:

（1）Количество точек должно быть достаточно большим, чтобы облегчить проверку;

（2）Точность координат должна быть достаточно высокой;

（3）Распределение точек должно быть равномерным;

（4）Охват должен быть большим, чтобы избежать значительных ошибок коэффициента соотношения и угла поворота, вызванных погрешностями в координатах общих точек.

Когда область измерения невелика, можно считать, что три параметра вращения равны 0, а коэффициент масштабирования равен 1. В таком случае известны только три параметра преобразования Δ_{x0}, Δ_{y0} и Δ_{z0}. Данный метод обычно называют методом трех параметров. При использовании метода трех параметров в двух системах координат должна быть по крайней мере одна общая точка.

2）Преобразование пространственной прямоугольной (декартовой) системы координат

Для преобразования между двумя плоскими прямоугольными (декартовыми) системами координат требуются четыре параметра преобразования, включая два параметра перемещения Δ_{x0}, Δy_0, параметр поворота α и коэффициент масштабирования m. Взяв в качестве примеров систему координат WGS84 и Национальную геодезическую систему координат 1980 года, формула преобразования между двумя системами координат выглядит следующим образом:

$$\begin{pmatrix} x \\ y \end{pmatrix}_{84} = (1+m)\left[\begin{pmatrix} \Delta x_0 \\ \Delta y_0 \end{pmatrix} + \begin{pmatrix} \cos\alpha \sin\alpha \\ -\sin\alpha \cos\alpha \end{pmatrix} \begin{pmatrix} x \\ y \end{pmatrix}_{80}\right]$$

Для расчета вышеуказанных четырех параметров преобразования требуются, по меньшей мере, две общие точки, что обычно называют планарным преобразованием с четырьмя параметрами.

2. Преобразование системы высот

Система высот определяется относительно различных исходных поверхностей с различными свойствами (таких как, геоид, квазигеоид, эллипсоид). Система высот включает в себя ортометрическую, стандартную систему и геодезическую систему высот. В Китае используется стандартная система высот. Ортометрическая и стандартная высота — это теоретические и практические значения одной и той же концепции, в то время как геодезическая высота — это высота точки, непосредственно измеренной с помощью GNSS.

1) Геодезическая система высот

Геодезическая система высот — это система высот, основанная на опорном эллипсоиде.

Геодезическая высота точки — это расстояние от точки до пересечения нормали опорного эллипсоида, проходящей через точку и опорный эллипсоид. Геодезическая высота, также известная как эллипсоидальная высота, обычно обозначается символом H. Геодезическая высота является чисто геометрической величиной и не имеет физического значения. Одна и та же точка имеет разную геодезическую высоту в разных точках отсчета.

В геодезических работах при преобразовании данных съемки полевых измерений в опорный эллипсоид, необходимо рассчитать геодезическую высоту. GNSS непосредственно измеряет геодезические координаты, используя центр масс Земли в качестве начала координат, поэтому высота точки, непосредственно измеряемая GNSS, является геодезической высотой.

2) Система ортометрических высот

Система ортометрических высот — это система высот, основанная на опорном эллипсоиде.

Ортометрическая высота — это расстояние от точки на поверхности Земли до пересечения вертикальной линии, проходящей через эту точку и геоид, также известное как высота над уровнем моря или абсолютная высота. Ортометрическая высота обозначается символом H.

3）Система нормальных высот

Система нормальных высот — это система высот, основанная на квазигеоиде.

Нормальная высота точки — это расстояние от точки до пересечения отвесной линии, проходящей через точку и квазигеоид. Нормальная высота обозначается символом H.

4）Взаимосвязь между системами высот

Расстояние между геоидами, которое является вертикальным расстоянием от геоида до опорного эллипсоида, обозначается как N.

Аномалия высоты, то есть расстояние по вертикали от квазигеоида до опорного эллипсоида, обозначается $\xi_\circ$

Предположим, что высота геоида определенной точки на местности равна H, ортометрическая высота — H положительно, нормальная высота — H постоянно, разница в геоиде равна:

$$N=H-H_{\text{положительно}}$$

Аномалия высоты:

$$\xi=H-H_{\text{постоянно}}$$

В реальных измерительных работах высота, полученная с использованием метода съемки GNSS, является геодезической высотой, а ее опорная плоскость — опорным эллипсоидом; высота, полученная на основе метода нивелирования, является нормальной высотой, а ее опорная плоскость является квазигеоидом. Используя технологию съемки с определением местоположения GNSS для измерения долготы, широты и геодезической высоты определенной точки, нормальная высота точки может быть получена путем определения аномалии высот точки с использованием квазигеоидной модели местности.

【 Освоение навыков 】

использование программного обеспечения для преобразования систем координат, чтобы реализовать преобразование координат между широко используемыми системами координат.

【 Мышление и практика 】

（1）Какая система координат используется для GNSS ?

（2）Что содержит система координат Земли ?

（3）Кратко опишите геодезическую основу GNSS.

（4）Что содержит система высот ?

Проект Ⅲ

Расчет местоположения
спутника GNSS

【 Описание проекта 】

Чтобы определить координаты положения определенной точки на местности, необходимо знать ориентир передаваемого сигнала и время прихода измеренного сигнала. Ориентир спутника меняется с течением времени, поэтому необходимо информировать пользователей о местоположении спутника. Местоположение спутника в режиме реального времени передается пользователям посредством связи между спутником и приемником. Информация, отправляемая спутниками пользователям, называется навигационными сообщениями, которые не только содержат набор параметров, описывающих орбитальное движение спутника, а именно его эфемериды, но также включают время передачи сигнала и другую информацию, помогающую пользователям определять местоположение. Орбитальная информация, предоставляемая спутником, используется для расчета пространственного положения спутника. В рамках данного проекта студенты освоят комплектацию спутниковых навигационных сообщений и метод расчета местоположения спутника, заложив основу для определения местоположения приемника.

【 Цель проекта 】

（1）Понимание временной системы съемки GNSS.

（2）Понимание основ движения спутника GNSS.

（3）Освоение комплектации спутниковых навигационных сообщений GNSS.

（4）Освоение значения и функций спутниковых эфемерид GNSS.

（5）Освоение метода расчета местоположения спутника GNSS.

Задача Ⅰ Расчет местоположения спутника

【 Введение в задачу 】

Использование спутников GNSS для навигации и позиционирования заключается в вычислении мгновенного положения спутника на основе известных параметров орбиты спутника, а также определении положения приемника и скорости движения носителя посредством наблюдения и обработки данных. Таким образом, получение точных параметров орбиты спутника и вычисление положения спутника в момент наблюдения является основой навигации и позиционирования GNSS.

【 Подготовка к задаче 】

1. Временная система съемки GNSS

Время является важной физической величиной, и к нему предъявляются высокие требования при съемке GNSS. Если расстояние от спутника до приемника измеряется с использованием дальномерного сигнала, передаваемого спутником GNSS, и требуется, чтобы погрешность определения дальности была меньше или равна 1 см, погрешность измерения времени распространения сигнала должна быть меньше или равна 3×10^{-11} с $= 0$, 03 нс. Следовательно, любому наблюдению должно быть указано время, в которое оно было получено. Чтобы обеспечить точность наблюдения, должны существовать определенные требования к точности времени наблюдения.

Временная система, как и система координат, должна иметь свой масштаб (единицу времени) и начало координат (эпоха) . Только объединив масштаб с началом координат, можно получить понятие времени. Любое периодическое движение, при условии, что оно является непрерывным, периодическим, наблюдаемым и воспроизводимым экспериментально, может использоваться в качестве временной шкалы（единицы измерения）. На практике из-за различных выбранных явлений периодического движения возникают разные системы времени.

1）Звездное время ST

Звездное время основано на точке отсчета весеннего равноденствия. Из-за вращения Земли временной интервал между двумя последовательными прохождениями точки весеннего равноденствия через местный меридиан составляет один звездный день. Чтобы получить «час», «минуту» и «секунду» в системе звездного времени, нужно равномерно разделить звездные дни. Звездный час численно равен временному углу весеннего равноденствия относительно местного меридиана. Поскольку звездное время начинается с точки весеннего равноденствия, проходящей через местный меридиан, оно является разновидностью местного времени.

Из-за влияния прецессии и нутации направление оси вращения Земли в пространстве постоянно меняется. Следовательно, весеннее равноденствие имеет истинное и параллельное весеннее равноденствие, а соответствующее звездное время также имеет истинное и параллельное звездное время. Среди них истинное звездное время по Гринвичу（GAST）— это угол между точкой истинного весеннего равноденствия и нулевой точкой долготы（пересечение начального гринвичского меридиана и экватора）. Изменения в GAST в основном зависят от вращения Земли, но также и от перемещения точки истинного весеннего равноденствия вызванного прецессией и нутацией. Среднее звездное время по Гринвичу（GMST）— это угол между точкой равноденствия и нулевой точкой долготы.

2）Среднее солнечное время MT

Из-за эллиптической орбиты Земли вокруг Солнца, видимая скорость Солнца неравномерна. Предположим, что среднее солнце совершает годовое видимое движение по небесному экватору со средней скоростью годового движения истинного Солнца, и его период соответствует периоду истинного Солнца. Затем, используя среднее солнце в качестве точки отсчета, система времени, определяемая суточным видимым движением среднего солнца, является средней солнечной системой времени. Временная шкала такова, что интервал времени между двумя последовательными прохождениями среднего солнца по местному меридиональному кругу составляет один солнечный день, а один солнечный день делится на 24 солнечных часа. Среднее солнечное время рассчитывается с момента, когда среднее солнце проходит через местный верхний меридиан, поэтому среднее солнечное время численно равно часовому углу среднего солнца относительно местного меридиана. Аналогично, среднее солнечное время также имеет локальность, поэтому его часто называют местным средним солнечным временем или местным обычным временем.

3）Всемирное время UT

Среднее солнечное время на начальном меридиане Гринвича называется всемирным временем, которое основано на периоде вращения Земли. С развитием научно-технического уровня и повышением точности наблюдений люди постепенно обнаружили, что：

（1）Скорость вращения Земли неравномерна, причем наблюдается не только общая тенденция к долгосрочному замедлению, но и сезонные и краткосрочные изменения, что усложняет ситуацию；

（2）Положение земных полюсов на Земле не является фиксированным и неизменным, а постоянно перемещается, что указывает на существование феномена сдвига полюсов.

Всемирное время делится на UT0, UT1 и UT2. Среди них UT0 — всемирное время, полученное при непосредственном наблюдении звезд, которое соответствует меридианному кругу мгновенного полюса; UT1 — скорректированное время после добавления к UT0 поправки сдвига полюсов Δ; UT2 — скорректированное время после добавления к UT1 сезонных изменений, вызванных вращением Земли ΔT_s. Взаимосвязь между ними заключается в следующем：

$$T_{\mathrm{UT1}} = T_{\mathrm{UT0}} + \Delta\lambda$$

$$T_{\mathrm{UT2}} = T_{\mathrm{UT1}} + \Delta T_s = T_{\mathrm{UT0}} + \Delta\lambda + \Delta T_s$$

Как правило, сезонные изменения ΔT_s относительно невелики, и UT1 напрямую связан с мгновенным положением полюсов Земли. Таким образом, для удовлетворения общих требований к точности, UT1 может использоваться в качестве единой системы отсчета времени.

4）Международное атомное время TAI

В связи с растущими требованиями к точности и стабильности времени, система мирового времени, основанная на вращении Земли, с трудом соответствует данным требованиям. В 1950-х годах начала создаваться система атомного времени, основанная на характеристиках движения атомов внутри материи. Секунда атомного времени определяется как длительность колебания переходного излучения между двумя сверхтонкими энергетическими уровнями основного состояния Cs133 атома цезия, которое длится на 9 192 631 170 циклов. Отправной точкой атомного времени, согласно международным соглашениям, считается 0：00：00 1 января 1958 года, когда атомное время приведено в соответствие со всемирным временем. Впоследствии было обнаружено, что в этот момент атомное время и всемирное время существовали с разницей в 0, 003 9 секунды, т.е

$$(TAI-UT)\ 1\ 958.0 = -0.003\ 9\ \text{с}$$

5）Всемирное координированное время UTC

В настоящее время во многих областях применения по-прежнему требуются системы времени, близкие к всемирному времени. Всемирное координированное время — это компромисс. Оно использует атомное время в секундах, но из-за того, что каждый год атомное время примерно на 1 секунду быстрее мирового времени, разница между ними накапливается год от года. Поэтому метод скачкообразных секунд（leap seconds）используется для того, чтобы приблизить время координированного мирового времени к мировому времени с разницей не более чем в 1 секунду. Оно может не только сохранять единообразие шкалы времени, но и приблизительно отражать изменения во вращении Земли. Согласно поправке к UTC, принятой Международным консультативным комитетом радиосвязи（CCIR）, начиная с 1 января 1972 года максимальная разница между UTC и UT1 может достигать +0, 9 секунды. При превышении или приближении к этому значению, оно будет компенсировано переходом. Время перехода, как правило, назначается на 31 декабря или 30 июня каждого года, а конкретная дата будет согласована и уведомлена Международным бюро времени. Для того чтобы пользователи, использующие UT1, могли получать высокоточное время UT1, отдел обслуживания времени не только транслирует номер времени UTC, но и предоставляет информацию о разнице между ним и UTC（в настоящее время отдел синхронизации времени в Китае по-прежнему напрямую транслирует номер времени UT1）. Это позволяет удобно координировать UTC для получения универсального времени UT1, т.е

$$T_{\text{UT1}} = T_{\text{UTC}} + \Delta T$$

6) Время «Бэйдоу» (BDT)

Временным ориентиром системы «Бэйдоу» является время «Бэйдоу». Время «Бэйдоу» использует секунды Международной системы единиц измерения в качестве базовой единицы для непрерывного накопления без учета високосных секунд. Эпоха — 1 января 2006 года, 00 : 00 : 00 UTC. BDT устанавливает связь с международным UTC через UTC (NTSC), и отклонение между BDT и UTC поддерживается в пределах 50 нс (модуль 1 с). Информация о секунде координации между BDT и UTC передается в навигационном сообщении.

2. Основы движения спутника

1) Внешние силы, действующие на спутник

Спутники движутся вокруг Земли под действием различных внешних сил, таких как гравитационное притяжение Земли, гравитационное притяжение Солнца и Луны, атмосферное сопротивление и солнечное давление. Для удобства исследования вселенскую гравитацию Земли обычно искусственно делят на две части: вселенскую гравитацию Земли (1) и вселенскую гравитацию Земли (2). Предположим, что общая масса Земли равна M, а сила гравитации Земли (1) — это гравитационная сила, создаваемая виртуальной сферой с массой M и плотностью сферического распределения. Так называемое сферическое распределение плотности означает, что плотность P в любой точке сферы связана только с расстоянием от этой точки до центра Земли и не имеет ничего общего с долготой и широтой, т.е. $p=/ (r)$. Эта многослойная структура очень похожа на реальную ситуацию на Земле. Можно доказать, что гравитационная сила, создаваемая сферой со сферическим распределением плотности, эквивалентна гравитационной силе, создаваемой частицей, которая концентрирует всю массу в центре сферы. Иными словами, гравитационное притяжение Земли (1) — это гравитационное притяжение, создаваемое частицей с массой M, расположенной в центре Земли. Но на самом деле Земля имеет очень сложную форму с неравномерным распределением массы, которая в целом похожа на вращающийся эллипсоид. Разница между гравитационной силой, которую она генерирует, и упрощенным приближением гравитационной силы Земли (1) называется гравитационной силой Земли (2).

Среди различных сил, упомянутых выше, сила вселенской гравитации Земли (1) имеет наибольшую величину и играет решающую роль в движении спутников. Если значение вселенской гравитации Земли (1) принять за 1, то вселенская гравитация Земли（2）будет небольшой величиной порядка 10^{-3}, в то время как солнечная и лунная гравитация, атмосферное сопротивление и солнечное давление обычно являются малыми величинами порядка 10^{-5} или меньше. В теории спутниковой орбиты эти малые величины в совокупности называются силами возмущения.

2）Нормальная орбита и орбитальное возмущение спутника

Если пренебречь влиянием различных возмущений, а рассматривать только движение спутника под действием вселенской гравитации Земли（1）, то есть упростить сложную механическую задачу до задачи двух тел, то уравнение движения спутника может быть четко решено. Тогда орбита искусственного спутника Земли представляет собой эллипс, а центр масс Земли расположен в фокусе эллиптической орбиты. Эти эллиптические орбиты называются нормальной орбитой спутника. Нормальная орбита спутника является основой для изучения реальной орбиты спутника. При невысоких требованиях к точности ее также можно приближенно рассматривать как реальную орбиту спутника Хотя нормальная орбита спутника может быть определена математически, это лишь приблизительная орбита, полученная без учета различных сил возмущения. Разница между истинной орбитой искусственного спутника Земли и его нормальной орбитой называется орбитальным возмущением. Для того чтобы определить истинную орбиту искусственного спутника Земли, необходимо также изучить, насколько сильно произойдет отклонение между истинной орбитой и нормальной орбитой спутника при различных силах возмущения. Полный набор теорий и методов расчета орбитальных возмущений называется теорией орбитальных возмущений спутников.

3）Элементы орбиты Кеплера

В теории орбит спутников шесть элементов орбиты Кеплера обычно используются для описания формы, размера и ориентации эллиптической орбиты спутника в пространстве, чтобы определить положение спутника на орбите в любой момент времени. Так называемое количество орбитальных элементов, также известное как параметры орбиты.

Ниже приведены конкретные значения шести элементов орбиты Кеплера. Сначала создается небесная сфера бесконечного радиуса с центром Земли *A* в качестве центра, расширяя экваториальную плоскость Земли и орбиту наружу и пересекаясь с небесной сферой для получения проекции небесного экватора и спутниковой орбиты на небесную сферу, как показано на рисунке 3-1-1.

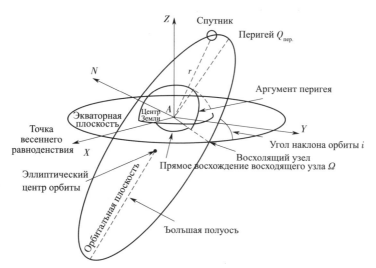

Рис. 3-1-1 Геометрическое значение орбитальных элементов

Ⅰ. Прямое восхождение восходящего узла Ω

В целом, между орбитой спутника и экваториальной плоскостью есть два пересечения: когда спутник пересекает экваториальную плоскость ниже экваториальной плоскости (в южном полушарии) и входит в северное полушарие, точка пересечения N с экваториальной плоскостью называется восходящей точкой пересечения; и напротив, когда спутник проходит через экваториальную плоскость выше экваториальной плоскости (в северном полушарии) и входит в северное полушарие, точка пересечения N с экваториальной плоскостью называется восходящей точкой пересечения. Прямое восхождение восходящего узла N называется прямым восхождением восходящего узла, обозначаемым Ω, которое может варьироваться от 0° до 360°.

Ⅱ. Угол наклона орбиты i

В восходящем узле угол между положительным направлением орбиты (направлением движения спутника) и положительным направлением экватора (направлением возрастающего прямого восхождения) называется углом наклона орбиты, обозначаемым i. Очевидно, что i — это угол между вектором нормали N плоскости орбиты и осью Z. Диапазон значений i составляет 0 °-180°.

Орбитальные элементы Ω и i могут быть использованы для описания ориентации плоскости орбиты спутника в пространстве.

III. Большой радиус (или длинная полуось) a

Расстояние от центра орбитального эллипса до апогея, которое составляет половину большой оси орбитального эллипса, называется большой осью или полуосью. Диапазон значений a зависит от реальной ситуации.

IV. Эксцентриситет e

$$e = \frac{\sqrt{a^2 - b^2}}{a} \quad (0 \leqslant e < 1)$$

Большой радиус a и эксцентриситет e определяют форму и размер орбитального эллипса. Конечно, a и e — не единственные два параметра, описывающие форму и размер эллипса. Теоретически можно выбрать либо большой радиус a, либо короткий радиус b, половину диаметра p, эксцентриситет e и плоскостность $\alpha = \frac{a - b}{a}$, но хотя бы один из них должен являться элементом длины.

V. Аргумент перигея ω

Угол, проходимый при восхождении от вектора восходящего узла A_N в направлении против часовой стрелки (если смотреть с положительного направления N) и поворачивается к вектору перигея A_Q, называется аргументом перигея. Аргумент перигея измеряется в плоскости орбиты спутника и измеряется с использованием обозначения ω. Он может определять направление орбитального эллипса в плоскости орбиты. Диапазон значений ω составляет 0 ° - 360°.

V. Время t_0 прохождения спутником перигея

В практической работе параметр t_0 также можно заменить перигейем спутника M (или истинным углом перицентра θ, или частичным углом перицентра E). Орбитальные элементы определяют положение спутника на эллиптической орбите.

Числа шести орбитальных элементов на нормальной орбите спутника (Ω, i, a, e, ω, t_0) являются постоянным (после вращения спутника вокруг Земли, время прохождения перигея t_0 увеличится на T, T — период работы спутника и также является константой), то есть спутник будет периодически перемещаться по фиксированной и неизменной эллиптической орбите. Однако под влиянием различных возмущений вышеупомянутые шесть элементов орбиты будут медленно изменяться с течением времени, и элементы орбиты одного и того же спутника в разное время не будут одинаковыми. Если число элементов орбиты спутника в опорный момент времени t_0 равно σ_0, то число элементов орбиты спутника в момент времени t σ можно записать в виде:

$$\sigma = \sigma_0 + \frac{\mathrm{d}\sigma}{\mathrm{d}t} \times (t - t_0)$$

Для удобства вычисления производный член высокого порядка был опущен из приведенного выше уравнения, поэтому значение $(t - t_0)$ не может быть слишком большим. Иными словами, приведенная выше формула применяется только в течение определенного периода времени, который является периодом действия так называемого навигационного сообщения.

Для точного позиционирования спутника вычисление состояния движения спутника (т.е. изучение задачи о двух телах) с учетом только силы тяжести центра масс Земли не может соответствовать требованиям точности. Необходимо учитывать влияние возмущения гравитационного поля Земли, солнечно-лунного возмущения, атмосферного сопротивления, возмущения светового давления и приливного возмущения на состояние движения спутника. Движение спутника с учетом эффекта возмущения, называется возмущающим движением спутника.

3. Сообщения спутниковой навигации GNSS (включая спутниковые эфемериды) и спутниковые сигналы (дублируемые эфемеридами)

Навигационное сообщение представляет собой набор двоичных кодов, также известных как коды данных (D-коды), передаваемые спутниками GPS пользователям, отражающих такую информацию, как орбита спутника в космосе, параметры коррекции спутниковых часов, параметры коррекции ионосферной задержки и рабочее состояние спутника. Это очень важный набор данных для пользователей, использующих глобальные навигационные спутниковые системы для навигации и определения местоположения. Возьмем GPS в качестве примера для иллюстрации.

1) Общая структура навигационных сообщений

Навигационные сообщения передаются наружу в виде кадров. Длина основного кадра составляет 1500 бит, но скорость передачи составляет 50 бит/с, а для широковещательной передачи сообщения требуется 30 секунд. Основной кадр содержит 5 подкадров, каждый из которых имеет размер 300 бит, а время трансляции составляет 6 секунд. Каждый подкадр состоит из 10 слов, каждое слово имеет размер 30 бит, а время трансляции составляет 0, 6 с. Каждый из 4-го и 5-го подкадров содержит по 25 различных страниц, поэтому пользователям необходимо потратить 750 секунд, чтобы получить полный набор навигационных сообщений. Каждые 30 секунд в 4-ом и 5-ом подкадрах будут переворачиваться по 1 странице, в то время как первые 3 подкадра будут повторять исходное содержимое. Содержимое в подкадрах 1, 2 и 3 меняется каждый час, в то время как содержимое в подкадрах 4 и 5 не изменяется до тех пор, пока наземная станция не введет новые данные. Основной состав навигационных сообщений показан на рисунке 3-1-2.

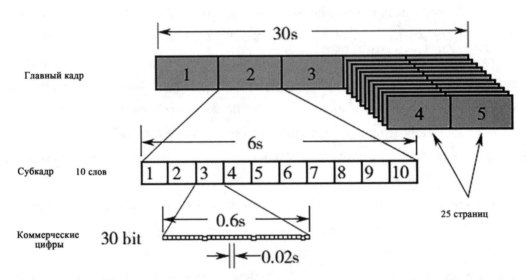

Рис. 3-1-2   Общая структура навигационных сообщений

2) 1-й подкадр (первый блок данных)

I. Слово дистанционного измерения (Telemetry Word, TLM)

Первым словом первого подкадра является слово телеметрии, которое служит преамбулой для захвата навигационных сообщений. Первые 8 бит из 10 001 001 в слове телеметрии — это коды синхронизации, обеспечивающие «отправную точку» для кодирования каждого подкадра; 9 - 22 бита — это сообщения телеметрии, включая некоторую соответствующую информацию от наземной системы мониторинга при вводе данных; 23, 24 — разрядное резервное копирование в режиме ожидания; последние 6 бит используются для проверки четности.

Ⅱ. Слово передачи (Hand Over Word, HOW)

Второе слово в первом подкадре — это слово передачи, которое позволяет пользователю захватить код $P(Y)$ как можно скорее после захвата кода C/A и демодуляции навигационного сообщения. Время GPS может быть представлено в виде Z-счетчика длиной в 29 бит. Первые 10 бит представляют количество недель с момента начала 6 января 1980 года в 00：00：00 (UTC) (модуль 1024), в то время как последние 19 бит указывают количество циклов кода X1 в течение данной недели (цикл кода X1 составляет 1, 5 секунды). Таким образом, Z-счетчик является специальной единицей измерения времени для представления времени GPS.

Ⅲ. Номер недели (Week Number, WN)

Номер недели задает номер недели GPS, расположенный в первых 10 битах третьего слова в первом подкадре. Из-за того, что количество недель выражается в 10 битах с модулем 1 024, то есть номер недели равен нулю через 0, 1 024, 2 048, ... недель от времени начала. Кроме того, поскольку время GPS является непрерывным, а время UTC, которое широко используется в повседневной жизни, имеет пропуск секунды, разница между ними может составлять десятки секунд.

Ⅳ. Точность пользовательского диапазона (User Range Accuracy, URA)

Биты 13-16 третьего слова в первом подкадре обеспечивают индекс пользовательской точности определения местоположения спутника, а URA — это точность определения местоположения, которую пользователь может получить при использовании спутника для определения местоположения.

Ⅴ. Здоровье спутника (Satellite Health, SH)

Биты 17-22 третьего слова в первом подкадре предоставляют информацию о том, нормально ли работает спутник. Среди них первый бит отражает общую ситуацию с навигационными данными. Если этот бит равен 0, это означает, что все навигационные данные в норме; если этот бит равен 1, это указывает на то, что существует проблема с некоторыми навигационными данными.

Биты 23 и 24 третьего слова в первом подкадре, а также биты 1-8 восьмого слова объединяются для формирования параметра IODC (выдача тактовых импульсов данных) длиной в 10 бит. Этот параметр определяет количество выпусков данных спутниковых часов.

Ⅵ. Разница в групповой задержке между сигналом L1 и сигналом L2 (T_{GD})

Сигналы L1 и L2 генерируются источником стандартной частоты (спутниковыми часами) спутника. Время от момента генерации сигнала до момента, когда он окончательно покинет фазовый центр спутниковой передающей антенны, называется групповой задержкой сигнала. Из-за того, что сигналы L1 и L2 генерируются по разным схемам, их групповая задержка не совсем одинакова, и их общие части автоматически учитываются в отклонении спутниковых часов без дальнейшего рассмотрения. Разницу в групповой задержке между сигналом L1 и сигналом L2 можно далее разделить на две части: системную ошибку и случайную ошибку. Среди них системная ошибка относится к средней групповой задержке, которая является параметром TGD, указанным в навигационном сообщении; случайная ошибка — это часть, которая случайным образом изменяется вокруг средней групповой задержки, и ее абсолютное значение не превышает 3 нс.

VII. Возраст данных параметров спутниковых часов (AODC)

Возраст данных параметров спутниковых часов составляет:

$$AODC = t_{OC} - t_{L}$$

Где: t_{OC}——эталонное время параметров спутниковых часов, заданное навигационным сообщением;

t_{L}——время наблюдения последнего наблюдаемого значения в данных наблюдений, используемых для расчета этих параметров.

VIII. Коэффициент погрешности спутниковых часов

В течение периода действия навигационного сообщения погрешность спутниковых часов относительно стандартного времени GPS может быть представлена следующим уравнением:

$$\Delta t = a_{f_0} + a_{f_1}(t - t_{oc}) + a_{f_2}(t - t_{oc})^2 + \Delta t_{r}$$

Где: a_{f_0}——смещение спутниковых часов относительно эталонного времени toc;

a_{f_1}——тактовая частота спутниковых часов в опорный момент времени toc, также известная как смещение частоты;

a_{f_2}——половина ускорения спутниковых часов в исходное время toc;

Δt_{r}——поправочный коэффициент для релятивистского эффекта, вызванного некруглой орбитой спутников GPS, будет подробно описан в будущем.

Коэффициенты a_{f_0}, a_{f_1} и a_{f_2} квадратичного многочлена задаются навигационным сообщением.

Следует отметить, что погрешность спутниковых часов, рассчитанная с использованием приведенного выше уравнения, относится к среднему фазовому центру спутниковой антенны. Как упоминалось ранее, из-за разницы в групповой задержке между сигналом L1 и L2, что означает, что эти два сигнала не покидают средний фазовый центр спутниковой передающей антенны одновременно, отклонение спутниковых часов, измеренное с использованием сигнала L1, также отличается от отклонения, измеренного с использованием сигнала L2. Коэффициент погрешности спутниковых часов, указанный в навигационном сообщении, получен наземной системой управления глобальной системы позиционирования с использованием данных наблюдений двухчастотных приемников, поэтому пользователи двухчастотных часов могут напрямую использовать эти коэффициенты для расчета погрешностей спутниковых часов.

3) 2-й и 3-й подкадры (второй блок данных)

Второй и третий подкадры в навигационном сообщении используются для описания параметров орбиты спутника GPS. Эти параметры могут быть использованы для определения положения (x, y, z) и скорости движения ($\dot{x}$, $\dot{y}$, $\dot{z}$) спутника t в пространстве в любое время в течение периода действия навигационного сообщения.

Параметры, описывающие работу и орбиту спутников GPS, в основном делятся на следующие три категории, как показано на рисунке 3-1-3.

I. 2 временных параметра

(1) Эталонный период эфемерид t_{oe}, измеряемая с полуночи по воскресеньям.

(2) Экстраполированный временной интервал (AODE) экстраполированной длительности звезды также является возрастом данных эфемерид, которые могут отражать надежность экстраполированных эфемерид.

II. 6 параметров орбиты Кеплера

(1) Квадратный корень из большого радиуса орбиты спутника $\sqrt{a}$.

(2) Эксцентрисет e орбиты спутника.

(3) Угол наклона орбиты i_0 исходной эпохи.

(4) Восходящий узел исходной эпохи находится в точке прямого восхождения Ω_0.

（5）Аргумент перигея ω;

（6）Угол M_0 в исходный момент времени.

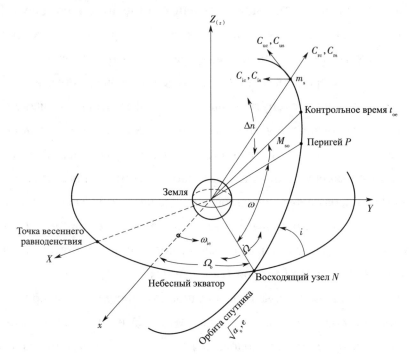

Рис. 3-1-3   Параметры орбиты спутника GPS

III. 9 параметров орбитального возмущения

（1）Среднее значение поправки на угловую скорость движения Δn.

（2）Скорость изменения прямого восхождения восходящего узла $\dot{\Omega}$.

（3）Скорость изменения угла наклона орбиты i.

（4）Амплитуды C_{us} и C_{us} слагаемых гармонической коррекции для синуса и косинуса расстояния по возрастающему углу пересечения.

（5）Амплитуда C_{is} и C_{is} гармонических поправок коэффициентов для синуса и косинуса угла наклона орбиты.

（6）Амплитуды C_{rs} и C_{rc} гармонических поправок коэффициентов для синуса и косинуса геоцентрического расстояния спутника.

4）4-й и 5-й подкадры（третий блок данных）

4-й и 5-й подкадры навигационного сообщения содержат конечные данные со всех спутников GPS. После того как приемник зафиксирует определенный спутник GPS, основываясь на приблизительных эфемеридах, коррекции часов, рабочем состоянии спутника и других данных, предоставленных третьим блоком данных, пользователи могут выбрать спутник, который работает нормально и находится в подходящем положении, чтобы быстро зафиксировать выбранный спутник.

Ⅰ. 4-ый подкадр

（1）Страницы 2, 3, 4, 5, 7, 8, 9, и 10 предоставляют конечные данные для 25-32 спутников.

（2）На 17-й странице приведены специальные сообщения, в то время как на 18-й странице приведены параметры модели коррекции ионосферы и данные UTC.

（3）На 25-й странице представлены модели всех спутников, характеристики средств радиоэлектронного противодействия и состояние работоспособности с 25-го по 32-й спутники.

（4）Остальные — запасные страницы.

Ⅱ. 5-ый подкадр

（1）Страницы 1-24 предоставляют конечные данные для 1-24 спутников.

（2）На 25-й странице указано состояние работоспособности и номера недель с 1-го по 24-й спутников.

Прогноз эфемеридов спутника

Загрузка эфемеридов спутника

5）Эфемериды спутникового вещания

Широковещательные эфемериды формируются на основе данных наблюдений наземных станций мониторинга GNSS, а последние данные наблюдений используются для расчета опорной орбиты спутника. Широковещательные эфемериды являются частью спутниковой информации, а данные об эфемеридах включают общую информацию, информацию об орбите и отклонении спутниковых часов.

Файл данных наблюдений GNSS состоит из файла RINEX N и файла O. Файл N также известен как файл навигации, в то время как файл O — это файл наблюдения. В навигационном файле записывается информация о параметрах эфемерид, коррекция часов, коррекция ионосферы и состояние работоспособности каждого наблюдаемого в данный момент спутника.

На рисунке 3-1-4 показан набор эфемерид спутниковой трансляции GPS RINEX версии 2.10（по состоянию на 22：00：00 9 июня 2015 года）.

```
    2.10           N: GPS NAV DATA                        COMMENT
rvacn.e(1404.07)                      2015-06-14T12:41 GMTCOMMENT
    1.5832D-08   2.2352D-08  -1.1921D-07  -1.1921D-07     ION ALPHA
    1.1264D+05   1.4746D+05  -1.3107D+05  -3.9322D+05     ION BETA
   -4.656612873077D-09-1.332267629550D-14    503808      1848 DELTA-UTC: A0,A1,T,W
                                                          END OF HEADER
 2 15  6  9 22  0  0.0 5.711056292057D-04 2.387423592154D-12 0.000000000000D+00
    1.020000000000D+02-6.550000000000D+01 5.193787622204D-09 1.410822492683D+00
   -3.412365913391D-06 1.461330964230D-02 8.625909686089D-06 5.153570535660D+03
    2.520000000000D+05-3.129243850708D-07-2.215717161353D+00 1.396983861923D-07
    9.408294920447D-01 2.095937500000D+02-2.259145022687D+00-8.536426676642D-09
   -4.057311986383D-10 1.000000000000D+00 1.848000000000D+03 0.000000000000D+00
    2.000000000000D+00 0.000000000000D+00-2.048909664154D-08 1.020000000000D+02
    2.592000000000D+05
 3 15  6  9 22  0  0.0 3.468496724963D-04 7.617018127348D-12 0.000000000000D+00
    4.800000000000D+01 2.153125000000D+01 4.443756473904D-09 2.826541789108D+00
    9.834766387939D-07 8.900243556127D-04 1.052208244801D-05 5.153673572540D+03
    2.520000000000D+05 9.313225746155D-09-1.136963265644D+00-1.490116119385D-08
    9.590018033716D-01 1.743437500000D+02-2.578360036668D+00-7.959259917811D-09
   -2.607251393949D-11 1.000000000000D+00 1.848000000000D+03 0.000000000000D+00
    2.000000000000D+00 0.000000000000D+00 1.862645149231D-09 4.800000000000D+01
    2.592000000000D+05
 4 15  6  9 22  0  0.0-1.848535612226D-05-1.932676241267D-12 0.000000000000D+00
    6.100000000000D+01-6.481250000000D+01 5.285220150634D-09 7.020525473523D-01
   -3.209337592125D-06 1.135071192402D-02 7.644295692444D-06 5.153683046341D+03
    2.520000000000D+05-1.396983861923D-07-2.200462855185D+00 3.166496753693D-08
    9.398848829151D-01 2.236562500000D+02 1.062958770671D+00-8.618573283886D-09
   -3.650152043484D-10 1.000000000000D+00 1.848000000000D+03 0.000000000000D+00
    2.000000000000D+00 0.000000000000D+00-6.519258022308D-09 6.100000000000D+01
    2.448300000000D+05 4.000000000000D+00
```

Рис. 3-1-4   Группа эфемерид спутниковой трансляции GPS RINEX версии 2.10

Описание формата навигационного файла RINEX приведено в таблице 3-1-1. Запись каждого спутника состоит из 8 строк: первая строка — это номер PRN спутника, текущее время наблюдения и параметры коррекции часов; первое поле в строках 2-6 указывает 17 эфемеридных параметров текущего спутника наблюдения; восьмая строка включает в себя состояние работоспособности спутника, ионосферное параметры коррекции и эфемеридный возраст спутника.

Таблица 3-1-1   Описание формата навигационного файла RINEX

Запись значения наблюдения	Инструкция			
PRN/ Эпоха / Спутниковые часы	№ спутника ДД/ ММ/ГГГГ Часы, минуты, секунды	Смещение спутниковых часов a_0 (с)	Тактовая частота спутника a_1 (с/с)	Смещение спутниковых часов a_2 (с/с^2)
Орбита трансляции 1	Возраст эфемеридных данных (IODE)	Синусоидальная поправка на радиус орбиты C_{rs} (м)	Средняя коррекция движения Δn (радиан)	Угол ближайшей точки в точке t_{oe} M_0 (радиан)

Запись значения наблюдения	Инструкция			
Орбита трансляции 2	Поправочный коэффициент косинуса широтного угла C_{uc} (м)	Эксцентриситет орбиты спутника e	Термин синусоидальной коррекции широтного угла C_{us} (м)	Квадратный корень из радиуса длины орбиты $a^{1/2}$ (м$^{1/2}$)
Орбита трансляции 3	Исходное время эфемериды t_{oe} (с)	Косинус коэффициента наклона орбиты C_{ic} (м)	Прямое восхождение восходящего узла Ω_0	Синус коэффициента наклона орбиты C_{is} (м)
Орбита трансляции 4	Угол наклона орбиты i_0 при t_{oe} (радиан)	Радиус косинуса коэффициента наклона орбиты C_{rc} (м)	Аргумент перигея ω (rad/s)	Скорость изменения прямого восхождения восходящего узла $\dot{\Omega}$ (радиан/с)
Орбита трансляции 5	Скорость изменения угла наклона орбиты i (радиан/с)	L2	Количество недель GPS	Маркировка данных P для L2
Орбита трансляции 6	Точность спутника	Состояние работоспособности спутника	Разница в ионосферной задержке (T_{gd}) между несущими волнами L1 и L2 (с)	Эффективный возраст часов (IODC)
Орбита трансляции 7	Время отправки сообщения	Маркировка подходящего интервала (0, если неизвестно)	Резерв	Резерв

Формат файлов «Бэйдоу» и Галилео немного отличается от GPS, но формат записи 17 параметров эфемерид, используемых для вычисления спутниковых координат, полностью совпадает.

【 Выполнение задачи 】

1. Расчет положения спутника

Система координат GNSS использует систему координат WGS-84. Чтобы рассчитать положение спутника в геодезической системе координат WGS-84, сначала необходимо рассчитать положение спутника в плоскости его орбиты, где начало координат определено так, чтобы оно совпадало с центром Земли M. Ось x указывает на восходящую точку пересечения, а ось y перпендикулярна оси x в плоскости орбиты, которая называется прямоугольной (декартовой) системой координат плоскости орбиты. Это переходная система координат. Затем система координат преобразуется для преобразования координат спутника на его орбите в прямоугольную систему координат Земли.

1) Вычисление координат спутников в прямоугольной (декартовой) системе координат плоскости орбиты

I. Вычисление средней угловой скорости n работы спутника

Сначала рассчитаем среднюю угловую скорость n_0 опорного момента времени t_{oe} на основе параметров $\sqrt{a}$, приведенных в широковещательных эфемеридах. Без учета возмущений средняя угловая скорость работы спутника составляет:

$$n_0 = \sqrt{\frac{GM}{a^3}} = \frac{\sqrt{u}}{(\sqrt{a})^3}$$

Где: GM——произведение гравитационной постоянной G и общей массы M Земли, со значением $GM = 3, 986\ 005 \times 1014$ м³/с².

Затем, основываясь на параметрах возмущения, приведенных в широковещательной эфемериде Δn, вычислим среднюю угловую скорость n спутника во время наблюдения, т.е:

$$n = n_0 + \Delta n$$

II. Вычисление времени нормализации t_k

Параметры орбиты, указанные в навигационном сообщении, являются значениями, соответствующими опорному времени t_{oe}. Для того чтобы получить параметры времени наблюдения t, необходимо вычислить разницу во времени между этим временем t и опорным временем t_{oe}, т.е:

$$t_k = t - t_{oe}$$

В системе времени GNSS время непрерывно рассчитывается в секундах с начала недели (полночь воскресенья), поэтому при расчете времени нормализации t_k следует учитывать начало или конец недели (604 800 с). То есть, когда $t_k > 302\ 400$ с, t_k следует вычесть 604 800 с; когда t_k меньше — 302 400 секунд, а к t_k следует прибавить 604 800 с.

III. Вычисление угла перигея спутника M_k в момент времени t

В соответствии с контрольным временем в навигационном сообщении был указан угол сближения t_{oe} с землей M_0, вычислим средний угол ближней точки (M_k), т.е:

$$M_k = M_0 + n t_k$$

IV. Вычисление угла E_k ближней точки спутника в момент времени t

Основываясь на эксцентриситете e, указанном в навигационном сообщении, и вычисленном выше угле M_k в ближней плоскости, вычислим угол E_k в ближней плоскости, т.е:

$$E_k = M_k + e\sin E_k$$

При вычислении E_k требуется итеративное вычисление с $E = M_0$, обычно требующее двух итераций для вычисления E_k.

V. Вычисление истинного угла f_k вблизи точки

$$f_k = \arctan \frac{\sqrt{1-e^2}\sin E_k}{\cos E_k - e}$$

VI. Вычисление восходящего угла наклона u_0

Основываясь на вычисленном истинном угле сближения fk и аргументе перигея ω, указанном в навигационном сообщении, вычислим угол пересечения u_0, т.е:

$$u_0 = f_k + \omega$$

VII. Вычисление угла возвышения u_k с поправкой на возмущения, геоцентрическое расстояние спутника r_k и наклонение орбиты i_k

По шести гармоническим амплитудам коррекции орбитальных возмущений, предоставленным навигационным сообщением, рассчитываются значения коррекции возмущений угла места спутника, радиуса вектора спутника и угла наклонения орбиты:

Величина коррекции угла наклона при возрастании $\delta_u = Cus^{\sin} 2u_0 + Cuc^{\cos} 2u_0$

Величина поправки на расстояние до центра Земли $\delta_r = Crs^{\sin} 2u_0 + Crc^{\cos} 2u_0$

Величина поправки на наклонение орбиты $\delta_i = Cis^{\sin} 2u_0 + Cic^{\cos} 2u_0$

Скорректированный на возмущение угол возвышения uk, геоцентрическое расстояние r_k спутника и наклонение орбиты i_k равны:

$$u_k = u_0 + \delta_u$$
$$r_k = a(1 - e\cos E_k) + \delta_r$$
$$i_k = i_0 + \delta_i + \dot{I} t_k$$

VIII. Вычисление прямоугольных (декартовых_ координат плоскости орбиты спутника

$$x_k = r_k \cos u_k$$
$$y_k = r_k \sin u_k$$

2) Вычислите координаты спутников в прямоугольной (декартовой) системе координат геоцентрического пространства

I. Вычисление долготы Ω_k восходящего узла во время наблюдения

В связи с тем, что прямое восхождение восходящего узла вычисляется исходя из точки весеннего равноденствия, параметры орбиты спутника основаны на небесной системе координат, в то время как система координат WGS-84 является земной системой координат. Следовательно, необходимо вычислить геодезическую долготу восходящего узла в момент наблюдения t, то есть угол между восходящим узлом и гринвичским меридианом.

Восходящий узел Ω_k во время наблюдения равен разнице между прямым восхождением Ω восходящего узла в это время и звездного времени по Гринвичу GAST, т.е.:

$$\Omega k = \Omega - GAST$$

Если прямое восхождение восходящего узла в опорный момент времени t_{oe} равно Ω_{oe} и скорость его изменения равна $\dot{\Omega}$, то прямое восхождение восходящего узла во время наблюдения t равно:

$$\Omega = \Omega_{oe} + \dot{\Omega}t$$

Кроме того, в навигационном сообщении указано время начала недели t_w по звездному времени по Гринвичу $GAST_w$. Из-за вращения Земли GAST продолжает увеличиваться, поэтому:

$$GAST = GAST_w + \omega_e t$$

Где: ω_e——скорость вращения Земли, $\omega_e = 7,292\ 115\ 67 \times 10^{-5}$ радиан;

t——время наблюдения.

В связи с тем, что навигационное сообщение указывает не прямое восхождение ωoe во время toe, а скорее квази-долготу $\Omega 0$ от начального меридиана по Гринвичу до восходящего пересечения, соотношение между ними является

$$\Omega_{oe} = GAST_w + \Omega_0$$

Поместите приведенную выше формулу в формулу прямого восхождения восходящего узла, и формула расчета долготы восходящего узла будет следующей:

$$\Omega_k = \Omega_0 + (\dot{\Omega} - \omega_e)(t - t_0) - \omega_e\ t$$

Где, $\Omega 0$, $\dot{\Omega}$, toe могут быть получены из навигационного сообщения.

II. Вычисление координат спутников в геоцентрической космической прямоугольной (декартовой) системе координат

В соответствии с координатами в прямоугольной (декартовой) системе координат полученной плоскости орбиты поверните угол ik по часовой стрелке вокруг направления оси x, чтобы плоскость орбиты совпала с экваториальной плоскостью, а ось z совпала с осью Z; затем поверните угол ωk по часовой стрелке вокруг оси z, чтобы оси x и y совпадали с осями X и Y соответственно.

$$
\begin{bmatrix} X_k \\ Y_k \\ Z_k \end{bmatrix} = \boldsymbol{R}_3 \left(-\Omega_k \right) \boldsymbol{R}_1 \left(-i_k \right) \begin{bmatrix} x_k \\ y_k \\ z_k \end{bmatrix} = \begin{bmatrix} \cos \Omega_k & -\sin \Omega_k \cos i_k & \sin \Omega_k \sin i_k \\ \sin \Omega_k & \cos \Omega_k \cos i_k & -\cos \Omega_k \sin i_k \\ 0 & \sin i_k & \cos i_k \end{bmatrix} \begin{bmatrix} x_k \\ y_k \\ z_k \end{bmatrix}
$$

$$
= \begin{bmatrix} \cos \Omega_k x_k - \sin \Omega_k \cos i_k y_k \\ \sin \Omega_k x_k + \cos \Omega_k \cos i_k y_k \\ \sin i_k y_k \end{bmatrix}
$$

【 Освоение навыков 】

основываясь на приведенном выше содержании раздела 【 Реализация задачи 】, используйте программное обеспечение для расчета положения спутника.

【 Размышления и упражнения 】

（1）Какие погрешности существуют при расчете положения спутника?

（2）Проанализируйте влияние эфемерид различной точности на результаты позиционирования спутника.

（3）Проанализируйте влияние отклонения спутниковых часов на результаты определения местоположения спутника.

Проект IV

Понимание и использование приемника GNSS

【Описание проекта】

Приемник GNSS — это радиоприемное устройство, специально разработанное для приема, отслеживания, декодирования и обработки спутниковых сигналов GNSS. В соответствии с различными потребностями пользователей приемные устройства GNSS имеют различные функции и могут быть разделены на геодезические, навигационные и временные типы с точки зрения применения. Этот проект в основном знакомит с компонентами геодезических приемников GNSS и с тем, как выбирать, использовать и тестировать приемники GNSS.

【Цель проекта】

（1）Освоение комплектации и основных принципов работы приемников GNSS.

（2）Понимание классификации и характеристики различных приемников GNSS.

（3）Освоение базовой конфигурации приемника GNSS.

（4）Освоение независимого использования геодезических приемников GNSS.

（5）Освоение независимого использования навигационных приемников GNSS.

（6）Освоение принципа выбора приемника GNSS в соответствии с потребностями.

（7）Освоение завершения работы по проверке приемника GNSS.

Задача │ Понимание приемников GNSS

Понимание и использование приемника GNSS

【Введение в задачу】

В настоящее время GNSS широко используется для персональных потребностей определения местоположения, а высокоточные геодезические приемники GNSS в основном используются для съемки. Чтобы полностью понять приемник GNSS, необходимо понимать функции каждого компонента приемника, какие задачи пользователи могут выполнять с помощью приемника, почему и как приемник выполняет эти задачи. В данной задаче подробно рассматриваются вышеуказанные вопросы.

【 Подготовка к задаче 】

1. Комплектация приемника GNSS

Приемники GNSS обычно включают в себя основной блок（включая антенны, модули беспроводной связи）и вспомогательное оборудование. Вспомогательное оборудование включает портативный компьютер управления, центровочные стержни и т.д.

Основная функция приемника GNSS заключается в приеме сигналов, передаваемых спутником GNSS, усилении сигналов, преобразовании сигналов электромагнитных волн в текущие сигналы, усилении и преобразовании текущих сигналов, а затем отслеживании, обработке и измерении усиленных и преобразованных сигналов, как показано в таблице 4-1-1. На рисунке 4-1-1 показан принцип работы приемника GNSS, а на рисунке 4-1-2 показана внутренняя структура приемника GNSS Chuangxiang компании SOUTH.

Таблица 4-1-1　Функция компонентов приемника GNSS

Компоненты приемника		Функция
Аппаратная часть	Антенный блок	Прием спутниковых сигналов, преобразование сигналов электромагнитных волн в текущие сигналы, а также усиление и преобразование частоты текущих сигналов
	Приемный блок	Отслеживание, обработка и измерение сигналов
	Источник питания	Источник питания для антенных и приемных устройств
Программная часть	Внутреннее программное обеспечение	Программное обеспечение для измерения спутниковых сигналов, а также автоматические рабочие программы, хранящиеся в памяти или встроенные в центральный процессор
	Внешнее программное обеспечение	Программная система для последующей обработки данных наблюдений
Вспомогательное оборудование	портативный компьютер управления	Управление приемником и приведение его в действие

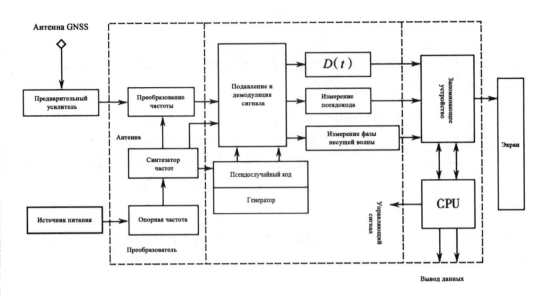

Рис. 4-1-1   Принцип работы приемника GNSS

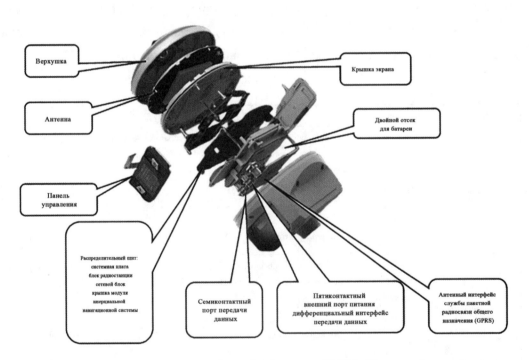

Рис. 4-1-2   Внутренняя структура приемника GNSS Chuangxiang компании SOUTH

1) Антенный блок

Антенный блок состоит из двух компонентов: приемника и предусилителя. Его основная функция заключается в приеме спутниковых сигналов GNSS и преобразовании энергии спутниковых сигналов в соответствующие токи. После прохождения через предварительный усилитель слабый ток сигнала GNSS усиливается и направляется на преобразователь частоты для преобразования частоты, чтобы приемник мог отслеживать и измерять сигнал.

I. Требования к антеннам

（1）Антенна и предусилитель, как правило, должны быть герметично соединены друг с другом, чтобы обеспечить их нормальную работу в суровых погодных условиях и уменьшить потери сигнала.

（2）Антенны должны быть полностью поляризованы, чтобы радиус действия антенны охватывал всю верхнюю полусферу и не создавал мертвых углов в зените, чтобы гарантировать возможность приема спутниковых сигналов с любого направления неба.

（3）Антенна должна принимать соответствующие защитные и экранирующие меры, чтобы свести к минимуму эффект многолучевого распространения сигнала и предотвратить помехи.

（4）Отклонение между фазовым центром и геометрическим центром антенны должно быть сведено к минимуму и поддерживаться стабильным. В связи с тем, что количество наблюдений при съемке GNSS основано на фазовом центре антенны, необходимо поддерживать согласованность между двумя центрами и стабильность фазового центра, насколько это возможно, в процессе эксплуатации.

II. Тип антенны

В настоящее время существуют различные типы антенн для приемников GNSS.

（1）Монопольная антенна. Этот тип антенны относится к одночастотным антеннам и обладает преимуществами простой конструкции и небольшого размера. Его необходимо установить на одну подложку, чтобы уменьшить влияние эффекта многолучевого распространения сигнала, как показано на рисунке 4-1-3（a）.

（2）Спиральная антенна. Этот тип антенны имеет широкий диапазон частот, хорошие характеристики полной круговой поляризации и может принимать спутниковые сигналы с любого направления. Однако он также относится к одночастотной антенне и не может принимать двойные частоты. Он обычно используется в качестве антенны навигационного приемника.

（3）Микрополосковая антенна. Этот тип антенны изготавливается путем крепления металлических пластин с обеих сторон диэлектрической пластины, имеет простую и прочную конструкцию, легкий вес и небольшую высоту. Она может использоваться как для одночастотных, так и для двухчастотных приемников. В настоящее время большинство геодезических антенн представляют собой микрополосковые антенны, которые больше подходят для высокоскоростных летающих объектов, таких как самолеты и ракеты, как показано на рисунке 4-1-3（b）.

（4）Коническая антенна. Этот тип антенны представляет собой проводящую коническую спиральную поверхность, изготовленную с использованием технологии печатных плат на диэлектрическом конусе, также известную как спиральная антенна, как показано на рисунке 4-1-3（c）. Эта антенна может работать на двух каналах одновременно, основным преимуществом которой является хорошее усиление; однако из-за большой высоты антенны и неполной симметрии спирали в горизонтальном направлении фазовый центр и геометрический центр антенны не полностью совпадают. Поэтому при установке антенны важно тщательно сориентировать ее для компенсации.

（5）Дипольная антенна с дросселем, также известная как дроссельная антенна, показана на рисунке 4-1-3（d）. Основным преимуществом антенны этого типа является то, что она может эффективно подавлять влияние ошибок многолучевого распространения, но в настоящее время она относительно большая и тяжелая, и ее применение не очень распространено.

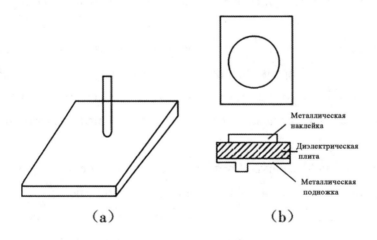

（a）   （b）

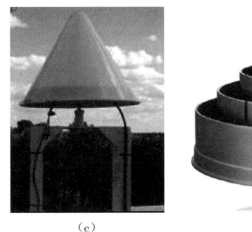

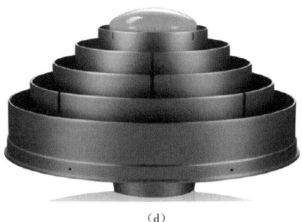

(c)   (d)

Рис. 4-1-3   Типы антенн

（a）Монопольная антенна　（b）Микрополосковая антенна　（c）Конусная антенна
（d）Дипольная антенна с дросселем

Кинематическое позиционирование RTK Chuangxiang компании SOUTH использует высокоинтегрированную антенну, которая объединяет антенну GNSS, антенну Bluetooth, антенну Wi-Fi и сетевую антенну, что позволяет оптимизировать передачу сигнала и обладает более высокой помехоустойчивостью.

2）Приемный блок

Приемный блок приемника GNSS в основном состоит из трех частей: сигнального канала, запоминающего устройства, дисплея вычислений и управления.

Ⅰ. Сигнальный канал

Сигнальный канал является основным компонентом приемного устройства. Это не простой сигнальный канал, а организм, состоящий из аппаратного обеспечения и соответствующего управляющего программного обеспечения. Его основная функция заключается в отслеживании, обработке и измерении спутниковых сигналов для получения данных и информации, необходимых для навигации и определения местоположения. Различные типы приемников имеют различное количество сигнальных каналов. Каждый канал может отслеживать сигнал только одной частоты с одного спутника в определенное время. Когда спутник заблокирован, он будет занимать этот канал до тех пор, пока сигнал не будет потерян. Когда приемнику необходимо синхронно отслеживать несколько спутниковых сигналов, в принципе могут быть приняты два метода отслеживания: один заключается в том, что приемник имеет несколько отдельных аппаратных каналов, каждый из которых может непрерывно отслеживать спутниковый сигнал; другой тип заключается в том, что приемник имеет только один сигнальный канал и может отслеживать несколько спутниковых сигналов в соответствии с управлением соответствующим программным обеспечением. В настоящее время большинство приемников используют параллельную многоканальную технологию, которая позволяет одновременно принимать несколько спутниковых сигналов.

Существуют различные типы каналов текущего сигнала. В соответствии с принципом работы канала, который включает в себя различные методы обработки сигнала и измерения, его можно разделить на каналы, связанные с кодом, прямоугольные каналы и кодовые фазовые каналы. Каждый из них использует различные методы демодуляции, и их основные характеристики заключаются в следующем.

（1）Канал, связанный с кодом: используя схему взаимной корреляции псевдошумового кода, он реализует подавление сигналов с расширенным спектром и интерпретирует сообщения спутниковой навигации.

（2）Квадратный канал: используя квадратный метод несущего сигнала для удаления модулированного сигнала и восстановления полного несущего сигнала. Разность фаз между сигналом несущей волны, генерируемым в приемнике, и принятым сигналом несущей волны измеряется фазометром и затем измеряется значение наблюдения псевдодиапазона.

（3）Кодовый фазовый канал: Комбинируя схему задержки сигнала GNSS и схему самоумножения, можно получить синусоидальную волну скорости кодирования Р-кода или С/А-кода. Может быть измерена только фаза кода, а спутниковые навигационные сообщения не могут быть получены.

II. Запоминающее устройство

Приемник оснащен запоминающим устройством для хранения спутниковых эфемерид, спутниковых данных, а также наблюдений псевдодиапазона кодовой фазы, несущей волны и данных ручных измерений, собранных приемником. В настоящее время приемники GNSS используют компьютерные карты или память в качестве запоминающих устройств. В приемнике также установлено различное рабочее программное обеспечение, такое как программное обеспечение для самотестирования, прогнозирования спутникового неба, декодирования навигационных сообщений, определения местоположения одной точки GNSS и т.д. Чтобы предотвратить переполнение данных, когда емкость запоминающего устройства достигнет 95% от его полной емкости, будет выдан сигнал тревоги, напоминающий операторам о том, что им следует разобраться с этим как можно скорее.

III. Дисплей вычислений и отображения

При взаимодействии программного обеспечения приемника процессор микрокомпьютера в основном выполняет следующие вычисления и обработку данных.

（1）После включения приемника он немедленно дает указание каждому каналу выполнить самотестирование и своевременно отображает соответствующие результаты самотестирования в окне отображения.

（2）После того, как приемник захватывает и отслеживает спутник, он интерпретирует эфемериды спутника GNSS, вычисляет трехмерное положение измерительной станции и непрерывно обновляет（вычисляет）координаты точек.

（3）Используя измеренные координаты точек и спутниковые данные GNSS, производится расчет времени подъема и падения, азимута и высотных углов всех спутников на орбите, указывается количество спутников на орбите и условия их работы, чтобы выбрать спутники позиционирования с соответствующим распределением и достичь цели повышения точности определения местоположения.

（4）Прием входных сигналов пользователя.

3）Источник питания

Существует два типа источников питания для приемников GNSS: один — внутренний источник питания, в котором обычно используются литиевые батареи, в основном используемые для питания оперативной памяти во избежание потери данных; другой тип — внешний источник питания, в котором часто используются перезаряжаемые кадмиево-никелевые аккумуляторы постоянного тока напряжением 12 Вт или литиевые батареи, а некоторые могут также использовать автомобильные аккумуляторы. При использовании питания от сети переменного тока оно должно подаваться через регулируемый источник питания или специальный токообменник. Когда напряжение внешней батареи падает до 11, 5 Ви, внутренняя батарея подключается автоматически. Когда напряжение внутренней батареи опускается ниже 10 Вт, если не подключена новая внешняя батарея, приемник автоматически выключается и перестает работать, чтобы избежать сокращения срока его службы. Во время работы от внешнего аккумулятора внутренняя батарея может заряжаться автоматически. Конфигурация питания приемника GNSS Chuangxiang компании SOUTH выглядит следующим образом.

（1）Батарея основного блока: подвижная станция и опорная станция Chuangxiang компании SOUTH оснащены двумя интеллектуальными литиевыми батареями емкостью 3400 мА·ч каждая и напряжением батареи 7, 4 Вт, что обеспечивает более долговечный и безопасный источник питания, как показано на рисунке 4-1-4（а）.

（2）Зарядное устройство основной батареи показано на рисунке 4-1-4（b）.

（3）Мобильный источник питания: Chuangxiang компании SOUTH оснащен кинематическим позиционированием в реальном времени и может быть оснащен профессиональным мобильным источником питания, подходящим для длительных работ на открытом воздухе, как показано на рисунке 4-1-4（с）.

【Выполнение задачи】

Космический сегмент GNSS предоставляет множество различных частот, кодов дальности и навигационных сообщений. Большая часть из них ориентирована на определенные сервисы, но производители приемников могут выбрать метод обработки сигнала, чтобы обеспечить пользователям наилучшую производительность. В дополнение к функции позиционирования производителям приемников также необходимо учитывать другие критерии проектирования, такие как потребляемая мощность, размер, цена и т.д. Ниже в основном представлены наиболее важные характеристики геодезических приемников.

（1）Производитель и тип: укажите название производителя и модель приемника.

（2）Канал: укажите количество каналов для отслеживания спутников, обычно один канал соответствует одному спутнику и частоте. Система съемки Chuangxiang компании SOUTH насчитывает 1598 каналов.

（3）Отслеживание сигнала: укажите код и частоту. Система съемки Chuangxiang компании SOUTH может принимать несущую волну «Бэйдоу»: B1I, B3I, B1 C, B2a, B2b; несущую волну GPS: L1 C, L2 W, L5Q; несущую волну GLONASS: G1 C, G2P; несущую волну Galileo: E1 C, E5a, E5b; несущую волну QZSS: L1 C, L2S, L5Q; а также поддерживает пять звезд и шестнадцать частот.

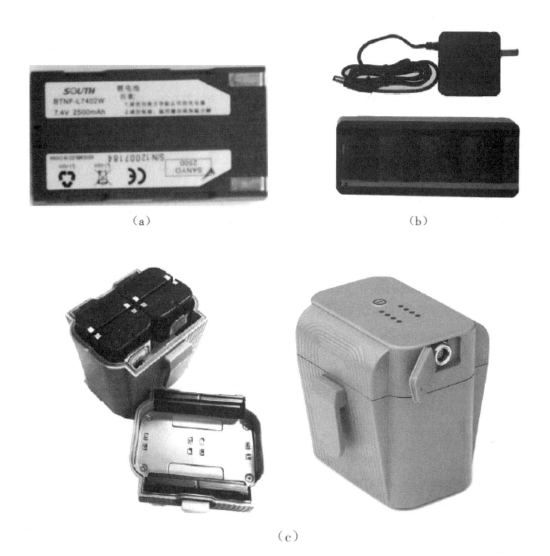

(а)   (b)

(с)

Рис. 4-1-4   Внутренняя структура приемника GNSS Chuangxiang компании SOUTH

(a) Батарея основного блока   (b) Зарядное устройство и адаптер

(c) Профессиональный мобильный источник питания

(4) Максимальное количество спутников слежения: связано с количеством каналов и сигналов слежения. Следовательно, для двухчастотного приемника при отслеживании 12 спутников обычно требуется 24 канала, а максимальное количество спутников слежения колеблется от 6 до максимального количества видимых спутников.

(5) Пользовательская среда и приложения: соответствующие типы, которые следует использовать для конкретных приложений, таких как авиация, навигация, наземные работы, навигационная съемка и географическая информация, метеорология, развлечения, национальная оборона и т.д. Характеристики включают информацию о продукте, например, является ли это конечным продуктом или продуктами уровня платы, чипа и модуля, предоставляемыми производителем оригинального оборудования. Эта информация относится к таким аспектам, как характеристики, размер и качество. Уровень защиты системы съемки Chuangxiang компании SOUTH составляет IP68, при этом 6 — пылезащитный, а 8 — водонепроницаемый. IP68 — это самый высокий уровень водонепроницаемости и пылезащиты в отрасли.

(6) Точность позиционирования: приблизительный показатель, связанный с типом прибора, включающий автономный код, дифференциал в реальном времени (код), дифференциал после обработки и динамику в реальном времени.

(7) Точность по времени: типичные значения варьируются от нескольких наносекунд до 1 000 нс.

(8) Частота обновления времени: указывается в секундах, обычно в диапазоне от 0, 01 до 0, 1 секунды.

(9) Холодный запуск: время, необходимое для определения местоположения в ситуациях, когда календарь, начальное положение и время неизвестны, обычно составляет от десятков секунд до нескольких минут.

(10) Горячий запуск: время, необходимое для определения местоположения данных, начального положение и текущего времени, но без учета последних эфемерид. Обычно данные для горячего запуска немного лучше, чем данные для холодного запуска.

(11) Повторный захват: указывается в секундах, определяется как время, затраченное на повторный захват сигнала по меньшей мере через 1 минуту после потери сигнала.

(12) Количество интерфейсов, тип интерфейса, скорость передачи данных: эти параметры важны для передачи данных. При использовании различных типов интерфейсов, таких как последовательный порт и Bluetooth, скорость передачи обычно составляет 4 800 — 115 200 бит/с, а использование Ethernet приведет к более высокой скорости передачи.

(13) Рабочая температура: -30-80 ℃ .

(14) Источник питания и энергопотребление: источник питания в основном делится на внутренний источник питания и внешний источник питания, а также включает солнечные элементы.

（15）Типы антенн: обычно пассивные и активные. Технические показатели системы съемки Chuangxiang компании SOUTH приведены в таблице 4-1-2.

Таблица 4-1-2 Технические показатели системы съемки Chuangxiang компании SOUTH

Конфигурация		Подробные показатели
Производительность съемки	Отслеживание сигнала	Канал: 220~555 каналов. Бэйдоу: B1, B2, B3. GPS: L1 C/A, L1, L1 C, L2 C, L2E, L5, L2P. GLONASS: L1 C/A, L1P, L1, L2, L2 C/A, L2P, L3, L5, G1, G2. Галилео: E1, E5AltBOC, E5a, E5b, E6, L1BOC. SBAS: L1 C/A, L5. QZSS: L1 C/A, L1 C, L2 C, L5, LEX, L1 SAIF. IRNSS: L5. MSSL-Band
	Характеристики GNSS	Выходная частота позиционирования: 1-50 Гц. Время инициализации: < 10 секунд. Надежность инициализации: > 99, 99%. Технология приема полного созвездия: способна полностью поддерживать сигналы от всех существующих созвездий GNSS. Высоконадежная технология отслеживания несущей волны: значительно повышает точность несущей волны и предоставляет пользователям высококачественные необработанные данные наблюдений. Интеллектуальная технология позиционирования с динамической чувствительностью: адаптируется к различным изменениям окружающей среды, а также к более суровым условиям позиционирования на больших расстояниях. Высокоточный механизм обработки позиционирования.
Точность позиционирования	Кодовая дифференциальная локализация GNSS	Горизонтально: 0, 25 м + 1 промилле среднеквадратичного значения. Вертикально: 0, 50 м + 1 промилле среднеквадратичного значения. Дифференциальная точность позиционирования SBAS: типичное среднеквадратичное значение < 5 м 3D RMS
	Статическая съемка GNSS	Плоскость: $\pm$（2, 5 мм + 0, 5 × 10^{-6}D）. Высота: $\pm$（5 мм + 0, 5 × 10^{-6}D）. （D — измеренная длина опорной линии）
	Кинематическое позиционирование в реальном времени	Плоскость: $\pm$（8 мм + 1 × 10^{-6}D）. Высота: $\pm$（15 мм + 1 × 10^{-6}D）. （D — измеренная длина опорной линии）
	Старлинк （опционально）	В пределах 4 см; время сближения составляет менее 30 минут; MSSL-диапазон

Конфигурация		Подробные показатели
Точность позиционирования	Тест возобновления точки остановки (опционально)	Горизонтальная точность кинематического позиционирования в реальном времени: среднеквадратичное значение 5 + 10 мм/мин. Вертикальная точность кинематического позиционирования в реальном времени: среднеквадратичное значение 5 + 20 мм/мин
Инерциальная навигационная система	Угол наклона	$0° \sim 60°$
	Точность компенсации наклона	Точность $\leqslant 2$, 5 см в пределах $30°$, точность $\leqslant 5$ см в пределах $60°$
Операционная система/ взаимодействие с пользователем	Операционная система	Linux
	Кнопка	Операция визуализации с помощью двойной кнопки
	Сенсорный ЖК-экран	Цветной ЖК-сенсорный экран высокой четкости с диагональю 1, 54 дюйма, высокой яркостью и низким энергопотреблением, больше подходит для работы на открытом воздухе, поддерживает сенсорные настройки, удобный и эффективный просмотр информации и настройки функций
	Световой индикатор	Две контрольные лампы
	Веб-взаимодействие	Поддерживает Wi-Fi и USB-модемы для доступа к встроенной веб-странице управления приемником, мониторинга состояния основного блока, свободной настройки основного блока и т.д.
	Звук	Интеллектуальная голосовая технология, интеллектуальные отчеты о состоянии, голосовые подсказки при работе; По умолчанию он поддерживает китайский, английский, корейский, русский, португальский, испанский, турецкий языки и поддерживает настройку голоса
	Интеллектуальное взаимодействие человека и компьютера	Встроенный интеллектуальный голосовой алгоритм, который может завершить переключение основного режима основного блока с помощью голоса
	Вторичная разработка	Предоставлен пакет вторичной разработки, открытый формат данных наблюдений OpenSIC и определение интерактивных интерфейсов для вторичной разработки
	Облачный сервис передачи данных	Мощная платформа управления облачными сервисами, которая может удаленно управлять устройствами и настраивать их, просматривать прогресс, управлять задачами и т.д. Может использовать серверы компании SOUTH или самодельные серверы

Конфигурация		Подробные показатели
Аппаратное обеспечение	Размеры	153 мм (диаметр) × 106 мм (высота)
	Качество	1, 2 кг
	Качество материала	Магниевый сплав
	Температура	Рабочая температура: -25 - +65 ℃ . Температура хранения: -35 - +80 ℃
	Влажность	Устойчивость к 100% конденсации
	Степень защиты	Водонепроницаемость: погружение на 1 м, уровень IP68. Защита от пыли: полностью предотвращает попадание пыли, уровень IP68
	Защита от вибрации	Устойчивость к падению с высоты 2 м со столба
Электричество	Источник питания	Конструкция постоянного тока с широким напряжением 6 - 28 Вт с защитой от перенапряжения
	Батарея	Используется конструкция с двумя съемными батареями, напряжением 7, 4 Вт и емкостью 3 400 мА · ч/ блок.
	Энергетический расчет	Стандартное время непрерывной работы в статическом режиме: > 18 часов. Стандартное время непрерывной работы в динамическом режиме: > 12 часов (Обеспечение непрерывного рабочего питания 7 × 24 часа в сутки)
Связь	Порты ввода-вывода	5-контактный внешний интерфейс питания LEMO + RS232; 7-контактный внешний USB-порт LEMO (OTG); 1 антенный интерфейс сетевого канала передачи данных (поддерживает переключение между внутренними и внешними сетевыми антеннами); 1 антенный интерфейс радиоканала передачи данных; Слот для SIM-карты (большая карта)
	Радиомодем	Встроенный приемопередатчик с типичным рабочим расстоянием 15 км; Переключение между режимами сетевой ретрансляции и радиорелейной связи; Рабочая частота 410 ~ 470 МГц; Протоколами связи являются TrimTalk450S, ZHD, SOUTH, HUACE, Satel, PCCEOT
	5G	Интеллектуальная технология набора номера PPP на базе платформы Linux, автоматический набор в режиме реального времени, непрерывная связь во время работы, оснащен модулем полной сетевой связи 4G, совместимым с различными доступами CORS
	Bluetooth	Стандартный Bluetooth BLE, Bluetooth 4.0, поддерживающий подключение к системным телефонам Android и iOS, стандартный Bluetooth 2.1 + EDR

Конфигурация		Подробные показатели
Связь	Беспроводная связь в ближнем поле	Используя технологию беспроводной связи в ближнем поле, портативный компьютер может автоматически выполнять сопряжение с основным блоком, прикоснувшись к нему (портативный компьютер также должен быть оснащен модулем беспроводной связи в ближнем поле).
	eSIM	Внедрение технологии eSIM-карт со встроенными eSIM-чипами, отсутствие необходимости вставлять карты, предоставление сетевых ресурсов в режиме реального времени, обеспечение непрерывной работы сети основного блока в режиме онлайн и поддержка решений для внешних карт
Wi-Fi	Стандарт	Стандарт 802.11b/g
	WiFi хотспот	Оснащенный функцией WiFi хотспота, любой интеллектуальный терминал может получить доступ к приемнику, обеспечивая богатую индивидуальную настройку функций приемника; Сборщики данных, такие как технический компьютер и интеллектуальные терминалы, могут передавать данные на приемники по Wi-Fi
	Канал передачи данных Wi Fi	Приемник может быть подключен к Wi-Fi для дифференциальной передачи или приема данных.
Хранение/передача данных	Хранение данных	64 ГБ встроенной твердотельной памяти; Автоматическое циклическое хранение (при нехватке места для хранения автоматически удаляются самые ранние данные); Поддержка внешней USB-памяти для хранения данных; Широкие интервалы выборки, способные поддерживать сбор необработанных данных наблюдений частотой до 50 Гц
	Передача данных	Интеллектуальный метод копирования, подключения и воспроизведения USB-данных одним щелчком мыши, позволяющий напрямую экспортировать статические данные основного блока через внешнюю USB-память; Загрузка FTP, загрузка HTTP
	Формат данных	Статические форматы данных: STH, Rinex2.01, Rinex3.02 и т.д компании SOUTH. Дифференциальные форматы данных: CMR, CMR+, cmrx, RTCM2.1, RTCM2.3, RTCM3.0, RTCM3.1, RTCM3.2 ввода и вывода. Формат выходных данных GPS: NMEA 0183, координаты плоскости PJK, двоичный код, Trimble GSOF. Поддержка сетевого режима: VRS, FKP, MAC, поддержка протокола NTRIP

Конфигурация		Подробные показатели
Инерциальная навигационная система/датчики	Электронный уровень	Программное обеспечение портативного компьютера может отображать электронные пузырьки уровня и проверять выравнивание центрирующего стержня в режиме реального времени
	Измерение встряхивания и наклона	Основной запатентованный алгоритм, обеспечивающий автоматическую коррекцию координат за счет поворота основного блока
	Измерение наклона инерциальной навигации	Встроенный датчик инерционного измерения IMU, поддерживающий функцию измерения инерционного наклона, автоматически корректирующий координаты в зависимости от направления наклона и угла наклона центровочной штанги
	Датчик температуры	Встроенный датчик температуры, использующий интеллектуальную технологию контроля температуры для мониторинга и регулировки температуры основного блока в режиме реального времени

Примечание: приведенные выше данные получены из лаборатории спутниковой навигации компании SOUTH, и конкретная ситуация зависит от фактического использования в данной местности.

Технические показатели комплексного портативного компьютера H6 приведены в таблице 4-1-3.

Таблица 4-1-3 Технические показатели комплексного портативного компьютера H6

Модель продукции	H6
Вспомогательная система	Android 8.1 или выше
Режим слота для карт памяти	А: Двойная Nano-SIM-карта. В: Одна Nano SIM-карта + eSIM-карта (опционально)
Размеры	235 мм × 90 мм × 35 мм
Качество	520 г (включая батарею)
Физическая клавиатура	Полнофункциональная цифровая/ буквенная клавиатура
Сеть	Поддержка подключения ко всем сетям 4G (резервное разрешение 5G)
Продолжительность непрерывного использования батареи	Оснащен встроенным литиевым аккумулятором емкостью 9200 мАч со сверхдлинным временем ожидания не менее 240 часов и временем непрерывной работы более 20 часов
Адаптер для зарядки	Поддержка быстрой зарядки PE2.0, время полной зарядки составляет менее 4 часов
Три уровня защиты	IP67
Температура	Рабочая температура: -20 - + 60 ℃ . Температура хранения: -30 - + 70 ℃
Центральный блок обработки	Восьмиядерный процессор с основной частотой 2, 0 ГГц
Хранение	Объем оперативной памяти составляет 4 ГБ, ПЗУ - 64 ГБ и поддерживает расширение до 128 ГБ

Модель продукции	H6
Размер дисплея	5, 0 дюйма (1 дюйм = 2, 54 см)
Разрешение дисплея	720 × 1280, видимый при солнечном свете, типичный 400 нит
Сенсорный тип дисплея	Емкостный экран, мультитач, касание влажной рукой, поддержка активного емкостного пера, поддержка касания перчатками
Bluetooth	BT4.1
Wi-Fi	802.11a/b/g/n, поддержка двухчастотного 2, 4G /5G
USB	Интерфейс типа С, поддерживает компьютерную синхронизацию и OTG
Камера	Задняя панель с разрешением 13 миллионов пикселей, автофокус
Гироскоп	Поддерживает
Геомагнитная индукция	Поддерживает
Датчик силы тяжести	Поддерживает
Вспышка	Поддерживает
MIC	Поддерживает
Колонки	Поддерживает

【 Освоение навыков 】

Понимание работы приемника GNSS: ознакомление с параметрами и значением различных технических показателей системы съемки Chuangxiang компании SOUTH, а также научное и разумное использование оборудования.

Задача ‖ Использование приемника GNSS

【 Введение в задачу 】

Чтобы правильно использовать приемники GNSS, необходимо понимать принцип их работы. Приемник GNSS принимает сигналы, передаваемые спутником GNSS через антенну, которые включают в себя коды дальности, несущие волны и навигационные сообщения. Среди них код дальности и несущая волна используются для определения расстояния от спутника до приемника (расстояние = скорость × время распространения), анавигационные сообщения используются для вычисления местоположения спутников на основе времени распространения. Сигнал GNSS представляет собой электромагнитную волну, скорость сигнала электромагнитной волны составляет приблизительно 3×10^{-8} м/с, псевдодиапазон получается путем умножения времени распространения сигнала от спутника до приемника на скорость света. В данной задаче кратко представлены три аспекта композиции спутникового сигнала, измерения псевдодиапазона кода и фазы несущей волны.

【 Подготовка к задаче 】

1. Структура спутниковых сигналов

Понимание структуры сигнала спутников и спутниковых передач имеет большое значение для понимания принципов работы различных модулей внутри приемника. Навигационные сигналы GPS и «Бэйдоу» используют одну и ту же несущую частоту с кодовым разделением (МДКР), и навигационные сигналы, передаваемые несколькими спутниками в рамках их соответствующих систем. Псевдослучайные коды — это сигналы нескольких спутников, которые используют одну и ту же несущую частоту, что позволяет отличать их друг от друга, а также расширять полосу пропускания исходного сигнала, это также является ключом для пользователей земной поверхности, находящихся вдали от спутников, для обнаружения и обработки слабых сигналов, роль псевдослучайных кодов в спутниковых навигационных сигналах очень важна.

Навигационные сигналы GPS и «Бэйдоу» включают в себя компоненты несущей волны, коды дальности и навигационные сообщения. С модернизацией GPS и глобализацией китайской системы третьего поколения «Бэйдоу» появляется все больше и больше типов навигационных сигналов. Из-за ограниченности места мы лишь вкратце представим их. На их примере мы можем лучше понять другие аналогичные спутниковые навигационные сигналы и заложить основу для дальнейшего обучения.

1) Код дальности

«Код» — это двоичное число и его комбинация, которые выражают различную информацию, такую как 0101. «Элемент кода» — наименьшая единица двоичного числового (битового) кода. «Кодировка» — это комбинация обычных двоичных чисел. «Код случайного шума» — символ 0 или 1, является полностью случайным, с вероятностью возникновения 1/2. Амплитуда этого символа представляет собой кодовую последовательность с совершенно нерегулярными значениями, которая характеризуется непериодическими последовательностями и не может быть воспроизведена. Однако его автокорреляция хороша, что чрезвычайно важно для повышения точности измерения расстояния с использованием спутниковых кодовых сигналов GNSS.

I. Генерация псевдослучайных кодов

Псевдослучайный код, также известный как псевдослучайный шумовой код или псевдошумовой код, сокращенно ПШК, представляет собой дискретную символьную строку с определенным периодом и значениями 0 и 1. Он не только обладает хорошими автокорреляционными характеристиками кодов со случайным шумом, но и имеет определенные правила кодирования. Таким образом, код определения дальности в сигналах GNSS обычно использует технологию кодирования псевдослучайным шумовым кодом для идентификации и разделения каждого спутника и предоставления данных определения дальности.

Псевдослучайный код генерируется устройством «регистр сдвига с множественной обратной связью». Сдвиговый регистр состоит из набора подключенных блоков памяти, каждый из которых имеет только два состояния: 0 или 1. Для сдвигового регистра имеется два управляющих импульса: тактовый импульс и импульс установки 1. Сдвиговый регистр работает под управлением тактового импульса и действием импульса установки 1.

Как показано на рисунке 4-2-1, предполагая, что сдвиговый регистр представляет собой четырехуровневый сдвиговый регистр обратной связи, состоящий из четырех блоков памяти. Когда тактовый импульс добавляется к сдвиговому регистру, содержимое каждого блока памяти последовательно передается от предыдущего блока к следующему блоку. В то же время несколько блоков, таких как блоки 3 и 4, добавляются в модуль 2 и подаются обратно в блок 1. Сгенерированный псевдослучайный код показан в таблице 4-2-1.

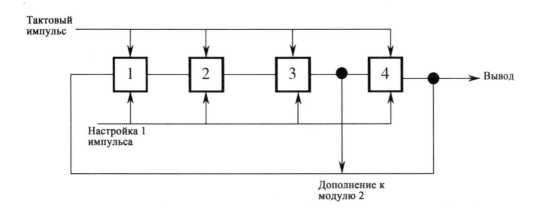

Рис. 4-2-1   Генерация 4-уровневых m-последовательностей

Таблица 4-2-14   Последовательность состояний сдвигового регистра с обратной связью по уровню

№ состояния	Состояние на всех уровнях ①②③④	Модуль 2 плюс обратная связь ③ + ④	Двоичное число конечного результата
1	1111	0	1
2	0111	0	1
3	0011	0	1
4	0001	1	1
5	1000	0	0
6	0100	0	0
7	0010	1	0
8	1001	1	1
9	1100	0	0
10	0110	1	0
11	1011	0	1
12	0101	1	1
13	1010	1	0
14	1101	1	1
15	1110	1	0

Коды дальности сигналов B1I и B2I (далее именуемые кодами CB1I и CB2I) системы «Бэйдоу» имеют кодовую скорость 2, 046 Мбит/с и длину кода $N = 2^n - 2 = 2\ 046$, где $_n$ = 11. Коды CB1I и CB2I генерируются путем сложения двух линейных последовательностей G1 и G2 по модулю 2 для генерации сбалансированного золотого кода, который затем усекается одним чипом.

Тактовая частота управления сдвигом составляет 2, 046 МГц.

Последовательности G1 и G2 генерируются двумя 11-уровневыми линейными регистрами сдвига соответственно, а их генерирующие полиномы равны:

G1 （X）= 1+X+X7+X8+X9+X10+X11

G2 （X）= 1+X+X2+X3+X4+X5+X8+X9+X11

Начальная фаза последовательностей G1 и G2 такова:

Начальная фаза последовательности G1 = 01 010 101 010

Начальная фаза последовательности G2 = 01 010 101 010

Официальный документ системы «Бэйдоу»: «Файл управления интерфейсом космического сигнала версии 2.1», содержит принципиальную схему для генерации псевдослучайных кодов «Бэйдоу», как показано на рисунке 4-2-2.

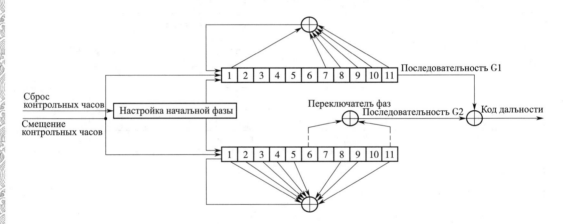

Рис. 4-2-2　Принципиальная схема генераторов кода CB1 и CB2 I

II. Автокорреляционная характеристика

Функция автокорреляции может измерять сходство между сигналом и самой собой через определенный промежуток времени, смещенный на временной шкале, для полностью случайной функции, поскольку значения функции в текущий момент времени и в следующий раз совершенно не связаны, ее автокорреляционная функция должна быть равна 0, если смещение по времени не равно 0, ее математическое выражение равно:

$$R_{i,\ i}(\tau)=\frac{1}{T}\int_{0}^{T}c_i(t)\ c_i(t+\tau)\ \mathrm{d}t \quad \tau\in(-T/2,T/2) \qquad (4\text{-}2\text{-}1)$$

Где: i——i-й псевдослучайный шумовой код;

$R_i, {}_i(\tau)$ ——автокорреляционная функция псевдослучайного шумового кода;

T——кодовый период измерения расстояния, предполагая, что длина кодовой микросхемы равна T_c, количество кодовых микросхем в одном цикле равно N, тогда $T = NT_c$, $R_i, {}_i(\tau)$, что также является периодической функцией.

Значение формулы 4-2-1 заключается в задержке перемещения кода определения дальности на определенный период времени и интегральный квадрат его произведения.

Рисунок 4-2-3 наглядно демонстрируют, как вычисляется автокорреляционная функция кода дальности. Среди них сигналом формы волны в верхней части является $c_i(t)$, а сигналом формы волны в нижней части является сигнал $c_i(t+\tau)$ с задержкой по истечении периода времени τ. При положительном значении τ, форма сигнала перемещается вправо, а при отрицательном значении t, форма сигнала перемещается влево. Более темная заштрихованная часть на рисунке 4-2-3 представляет одну и ту же часть между двумя сигналами формы волны, в то время как более светлая заштрихованная часть представляет различные части между двумя сигналами формы волны. Очевидно, что произведение одинаковых частей равно 1, в то время как произведение разных равно −1, поэтому конечным результатом интегрирования является разница между совокупной площадью всех одинаковых частей и совокупной площадью всех разных частей.

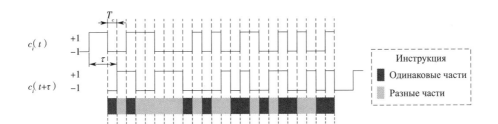

Рис. 4-2-3 Принципиальная схема метода расчета автокорреляционной функции кода дальности

Когда $\tau = 0$, $c_i(t)$ и $c_i(t+\tau)$ полностью совпадают, тогда:

$$R_{i,\ i}(0) = \frac{1}{T}\int_0^T c_i(t)\ c_i(t)\ \mathrm{d}t$$

$$= \frac{1}{T}\int_0^T c_i(t)^2\mathrm{d}t \qquad\qquad (\,4\text{-}2\text{-}2\,)$$

$$= 1$$

Очевидно, что в этот момент $R_{i,\ i}(\tau)$ достигает максимального значения.

Когда $\tau \neq 0$, рассмотрим сначала случай, когда τ является целым числом, кратным T_c, т.е. $\tau = кT_c$, где k — целое число, отличное от нуля, затем:

$$R_{i,\ i}(kT_c) = \frac{1}{T}\int_0^T c_i(t)\ c_i(t+kT_c)\ \mathrm{d}t$$

$$= \frac{T_c}{T}\sum_{n=1}^{1023} c_i(n)\ c_i(n+k) \qquad\qquad (\,4\text{-}2\text{-}3\,)$$

$$= \frac{1}{N}\sum_{n=1}^{1023} c_i(n)\ c_i(n+k)$$

$c_i(n)$ — это дискретное значение, генерируемое генератором кода дальности, которое равно либо 0, либо 1 в цифровой логической схеме. Поскольку сложение по модулю два цифровой схемы соответствует цифровому умножению, необходимо преобразовать 0 в значении дискретного кода в -1, чтобы непосредственно использовать операцию цифрового умножения.

Может проверить: когда τ является ненулевым целым кратным T_c, $R_{i,\ i}(\tau)$, может принимать только три разных значения:

$$R_{i,\ i}(kT_c) = \left\{\frac{1}{N}, \frac{-\beta(n)}{N}, \frac{\beta(n)-2}{N}\right\}$$

Здесь $\beta(n) = 1+2^{[(n+2)/2]}$ û, где $[x]$ относится к максимальному целому числу, которое не превышает x, для кодов GPSC/A $n = 10$,

например $\beta(n) = 65$, т.е. $R_{i,\ i}(kT_c) = \left\{\frac{1}{1\,023}, \frac{-65}{1\,023}, \frac{63}{1\,023}\right\}$, $k = 1, \cdots, 1\,022$.

Учитывая, что $\tau = 0$ эквивалентно $k = 0$, можно сделать вывод, что автокорреляционная функция кода С/A принимает только три предела, когда смещение по времени является целым числом, кратным T_c, т.е.: $R_{i,\ i}(kT_c) = \left\{\frac{1}{1\,023}, \frac{-65}{1\,023}, \frac{63}{1\,023}\right\}$.

Когда $\tau \neq 0$ и τ непрерывно изменяется, сначала рассмотрим ситуацию, когда τ непрерывно изменяется в $(0, T_c)$, как показано на рисунке 4-2-4. Когда $\tau=0$, $R_{i,\ i}(\tau)$ получают максимальное значение; когда τ постепенно увеличивается,

c_i ($t+\tau$), существуют разные части, начиная с c_i (t), и одна и та же часть составляет общую длину цикла τ, связанную линейной зависимостью. Когда τ увеличивается до T_c, $R_{i, \ i}$ (τ) значение вернется к случаю, когда t=kT_c (где k=1). Из всего процесса изменений видно, что c_i (t+τ) доля той же части, что и c_i (t), в общем цикле и τ/T показывает линейную зависимость. Во время этого процесса значения $R_{i, \ i}$ (t) изменяются от 1 до $R_{i, \ i}$ (τ). Когда t непрерывно изменяется при (kT_c, (k+1) T_c), также может быть выполнен аналогичный анализ, где $R_{i, \ i}$ (τ) значения линейно изменяются от $R_{i, \ i}$ (kT_c) до $R_{i, \ i}$ ((k+1) T_c), а также демонстрируют линейную зависимость от t/T_c.

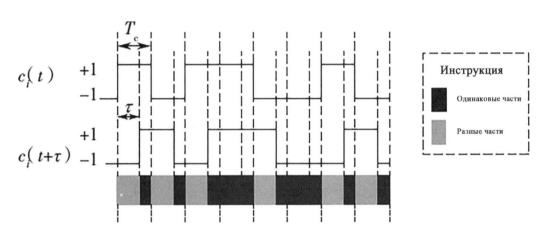

Рис. 4-2-4 τ - непрерывное изменение коэффициента автокорреляции между (0, Тc]

III. Наблюдение за псевдодиапазоном

Псевдодаль — это расстояние, измеряемое путем умножения времени распространения кодового сигнала дальности, передаваемого спутником на приемник, и скорость света. Расстояние от спутника до приемника определяется путем умножения времени задержки сигнала от спутника до приемника на скорость света c. Время запуска сигнала GNSS определяется по часам спутника, а время приема определяется по часам приемника. Это неизбежно включает в себя погрешность, связанную с рассинхронизацией двух часов, и погрешность задержки ионосферы и тропосферы при измерении расстояния от спутника до приемника. Из-за погрешностей спутниковых часов и часов приемника, а также эффекта задержки спутниковых сигналов, проходящих через ионосферу и тропосферу, неизбежно будет существовать определенная разница между фактическим измеренным расстоянием и геометрическим расстоянием от спутника до приемника, которое называется «псевдодиапазоном».

Основными методами измерения псевдодиапазона являются следующие:

（1）Спутник излучает код дальности определенной структуры, основанный на его собственных тактовых сигналах, и достигает приемника после распространения за время Δt;

（2）Приемник генерирует набор кодов дальности с точно такой же структурой под своим собственным тактовым управлением — кодами репликации, и и задерживает их на время τ через устройство задержки;

（3）Выполняет корреляционную обработку этих двух наборов кодов дальности до тех пор, пока их коэффициенты автокорреляции $R_{i,\ i}(\tau)$ не достигнут максимального значения, код репликации не будет выровнен с принятым кодом дальности со спутника, а время задержки кода репликации τ будет эквивалентно времени распространения спутникового сигнала Δt;

（4）После умножения Δt на скорость света c можно получить псевдодальность от спутника до приемника.

Временная задержка на самом деле представляет собой разницу между временем приема и временем передачи сигнала. Даже без учета задержки из-за атмосферной рефракции, для получения правильного расстояния от спутника до измерительной станции требуется, чтобы часы приемника и часы спутника были строго синхронизированы и поддерживали стабильность частоты. На самом деле, этого трудно достичь. В любой момент, будь то часы приемника или спутниковые часы, существует разница между часами GNSS и стандартным временем в системе времени GNSS（далее именуемым стандартным временем GNSS）, которая представляет собой разницу между временем на циферблате и стандартным временем GNSS.

Если приемник $p1$ принимает циферблат спутникового сигнала в определенный этап t_{p1}, а соответствующее стандартное время GNSS равно T_{p1}, то отклонение часов приемника равно:

$$\delta t_{p1} = t_{p1} - T_{p1} \tag{4-2-4}$$

Если время на циферблате часов передачи i-го спутникового сигнала на данный этапе равен t^i, а соответствующее стандартное время GNSS равно T^i, то разница в часах спутника равна:

$$\delta t^i = t^i - T^i \tag{4-2-5}$$

Если не учитывать влияние задержки атмосферной рефракции и усреднить время запуска и приема спутниковых сигналов по стандарту GNSS, то геометрическое расстояние распространения от спутника i до станции $p1$ за этот период может быть выражено как:

$$\rho_{p1}^{i} = c(T_{p1} - T^{i}) = c\tau_{p1}^{i} \qquad (4\text{-}2\text{-}6)$$

Где: τ——соответствующая временная задержка.

Учитывая дополнительные задержки сигнала, вызванные тропосферой и ионосферой $\Delta t t_{\text{rop}}$ и $\Delta \tau_{\text{ion}}$, правильное расстояние от спутника до земли равно:

$$\rho_{p1}^{i} = c(\tau_{p1}^{i} - \Delta\tau_{\text{trop}} - \Delta\tau_{\text{ion}}) \qquad (4\text{-}2\text{-}7)$$

Из формул (4-2-4), (4-2-5) и (4-2-6) можно сделать вывод, что:

$$\rho_{p1}^{i} = c(t_{p1} - t^{i}) - c(\delta t_{p1} - \delta t^{i}) - \delta\rho_{\text{trop}} - \delta\rho_{\text{ion}} \qquad (4\text{-}2\text{-}8)$$

Расстояние от спутника до земли в левом конце формулы (4-2-8) содержит информацию о местоположении станции $p1$, в то время как первый член в правом конце на самом деле является значением псевдодальности наблюдения. Следовательно, значение псевдодиапазона наблюдения может быть представлено в виде:

$$\tilde{\rho}_{p1}^{i} = \rho_{p1}^{i} + c\delta t_{p1} - c\delta t^{i} + \delta\rho_{\text{trop}} + \delta\rho_{\text{ion}} \qquad (4\text{-}2\text{-}9)$$

В формуле (4-2-9) $\delta\rho_{\text{trop}}$ и $\delta\rho_{\text{ion}}$ представляют собой поправку на рефракцию в тропосфере и ионосфере соответственно. Предполагая, что приблизительные координаты станции $p1$ равны (X_{p1}, Y_{p1}, Z_{p1}), а мгновенное положение спутника i в момент времени ti равно (X^{i}, Y^{i}, Z^{i}), тогда формулу (4-2-9) можно записать в виде:

$$\sqrt{(X^{i}-X_{p1})^{2}+(Y^{i}-Y_{p1})^{2}+(Z^{i}-Z_{p1})^{2}} - c\delta t_{p1} = \tilde{\rho}_{p1}^{i} + \delta\rho_{\text{ion}} + \delta\rho_{\text{trop}} - c\delta t^{i} \quad (4\text{-}2\text{-}10)$$

Формула (4-2-10) является формулой наблюдения за псевдодиапазоном. Из формулы (4-2-10) можно видеть, что, поскольку спутниковые координаты, ионосферная коррекция, тропосферная коррекция и отклонение спутниковых часов могут быть получены из спутниковых навигационных сообщений, в формуле (4-2-10) есть четыре неизвестных, а именно координаты станции $(X_{p1}^{0}, Y_{p1}^{0}, Z_{p1}^{0})$ и отклонение часов приемника δt_{p1}. Следовательно, пользователям необходимо выполнять измерения псевдодиапазона по меньшей мере на четырех спутниках одновременно, чтобы определить координаты измерительной станции, на которой расположен приемник, и разность тактовых импульсов приемника.

2) Несущая волна

В технологии беспроводной связи для эффективного распространения информации полезные сигналы с более низкими частотами загружаются на несущие волны с более высокими частотами. Этот процесс становится модуляцией, и несущая волна передает полезные сигналы наружу и, наконец, достигает пользовательского приемника.

I. Несущая частота

GPS, Galileo и BDS используют механизм множественного доступа с кодовым разделением (CDMA), при этом каждый спутник передает одну и ту же несущую частоту. Спутники различаются путем модуляции различных псевдослучайных шумовых кодов с использованием номеров частотных точек и соответствующих частот, как показано в таблице 4-2-2; GLONASS использует механизм множественного доступа с частотным разделением (FDAM) для дифференциации, при этом каждый спутник использует свою радиочастоту. Радиочастота j-го спутника GLONASS составляет:

$$\left.\begin{array}{l} f_{j1} = (j-1)\Delta f_1 + f_1 \\ f_{j2} = (j-1)\Delta f_2 + f_2 \end{array}\right\} \qquad (4\text{-}2\text{-}11)$$

Где: f_1=1602, 5625 МГц, Δf_1=0, 5625 МГц, f_2=1246, 4375 МГц, Δf_2=0, 4375 МГц, j=1, 2, 3, ⋯ .

Таблица 4-2-2   Сигналы и частотные точки различных спутниковых навигационных систем

Система	Сигнал	Центральная точка частоты/МГц	Полоса пропускания/МГц
GPS	L1	1 575.42	C/A: 2.046 P: 20.46
	L2	1 227.6	20.46
	L1 C	1 575.42	4.092
	L2 C	1 227.6	2.046
	L5	1 176.45	20.46
Галилео	E1	1 575.42	24.552
	E6	1 278.75	40.92
	E5	1 191.795	51.15
	E5a	1 176.45	20.46
	E5b	1 207.14	20.46

Система	Сигнал	Центральная точка частоты/МГц	Полоса пропускания/МГц
Бэйдоу	B1I	1 561.098	4.092
	B2I	1 207.14	20.46
	B3I	1 268.52	20.46
	B1 C	1 575.42	32.736
	B2a	1 176.45	20.46

II. Модуляция и демодуляция спутниковых сигналов

Спутниковый сигнал GPS использует двоичную манипуляцию фазовым сдвигом (ДМФС). Когда сигнал модуляции равен 0, фаза несущей волны остается неизменной, а когда сигнал модуляции равен 1, фаза несущей волны инвертируется. Модулированный сигнал GPS представляет собой составной сигнал навигационных сообщений и псевдокода по модулю два с модулированными несущими волнами 1 575, 42 МГц (L1) и 1 227, 6 МГц (L2). Для сигналов кода P (Y) существует 154 цикла несущей волны L1 или 120 циклов несущей djkys L2 в пределах ширины чипа; для сигналов кода C/A существует 1540 циклов несущей djkys L1 в пределах ширины чипа. Структура конечного навигационного сигнала L1/L2 представлена на рисунке 4-2-5.

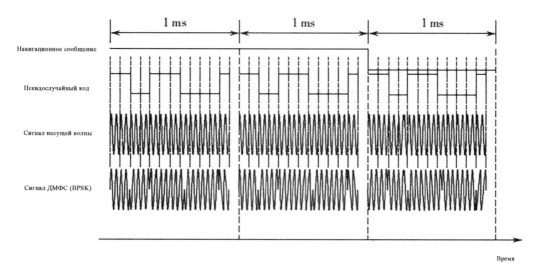

Рис. 4-2-5   Структура навигационных сигналов GPS

На рисунке 4-2-5 в качестве примера приведен кодовый сигнал C/A частотной точки GPS L1, который включает в себя биты навигационного сообщения, псевдослучайные коды, сигналы несущей волны и сигналы ДМФС. Период псевдокода C/A-кода составляет 1 мс, поэтому часть псевдослучайного кода повторяется каждые 1 мс, а несущая часть синхронизируется с псевдослучайным кодом. Также можно видеть, что часы во время скачка бита навигационного сообщения синхронизированы с часами псевдослучайного кода, и эти соотношения синхронизации определяются бортовыми часами GPS и последующими схемами синхронизации.

Примечание: Рисунок 4-2-5 ограничен масштабом изображения и не соответствует 1 540 циклами несущей волны внутри чипа, в основном отражая влияние сигнала ДМФС на изменение фазы несущей волны в результате модульного добавления кодов С/А и битов навигационных сообщений.

Сигнал спутниковой передачи «Бэйдоу» использует квадратурную фазовую манипуляцию (КФМ). Несущая частота и скорость псевдокодирования B1 и B2 имеют следующее пропорциональное соотношение: f_{B1}=1 561, 098 МГц=763f_0, f_{B2}=1 207, 140 МГц=590f_0, где f_0=2, 046 МГц представляет скорость псевдокодирования псевдослучайного кода «Бэйдоу». Следовательно, в пределах ширины чипа псевдокода B1 или B2 имеется 763 цикла несущей волны B1 или 590 циклов несущей волны B2.

Сигналы B1 и B2 состоят из ортогональной модуляции «код дальности + навигационное сообщение», ветвей I и Q на несущей волне. Выражения сигналов B1 и B2 являются следующими:

$$\left. \begin{array}{l} S_{B1}^{j}(t) = A_{B1I}C_{B1I}^{j}(t)D_{B1I}^{j}(t)\cos(2\pi f_1 t + \varphi_{B1I}^{j}) + A_{B1Q}C_{B1Q}^{j}(t)D_{B1Q}^{j}(t)\sin(2\pi f_1 t + \varphi_{B1Q}^{j}) \\ S_{B2}^{j}(t) = A_{B2I}C_{B2I}^{j}(t)D_{B2I}^{j}(t)\cos(2\pi f_2 t + \varphi_{B2I}^{j}) + A_{B2Q}C_{B2Q}^{j}(t)D_{B2Q}^{j}(t)\sin(2\pi f_2 t + \varphi_{B2Q}^{j}) \end{array} \right\}$$

(4-2-12)

Где: j——номер спутника;

A_{B1I}——амплитуда сигнала B1I;

A_{B2I}——амплитуда сигнала B2I;

A_{B1Q}——амплитуда сигнала B1Q;

A_{B2Q}——амплитуда сигнала B2Q;

C_{B1I}——код дальности сигнала B1I;

C_{B2I}——код дальности сигнала B2I;

C_{B1Q}——код дальности сигнала B1Q;

C_{B2Q}——код дальности сигнала B2Q;

D_{B1I}——код данных, модулированный на основе кода дальности B1I;

D_{B2I}——код данных, модулированный на основе кода дальности B2I;

D_{B1Q}——код данных, модулированный на основе кода дальности B1Q;

D_{B2Q}——код данных, модулированный на основе кода дальности B2Q;

f_1——несущая частота сигнала B1;

f_2——несущая частота сигнала B2;

φ_{B1I}——несущая частота сигнала B1I;

φ_{B2I}——несущая частота сигнала B2I;

φ_{B1Q}——несущая частота сигнала B1Q;

φ_{B2Q}——несущая частота сигнала B2Q;

Из-за использования двоичной фазовой модуляции в сигнале GNSS кода определения местоположения и навигационного сообщения на несущей волне фаза принимаемого спутникового сигнала больше не является непрерывной. Поэтому перед выполнением измерения фазы несущей необходимо сначала выполнить работу по демодуляции, чтобы удалить код дальности и навигационное сообщение, модулированные на несущей волне, и восстановить несущую волну. Эта работа называется реконструкцией носителя. Пользователи могут восстановить фазу несущего сигнала GNSS, используя метод кодовой корреляции, перекрестной корреляции, метод квадратов и технологию Z-трекинга после его получения.

III. Наблюдение за фазой несущей волны

Измерение псевдодальности — это на самом деле измерение фазы кода, и его точность зависит от ширины символа. Из-за того, что ширина символа кода C/A составляет до 300 м, точность измерения псевдодальностей обычно составляет 1/100 от ширины символа, то есть точность его измерения составляет около 3 м. Очевидно, что такую точность трудно обеспечить при ежедневных измерениях. Для несущей волны длина волны составляет приблизительно 20 см. В настоящее время точность измерения фазы несущей волны может быть преобразована в расстояние приблизительно 1/100 длины волны, то есть точность измерения несущей волны может достигать около 2 мм. Видно, что точность измерения фазы намного выше, чем при измерении псевдодиапазона. Следовательно, для высокоточного спутникового позиционирования необходимо использовать значения наблюдения несущей волны.

Несущая волна — это высокочастотная колебательная волна, которая может передавать модулированные сигналы. Фаза несущей волны относится к углу между вектором вращения и осью X. Фаза несущей волны в момент времени t

может быть выражена как:

$$\varphi(t) = \varphi(t_0) + \int_{t_0}^{t} f(s)ds \qquad (4\text{-}2\text{-}13)$$

Где: (t_0) ——фаза начального времени t_0;

$f(s)$ ——несущая частота с изменением во времени.

Если интервал времени от t до t_0 короток и сигнал стабилен, формулу (4-2-13) можно записать в виде:

$$\varphi(t) = \varphi(t_0) + f(t - t_0) \qquad (4\text{-}2\text{-}14)$$

Если спутник S посылает несущий сигнал, фаза сигнала, достигающего приемника R в момент времени t, равна ϕR. Фаза на спутнике S равна ϕS. ϕR, ϕS — значение фазы несущей волны, включая количество циклов, вычисленное с определенной начальной точки, которое может быть выражено как:

ϕ_R = часть полного цикла N1 + часть меньше, чем на полный цикл φ_R,

ϕ_S = часть полного цикла N2 + часть меньше, чем на полный цикл φ_S.

$$(4\text{-}2\text{-}15)$$

Звездное расстояние станции:

$$\rho = \lambda(\phi_S - \phi_R) = \lambda[(N_2 - N_1) + (\varphi_S - \varphi_R)] = \lambda N + \lambda(\varphi_S - \varphi_R) \qquad (4\text{-}2\text{-}16)$$

Где: λ——длина волны.

На этот раз φ_R может быть измерено фазовым дискриминатором внутри приемника, а φ_S не может быть измерено, как решить данную проблему? В приемнике может быть встроен кварцевый генератор приемника, в котором генератор приемника и спутник синхронно генерируют одну и ту же несущую волну под управлением их соответствующих тактовых импульсов. Спутниковый сигнал отправляется на землю. Фаза φ_R достигает земли после некоторого периода распространения и принимается приемником. В момент приема фаза, генерируемая приемником, равна φ_S. Два сигнала смешиваются для получения сигнал промежуточной разности частот. Фаза сигнала разностной частоты — это разность фаз, меньшая, чем весь период.

Измерение фазы несущей заключается в измерении разности фаз между сигналом несущей с доплеровским сдвигом частоты, полученным приемником, и опорным сигналом несущей, генерируемым приемником, и определением положения приемника с помощью разности фаз. В настоящее время это самый точный метод наблюдения.

Как показано на рисунке 4-2-6, в первый период t_0, когда приемник впервые принимает спутниковый сигнал, путем сравнения фаз может быть получена только дробная часть $F(t_0)$, которая меньше целого цикла. Число целых циклов — это неизвестное число N, которое называется неоднозначностью полного цикла.

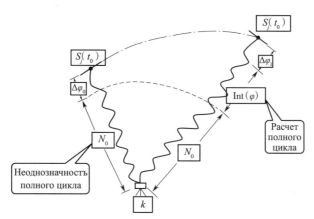

Рис. 4-2-6   Принцип измерения фазы несущей волны GNSS

Начиная с момента времени t_0, приемник отслеживает спутник без потери синхронизации, непрерывно измеряя разность фаз менее чем на один цикл и используя счетчик полных волн для регистрации изменения количества циклов $Int(\varphi)$ от момента времени t_0 до момента времени t_i, пока спутниковый сигнал S^j не прерывается с t_0 по t_i, неоднозначность полного цикла во время начала является постоянной, а разность фаз наблюдения в t_i равна:

$$\phi^j k(t_i) = \text{меньше, чем часть целой недели +}$$

$$\text{часть подсчета целой недели } Int(\phi) +$$

$$\text{неизвестное число } N_0 \text{ за всю неделю} \qquad (4\text{-}2\text{-}17)$$

Из-за перемещения спутника относительно станции радиальное расстояние между ними изменяется с течением времени, что приводит к доплеровскому сдвигу частоты, из-за которого частота принимаемого сигнала отличается от частоты передаваемого. Если частота несущего сигнала равна f, из-за доплеровского эффекта эффект приводит к тому, что частота спутникового сигнала становится f_r то результирующий доплеровский сдвиг частоты равен:

$$f_r - f = -\frac{f}{c}\frac{dr}{dt} \qquad (4\text{-}2\text{-}18)$$

Где: $\dfrac{dr}{dt}$——радиальная относительная скорость от спутника до измерительной

станции.

При проведении измерения фазы несущей волны нужно проинтегрировать формулу（4-2-18）, чтобы получить значение доплеровского сдвига, т.е.:

$$n_i = \int_{t_0}^{t_i}(f - f_r)\ \mathrm{d}t = \int_{t_0}^{t_i}\frac{f}{c}\frac{\mathrm{d}r}{\mathrm{d}t}\mathrm{d}t = \frac{f}{c}(r_i - r_0) = \frac{r_i - r_0}{\lambda} \qquad （4\text{-}2\text{-}19）$$

Поскольку точность определения разности частот низкая, точность разности фаз, полученной путем интегрирования, также является низкой. Следовательно, можно только округлить формулу（4-2-19）и использовать ее целую часть.

Таким образом, до тех пор, пока приемник может непрерывно отслеживать спутниковые сигналы, каждое полное значение наблюдения фазы несущей волны состоит из следующих частей:

$$\phi_k^j(t_i) = N_0 + \mathrm{Int}(\phi) + F_r^i(\varphi) \qquad （4\text{-}2\text{-}20）$$

Где: N0——количество полных циклов задержки фазы несущей волны на тракте распространения, Int（ϕ）— количество полных циклов изменения фазы несущей волны с момента начала до времени наблюдения;

F^ii（φ）——часть, составляющая менее целой недели, является мгновенным значением измерения в момент времени t_i.

IV. Уравнение наблюдения фазы несущей волны

В момент, когда стандартное время GNSS равно T_a, а показания спутниковых часов равны t_a, фаза несущего сигнала, излучаемого спутником, равна $\phi(t_a)$, сигнал достигает приемника в стандартное время GNSS T_b. Согласно волновому уравнению, его фаза должна оставаться постоянной, то есть фаза несущего сигнала, принимаемого приемником T_b со спутника в стандартное время, равна $\phi_s = \phi(t_a)$. Предполагая, что показания тактового сигнала приемника в данный момент равны t_b, фаза опорного сигнала, генерируемого приемником, равна $\phi(t_b)$. Измеренное значение фазы несущей волны равно:

$$\phi = \varphi(t_b) - \varphi^j(t_a) \qquad （4\text{-}2\text{-}21）$$

Учитывая разницу в тактовых сигналах спутника и приемника, формулу（4-2-21）можно записать в виде:

$$T_a = t_a + \delta t_a,$$
$$T_b = t_b + \delta t_b \qquad\qquad （4\text{-}2\text{-}22）$$
$$\phi = \varphi(T_b - \delta t_b) - \varphi^j(T_a - \delta t_a)$$

Для генераторов с хорошей стабильностью, когда происходит небольшое увеличение времени после Δt, фаза сигнала, генерируемого генератором, удовлетворяет следующее соотношение:

$$\varphi(t + \Delta t) = \varphi(t) + f \cdot \Delta t \qquad (4\text{-}2\text{-}23)$$

Следовательно, основная формула для измерения фазы несущей волны в формуле (4-2-22) может быть преобразовано в:

$$\phi = \phi(T_b) - f \cdot \delta t_b - \phi(T_a) + f \cdot \delta t_a \qquad (4\text{-}2\text{-}24)$$

Предполагая, что время распространения сигнала равно $\Delta\tau$, таким образом, $T_b = T_a + \Delta\tau$, формула (4-2-24) может быть преобразована в:

$$\phi = f \cdot \Delta\tau - f \cdot \delta t_b + f \cdot \delta t_a \qquad (4\text{-}2\text{-}25)$$

Задержка распространения $\Delta\tau$ с учетом влияния ионосферы и тропосферы $\delta\rho_{ion}$ и $\delta\rho t_{rop}$, равна:

$$\Delta\tau = \frac{1}{C}(\rho - \delta\rho_{ion} - \delta\rho_{trop})$$

Вследствие этого:

$$\phi = \frac{f}{c}(\rho - \delta\rho_{ion} - \delta\rho_{trop}) + f(\delta t_a - \delta t_b) \qquad (4\text{-}2\text{-}26)$$

Подставив формулу (4-2-26) в формулу (4-2-20), можно получить:

$$\tilde{\phi} = \frac{f}{c}(\rho - \delta\rho_{ion} - \delta\rho_{trop}) + f \cdot \delta t_a - f \cdot \delta t_b - N_0 \qquad (4\text{-}2\text{-}27)$$

Умножив обе части формулы (4-2-27) на длину волны λ, можно получить:

$$\lambda\tilde{\phi} = \rho - \delta\rho_{ion} - \delta\rho_{trop} + c \cdot \delta t_a - c \cdot \delta t_b - \lambda N_0 \qquad (4\text{-}2\text{-}28)$$

Формула (4-2-28) является уравнением наблюдения для измерения фазы несущей волны. За исключением добавления целого неизвестного числа N_0, остальные уравнения полностью совпадают с уравнением наблюдения за псевдодальностью, где ρ — положение спутника в момент времени $m_a(x, y, z)$ и τ — фактическое расстояние между позициями приемника (X, Y, Z) в момент времени τ_b, т.е.:

$$\rho = \sqrt{(x - X)^2 + (y - Y)^2 + (z - Z)^2} \qquad (4\text{-}2\text{-}29)$$

Где:

$$X = X_0 + \mathrm{d}X$$
$$Y = Y_0 + \mathrm{d}Y$$
$$Z = Z_0 + \mathrm{d}Z$$

Разложив ряд Тейлора ρ_0 в точках (X_0, Y_0, Z_0), можно получить:

$$\rho = \rho_0 + \left(\frac{\partial\rho}{\partial X}\right)_0 dX + \left(\frac{\partial\rho}{\partial Y}\right)_0 dY + \left(\frac{\partial\rho}{\partial Z}\right)_0 dZ$$

$$\rho = \rho_0 + \frac{X_0 - x}{\rho_0}dX + \frac{Y_0 - y}{\rho_0}dY + \frac{Z_0 - z}{\rho_0}dZ \qquad (4\text{-}2\text{-}30)$$

Формула （4-2-30） заменяется на формулу （4-2-28） для линеаризации основного уравнения для измерения фазы несущей волны, т.е.:

$$\frac{f}{c}\frac{X_0 - x}{\rho_0}dX + \frac{f}{c}\frac{Y_0 - y}{\rho_0}dY + \frac{f}{c}\frac{Z_0 - z}{\rho_0}dZ - f\delta t_a + f\delta t_b + N_0 = \frac{f}{c}(\rho - \delta\rho_{ion} - \delta\rho_{trop}) - \tilde{\phi}$$

$$(4\text{-}2\text{-}31)$$

Левый конец формулы （4-2-31） является неизвестным членом, где (z, y, z) — координата спутника GNSS в момент времени t_0; элементы в правом конце знака равенства могут быть вычислены на основе навигационных сообщений спутника GNSS или данных доплеровских наблюдений, сумма ф является постоянным членом уравнения погрешности.

Формула （4-2-31） может использоваться для одноточечного позиционирования, но чаще используется для относительного позиционирования. В связи с тем, что положение спутника GNSS, как известная величина, имеет гораздо большую погрешность, чем значение фазового наблюдения, и точность коррекции атмосферной задержки трудно сопоставить с точностью фазового наблюдения, для решения этих проблем часто используются дифференциальные методы относительного позиционирования.

3）Навигационное сообщение

Навигационное сообщение — это основа данных, используемая пользователями для определения местоположения и навигации. Включает в себя эфемериды спутника, условия эксплуатации, коррекцию часов, коррекцию ионосферной задержки, коррекцию атмосферной рефракции и навигационную информацию, такую как Р-код, получаемый с помощью С/А-кода. Это код данных D (t), демодулированный из спутникового сигнала. Подробности в проекте II.

2. Одноточечное позиционирование GNSS

Одноточечное позиционирование GNSS, также известное как абсолютное позиционирование, относится к использованию измерений расстояния между спутниками GPS и пользовательскими приемниками для непосредственного определения абсолютного положения антенны пользовательского приемника в протокольной системе координат Земли (такой как CGCS2000 и WGS-84) абсолютное положение центра масс Земли. Абсолютное позиционирование можно разделить на статическое и динамическое абсолютное позиционирование. Из-за таких факторов, как погрешности орбиты спутника, синхронизации и распространения сигнала, точность статического абсолютного позиционирования составляет около метра, в то время как точность динамического абсолютного позиционирования составляет 10-40 метров. Такая точность может быть использована только при общем навигационном позиционировании и далека от соответствия требованиям точного позиционирования в геодезии.

Во время относительного позиционирования GNSS используются по меньшей мере два приемника GNSS для синхронного наблюдения за одним и тем же спутником GNSS и определения относительного положения (разности координат) между антеннами двух приемников. В настоящее время это наиболее точный метод определения местоположения в системе GNSS, широко используемый в геодезии, прецизионной инженерной съемке, исследованиях геодинамики и точной навигации. Ниже приведено краткое введение в основной принцип абсолютного позиционирования.

Когда приемная антенна находится в стационарном состоянии, метод определения координат станции наблюдения называется статическим одноточечным позиционированием. На этом этапе различные спутники могут непрерывно наблюдаться синхронно в разные периоды, и псевдодаль от спутника до станции наблюдения может быть измерено для получения достаточного количества избыточных наблюдений. Затем путем обработки данных могут быть получены абсолютные координаты наблюдательной станции.

1) Абсолютное позиционирование псевдодиапазона

Формула наблюдения псевдодальностей для синхронного наблюдения различных спутников в разные периоды показано в формуле (4-2-10) с четырьмя неизвестными, включая координаты станции и погрешность синхронизации приемника. Приблизительные координаты станции p1 равны (X^0p1, Y^0p1, Z^0p1), а их корректирующие числа равны (δX_{p1}, δY_{p1}, δZ_{p1}), мгновенное положение спутника в момент времени t^i равно (X^t, Y^t, Z^t). Используйте приблизительные координаты, чтобы линеаризовать уравнение (4-2-10) в уравнение наблюдения псевдодальности, т.е.:

$$\sqrt{(X^i - X_{p1})^2 + (Y^i - Y_{p1})^2 + (Z^i - Z_{p1})^2} - c\delta t_{p1} = \tilde{\rho}_{p1}^i + \delta\rho_{ion} + \delta\rho_{trop} - c\delta t^i$$

Перепишите $c\delta t_{p1}$ как в B и запишите левую часть формулы（4-2-10）в виде：

$$\rho'^i = \sqrt{(X^i - X_{p1})^2 + (Y^i - Y_{p1})^2 + (Z^i - Z_{p1})^2} - c\delta t_{p1} \qquad (4\text{-}2\text{-}32)$$

Разложите формулу（4-2-32）в ряд Тейлора и：

$$(\frac{\partial\rho'^i}{\partial X_{p1}})_0 = -\frac{1}{\rho^{i0}}(X^i - X_{p1}^0) = -l_i$$

$$(\frac{\partial\rho'^i}{\partial Y_{p1}})_0 = -\frac{1}{\rho^{i0}}(Y^i - Y_{p1}^0) = -m_i$$

$$(\frac{\partial\rho'^i}{\partial Z_{p1}})_0 = -\frac{1}{\rho^{i0}}(Z^i - Z_{p1}^0) = -n_i$$

$$(\frac{\partial\rho'^i}{\partial B})_0 = -1$$

В том числе：

$$\tilde{n}^{i0} = \sqrt{(X^i - X_{p1}^0)^2 + (Y^i - Y_{p1}^0)^2 + (Z^i - Z_{p1}^0)^2}$$

Таким образом, линеаризованная форма формулы（4-3-2）может быть записана в виде：

$$\begin{bmatrix} \rho'^1 \\ \rho'^2 \\ \rho'^3 \\ \rho'^4 \end{bmatrix} = \begin{bmatrix} \rho'^{10} \\ \rho'^{20} \\ \rho'^{30} \\ \rho'^{40} \end{bmatrix} - \begin{bmatrix} l_1 & m_1 & n_1 & 1 \\ l_2 & m_2 & n_2 & 1 \\ l_3 & m_2 & n_2 & 1 \\ l_4 & m_2 & n_2 & 1 \end{bmatrix} \begin{bmatrix} dX \\ dY \\ dZ \\ dB \end{bmatrix} \qquad (4\text{-}2\text{-}33)$$

Или записана как：

$$AX = L$$

Где：

$$A = \begin{bmatrix} l_1 & m_1 & n_1 & 1 \\ l_2 & m_2 & n_2 & 1 \\ l_3 & m_2 & n_2 & 1 \\ l_4 & m_2 & n_2 & 1 \end{bmatrix}$$

$$L = (L_1 \quad L_2 \quad L_3 \quad L_4)^T \quad L_i = \rho'^i - \rho'^{i0}$$

Тогда векторный расчет координатного числа может быть получен в виде：

$$dX = -A^{-1}L \qquad (4\text{-}2\text{-}34)$$

Приведенная выше формула применима только к расчету при наблюдении за четырьмя спутниками. На данный момент дополнительных наблюдений нет, и расчет для неизвестного числа является уникальным. Когда имеется более четырех спутников для синхронного наблюдения, например n ($n>4$), для расчета необходимо использовать метод наименьших квадратов. На этом этапе формулы (4-2-33) может быть записано в виде уравнения погрешности, т.е.:

$$V_p = A_p \mathrm{d}X + L_p$$

Где:

$$V_p = (v_1 \quad v_2 \quad ... \quad v_n)^T$$

$$A_p = \begin{bmatrix} l_1 & m_1 & n_1 & 1 \\ l_2 & m_2 & n_2 & 1 \\ \vdots & \vdots & \vdots & \vdots \\ l_n & m_n & n_n & 1 \end{bmatrix}$$

$$L = (L_1 \quad L_2 \quad \cdots \quad L_n)^T$$

Решается по принципу метода наименьших квадратов:

$$\mathrm{d}X = -(A_p^T A_p)^{-1}(A_p^T A_p) \tag{4-2-35}$$

Среднеквадратичная погрешность неизвестного числа на измерительной станции составляет:

$$m_X = \sigma_0 \sqrt{q_{ii}} \tag{4-2-36}$$

Где: σ_0——погрешность измерения псевдодиапазона;

q_{ii}——главный диагональный элемент в матрице весовых коэффициентов

QX, где:

$$Q_X = (A_p^T A_p)^{-1} \tag{4-2-37}$$

Формула (4-2-37) подходит для компьютерного итеративного вычисления, которое заключается в том, чтобы получить начальное значение координат станции, выполнить первое итеративное вычисление, использовать полученное корректирующее число для исправления начального значения координат и продолжить итеративное вычисление. Благодаря быстрой сходимости итерационного процесса, как правило, удовлетворительные результаты можно получить за 2-3 итерации.

2) Абсолютное позиционирование значения фазы несущей волны

Точность абсолютного позиционирования с использованием значений наблюдения фазы несущей волны выше, чем при использовании псевдодиапазона, расчет уравнения наблюдения фазы несущей волны такой же, как и при использовании метода псевдодиапазона. Здесь это повторяться не будет. В то же время следует уделить внимание включению различных поправок, таких как ионосфера и тропосфера, в наблюдаемые значения, чтобы предотвратить и устранить скачки полного цикла и повысить точность позиционирования. После расчета неизвестного числа в течение всей недели оно больше не является целым числом и может быть преобразовано в целое число. Вычисленные координаты станции наблюдения называются фиксированными расчетами, в противном случае они называются расчетами с действительными числами. Результаты расчета статического абсолютного позиционирования фазы несущей волны могут обеспечить относительно точные начальные координаты для опорной станции (или опорной станции отсчета) относительного позиционирования.

3. Коэффициент снижения точности

Согласно матрице весовых коэффициентов абсолютного позиционирования псевдодиапазона Q_X формулы (4-2-37), общая форма Q_X в пространственной декартовой системе координат имеет вид:

$$Q_X = \begin{bmatrix} q_{11} & q_{12} & q_{13} & q_{14} \\ q_{21} & q_{22} & q_{23} & q_{24} \\ q_{31} & q_{32} & q_{33} & q_{34} \\ q_{41} & q_{42} & q_{43} & q_{44} \end{bmatrix}$$

В практических приложениях для оценки точности определения местоположения измерительной станции часто используется ее выражение в геодезической системе координат, предполагая, что матрица весовых коэффициентов соответствующей координаты точки в геодезической системе координат равна:

$$Q_B = \begin{bmatrix} g_{11} & g_{12} & g_{13} \\ g_{21} & g_{22} & g_{23} \\ g_{31} & g_{32} & g_{33} \end{bmatrix}$$

Согласно закону распространения дисперсии и ковариации, можно сделать вывод, что:

$$Q_B = HQ_X H^\mathsf{T}$$

$$Q_X = \begin{bmatrix} q_{11} & q_{12} & q_{13} \\ q_{21} & q_{22} & q_{23} \\ q_{31} & q_{32} & q_{33} \end{bmatrix}$$

$$H = \begin{bmatrix} -\sin B \cos L & -\sin B \sin L & \cos B \\ -\sin L & \cos L & 0 \\ \cos B \cos L & \cos B \sin L & \sin B \end{bmatrix}$$

Для оценки результатов определения местоположения, в дополнение к оценке точности расчета по каждому неизвестному параметру с использованием приведенного выше уравнения, в навигации обычно используется концепция снижения точности（СТ）. Определение таково：

$$m_X = m \cdot DOP \tag{4-2-38}$$

Фактически, СТ является функцией основных диагональных элементов матрицы весовых коэффициентов Q_B. На практике в соответствии с различными требованиями могут использоваться различные модели оценки псевдоточности и соответствующие коэффициенты точности.

（1）Коэффициент ослабления точности положения плоскости（коэффициент ослабления геометрической точности, горизонтальное СТ, ГСТ）, соответствующий точности положения плоскости, равен：

$$HDOP = (g_{11} + g_{22})^{1/2}$$
$$m_H = HDOP \cdot \sigma_0 \tag{4-2-39}$$

（2）Вертикальное СТ（ВСТ）геометрической точности высоты соответствует проекции трех составляющих погрешностей координат на вертикальную линию измерительной станции, а именно：

$$VDOP = \sqrt{g_{33}}$$
$$m_V = m \cdot VDOP \tag{4-2-40}$$

（3）Коэффициент снижения точности пространственного позиционирования （СТ позационирования, СТП）соответствует точности пространственного позиционирования：

$$PDOP = (q_{11} + q_{22} + q_{33})^{1/2}$$
$$m_P = m \cdot PDOP \tag{4-2-41}$$

（4）Коэффициент ослабления геометрической точности（временное СТ, ВСТ）тактовых импульсов соответствует точности отклонения тактовых импульсов приемника：

$$TDOP = \sqrt{q_{44}}$$
$$m_T = m \cdot TDOP \tag{4-2-42}$$

（5）Геометрическое СТ（ГМСТ）. Коэффициент точности, который описывает всестороннее влияние трехмерных погрешностей определения местоположения и времени, называется коэффициентом геометрической точности, а соответствующая среднеквадратичная погрешность равна：

$$GDOP = \sqrt{q_{11} + q_{22} + q_{33} + q_{44}} = \sqrt{PDOP^2 + TDOP^2}$$

$$m_G = m \cdot GDOP \qquad\qquad\qquad (4\text{-}2\text{-}43)$$

Из-за $m_X = m \cdot CT$ коэффициент ослабления точности равен коэффициенту усиления погрешности, который увеличивает погрешностиь псевдодиапазона в CT раз. Значение коэффициента ослабления точности связано с геометрической структурой распределения измеряемого спутника. Предположим, что объем шестигранника, образованного станцией наблюдения и четырьмя спутниками наблюдения, равен V, анализ показывает, что коэффициент ослабления геометрической точности ГМСТ прямо пропорционален величине, обратной объему V шестигранника, т.е.:

$$GDOP \propto 1/V$$

В целом, чем больше объем шестигранника, тем больше диапазон пространственного распределения измеренных спутников и тем меньше значение ГМСТ; и наоборот, чем меньше объем шестигранника, тем меньше диапазон пространственного распределения измеренных спутников и тем больше значение ГМСТ. При реальных наблюдениях, чтобы уменьшить влияние атмосферной рефракции, высотный угол спутника не может быть слишком низким, поэтому необходимо сделать объем шестигранника, образованного измеряемым спутником и станцией наблюдения, максимально близким, насколько это возможно при таких условиях.

【 Выполнение задачи 】

1. Общее введение

Приемник GNSS Chuangxiang компании SOUTH в основном состоит из трех частей: основного блока, портативного компьютера и аксессуаров. Принципиальная схема системы съемки Chuangxiang компании SOUTH показана на рисунке 4-2-7.

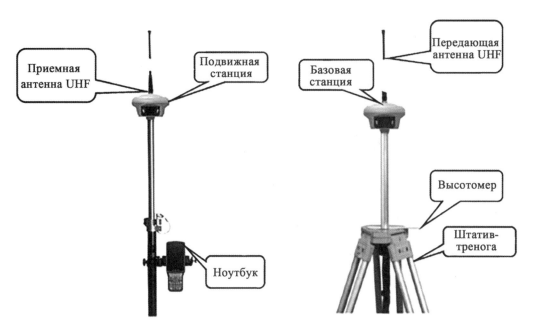

Рис. 4-2-7 Принципиальная схема системы съемки Chuangxiang компании SOUTH

2. Основной блок

Внешний вид приемника GNSS Chuangxiang компании SOUTH показан на рисунках 4-2-8, 4-2-9 и 4-2-10.

Рис. 4-2-8 Передняя часть приемника

Рис. 4-2-9 Задняя часть приемника

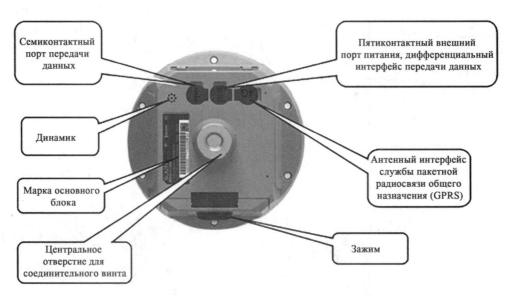

Рис. 4-2-10 Нижняя часть приемника

3. Клавиши и индикаторы

Световые индикаторы расположены на левой и правой сторонах ЖК-экрана, с индикаторами передачи/приема данных слева и индикаторами Bluetooth справа; кнопки расположены на левой и правой сторонах ЖК-экрана,

F — функциональная клавиша/переключатель, ⏻ — клавиша подтверждения/выключения. Подробную информацию см. в таблице 4-2-3.

Табл. 4-2-3 Информация о кнопках приемника и индикаторах

Объект	Функция	Роль и состояние
⏻	Включение и выключение, подтверждение изменений	Включение, выключение, подтверждение элементов модификации
F	Перевернуть страницу, назад	Как правило, помогает выбрать измененный элемент и вернуться в интерфейс верхнего уровня
✳	Индикатор Bluetooth	Данный индикатор горит при включении Bluetooth
↑↓	Световой индикатор данных	Режим радиосвязи: мигает в соответствии с интервалами приема или передачи. Сетевой режим: быстро мигает (10 Гц) во время коммутируемого доступа к сети и подключения к Wi-Fi; после успешного соединения мигает с интервалами приема или передачи

4. Портативный компьютер

1) Портативный компьютер

Руководство по эксплуатации, используемое совместно с приемником GNSS Chuangxiang компании SOUTH, представляет собой руководство является портативный компьютер H6, как показано на рисунках 4-2-11 и 4-2-12.

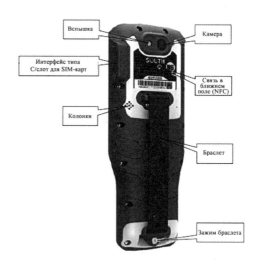

Рис. 4-2-11   Передняя сторона портативного компьютера H6

Рис. 4-2-12   Задняя сторона портативного компьютера H6

2) Bluetooth-соединение

Когда основной блок включен, выполните следующие операции портативного компьютера H6. Рабочая страница китайской версии показана на рисунке 4-2-13.

（1）Откройте программное обеспечение Engineering Star и нажмите «Конфигурация» — «Подключение прибора».

（2）Нажмите «Поиск», чтобы выполнить поиск ближайшего устройства Bluetooth.

（3）Выберите устройство, к которому вы хотите подключиться, и нажмите «Подключить», чтобы подключиться к Bluetooth.

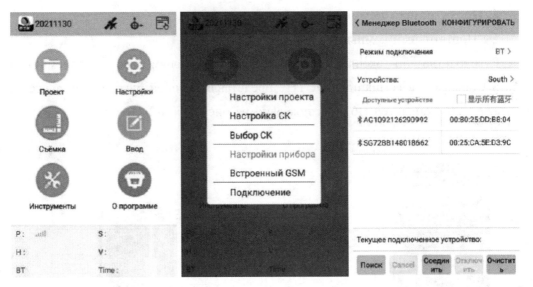

Рис. 4-2-13　Рабочая страница подключения к Bluetooth（русская версия）

5. Способ измерения высоты антенны

Существует четыре метода измерения высоты антенны：измерение высоты по вертикали，измерение высоты по наклону，измерение высоты по опоре и измерение высоты по измерительному элементу. Методы измерения высоты антенны показаны на рисунке 4-2-14.

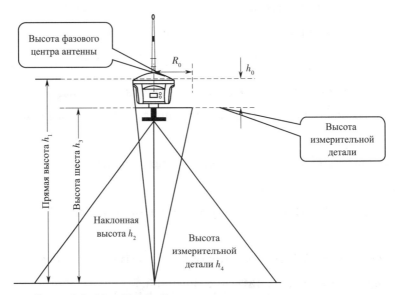

Рис. 4-2-14　Способ измерения высоты антенны

Высота по вертикали（h_1）：высота по вертикали от земли до нижней части основного блока（h_3）плюс высота от фазового центра антенны до нижней части основного блока (h_0) .

Высота по наклону (h_2): высота от середины резинового кольца до точки заземления.

Высота по опоре (h_3): высота центрирующего столба под основным блоком, считываемая по шкале на центрирующем столбе.

Высота по измерительному элементу (h_4): высота от точки заземления до самого внешнего края измерительного элемента.

6. Введение в основной интерфейс Engineering Star

Программное обеспечение Engineering Star 5.0 — это программное обеспечение для полевых исследований кинематического позиционирования в реальном времени, установленное на портативном компьютере H6. Используем программное обеспечение Engineering Star, чтобы понять соответствующие концепции одноточечного позиционирования. Во-первых, запустите программное обеспечение Engineering Star и войдите в режим главного интерфейса, как показано на рисунке 4-2-15.

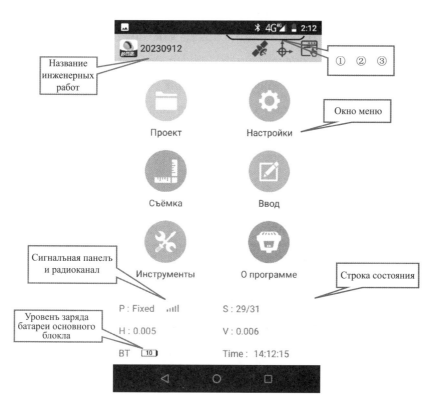

Рис. 4-2-15   Вид основного интерфейса

Подключите портативный компьютер H6 к приемнику GNSS и ознакомьтесь с основным интерфейсом программного обеспечения Engineering Star на открытом воздухе.

В строке состояния «P» представлен текущий статус расчета, включая фиксированный расчет, расчет с плавающей запятой, дифференциальный расчет и расчет с одной точкой; в строке «S» представлены X/Y (количество заблокированных/видимых спутников). Количество классифицированных спутников GPS (G), GLONASS (R), BDS (C), Galileo (E) можно просмотреть в разделе «Информация о местоположении» — «Спутниковая карта» в правом верхнем углу, «H» и «V» представляют собой горизонтальные и вертикальные остатки соответственно; «Time» — время. Есть также полосы сигналов, радиоканалы и уровень заряда батареи основного блока.

«20 200 928» в левом верхнем углу — это название текущего проекта. Нажмите на две пересекающиеся «стрелки» ② в правом верхнем углу, чтобы просмотреть и изменить свойства текущего проекта. Нажмите на значок «Спутник» ① в правом верхнем углу, чтобы просмотреть информацию о местоположении текущего основного блока, как показано на рисунке 4-2-16. Страница «Подробная информация» содержит информацию о точке, коэффициенте точности и информацию об опорной станции текущего приемника GNSS. На странице «Спутниковая карта» отображается количество видимых спутников текущего приемника GNSS и выбирается режим просмотра различных спутников группировки GNSS. На странице «Отношение сигнал/шум» отображается отношение мощности навигационного сигнала к мощности шума, которое обычно рассчитывается логарифмическим образом в дБ, отношение сигнал/шум отражает мощность принимаемого сигнала GNSS и определяет характеристики позиционирования устройства. Значок «Настройка интерфейса» ③ в правом верхнем углу позволяет переключаться между «Классическим стилем» и «Универсальным стилем» в интерфейсе программного обеспечения, как показано на рисунке 4-2-17.

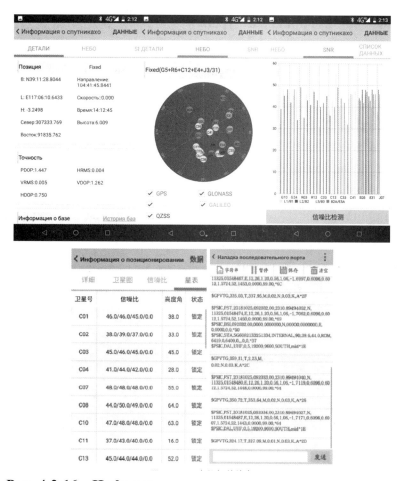

Рис. 4-2-16 Информация, связанная с местоположением

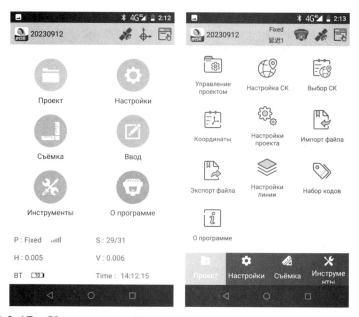

Рис. 4-2-17 Классический стиль и универсальные интерфейсы

7. Калибровка пузырькового уровня

Если во время полевых работ обнаруживается несоответствие электронных пузырьков с пузырьками центрирующего стержня, требуется калибровка пузырьков уровня. Метод калибровки заключается в установке приемника GNSS в указанном положении, его выравнивании, подключении портативного компьютера H6 к приемнику GNSS, нажатии «Конфигурация» — «Технические настройки» — «Системные настройки» — «Пузырьки уровня» — «Калибровка пузырьков» — «Начать калибровку» — после успешной калибровки вернитесь к основному интерфейсу. Конкретные шаги показаны на рисунке 4-2-18. Калибровка магнитного поля может быть выполнена тем же методом.

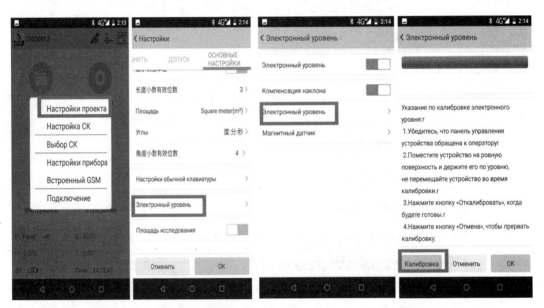

Рис. 4-2-18　Этапы калибровки пузырьков уровня

Примечание: во время процесса калибровки пузырьков необходимо убедиться, что основной блок находится в горизонтальном положении и неподвижен. Если появляется подсказка о ходе выполнения, равная 110%, это указывает на сбой калибровки. В это время следует использовать вспомогательные инструменты для фиксации основного блока. Инерциальный навигационный модуль очень чувствителен к углам, и небольшое отклонение может привести к сбою калибровки. Поэтому настоятельно рекомендуется использовать вспомогательные инструменты для фиксации его перед калибровкой.

8. Функции инерциальной навигационной системы

Система съемки Chuangxiang компании SOUTH оснащена инерциальным навигационным измерителем наклона третьего поколения с точностью измерения ≤ 2, 5 см в пределах наклона 30° и ≤ 5 см в пределах наклона 60°, как показано на рисунке 4-2-19.

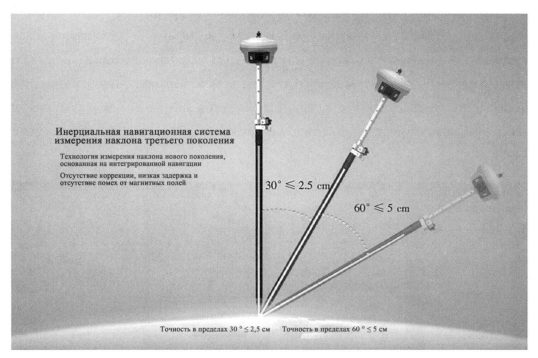

Рис. 4-2-19 Принципиальная схема инерциального навигационного прибора для измерения наклона третьего поколения системы съемки Chuangxiang компании SOUTH

Ниже приведены конкретные этапы работы для измерения наклона инерциальной навигации.

（1）Установка высоты стержня. Нажмите «Конфигурация» —»Технические настройки» — «Введите правильную высоту столба» — «Подтвердить».

Примечание: перед измерением инерциальной навигации высота столба и фактическая установленная высота столба должны совпадать, в противном случае это приведет к неправильной компенсации координат и к ошибкам координат.

（2）Калибровка пузырьков. Для обеспечения точности инерциальной навигации рекомендуется повторно откалибровать пузырьки, если центрирующий стержень или рабочая зона были заменены перед измерением, чтобы избежать влияния на точность измерений из-за деформации центрирующего стержня при изгибе или изменений температуры, давления воздуха, силы тяжести и т.д. Как правило, частая калибровка не требуется.

（3）Измерение. Когда основной блок зафиксирован, нажмите «Измерение» — «Точечное измерение» — «Значок в форме пузыря» — в соответствии с подсказкой «Поворот основного блока влево и вправо» — основной блок предложит «Доступно измерение наклона» или маркировку кинематического позиционирования в реальном времени, в правом верхнем углу изменится с красного на зеленый. В это время используется инерциальная навигация и могут выполняться операции измерения наклона, как показано на рисунке 4-2-20.

Рис. 4-2-20   Этапы измерения наклона при инерциальной навигации

Если основной блок поворачивается влево и вправо в соответствии с подсказкой и по-прежнему не выдает сообщение «доступно измерение наклона», оставьте основной блок в центральном положении на 5 секунд, а затем снова встряхните основной блок, чтобы появилось сообщение «доступно измерение наклона», прежде чем приступить к измерениям.

【 Освоение навыков 】

Использование приемника GNSS для сбора координат: возможность использовать программное обеспечение Engineering Star для просмотра информации, связанной с позиционированием, и завершения процесса измерения инерциального наклона.

Задача Ⅲ   Калибровка приемника GNSS

【Введение в задачу】

Сегодня на рынке представлено много типов приемников, и цены на них сильно варьируются. Чтобы выбрать приемник с надежным качеством и хорошей производительностью, специалисту по измерениям необходимо иметь полное представление о типе приемника, условиях, в которых должен применяться приемник, и о том, как его проверять. Чтобы понять производительность, рабочие характеристики и возможный уровень точности прибора, необходимо осмотреть приемник GNSS, который является основой для составления плана работы, а также важной гарантией бесперебойного выполнения измерений местоположения с помощью GNSS.

【Подготовка к задаче】

1. Типы приемников GNSS

Приемники GNSS можно классифицировать в соответствии с их назначением, принципом работы, частотой приема и т.д.

1）Классификация по назначению

Навигационные приемники: в основном используются для навигации движущихся носителей, которые могут предоставлять информацию о местоположении и скорости носителя в режиме реального времени. Как правило, используется псевдодальномерное измерение кода C/A, точность позиционирования одной точки в режиме реального времени относительно низкая, обычно около 10 м. Цена приемников относительно низкая, поэтому они широко используются.

Геодезические приемники: в основном используются для прецизионной геодезии и прецизионной инженерной съемки. Они используют значения наблюдения фазы несущей волны для относительного позиционирования с высокой точностью позиционирования. Имеют сложную конструкцию и высокую цену.

Приемники синхронизации: в основном используют высокоточный стандарт времени, предоставляемый спутниками GNSS для определения времени. Приемники обычно используются для синхронизации времени в обсерваториях, беспроводной связи и сетях электропитания.

2) Классификация по несущей частоте

Одночастотные приемники: принимают только сигнал несущей волны L1 и измеряет значения наблюдения фазы несущей волны для определения местоположения. Из-за невозможности эффективно устранить влияние ионосферной задержки одночастотные приемники подходят только для точного позиционирования коротких опорных линий.

Двухчастотные приемники: могут одновременно принимать несущие сигналы L1 и L2, разница в ионосферной задержке, вызванная двойной частотой, может помочь устранить эффект задержки ионосферы на сигналы электромагнитных волн. Их можно использовать для точного позиционирования на расстоянии до тысяч километров.

3) Классификация по количеству каналов

Приемники GNSS могут одновременно принимать сигналы от нескольких спутников GNSS, для разделения различных спутниковых сигналов и обеспечения отслеживания, обработки и измерения спутниковых сигналов, устройства с такими функциями называются антенными сигнальными каналами. В зависимости от типа канала, которым обладает приемник, его можно разделить на многоканальные приемники, приемники последовательного канала и многоканальные универсальные приемники.

4) Классификация по принципу работы

Приемники кодовой корреляции: используют технологию кодовой корреляции для получения наблюдений псевдодиапазона.

Квадратные приемники: используют метод квадратуры несущего сигнала для удаления модулированного сигнала и восстановления полного несущего сигнала. Измерение разности фаз между сигналом несущей волны, генерируемым в приемнике, и принятым сигналом несущей волны реализуется с помощью фазометра, тем самым определяется значение наблюдения псевдодиапазона.

Гибридные приемники: комбинируя преимущества двух упомянутых выше приемников, можно получить как псевдодиапазон кодовой фазы, так и значения наблюдения фазы несущей волны.

Интерферометрические приемники: используя спутник GNSS в качестве источника радиосигнала и интерферометрический метод съемки, измеряют расстояние между двумя измерительными станциями.

5) Классификация по спутниковой системе

Приемники одиночной спутниковой системы: приемники спутниковых сигналов, которые обычно имеют возможность отслеживать только одну спутниковую систему навигации и позиционирования, в настоящее время в основном включают GPS приемники, приемники GLONASS, приемники Galileo, приемники BDS и т.д.

Приемники двойной спутниковой системы: приемники спутниковых сигналов, которые обычно имеют возможность отслеживать две спутниковые системы навигации и позиционирования, в настоящее время в основном включают интегрированные приемники GPS, интегрированные приемники GLONASS и интегрированные приемники BDS.

Приемники мультиспутниковой системы: приемники спутниковых сигналов, которые обычно имеют возможность отслеживать две или более спутниковых систем навигации и позиционирования, в настоящее время в основном включают интегрированные приемники GNSS, интегрированные приемники GNSS, интегрированные приемники Galileo и интегрированные приемники BDS.

6) Классификация по режиму работы

Статические приемники: приемники со стандартными статическими и быстрыми статическими функциями.

Динамические приемники: приемники с динамическими, квазидинамическими функциями и дифференциальной технологией реального времени.

7) Классификация по структуре

Разделенные приемники: все или часть принимающего основного блока, антенны, контроллера, радиомодуля и блоков питания, составляющих приемник, спроектированы как независимое целое. Для передачи данных между ними используется кабель или технология Bluetooth. Однако, исходя из анализа базовой структуры прибора, его можно свести к двум частям: антенному и приемному блоку. Оба блока имеют два независимых компонента, чтобы антенный блок можно было установить на измерительной станции. Приемный блок следует разместить в соответствующем месте рядом с измерительной станцией, используя кабель их можно соединить, как показано на рисунке 4-3-1 (a).

Встроенные приемники: приемник, антенна, контроллер и блоки питания, составляющие приемник, полностью или частично интегрируются в единое целое в процессе производства, либо блоки объединяются по модульному принципу и соединяются посредством беспроводных кабелей, как показано на рисунке 4-3-1 (b).

Портативные приемники: благодаря интегрированной конструкции корпус приемника, антенна, контроллер и блоки питания хорошо интегрированы. Приемная система спроектирована и упакована в соответствии с характеристиками портативного устройства, отличается низким энергопотреблением, малым весом и низкой ценой. Приемники широко используется, как показано на рисунке 4-3-1 (c).

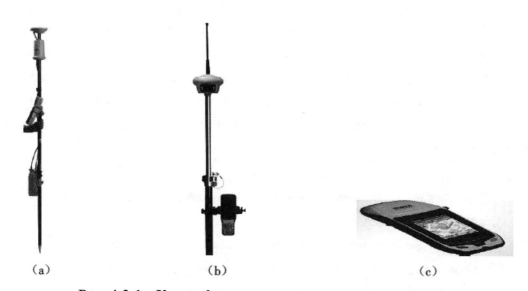

(a)   (b)   (c)

Рис. 4-3-1 Классификация приемников по структуре

(a) Раздельный приемник (b) Встроенный приемник (c) Портативный приемни

2. Функции, которыми должен обладать оптимальный приемник GNSS

1) Комплектация

Приемник обычно включает в себя основной блок (включая антенну, модуль беспроводной связи) и вспомогательное оборудование и т.д. Вспомогательное оборудование включает в себя портативный компьютер, центровочный стержень и т.д.

2) Функциональность

Портативный компьютер должен иметь возможность взаимодействовать с приемником и выполнять настройки с помощью беспроводных методов связи, таких как Bluetooth или Wi-Fi, или использовать собственные кнопки приемника для его настройки. Конкретные функции настройки включают в себя настройку частоты дискретизации данных, угла высоты среза, параметров связи и доступа к сети кинематического позиционирования в реальном времени. Приемник может быть настроен на несколько режимов работы, а также может быть установлен в режим работы опорной станции. В режиме работы мобильной станции приемник должен иметь возможность принимать как дифференциальных данных сети RTK, так и дифференциальных данных одной опорной станции; в рабочем режиме опорной станции он должен иметь возможность быть настроенным на одну опорную станцию для отправки дифференциальных данных. Приемник должен иметь функции отображения или подсказки, включая состояние питания, рабочий режим, статус спутника, режим и статус связи, дифференциальный статус, статус записи и хранения данных и т.д.

3) Свойства

(1) Имеет возможность одновременно отслеживать и измерять более 4 спутников GNSS. Способность приемника одновременно отслеживать и измерять несколько спутников GNSS зависит от количества имеющихся в нем каналов. В нем должно быть минимум 8 каналов, оптимальным является 24 или даже 48 каналов (для двухспутниковых интегрированных ресиверов). Чтобы обеспечить хорошую производительность спутникового слежения без искажений, лучше всего также иметь канал приема сигналов WAAS и радиомаяков.

(2) Имеет возможности двухдиапазонного или даже трехдиапазонного приема. Хотя себестоимость производства и цена продажи одночастотного приемника относительно невелики, он не подходит для дифференциальной съемки GNSS на больших расстояниях с точностью до сантиметра. Идеальный приемник сигнала GNSS должен обладать возможностями двухчастотного или даже трехчастотного приема и способен отслеживать все видимые спутники на море, суше и в воздухе.

（3）Идеальный приемник сигналов GNSS, может выполнять как статическое позиционирование, так и быстрые статические и динамические измерения; может не только измерять семимерные параметры состояния в условиях высокой и низкой динамичности окружающей среды, но также обладает способностью обнаруживать чрезвычайно слабые сигналы и противостоять объектным помехам. Например, он может нормально работать в лесу или окрестностях, а также выполнять различные задачи GNSS и географических информационных систем.

（4）Имеет низкий уровень шума в диапазоне кодов C/A（ $\leqslant$ 10 см）и фазовый шума несущей волны（<1 мм）; Постоянство фазового центра антенны при использовании метода относительного позиционирования вне помещения изменение фазового центра антенны должно быть меньше фиксированной погрешности（3 мм）номинальной точности от уровня статического измерения приемника.

4）Точность измерения

Точность одноточечного позиционирования: горизонтальная точность одноточечного позиционирования приемника должна быть лучше 5 м（СКЗ）, а вертикальная точность должна быть лучше 10 м（СКЗ）.

Статическая точность измерения: номинальная точность приемника может быть выражена как $a+b \times D$. Где a — фиксированная погрешность в мм; b — пропорциональная погрешность в мм/км; D — длина опорной линии в километрах. Горизонтальная точность статического измерения приемником должна быть лучше, чем（ $5+1 \times 10^{-6} \times D$ ）мм, вертикальная точность должна быть лучше, чем（ $10+1 \times 10^{-6} \times D$ ）мм.

Точность измерения кинематического позиционирования в реальном времени: горизонтальная точность измерения кинематического позиционирования в реальном времени приемником должна быть лучше, чем（ $20+1 \times 10^{-6} \times D$ ）мм, вертикальная точность должна быть лучше, чем（ $40+1 \times 10^{-6} \times D$ ）мм.

5）Хранение данных

Приемник имеет функцию сохранения и вывода исходных данных

наблюдений и результатов дифференциального позиционирования. Приемник должен иметь функцию хранения данных во время аварийного отключения электроэнергии; иметь возможность сохранять результаты кинематического позиционирования в реальном времени с частотой дискретизации не менее 72 часов и 1 Гц и должен иметь возможность сохранять необработанные данные по крайней мере за один день.

6）Временные характеристики

Время первого позиционирования при холодном запуске: приемник должен быть включен в состоянии, когда приблизительное местоположение, приблизительное время, эфемериды и календарь неизвестны, а время, необходимое для первого позиционирования, не должно превышать 120 секунд.

Время первого позиционирования при прогреве: приемник должен быть включен в состоянии, в котором известны приблизительное местоположение, приблизительное время и календарь, но неизвестны эфемериды. Время, необходимое для первого позиционирования, не должно превышать 60 секунд.

Время первого позиционирования при горячем запуске: приемник должен быть включен в состоянии, в котором известны приблизительное местоположение, приблизительное время, эфемериды и календарь, а время, необходимое для первого позиционирования, не должно превышать 20 секунд.

Время инициализации кинематического позиционирования в реальном времени: инициализация кинематического позиционирования в реальном времени делится на режим кинематического позиционирования в реальном времени для одной опорной станции и режим кинематического позиционирования в реальном времени для сети. В режиме кинематического позиционирования в реальном времени для одной опорной станции время инициализации не должно превышать 20 секунд, а в режиме кинематического позиционирования в реальном времени для сети время инициализации не должно превышать 15 секунд.

7）Адаптируемость к окружающей среде

Температура: нормальный диапазон рабочих температур приемника составляет −20 ℃ ~+60 ℃, а диапазон температур хранения −40 ℃ ~+75 ℃. Влажное тепло: приемник должен быть способен нормально работать в среде с температурой 40 ℃ и относительной влажностью 95%.

Вибрация: после того, как приемник подвергнется вибрационным воздействиям, указанным в таблицах 4-3-1 и 4-3-2, он должен быть способен нормально работать и сохранять свою конструктивную целостность.

Таблица 4-3-1 Параметры синусоидальной вибрации приемника

Вибро режим	Амплитуда перемещения (мм)	Амплитуда ускорения (м/с²)	Диапазон частот (Гц)
Синусоидальная вибрация	3.5	—	2-9
	—	10	9-200
	—	15	200-500

Таблица 4-3-2 Параметры стационарной случайной вибрации приемника

Вибро режим	Спектральная плотность ускорения (м/с²)	Диапазон частот (Гц)
Стационарная случайная вибрация	10	2-10
	1	10-200
	0.3	200-2 000

Пыленепроницаемость и водонепроницаемость: уровень защиты корпуса ресивера не должен быть ниже IP65, что не может полностью предотвратить попадание пыли. Однако количество попадающей пыли не должно влиять на нормальную работу оборудования или на безопасность и при попадании на внешний корпус воды не должно возникать утечек.

Ударопрочность (защита от падения): приемник может свободно падать с высоты 1, 0 м без внешней упаковки и должен быть способен нормально функционировать после включения питания.

8) Безопасность

Требования к безопасности: каждый интерфейс и должны иметь меры предотвращения неправильного подключения и четкую маркировку. Интерфейс должен иметь антистатическую функцию и защитные меры от случайного изменения полярности.

9) Надежность

Среднее время наработки на отказ (MTBF) приемника должно быть больше или равно 3 000 ч.

3. Базовая конфигурация приемника

Конкретные требования к точности, количеству и измерениям ключевых показателей приемника GNSS для выполнения задач измерения приведены в таблице 4-3-3 (GB/T18314-2009 «Технические характеристики измерений глобальной системы позиционирования (GPS) ») и таблице 4-3-4 (CJJ/T73-

2019 «Спутниковое позиционирование для городских измерений Технические стандарты»）.

Таблица 4-3-3　Выбор приемника（«Технические характеристики глобальной системы позиционирования（GPS）»）

Разряд	A	B	C	D, E
Одночастотный/ двухчастотный	Двойная частота/ полная длина волны	Двойная частота/ полная длина волны	Двойная частота/полная длина волны	Двухчастотный или одночастотный
Объем наблюдений по меньшей мере	Фазы несущих волн L1 и L2	Фазы несущих волн L1 и L2	Фазы несущих волн L1 и L2	Фаза несущей волны L1
Количество приемников синхронного наблюдения	$\geqslant 4$	$\geqslant 4$	$\geqslant 3$	$\geqslant 2$

Таблица 4-3-4　Выбор приемника（«Технический стандарт для спутникового позиционирования городской съемки»）

Элемент	Класс				
	2-ой класс	3-ий класс	4-ый класс	1-ый разряд	2-ой разряд
Тип приемника	Двухчастотный	Двухчастотный	Двухчастотный или одночастотный	Двухчастотный или одночастотный	Двухчастотный или одночастотный
Номинальная точность	H $\leqslant$（5 мм + $2 \times 10^{-6}D$） V $\leqslant$（10 мм + $2 \times 10^{-6}D$）	H $\leqslant$（5 мм + $2 \times 10^{-6}D$） V $\leqslant$（10 мм + $2 \times 10^{-6}D$）	H $\leqslant$（10 мм + $5 \times 10^{-6}D$） V $\leqslant$（20 мм + $5 \times 10^{-6}D$）	H $\leqslant$（10 мм + $5 \times 10^{-6}D$） V $\leqslant$（20 мм + $5 \times 10^{-6}D$）	H $\leqslant$（10 мм + $5 \times 10^{-6}D$） V $\leqslant$（20 мм + $5 \times 10^{-6}D$）
Количество приемников синхронного наблюдения	$\geqslant 4$	$\geqslant 3$	$\geqslant 3$	$\geqslant 3$	$\geqslant 3$

Примечание：D — это расстояние между двумя точками, измеренное в километрах.

4. Техническое обслуживание прибора

Приемники GNSS являются ценными точными электронными приборами, и пользователям необходимо соблюдать строгие меры по техническому обслуживанию при их транспортировке, использовании и хранении.

（1）Для обеспечения сохранности должно быть назначено специальное лицо. Независимо от используемого способа транспортировки, должен быть назначен человек для сопровождения и принятия противоударных мер. Столкновения, переворачивание или сильное давление не допускаются.

（2）Во время эксплуатации следует строго соблюдать технические регламенты и эксплуатационные требования, лицам, не являющимся операторами, не разрешается пользоваться приборами без разрешения.

（3）Следует обратить внимание на противоударные, влагостойкие, солнцезащитные, пылезащитные, коррозионностойкие и радиационно-стойкие меры. Кабель не следует перекручивать, волочить по земле или сминать, а его соединения и разъемы следует держать в чистоте.

（4）После выполнения работы приемник следует своевременно очистить от влаги и пыли, поместить в ящик для инструментов. Ящик для инструментов следует поместить в проветриваемое, сухое и прохладное место. Если влагопоглотитель внутри корпуса прибора становится розового цвета, его следует немедленно заменить.

（5）Во время передачи приборов следует проводить проверки в соответствии с предписанными общими точками проверки, а также заполнять записи о передаче.

（6）Прежде чем использовать внешний источник питания приемника, следует проверить, является ли напряжение источника питания нормальным, положительный и отрицательный полюса батареи не должны быть соединены в противоположном направлении.

（7）Если антенна размещена на крыше здания, возвышенности или других эксплуатационных сооружениях, следует принять меры по усилению. В грозовую погоду следует установить средства молниезащиты или прекратить наблюдение.

（8）В течение срока хранения приемника в помещении его следует регулярно проветривать и включать питание для проверки каждые 1~2 месяца. Аккумулятор внутри приемника должен быть полностью заряжен, а внешний аккумулятор должен заряжаться и разряжаться вовремя в соответствии с его требованиями.

（9）Строго запрещается разбирать различные компоненты приемника, а антенные кабели запрещается перерезать, модифицировать, менять модели или удлинять без разрешения. При возникновении неисправности ее следует тщательно зафиксировать и сообщить в соответствующий отдел, а для ремонта следует пригласить профессиональный персонал.

【Выполнение задачи】

Работоспособность и надежность приемника, выбранного для наблюдения, должны быть проверены, и в работе можно использовать только те приемники, которые прошли проверку. Для вновь приобретенных и отремонтированных приемников следует провести всестороннюю проверку в соответствии с правилами. Всесторонняя проверка приемника включает в себя общую проверку, проверку при включении питания и фактическую всестороннюю проверку работоспособности.

1. Общая проверка

При общем осмотре в основном проверяется, являются ли компоненты и принадлежности приемного устройства целыми и невредимыми, ослаблены или отсоединены крепежные детали, а также полнота руководства пользователя и данных. Кроме того, перед проверкой следует протестировать и откалибровать круговой уровень и оптическое центрирующее устройство основания антенны, а погрешность центрирования оптического центрирующего устройства должна составлять менее 1 мм. Метеорологические измерительные приборы (вентиляционные психрометры, барометры, датчики температуры) следует регулярно отправлять в метеорологический департамент для проверки.

2. Проверка включения питания

Проверка включения питания в основном проверяет работу сигнальных ламп, кнопок, систем отображения и приборов после включения приемника, а также работу системы самотестирования. После того как самопроверка пройдет нормально, выполните инструкции по эксплуатации, чтобы проверить работу прибора. Время инициализации способности приемника блокировать спутник не должно превышать 15 минут, а время инициализации разности фаз несущей волны в реальном времени (кинематическое позиционирование в реальном времени) и псевдодиапазона в реальном времени (разница в реальном времени) не должно превышать 3 минут.

3. Фактическая всесторонняя проверка работоспособности

Всесторонняя проверка работоспособности фактических измерений является основным содержанием проверки приемника GNSS, методы ее проверки включают стандартную проверку исходных данных по известным координатам, проверку длины кромки, проверку нулевой опорной линии, проверку смещения фазового центра и т.д. Вышеуказанные проверки следует проводить не реже одного раза в год в зависимости от продолжительности эксплуатации.

1) Проверка согласованности фазового центра приемной антенны

Правильно расположите приемник на ультракороткой опорной линии (6 м<D<24 м), направьте его на север в согласованном направлении, и наблюдайте в течение некоторого времени. Затем закрепите одну антенну и поверните другие антенны последовательно на 90°, 180° и 270°, наблюдая за каждым периодом не менее 30 минут. Рассчитайте опорные векторы для каждого периода времени отдельно, разница между максимальным и минимальным значениями должна быть меньше фиксированной погрешности a номинальной точности статического уровня измерения.

2) Измерение и проверка геодезических приемников GNSS

Проверка измерений геодезических приемников GNSS выполняется в области калибровки GNSS, которую можно разделить на проверку коротких опорных измерений и проверку средних и длинных опорных измерений.

(1) Проверка измерения короткой опорной линии проводится на короткой опорной линии поля калибровки GNSS. Работайте в соответствии с правильным методом работы приемника GNSS, отрегулируйте основание таким образом, чтобы антенна приемника GNSS была строго выровнена и отцентрирована, равномерно направлена в нужном северном направлении в соответствии с соглашением. Высота антенны должна быть рассчитана с точностью до 1 мм, и каждый приемник GNSS должен обеспечивать синхронное время наблюдения более 1 часа. Результаты проверки двух комплектов должны составлять не менее трех длин сторон. Разница между опорной линией, рассчитанной вспомогательным программным обеспечением, и известным опорным значением должна быть меньше номинального стандартного отклонения приемника GNSS. Если номинальное значение приемника GNSS равно ($a+b \times D$), то максимально допустимое значение погрешности измерения для приемника GNSS равно:

$$\sigma = \sqrt{a^2 + (b \times D \times 10^{-6})^2}$$

Где: σ——стандартное отклонение, мм;

a——исправленная погрешность, мм;

b——коэффициент пропорциональной погрешности, мм/км;

D——расстояние измерения, км.

(2) Измерение и контроль средних и длинных опорных линий можно разделить на два метода: с использованием известной длины опорной линии и известных координат. Проводить проверку в режиме статических измерений на известных средних и длинных базах следует соответственно данных показаных в таблице 4-3-5. Данные наблюдений могут быть рассчитаны с помощью вспомогательного программного обеспечения для обработки, а разница между рассчитанной опорной линией и известным опорным значением используется в качестве результата калибровки.

Таблица 4-3-5 Минимальный график наблюдений для проверки средних и длительных опорных измерений

Классификация длины опорной линии	Минимальное время наблюдения (ч)
$D \leqslant 5$ км	1.5
5 км$<D \leqslant 15$ км	2.0
15 км$<D \leqslant 30$ км	2.5
$D>30$ км	4.0

Поле калибровки приемника GNSS он должен быть помещен в месте с прочной и стабильной геологической структурой, благоприятном для длительного хранения, удобной транспортировки и простого использования. Каждая точка должна быть заглублена в грунт в качестве наблюдательной вышки с принудительным центрированием, без сильных помех электромагнитному сигналу вокруг нее, и в точке с углом обзора по высоте $15°$ или выше не должно быть никаких препятствий. Расположение точек калибровочной площадки должно включать в себя сверхкороткое расстояние, короткую дистанцию и средне-длинную дистанцию, образуя форму сети с целью проведения тестирования на ошибку замыкания.

3) Точность измерения одноточечного позиционирования

Согласно «Общей спецификации приемника кинематического позиционирования в реальном времени «Бэйдоу»/Глобальной спутниковой навигационной системы (GNSS) » (BD420023-2019), приемник должен иметь функцию одноточечного позиционирования, а горизонтальная точность одноточечного позиционирования приемника должна быть выше 5 м (среднеквадратичное значение), вертикальная точность должна быть выше 10 м (среднеквадратичное значение). Разместите приемник в известные координатные точки места осмотра, после получения результата позиционирования начните запись координат. Интервал выборки данных составляет 30 секунд, и записывается 100 точек данных. Рассчитайте точность позиционирования в одной точке по следующей формуле:

$$m_{\text{H}} = \sqrt{\frac{1}{n} \sum_{i=1}^{n} \left[(N_i - N_0)^2 + (E_i - E_0)^2 \right]} \qquad (4\text{-}3\text{-}1)$$

$$m_{\text{V}} = \sqrt{\frac{1}{n} \sum_{i=1}^{n} \left[(U_i - U_0)^2 \right]} \qquad (4\text{-}3\text{-}2)$$

Где: m_{H}, m_{V}——точность позиционирования одной точки по горизонтали и вертикали, м;

N_0, E_0, U_0——координаты севера, востока и высоты известной точки в системе координат центра станции, м;

N_i, E_i, U_i——координаты севера, востока и высоты i-го местоположения в системе координат центра станции, м;

n——количество координат позиционирования одной точки.

4) Точность измерения статической опорной линии

Разместите приемник в известной точке на месте проверки с длиной опорной линии от 8 до 20 км, углом отсечения спутника по высоте не более 15° и интервалом выборки не более 15 секунд. Наблюдайте за четырьмя периодами времени, каждый из которых длится не менее 30 минут. Точность измерения статической опорной линии, рассчитанная в соответствии с формулой (4-3-3), должна быть выше, чем номинальное стандартное отклонение приемника, рассчитанное в соответствии с формулой (4-3-4):

$$\left. \begin{aligned} m_{\text{Hs}} &= \sqrt{\frac{1}{4} \sum_{i=1}^{4} \left[(\Delta N_i - \Delta N_0)^2 + (\Delta E_i - \Delta E_0)^2 \right]} \\ m_{\text{Vs}} &= \sqrt{\frac{1}{4} \sum_{i=1}^{4} \left[(\Delta U_i - \Delta U_0)^2 \right]} \end{aligned} \right\} \qquad (4\text{-}3\text{-}3)$$

$$\sigma = a + b \times D \qquad (4\text{-}3\text{-}4)$$

Где: m_{Hs}, m_{Vs}——горизонтальная и вертикальная точность измерения статической опорной линии, м;

ΔN_0, ΔE_0, ΔU_0——составляющая в северном, восточном и верхнем направлениях известной опорной линии в системе координат центра станции, м;

ΔN_i, ΔE_i, ΔU_i——составляющая результатов опорных измерений в северном, восточном и верхнем направлениях за i-й период в системе координат центра станции, м;

σ——номинальное стандартное отклонение приемника, мм;

a——фиксированный коэффициент погрешности, мм;

b——коэффициент пропорциональной погрешности, мм/км；

D——длина опорной линии, км. Если фактическая длина опорной линии D < 0, 5 км, для расчета примите значение 0, 5 км.

5）Точность съемки RTK

Приемники оснащены одиночными дифференциалами BDS и кинематическим позиционированием в реальном времени BDS/GPS/GLONASS. В режиме единой опорной станции выбираются две известные координатные точки на расстоянии не более 5 км в месте проверки и количеством эффективных спутников GNSS в единой системе не менее 8, проводится тестирование кинематического позиционирования в реальном времени на одной опорной станции. Опорная станция передает данные о дифференциальной коррекции фазы несущей волны BDS/GPS/GLONASS. После того, как приемник успешно определяет местоположение одной точки, он получает дифференциальные данные от опорной станции. После завершения инициализации результаты кинематического позиционирования в реальном времени записываются. Каждая группа непрерывно собирает не менее 100 результатов измерений, и в общей сложности проводится 10 наборов наблюдений. После каждой группы измерений компьютер перезагружается для инициализации. В режиме сетевого RTK количество эффективных спутников GNSS в единой системе должно быть не менее 8. Должно быть проведено сетевое тестирование кинематического позиционирования в реальном времени. После того, как приемник успешно определит местоположение одной точки, должны быть получены дифференциальные данные сети. После завершения инициализации результаты кинематического позиционирования в реальном времени должны быть записаны. Каждая группа должна непрерывно собирать не менее 100 результатов измерений, и в общей сложности должно быть проведено 10 наборов наблюдений. После завершения каждого набора измерений система должна быть перезапущена для инициализации. Рассчитайте точность измерения кинематического позиционирования в реальном времени по следующей формуле：

$$\left.\begin{array}{l} m_{\text{Hrtk}} = \sqrt{\dfrac{1}{4}\sum_{i=1}^{n}\left[(N_i - N_0)^2 + (E_i - E_0)^2\right]} \\[4mm] m_{\text{Vrtk}} = \sqrt{\dfrac{1}{4}\sum_{i=1}^{n}\left[(U_i - U_0)^2\right]} \end{array}\right\} \quad (4\text{-}3\text{-}5)$$

Где: m_{Hrtk}, m_{Vrtk}——точность измерения кинематического позиционирования в реальном времени по горизонтали и вертикали, мм;

N_0, E_0, U_0——известные координаты контрольной точки в системе координат центра станции, включая координаты севера, востока и высоты, м;

N_i, E_i, Ui——координаты севера, востока и высоты, полученные из i-го результата позиционирования тестируемого оборудования после проецирования в системе координат центра станции, мм;

i——порядковый номер результатов динамических измерений кинематического позиционирования в реальном времени;

n——количество результатов динамического измерения кинематического позиционирования в реальном времени.

【 Освоение навыков 】

Основываясь на реальных условиях места обучения, выберите точки проверки для проверки приемника GNSS.

Задача IV Факторы влияющие на погрешности измерений GNSS

【 Введение в задачу 】

Погрешности измерения GNSS обусловлены генерацией и излучением спутниковых сигналов GNSS, распространением сигналов в среде и приемом сигналов приемником. В зависимости от характера погрешности ее можно разделить на две категории: систематическая погрешность (смещение) и случайная погрешность. Систематическая погрешность намного больше случайной как с точки зрения размера, так и с точки зрения ее влияния на результаты позиционирования, существуют правила, которым можно следовать, могут быть приняты определенные меры для ее устранения. Эта задача в основном объясняет классификацию, источники и меры по устранению погрешностей.

【 Подготовка к задаче 】

1. Источники и последствия погрешностей в измерениях GNSS

Различные погрешности, возникающие при позиционировании GNSS, можно условно разделить на три категории в зависимости от их источников: погрешности, связанные со спутниками; погрешности, связанные с распространением сигнала, и погрешности, связанные с приемниками. Влияние различных источников погрешностей на позиционирование GNSS показано в таблице 4-4-1.

Таблица 4-4-1 Классификация погрешностей позиционирования GNSS и их влияние на измерение опорной линии

Источник погрешности	Классификация погрешности	Влияние на измерение исходных условий (м)
Спутник GNSS	Погрешность эфемериды спутника Тактовая погрешность спутниковых часов Релятивистский эффект	1,5-15
Распространение сигнала	Задержка в ионосфере Задержка в тропосфере Многолучевой эффект	1,5-15
Приемник	Тактовая ошибка приемных часов Погрешность определения местоположения приемника Погрешность, вызванная изменением фазового центра приемника	1,5-5
Прочее влияние	Земные приливы Прилив нагрузки	1

1. Классификация основных погрешностей в измерениях GNSS

1) Погрешности, связанные со спутниками

Ⅰ. Погрешность в эфемеридах спутника

Разница между положением спутника, заданным широковещательными эфемеридами или другой орбитальной информацией, и фактическим положением спутника называется эфемеридной погрешностью. В течение периода наблюдения (1-3 часа) он в основном демонстрирует характеристики систематической погрешности.

Величина погрешности эфемерид в основном зависит от качества спутниковой системы слежения (например, от количества и пространственного распределения станций слежения, количества и точности значений наблюдений, полноты модели орбиты и программного обеспечения для определения орбиты, используемого при расчете орбиты, и т.д.), а также напрямую связана с интервалом прогнозирования эфемерид (интервал прогнозирования измеренных эфемерид можно считать равным нулю). Благодаря технологии SA правительства США погрешности эфемерид также приводят к большому количеству погрешностей, вызванных человеческим фактором, которые в основном проявляют характеристики систематических погрешностей.

Влияние погрешностей эфемерид на результаты определения местоположения двух станций, расположенных недалеко друг от друга, как правило, одинаково, и погрешности эфемерид каждого спутника обычно рассматриваются как независимые друг от друга. Однако из-за внедрения технологии SA эта функция, скорее всего, будет скомпрометирована.

II. Тактовая погрешность спутниковых часов

Хотя на спутниках используются высокоточные атомные часы, погрешности все равно неизбежно существуют. Этот тип погрешностей включает в себя как систематические (вызванные отклонением тактовой частоты, смещением частоты, дрейфом частоты и т.д.), так и случайные. Системная погрешность намного больше случайной, но ее можно исправить с помощью моделей, что делает случайную погрешность важным показателем для измерения атомных часов. Синхронизационная погрешность в основном зависит от качества часов.

После внедрения технологии SA в погрешность спутниковых часов было внесено случайное дрожание сигнала, вызванное человеческим фактором. Когда две станции выполняют синхронные наблюдения со спутников, влияние погрешностей спутниковых часов на значения наблюдений обеих станций одинаково. Погрешности каждого спутникового таймера, как правило, считаются независимыми друг от друга.

III. Релятивистский эффект

Релятивистский эффект — это явление относительной погрешности часов между часами спутника и часами приемника из-за различных состояний (скорости движения и гравитационного потенциала), в которых они находятся. Строго говоря, относить это к погрешностям, связанным со спутниками, не совсем корректно. Однако из-за того, что релятивистский эффект в основном зависит от скорости движения и гравитационного потенциала спутников и проявляется в виде погрешностей спутниковых часов, он классифицируется как погрешность.

Погрешности, связанные со спутниками, оказывают одинаковое влияние на измерение псевдодиапазона и фазы несущей волны.

2）Погрешности, связанные с распространением сигнала

I. Ионосферная рефракция

Когда сигналы электромагнитных волн проходят через ионосферу, скорость их распространения изменяется, что приводит к систематическому отклонению результатов измерений. Это явление называется ионосферной рефракцией. Величина ионосферной рефракции зависит от внешних условий（времени, количества солнечных пятен, местоположения и т.д.）и частоты сигнала. При измерении псевдодиапазона и измерении фазы несущей волны величина ионосферной рефракции одинакова, но символ противоположен.

II. Тропосферная рефракция

Когда спутниковый сигнал проходит через тропосферу, скорость его распространения изменяется, что приводит к систематическим погрешностям в результатах измерений. Это явление называется тропосферной рефракцией. Величина тропосферной рефракции зависит от внешних условий（температуры, давления, перепада температур и т.д.）. Влияние тропосферной рефракции на измерение псевдодиапазона и измерение фазы несущей волны одинаково.

III. Погрешность многолучевого распространения

Сигнал, который поступает на приемник после отражения от поверхности определенных объектов, будет накладываться на сигнал непосредственно со спутника, поступающий в приемник, что приведет к систематической погрешности в измеряемом значении. Это явление называется погрешностью многолучевого распространения. Влияние погрешности многолучевого распространения на измерение псевдодиапазона является более серьезным, чем при измерении фазы несущей волны. Величина погрешности многолучевого распространения зависит от окружающей среды вокруг станции и характеристик приемной антенны.

Остаточные целочисленные скачки в наблюдаемых значениях при измерении фазы несущей волны（вызванные необнаруженным или неправильно исправленными неисправностями）и неправильное определение целых неизвестных величин могут вызывать систематические отклонения в значениях измерения несущей волны, которые обычно классифицируются как погрешности, связанные с распространением сигнала.

3) Погрешности, связанные с приемником

I. Погрешность синхронизации приемника

В приемниках обычно используются кварцевые часы с меньшей точностью, что приводит к более серьезным погрешностям в работе часов. Величина этой погрешности в основном зависит от качества работы часов, а также связана с операционной средой. Это оказывает такое же влияние на измерения псевдодальности и измерения фазы несущей. Когда один и тот же приемник синхронно наблюдает за несколькими спутниками, погрешность тактовых сигналов приемника оказывает одинаковое влияние на соответствующие значения наблюдений, и разности тактовых сигналов каждого приемника можно рассматривать как независимые друг от друга.

II. Погрешность определения местоположения приемника

При определении времени и орбиты, положение приемника (относящееся к фазовому центру приемной антенны) является известной величиной, погрешность положения приемника приведет к систематической погрешности в результатах определения времени и орбиты. Эта погрешность оказывает одинаковое влияние на измерение псевдодиапазона и измерение фазы несущей волны.

2. Меры и методы по устранению и ослаблению воздействия вышеуказанных погрешностей

Влияние вышеуказанных погрешностей на дальномерность может достигать десятков метров, иногда даже превышая 100 метров, что на несколько порядков превышает шум наблюдения. Следовательно, он должен быть устранен и ослаблен. Существует несколько методов устранения и ослабления воздействия этих погрешностей.

1) Создание модели исправления погрешностей

Модель коррекции погрешностей может устанавливать теоретические формулы путем изучения, анализа и выведения характеристик, механизмов и причин погрешностей (например, модель коррекции двухчастотной ионосферной рефракции, созданная с использованием характеристики, согласно которой величина ионосферной рефракции связана с частотой сигнала, известная как «эффект ионосферной дисперсии», что в основном является теоретической формулой), или путем анализа и подгонки большого объема данных наблюдений можно получить эмпирические формулы. В большинстве случаев два вышеуказанных метода используются одновременно для создания комплексной модели (различные модели тропосферной рефракции обычно относятся к комплексной модели).

Погрешности самой модели коррекции и погрешности полученных параметров модели коррекции все равно будут иметь некоторые отклонения от наблюдаемых значений. Эти остаточные отклонения обычно намного больше, чем случайные погрешности.

Точность моделей коррекции погрешностей различна, причем некоторые модели дают лучшие результаты. Например, остаточное отклонение двухчастотной модели коррекции ионосферной рефракции составляет около 1% или менее от общей величины; некоторые эффекты являются средними, например, остаточное отклонение большинства моделей коррекции тропосферной рефракции составляет от 5% до 10% от общей величины; некоторые дают плохие результаты, такие как остаточная погрешность одночастотной модели коррекции ионосферной рефракции, обеспечиваемой широковещательными эфемеридами, достигает 30%-40%.

2) Метод определения различий

Тщательный анализ влияния погрешностей на значения наблюдений или результаты корректировки, организация соответствующих схем наблюдений и методов обработки данных (таких как, синхронное наблюдение, относительное позиционирование и т.д.), использование корреляции между погрешностями в значениях наблюдений или результатах позиционирования и устранение или ослабление их влияния путем вычисления разности называется методом разности.

Например, когда две станции наблюдения одновременно наблюдают за одним и тем же спутником, значения наблюдений обеих станций содержат общую погрешность спутниковых часов. Путем вычитания значений наблюдений между приемниками эта погрешность может быть устранена. Аналогично, когда приемник синхронно наблюдает за несколькими спутниками, вычитание наблюдаемых значений между спутниками может устранить влияние погрешностей синхронизации приемника.

Например, текущая погрешность широковещательных эфемерид может достигать десятков метров, что относится к погрешности исходных данных и не влияет на значения наблюдений. Это не может быть устранено путем вычитания значений наблюдений. При использовании синхронных наблюдений с двух станций, расположенных не слишком далеко друг от друга для определения относительного местоположения, влияние погрешностей эфемерид на координаты двух станций также аналогично из-за очень похожих геометрических форм между двумя станциями и спутником. Используя эту корреляцию, можно устранить распространенные погрешности в координатах при вычислении разностей координат, а остаточная погрешность практически не влияет на опорную линию.

3）Выбор лучшего оборудования и условий наблюдения

Некоторые погрешности（такие как погрешности многолучевого распространения）не могут быть устранены или ослаблены с помощью разностного метода, равно как и не может быть создана модель исправления погрешностей. Единственный способ ослабить их — это выбрать антенну получше и тщательно выбрать измерительную станцию вдали от отражателей и источников помех. Вышеуказанные методы также могут быть объединены, например, для коррекции используется модель коррекции задержки распространения в атмосфере, а затем используется разностный метод для устранения остаточных погрешностей, которые не могут быть исправлены моделью, но имеют значение.

【Выполнение задачи】

Основываясь на приведенном выше соответствующем содержании, краткое изложение причин погрешностей и методов их устранения представлено в таблице 4-4-2.

Таблица 4-4-2　Анализ погрешностей позиционирования GNSS

Погрешность	Причина появления	Меры по сокращению
Погрешность эфемерид	Ни прецизионные эфемериды, ни прогнозные эфемериды не отражают истинное положение спутника; Эфемерная погрешность — это тип начальной погрешности, которая в основном зависит от количества и пространственного распределения станций спутникового слежения, количества и точности значений наблюдений, модели орбиты, используемой в расчет орбиты и степень полноты программного обеспечения для определения орбиты; это оказывает значительное влияние на точность определения местоположения в одной точке, а также является важным источником погрешностей в точном относительном позиционировании.	（1）Создание собственного спутника и независимое определение орбиты; （2）Относительное позиционирование; （3）Метод релаксации орбиты
Отклонение спутниковых часов	Отклонение частоты, дрейф частоты и случайная погрешность часов.	（1）Исправленная модель; （2）Разница в относительном позиционировании.
Релятивистский эффект	Явление относительной тактовой погрешности между спутниковыми часами и часами приемника, вызванное различными состояниями спутниковых часов и часов приемника.	Уменьшение частоты спутниковых часов.
Ионосферная погрешность	Когда сигнал GNSS проходит через ионосферу, траектория распространения сигнала изгибается из-за нелинейных характеристик рассеяния заряженной среды, а скорость его распространения изменяется из-за действия свободных электронов; ключ к коррекции ионосферной рефракции лежит в электронной плотности, которая изменяется в зависимости от таких факторов, как высота с земли, изменение времени, солнечная активность, время года и местоположение станции.	（1）Относительное позиционирование; （2）Двухчастотный прием; （3）Использование модели коррекции ионосферы.
Тропосферная погрешность	Сигнал GNSS подвергается преломлению при прохождении через тропосферу, а показатель преломления тропосферы тесно связан с атмосферным давлением, температурой и влажностью	（1）Относительное позиционирование; （2）Использование корректирующей модели для коррекции.
Многолучевой эффект	Путь распространения не является линейным расстоянием между спутником и приемником	（1）Выбор точки; （2）Улучшение структуры антенны приемника.
Отклонение тактового сигнала приемника	Приемник выбирает только те кварцевые часы, которые остаются стабильными в течение одного периода позиционирования	（1）Расчет как неизвестного числа; （2）Создание модели погрешности для часов и вычисление разницы между спутниками.
Погрешность положения фазового центра антенны	Фазовый центр антенны не совпадает с геометрическим центром	（1）Антенна, указывает на север, и знак, указывает на север; （2）Использование той же модели и типа приемника.

Погрешность	Причина появления	Меры по сокращению
Погрешность выравнивания приемника	Измеренное положение точки не соответствует фактическому положению точки	Принудительное выравнивание.

【 Размышления и упражнения 】

（1）Каковы компоненты приемника GNSS？ Каковы функции каждой части？

（2）Каковы компоненты спутниковых сигналов GNSS？

（3）Что такое псевдослучайный шумовой код？ Каковы его особенности？

（4）Что такое коэффициент автокорреляции？

（5）Какова взаимосвязь между численным значением коэффициента точности и геометрической структурой распределения измеряемого спутника？

（6）Что включает в себя проверка приемника GNSS？

Проект V

Статическая контрольная съемка GNSS

【 Описание проекта 】

Статическая контрольная съемка GNSS позволяет получить высокоточные контрольные точки GNSS. Статическая контрольная съемка GNSS включает в себя несколько этапов, таких как профессиональное техническое проектирование, сбор полевых данных, внутренняя обработка данных и профессиональное техническое заключение. Среди них профессиональное техническое проектирование включает в себя эталонное проектирование, прецизионное проектирование, плотностное проектирование, графический дизайн, работу по подготовке к тестированию GNSS и подготовку профессиональной технической проектной документации. Сбор полевых данных включает в себя подготовку поля, выбор площадки и закладка, полевые наблюдения и т.д. Внутренняя обработка данных включает в себя передачу данных, предварительную обработку данных, расчет опорной линии и настройка сети GNSS. Профессиональное техническое заключение включает в себя подготовку профессионального технического заключения, прием результатов, представление данных и т. д. Данный проект использует приемник GNSS Chuangxiang компании SOUTH и программное обеспечение платформы обработки южных географических данных SGO в качестве примеров для проработки вышеуказанных вопросов. В процессе обучения студенты овладеют тем, как проводить статические контрольные измерения GNSS и подготовку к работе, а также овладеют такими навыками, как компоновка сети, загрузка и расчет данных во время полевых измерений.

【 Цель проекта 】

（1）Знакомство с работой по предварительной подготовке GNSS к тестированию и подготовкой профессиональной технической проектной документации.

（2）Понимание технического и графического проекта по оформлению работ статической контрольной съемки GNSS.

（3）Подробное обсуждение полевых исследований с использованием GNSS, включая методы и меры предосторожности при выборе места, закладке камней и полевых наблюдениях.

（4）Освоение основных концепций и методов расчета статических данных сети управления GNSS.

（5）Освоение краткого содержания технологии измерений GNSS и представленных материалов по техническим достижениям.

Задача I Подготовка профессиональной технической проектной документации

【 Введение в задачу 】

Целью разработки технологии съемки и картографии является формулирование практических технических расчетах, обеспечивающих соответствие результатов съемки и картографии（или продуктов）техническим стандартам и требованиям клиентов, а также получение наилучших социальных и экономических выгод. Перед каждой операцией по геодезическому и картографическому проекту следует выполнить техническое проектирование, а также сформировать техническую проектную документацию. Техническая проектная документация является технической основой для производства геодезических работ и картографирования, а также ключевым фактором, влияющим на соответствие результатов съемки и картографирования（или продукции）требованиям заказчика и техническим стандартам. Для обеспечения пригодности, адекватности и эффективности технической проектной документации, отвечающей указанным требованиям, геодезические и картографические работы по техническому проектированию должны выполняться в соответствии с предписанными процедурами. Эта задача в основном знакомит с тем, как завершить подготовку профессионального технического проекта для контрольной съемки GNSS.

Перед проведением полевых наблюдений с помощью GNSS необходимо провести разведку района съемки, сбор данных, подготовку оборудования, составление плана наблюдений, калибровку приемника GNSS и подготовку профессионально-технической проектной документации.

【 Подготовка к задаче 】

Проектирование геодезических и картографических технологий можно разделить на проектное проектирование и профессиональное техническое проектирование. Проектирование — это комплексный общий проект геодезического и картографического проекта. Профессиональный технический проект — это разработка технических требований к профессиональной деятельности в области геодезии и картографирования. Это конкретный проект, основанный на содержании геодезических и картографических работ, и является технической основой для руководства геодезическими работами и составлением карт. Профессиональное техническое проектирование является обязанностью юридического лица, ответственного за соответствующие профессиональные задачи в области геодезии и картографирования.

1. Содержание профессиональной технической проектной документации

Содержание профессионального технического проекта обычно включает в себя обзор, физическую географию района изысканий и существующие данные, цитируемые документы, основные технические показатели и спецификации достижений (или продуктов), планы технического проектирования и другие части.

1) Обзор

В разделе «Обзор» в основном объясняется основная информация о задаче, включая ее источник, цель, объем и содержание, административную принадлежность и крайний срок выполнения.

3) Общая физическая география района исследований и имеющиеся данные

I. Обзор физической географии района исследований

Конкретное содержание и характеристики различных профессиональных задач по геодезии и картографированию должны быть объединены, и при необходимости должен быть объяснен естественно-географический обзор района съемки, связанный с операцией по геодезии и картографированию, включая следующее содержание.

(1) Топографический обзор и характеристики района съемки: распределение и основные характеристики жилых районов, дорог, систем

водоснабжения, растительности и других элементов, категории рельефа (равнинная местность, холмистая местность, горные и высокогорные районы), категории сложности, высота над уровнем моря, относительный перепад высот и т.д.

（2）Климатические условия в районе обследования: климатические характеристики, сезоны ветров и дождей и т.д.

（3）Другая информация, которую необходимо разъяснить на территории проведения изысканий, например, инженерная геология и гидрогеология района проведения изысканий, а также статус экономического развития района проведения изысканий.

II. Существующая информация

В основном объясняет количество, форму, основное качество существующих материалов（включая основные технические показатели и спецификации существующих материалов）, их оценку, а также возможности и план использования существующих материалов.

3）Ссылочные документы

Объясняют стандарты, спецификации или другие технические документы, на которые ссылаются при подготовке профессиональной технической проектной документации. После цитирования документа он становится частью содержания профессионального технического проекта.

4）Основные технические показатели и спецификации результатов（или продуктов）

В соответствии с конкретными результатами（или продуктами）указываются основные технические показатели и спецификации, которые обычно могут включать тип и форму результатов（или продуктов）, систему координат, ориентир высоты, гравитационный ориентир, систему времени, масштаб, зонирование, метод проекции, кадрирование и пространственную единицу, основное содержание данных, формат данных, точность данных и другие технические показатели.

5）План технического проектирования

Конкретное содержание должно определяться на основе содержания и характеристик различных профессиональных геодезических и картографических работ. План технического проектирования, как правило, включает в себя следующее содержание.

（1）Программная и аппаратная среда и их требования：

① Указать тип, количество, показатель точности и требования к калибровке прибора или поверке измерительных приборов, необходимых для эксплуатации；

② Указать требования к оборудованию для обработки, хранения и передачи данных, необходимое для выполнения задачи；

③ Указать требования к профессиональному прикладному программному обеспечению и другие специальные требования к конфигурации программного и аппаратного обеспечения.

（2）Технический маршрут или процесс выполнения задачи.

（3）Методы работы, технические показатели и требования к каждому процессу.

（4）Основные требования к контролю качества и проверке качества продукции в процессе производства.

（5）Безопасность данных, резервное копирование или другие специальные технические требования.

（6）Содержание и требования к представлению и архивированию результатов и их материалов.

（7）Соответствующие приложения, включая проектные чертежи, графики и другой соответствующий контент.

2. Основные принципы, которым следует следовать при техническом проектировании

（1）Технический проект должен основываться на исходном содержании проекта, полностью учитывать требования пользователя, ссылаться на применимые национальные, отраслевые или местные стандарты и придавать большое значение социальным и экономическим выгодам.

（2）План технического проектирования должен сначала учитывать целое, затем рассматривать части и учитывать разработку. Основываясь на фактической ситуации в рабочей зоне, а также учитывать ресурсные условия（например, технические возможности персонала, конфигурацию программного и аппаратного обеспечения）, использовать потенциал и выбирать наиболее подходящее решение.

（3）Активное внедрение применимых новых технологий, методов и процессов.

（4）Тщательный анализ и использование существующих результатов геодезии, картографирования (или продукты) и данные. Для проведения полевых изысканий, при необходимости, следует провести обследования на месте и подготовить отчеты.

При написании технического проекта должно быть обеспечено четкое содержание и краткий текст; если в стандартах или спецификациях есть четкие положения, их, как правило, можно цитировать напрямую. Название, дата и номер главы или артикула стандарта или спецификации, на которые ссылаются, должны указываться в соответствии с конкретной ситуацией, на которую ссылается содержание, и должны быть перечислены в документах, на которые даны ссылки. Проблемы, которые легко спутать и упустить из виду в производственных операциях, следует описывать с акцентом; существительные, терминология, формулы, символы, коды и единицы измерения должны соответствовать соответствующим нормам и стандартам. Если содержание и требования невозможно четко и наглядно выражены в тексте, следует добавить проектные чертежи и перечислить их в приложении. Формат, обложка, размер шрифта в книге по техническому оформлению должны соответствовать соответствующим требованиям.

Перед выполнением технического проекта главный инженер или технический руководитель подразделения или отдела, ответственного за выполнение задания на проектирование, отвечает за планирование технического проекта геодезии и картографирования и контролирует весь процесс проектирования. При необходимости для выполнения этой задачи может быть назначен соответствующий технический персонал. Планирование проектирования должно определить, следует ли проводить валидацию проекта по мере необходимости. Когда новые технологии, методы и процессы внедряются в схему проектирования, результаты проектирования должны быть проверены. Проверка должна проводиться с помощью таких методов, как экспериментирование, моделирование или пробное использование, а техническая проектная документация должна быть проверена на основе их результатов, чтобы убедиться, что они соответствуют указанным требованиям.

Содержание планирования проектирования включает в себя: основные этапы проектирования; рассмотрение проекта; организацию мероприятий по проверке (при необходимости) и утверждению; положения об ответственности и полномочиях в процессе проектирования; взаимодействие между различными проектными группами.

3. Подготовительные работы для статической контрольной съемки GNSS

1) Обследование территории измерений

После получения задачи статической контрольной съемки GNSS, в соответствии с положениями контракта, проводится обследование территории на основе чертежей проекта строительства, чтобы предоставить базовую информацию для написания технического проекта, проекта строительства, бюджета затрат и т.д.

(1) Условия движения: распределение и условия движения по автомобильным, железным и сельским дорогам.

(2) Распределение водных систем: распределение рек, озер, прудов, мостов, доков и условия движения по водным путям.

(3) Условия растительности: распределение и площадь лесов, лугопастбищных угодий, сельскохозяйственных культур.

(4) Распределение контрольных точек: уровни точек триангуляции, ориентиров, точек GNSS, точек пересечения, плоских систем координат, систем высот, а также количество и распределение местоположений точек, статус сохранности точечных маркеров.

(5) Распределение жилых массивов: распределение городских и сельских жилых массивов в пределах района обследования, а также условия размещения и электроснабжения.

(6) Местные обычаи: этническое распределение, нравы, привычки, местные диалекты и ситуация с социальным обеспечением.

2) Сбор данных

Сбор данных является важной задачей при проектировании технологии управляющих сетей. Перед техническим проектированием следует собрать соответствующие данные о районе обследования или инженерных разработках. Основываясь на характеристиках геодезических работ по статической контрольной съемке GNSS и конкретной ситуации в районе съемки, в качестве ключевых точек для сбора следует определить следующие данные.

(1) Различные типы карт: топографические карты района съемки в масштабе 1: 10 000-1: 100 000, карты рельефа геоида, карты дорожного движения и т.д.

（2）Исходные данные контрольной съемки：соответствующие данные, такие как планы точек, высоты, системы координат и технические сводки, а также результаты контрольной съемки и соответствующие технические сводки контрольных точек, таких как точки триангуляции, контрольные точки, точки GNSS и точки пересечения, установленные национальными и различными геодезическими и картографическими департаментами.

（3）Геологические, метеорологические, транспортные, коммуникационные и другие данные, относящиеся к району обследования.

（4）Таблица административного деления городов и сельских районов.

（5）Соответствующие технические характеристики и правила.

3）Подготовка оборудования, экипировки и организация персонала

В соответствии с требованиями технического проектирования, подготовка оборудования, экипировки и организация персонала должны включать следующее содержание：

（1）Подготовка приборов наблюдения, компьютеров и вспомогательного оборудования；

（2）Подготовка транспортных средств и средств связи；

（3）Подготовка строительного оборудования и других расходных материалов；

（4）Организация команды по контрольной съемке, составление списка персонала и должностей по контрольной съемке, обеспечение необходимого обучения；

（5）Подробный бюджет для определения стоимости работ по съемке.

4）Разработка плана полевых наблюдений

Работа по наблюдению в полевых условиях является основной задачей статической контрольной съемки GNSS, а составление планов полевых наблюдений чрезвычайно важно для успешного выполнения задач по сбору полевых данных, обеспечения точности съемки и повышения эффективности работы. Перед проведением обследования следует составить план полевых наблюдений на основе плана размещения, масштаба, требований к точности, бюджета, группировки спутников GNSS, количества введенных в эксплуатацию приемников GNSS и условий материально-технического обеспечения сети управления.

I. Основа для разработки плана наблюдений

（1）Определение времени наблюдения, количества периодов наблюдения, размера сети управления GNSS, точности определения точек и плотности на основе требований к точности сети управления GNSS.

（2）В течение периода наблюдения распределение эфемерид спутника GNSS, геометрическая интенсивность спутника и значение коэффициента ослабления точности определения местоположения （PDOP） не должны превышать 6. Необходимо выполнить прогнозирование видимого спутника.

（3）Тип и количество введенных в эксплуатацию приемников GNSS.

（4）Транспортная, коммуникационная и логистическая поддержка в районе обследования.

II. Основное содержание плана наблюдения

（1）Выбор геометрической интенсивности спутника. Точность позиционирования GNSS связана с геометрическими формами, состоящими из спутников и станций. Коэффициент интенсивности геометрических фигур, составленных из измеренных спутников и станций, может быть выражен как PDOP, значение PDOP не должно превышать 6 как для абсолютного, так и для относительного позиционирования.

（2）Выбор благоприятного временного интервала наблюдений. Временные интервалы наблюдений считаются благоприятными в тех случаях, когда число видимых равномерно распределенных спутников больше 4, а значение PDOP меньше 6.

（3）Проектирование и разделение зон наблюдения. Если геодезическая контрольная сеть GNSS имеет большое количество точек и крупный масштаб, но ограниченное количество приемников, участвующих в наблюдениях, и при этом существуют транспортные и коммуникационные неудобства, то можно проводить наблюдения по зонам. Однако необходимо установить общие точки в смежных зонах, причем, как правило, количество общих точек должно быть не менее 3. Слишком малое количество общих точек между смежными зонами или их нерациональное распределение могут привести к ухудшению целостности опорной сети, что скажется на ее точности, а увеличение общих точек может привести к замедлению рабочего процесса, поэтому пользователь должен выбирать количество и положение общих точек исходя из реальной ситуации.

（4）Предварительное определение диспетчерского графика работы приемников. Рабочая группа должна предварительно разработать диспетчерский график и расписание работы приемников в соответствии с рельефом местности в зоне наблюдений, дорожно-транспортными условиями, масштабом контрольной сети, степенью точности, числом приборов и конструкцией статической геодезической опорной сети GNSS с целью повышения эффективности работы.

При разработке диспетчерского графика следует придерживаться следующих принципов:

① обеспечить синхронное наблюдение;

② обеспечить достаточное количество повторяющихся опорных линий;

③ разработать оптимальный диспетчерский маршрут приемников;

④ обеспечить эффективность работы;

⑤ обеспечить оптимальное окно наблюдений.

Диспетчерский график работы приемников GNSS приведен в таблице 5-1-1.

Таблица 5-1-1 Диспетчерский график работы приемников GNSS

Номер временного интервала	Время наблюдения	Номер/ название станции	Номер/ название станции	Номер/ название станции	Номер/ название станции	Номер/ название станции
		Номер устройства	Номер устройства	Номер устройства	Номер устройства	Номер устройства
1						
2						
3						

（5）Определение программного обеспечения для обработки статических данных GNSS

«Нормы проведения съемки с применением системы глобального позиционирования（GPS）»（GB/T18314—2009）предусматривают, что для обработки данных опорных линий геодезических опорных сетей GNSS классов А, В необходимо использовать специальное программное обеспечение для обработки высокоточных данных, а для обработки опорных линий геодезических опорных сетей GNSS классов C, D, Е можно использовать коммерческое программное обеспечение, идущее в комплекте с приемником. Программное обеспечение по обработке данных должно быть протестировано и подтверждено соответствующими отделами и одобрено операционным отделом перед использованием.

«Технические характеристики спутникового позиционирования городской съемки» (CJJ/T73—2010) предусматривают, что для обработки опорных линий и настройки городских сетей статического контроля GNSS второго разряда следует использовать точное программное обеспечение, а для других целей можно использовать коммерческое программное обеспечение. Для городских геодезических опорных сетей GNSS второго разряда следует использовать точные эфемериды спутников для обработки опорных линий, а для контрольных сетей других разрядов — эфемериды, транслируемые со спутника (бортовые эфемериды) . При использовании различных моделей приемников для совместной работы, необходимо конвертировать данные наблюдений в стандартный формат, затем произвести единую обработку опорных линий.

【 Выполнение задачи 】

Профессиональный технический проект статической геодезической опорной сети GNSS является базовым основанием для реализации проекта статической опорной съемки с применением GNSS и служит для руководства работами по полевым измерениям, обработке внутренних данных и т. д. Данный документ определяет правила, расчеты и методы, которые необходимо соблюдать и применять в процессе реализации проекта. При разработке профессионального технического проекта статической опорной съемки с применением GNSS следует в полной мере учитывать следующие факторы.

(1) Факторы съемочной станции: плотность точек сети, графическая структура сети, распределение временных интервалов, дублирование станций, размещение повторяющихся точек и т. д.

(2) Факторы спутника: угол высоты спутника, количество спутников наблюдений, коэффициент геометрического снижения точности (GDOP), качество спутниковых сигналов. Большая часть приемников обладает возможностью декодирования и записи эфемерид, транслируемых со спутника.

(3) Факторы приборов: приемники, качество антенн, регистрирующая аппаратура.

（4）Факторы логистики: количество используемых приемников, источники и время их работы, график работы бригады на различных временных интервалах наблюдений, конфигурация транспортных средств и коммуникационного оборудования и т. д.

Основное содержание профессионального технического проекта для измерения статического контроля GNSS следующее.

（1）Обзор проекта: включает происхождение, характеристику, применение и значение проекта статической опорной съемки с применением GNSS; общие сведения о проекте, например, объем работы и т. д.

（2）Обзор зоны съемки: административная юрисдикция зоны съемки; географические координаты и контрольная площадь зоны съемки; дорожно-транспортные условия и антропогеографические характеристики зоны съемки; рельеф местности и климатические условия зоны съемки; распределение опорных точек в зоне съемки и их анализ, использование и оценка.

（3）Рабочее обоснование: основные правила съемки, технические условия и отраслевые стандарты, необходимые для осуществления проекта статической опорной съемки с применением GNSS.

（4）Технические требования: конкретные требования к показателям точности, система координат и система высот результатов по статической опорной съемке с применением GNSS в соответствии с требованиями задачи, контракта или назначением опорной сети и т. д.

（5）Сведения о сборе и использовании имеющихся данных о зоне съемки: подробное описание имеющихся данных, собранных в зоне съемки, в частности, результатов по контрольным точкам, включая количество, название, класс, координаты на плоскости, высоту опорных точек, а также систему их принадлежности, состояние сохранности положения точек, доступность точек и т. д.

Основное содержание проектного плана следующее.

（1）План компоновки сети: графическое оформление статической геодезической опорной сети GNSS на топографической карте соответствующего масштаба, включая графику точек сети GNSS, количество точек, тип соединения, измерение структурных особенностей опорной сети GNSS в режиме статики, оценку точности и разработку карты расположения точек.

（2）Выбор точек и закладка реперов

① Выбор точек: базовые требования к съемочному маршруту, размещению знаков, к выбору положения точек, повторному использованию старых точек, требования съемке совместных точек измерения, правила, касающиеся наименования и нумерации точек, прочие соответствующие требования к информации, которую необходимо собрать при выполнении работ по выбору места, и т. д.

② Закладка реперов: требования к выбору материалов для геодезических знаков, реперов, соотношение камней, песка и бетона, математическая точность наблюдательного столба, характеристики и типы закладываемых реперов, знаков и вспомогательных сооружений, требования к внешнему оформлению геодезических знаков, соответствующая информация（геологическая, гидрологическая, фотосъемочная и др.）, которую необходимо получить в процессе закладки, и другие меры предосторожности, требования к составлению маршрутной карты и описания сети опорных точек, требования к защите геодезических знаков и передаче их на хранение.

（3）Плановая опорная съемка с применением GNSS.

① Предусмотреть требования к типу, количеству, показателю точности приемников GNSS и других измерительных приборов, а также к калибровке или поверке приборов, профессиональное программное обеспечение и прочую конфигурацию, необходимые для проведения съемки и расчетов.

② Предусмотреть требования к основному рабочему процессу, методу работы каждого процесса и качеству точности, определить уровень точности и другие технические показатели наблюдательной сети.

③ Предусмотреть методы и технические требования к различным процессам наблюдательных работ, например, разработать основные процедуры и базовые требования к наблюдениям, составить план наблюдений; меры предосторожности при сборе данных, в том числе конкретные правила работы при полевых наблюдениях, требования к точности центровки и выравнивания, методу и точности измерения высоты антенны, а также измерение метеорологических элементов и т. д.

④ Предусмотреть содержание и требования к регистрации результатов наблюдений, содержание и требования к обработке полевых данных, содержание и требования к проверке（или инспекции）, упорядочению и предварительной обработке полевых результатов, требования к схемам расчета векторов опорных линий и проверке качества данных, определить при необходимости схему нивелирования, схему расчета высоты и т. д.

⑤ Предусмотреть условия и требования к дополнительной и повторной съемке.

⑥ Предусмотреть прочие особые требования, например, предварительно определить необходимые транспортные средства, ключевые ресурсы и способы их поставки, способы коммуникации и связи, мер реагирования в особых обстоятельствах.

⑦ Предусмотреть содержание и требования к результатам и сведениям о них, подлежащие передаче и архивированию.

（4）Обработка геодезических данных.

① Требования к программному и аппаратному обеспечениям, необходимым для проведения расчетов, а также к их проверке и тестированию.

② Технические маршруты или процессы обработки данных.

③ Требования к разным этапам работы и качеству точности, описать требования к статистике, анализу и оценке известных данных и сведений о результатах полевых работ; описать содержание и требования к предварительной обработке данных и расчетам, например, используемые плоскости, высоты, гравитационные опорные точки и исходные данные; определить математическую модель уравнительного вычисления, метод расчета и требования к точности, предусмотреть требования к программированию и тестированию и т. д.; выдвинуть методы и требования к анализу и оценке точности и т. д.; предусмотреть содержание других технических требований.

④ Предусмотреть требования к проверке качества данных.

⑤ Предусмотреть требования к содержанию, форме, формату печати и архивированию передаваемых результатов.

Меры по обеспечению качества: меры должны быть конкретными, методы — надежными, чтобы обеспечить их осуществимость в реальных условиях эксплуатации.

【Освоение навыков】

составление профессионального технического проекта GNSS.

Задача ‖ Техническое проектирование геодезической опорной сети GNSS

【 Введение в задачу 】

Особенно важным звеном процесса размещения геодезической опорной сети GNSS является техническое проектирование, в рамках которого определяются конкретные требования к форме сети, точности, привязке, схеме работы и т. д. согласно соответствующим нормам (регламентам), изданным государственными и отраслевыми компетентными органами, что предоставляет технические критерии для размещения и внедрения геодезической опорной сети GNSS. В данной задаче главным образом рассматривается вопросы осуществления технического проектирования геодезической опорной сети GNSS.

【 Подготовка к задаче 】

Геодезическая опорная сеть, созданная с применением метода позиционирования GNSS, называется геодезической опорной сетью GNSS, а ее опорные точки — точками GNSS.

Техническое проектирование геодезической опорной сети GNSS должно осуществляться в соответствии с требованиями соответствующих стандартов и технических регламентов, в качестве которых чаще всего используются соответствующие государственные и отраслевые нормы (регламенты) GNSS-съемки, геодезические задачи или контракты и т. д.

1. Нормы (регламенты) на проведение GNSS-съемки

Нормы (регламенты) на проведение GNSS-съемки представляют собой технические стандарты и регламенты, разработанные Государственным управлением КНР по контролю качества, инспекции и карантину или Государственным управлением геодезии и картографии и другими соответствующими отраслевыми ведомствами. В настоящее время техническое проектирование геодезических опорных сетей GNSS основывается на следующих нормах（регламентах）:

（1）«Нормы проведения съемки с применением системы глобального позиционирования （GPS）» （GB/T18314—2009）, далее именуемые как «Национальные нормы».

（2）«Технические нормы сети постоянно действующих опорных точек в глобальной навигационной спутниковой системе»（GB/T28588—2012）.

（3）«Технический стандарт городской геодезической съемки с применением спутникового позиционирования» （CJJ/T73—2019）, далее именуемый как «Городской стандарт».

（4）Прочие протоколы и правила GNSS-съемки, разработанные министерствами и ведомствами в соответствии с практическими аспектами работы, связанной с GNSS.

2. Задача или контракт на съемку

Задача на съемку — это документ, часто используемый для выдачи директивных задач. Он обладает принудительно-обязательной силой и издается поручителем или заказчиком организации-исполнителя задачи на съемку. Контракт на съемку — это контракт, заключенный между поручителем/ заказчиком и организацией-исполнителем задачи на съемку. Данный контракт заключается путем взаимных переговоров и вступает в силу с момента подписания обеими сторонами. Задача или контракт на статическую геодезическую съемку с применением GNSS предусматривают цель, назначение, объем, точность, плотность задачи, а также установленное время завершения съемки, результаты и материалы, требуемые для передачи, и т. д.

При техническом проектировании геодезической опорной сети GNSS необходимо основываться на содержании, предусмотренном задачей или контрактом на статическую геодезическую съемку с применением GNSS.

【Выполнение задачи】

1. Проектирование точности и плотности геодезической опорной сети GNSS

1）Проектирование точности геодезической опорной сети GNSS

Геодезические опорные сети GNSS делятся на два основных типа: в первый тип входят государственные или региональные высокоточные геодезические сети GNSS; во второй — локальные геодезические сети GNSS, включая различные инженерные геодезические сети в городах и горнопромышленных районах. Требования к точности варьируются в зависимости от целей применения геодезической опорной сети GNSS.

Требования к точности геодезической опорной сети GNSS во многом зависят от назначения геодезической опорной сети и точности, которая может быть достигнута методом позиционирования. Как правило, показатель точности выражается в виде стандартной погрешности длины хорды между смежными точками геодезической сети GNSS, где:

$$\sigma = \sqrt{a^2 + (bd)^2}$$

Где: σ——стандартная погрешность (средне квадратическая погрешность длины хорды вектора опорной линии), мм;

a——постоянная погрешность в стандартной точности приемника GNSS, мм;

b——коэффициент пропорциональной погрешности в стандартной точности приемника GNSS (1×10^{-6});

d——расстояние между смежными точками, км.

«Национальные нормы» предусматривают 5 классов точности геодезических опорных сетей GNSS — A, B, C, D, E.

Геодезическая опорная сеть GNSS класса A главным образом используется для создания государственной геодезической сети 1 разряда, проведения исследований глобальной динамики и измерений деформации земной коры, точного определения орбит и т. д.;

Геодезическая опорная сеть GNSS класса B главным образом используется для создания государственной геодезической сети 2 разряда, создания местных или городских координатных систем отсчета, проведения исследований региональной геодинамики, измерений деформации земной коры, измерений локальных деформаций, различных точных инженерных измерений и т. д.;

Геодезическая опорная сеть GNSS класса C главным образом используется для создания государственной геодезической сети 3 разряда, создания опорных геодезических сетей для региональной, городской и инженерной съемки.

Геодезическая опорная сеть GNSS класса D главным образом используется для создания государственной геодезической сети 4 разряда.

Геодезические опорные сети GNSS классов D и E главным образом используются для геодезической съемки малых и средних городов и сел, а также для геодезических измерений при топографической съемке, земельном кадастре, сборе земельной информации, съемке объектов недвижимости, геодезической разведке, проведении изысканий, производстве строительных работ.

Геодезическая опорная сеть GNSS класса A состоит из непрерывно действующих станций спутникового позиционирования, точность которых не должна быть ниже требований, приведенных в таблице 5-2-1.

Таблица 5-2-1 Требования к точности геодезической опорной сети GNSS класса A

Разряд	Среднеквадратичная погрешность годовой скорости изменения координат		Относительная точность	Среднегодовая квадратичная погрешность компонентов геоцентрических координат / мм
	Горизонтальный компонент / (мм)	Вертикальный компонент / (мм)		
A	2	3	1×10^{-8}	0,5

Требования к точности геодезических опорных сетей GNSS классов B, C, D, E должны быть не ниже требований, приведенных в таблице 5-2-2.

Таблица 5-2-2 Требования к точности геодезических опорных сетей GNSS классов B, C, D, E

Разряд	Средняя квадратичная погрешность компонента опорной линии смежных точек		Среднее расстояние между смежными точками / км
	Горизонтальный компонент / (мм)	Вертикальный компонент / (мм)	
B	5	10	50
C	10	20	20
D	20	40	5
E	20	40	3

На практике стандарт точности геодезической сети GNSS должен быть разработан рациональным образом в соответствии с реальными потребностями пользователей и затратами человеческих, финансовых и материальных ресурсов. Геодезические опорные сети GNSS, предназначенные для создания государственной геодезической сети 2 разряда и геодезических сетей 3 и 4 разрядов, кроме удовлетворения требований к точности геодезических опорных сетей классов B,

C, D в таблице 5-2-2, должны иметь относительную точность не ниже 1×10^{-7}, 1×10^{-6}, 1×10^{-5} соответственно.

Кроме того, «Городской стандарт» делит геодезические сети GNSS для съемки города на сети 2, 3, 4 разрядов и сети 1, 2 классов согласно среднему расстоянию между смежными точками и точности. Основные технические требования должны соответствовать положениям, приведенным в таблице 5-2-3.

Таблица 5-2-3 Основные технические требования к геодезической опорной сети GNSS для съемки города

Класс	Средняя длина стороны/ км	Постоянная погрешность a/мм	Коэффициент пропорциональной погрешности b/ (мм/км)	Относительная средняя квадратичная погрешность наиболее слабой стороны
2-ой класс	9	$\leqslant 5$	$\leqslant 2$	1/120 000
3-ий класс	5	$\leqslant 5$	$\leqslant 2$	1/80 000
4-ый класс	2	$\leqslant 10$	$\leqslant 5$	1/45 000
1-ый разряд	1	$\leqslant 10$	$\leqslant 5$	1/20 000
2-ой разряд	1)	$\leqslant 10$	$\leqslant 5$	1/10 000

2) Проектирование плотности геодезической опорной сети GNSS

«Национальные нормы» содержат соответствующие положения о расстоянии между смежными точками геодезических опорных сетей GNSS различных разрядов и классов (за исключением класса A), а также о контуре упрощенных асинхронных наблюдений или количестве сторон разомкнутого маршрута геодезических сетей GNSS различных классов; требующие равномерного распределения точек GNSS различных классов, причем максимальное расстояние между смежными точками не должно превышать среднее расстоянием между смежными точками данной сети более чем в 2 раза. Конкретные требования приведены в таблице 5-2-4. В особых случаях расстояние между отдельными точками GNSS может быть скорректировано в соответствии с их техническими показателями с учетом конкретных задач и целей технического сервиса.

Таблица 5-2-4 Требования к расстоянию между смежными точками и количеству сторон геодезической опорной сети GNSS

Разряд	B	C	D	E
Среднее расстояние между смежными точками / км	50	20	5	3
Максимальное расстояние между смежными точками / км	100	40	10	6
Количество сторон в замкнутом контуре или разомкнутом маршруте / шт.	6	6	8	10

«Городской стандарт» предусматривает, что максимальная длина стороны смежных точек сетей 2, 3, 4 разрядов не должна превышать среднюю длину стороны более чем в 2 раза, а минимальная длина стороны не должна быть меньше 1/2 средней длины стороны; максимальная длина стороны сетей 1, 2 классов не должна превышать среднюю длину стороны более чем в 2 раза. Подробнее о конкретных требованиях см. таблице 5-2-5. Когда длина стороны меньше 200 м, относительная погрешность длины стороны должна быть не менее ±20 мм. В технических требованиях к инженерной геодезической опорной сети GNSS необходимо отдельно предусмотреть максимальную, минимальную и среднюю длины стороны в соответствии с потребностями, но средняя квадратичная погрешность длины опорной линии и относительная средняя квадратичная погрешность наиболее слабой стороны геодезической сети GNSS должны соответствовать вышеприведенным требованиям.

Таблица 5-2-5 Требования к расстоянию между смежными точками и количеству сторон геодезической сети GNSS для съемки города

Разряд	2-ой класс	3-ий класс	4-ый класс	1-ый разряд	2-ой разряд
Минимальное расстояние между смежными точками / км	4,5	2,5	1	0,5	0,5
Максимальное расстояние между смежными точками / км	18	10	4	2	2
Среднее расстояние между смежными точками / км	9	5	2	1	1)
Количество сторон в замкнутом контуре или разомкнутом маршруте / шт.	≤ 6	≤ 8	≤ 10	≤ 10	≤ 10

2. Базовое проектирование геодезической опорной сети GNSS

Для съемочно-инженерных проектов с применением геодезической опорной сети GNSS на этапе профессионального технического проектирования следует определить систему координат и исходные данные, используемые для получения результатов GNSS-съемки, то есть определить основу, используемую геодезической сетью GNSS. Как правило, эту работу называют базовым проектирование геодезической сети GNSS. Существуют позиционная, азимутальная и масштабная основы геодезической опорной сети GNSS.

Базовое проектирование геодезической опорной сети по своей сути предполагает определение позиционной основы геодезической опорной сети.

1) Позиционная основа

Позиционная основа геодезической опорной сети GNSS, как правило, определяется согласно координатам заданной отсчетной точки. При расчете вектора опорной линии GNSS она в качестве погрешности фиксированной точки позиционной основы является главным фактором, вызывающим погрешность опорной линии. Проектирование позиционной основы геодезической опорной сети GNSS следует преимущественно осуществлять по следующему порядку.

（1）Если в геодезической опорной сети имеются опорные точки GNSS классов А, В или выше, следует преимущественно использовать координаты этих точек в системе координат WGS-84 в качестве постоянной позиционной основы для расчета вектора опорной линии.

（2）Если в геодезической опорной сети имеются результаты опорных точек высокого класса по государственным или местным координатам, можно конвертировать их в координаты WGS-84, затем использовать их в качестве постоянной позиционной основы геодезической опорной сети GNSS.

（3）Если в геодезической опорной сети отсутствуют известные исходные данные, можно выбрать точку длительных наблюдений（не менее 30 мин）в геодезической опорной сети и принять результаты точечного позиционирования за данный период наблюдения в качестве фиксированной позиционной основы.

2) Азимутальная основа

Как правило, азимутальная основа определяется по заданному отсчетному азимуту, а также методом обратного вычисления азимута более двух отсчетных точек, либо азимут вектора опорной линии GNSS принимается за азимутальную основу.

3) Масштабная основа

Как правило, масштабная основа определяется с помощью электромагнитной дальнометрии, либо непосредственно по расстоянию вектора опорной линии GNSS, или по обратному расстоянию координат между двумя отсчетными точками в геодезической опорной сети GNSS. Наблюдения GNSS содержат в себе информацию о масштабе, но масштаб геодезической опорной сети GNSS имеет систематическую погрешность, в связи с чем необходимо предоставить внешнюю масштабную основу, чтобы устранить данную погрешность. Существует два основных способа устранения.

（1）Предоставление внешней масштабной основы.

Для геодезических опорных сетей GNSS с длиной стороны менее 50 км можно использовать высокоточный электромагнитный дальномер（точность более $1 \times 10\text{-}6$）, для измерения длины стороны 2-3 опорных линий, которая принимается за масштабную основу всей сети. Для геодезических опорных сетей GNSS с длинными опорными линиями можно использовать данные наблюдений по относительному позиционированию станции спутниковой лазерной дальнометрии（SLR）и опорные линии по методу интерферометрии со сверхдлинной опорой（VLBI）в качестве масштабной основы геодезической контрольной сети GNSS.

（2）Предоставление внутренней масштабной основы. Если невозможно предоставить внешнюю масштабную основу, то можно использовать данные наблюдений GNSS, которые измерялись длительно и многократно в разные периоды времени, в качестве масштабной основы геодезической опорной сети GNSS.

4）Меры предосторожности при базовом проектировании геодезической опорной сети GNSS

（1）Новая геодезическая опорная сеть GNSS должна быть привязана к находящимся вблизи высокоуровневым опорным точкам. Количество точек привязки должно быть не менее 3, при этом необходимо обеспечить их равномерное распределение, чтобы надежно определить параметры преобразования между геодезической опорной сетью GNSS и существующей сетью.

（2）Чтобы обеспечить однородность точности координат после нивелирования геодезической опорной сети GNSS и уменьшить влияние масштаба на погрешность, следует создать карту соединения известных в геодезической опорной сети GNSS государственных/городских высокоуровневых опорных точек с неизвестными точками.

（3）Высотные отметки привязки должны быть равномерно распределены в геодезической опорной сети GNSS, высотные отметки привязки в холмистой или горной местности должны быть расставлены в соответствии с требованиями к кривой поверхности совпадения высот.

（4）Система координат новой геодезической опорной сети GNSS должна по мере возможности соответствовать исходной системе координат зоны съемки.

3. Графическое проектирование геодезической опорной сети GNSS

1）Основные сведения о структуре геодезической опорной сети GNSS

（1）Временной интервал наблюдений：интервал времени, в течение которого ведется непрерывная работа с момента начала приема наблюдательной станцией спутниковых сигналов до момента прекращения наблюдений（сокр. «временной интервал»）.

（2）Синхронные наблюдения：наблюдения, производимые одновременно спутниками из одной группы за двумя или более приемниками.

（3）Контур синхронных наблюдений：замкнутый контур, образованный векторами опорных линий, полученными при синхронных наблюдениях за тремя и более приемниками, сокр. «синхронный контур».

（4）Независимая опорная линия：контур синхронных наблюдений, образованный приемниками GNSS в N-ом количестве, с опорными линиями синхронных наблюдений в J-ом количестве, из которых количество независимых опорных линий равно N-1, между независимыми опорными линиями отсутствует корреляция.

（5）Контур независимых наблюдений：замкнутый контур, образованный векторами опорных линий, полученными при независимых наблюдениях, сокр. «независимый контур».

（6）Контур асинхронных наблюдений：если среди всех векторов опорных линий, составляющих полигональную петлю, имеются векторы опорных линий асинхронных наблюдений, то данная полигональная петля называется контуром асинхронных наблюдений, сокр. «асинхронный контур».

（7）Зависимая опорная линия：прочие опорные линии, за исключением независимых；число зависимых опорных линий равно разности общего числа опорных линий и числа независимых опорных линий.

2）Расчет характерных условий геодезической опорной сети GNSS

Предположим, что в зоне съемки необходимо разместить n-ое число точек GNSS, при этом используется N-ое число приемников GNSS для наблюдений, то если наблюдать за каждой точкой m раз, временной интервал наблюдений GNSS, выражаемый буквой C, будет равен:

$$C = n \cdot m / N$$

Где: n——количество сетевых точек;

m——количество станций в каждой точке;

N——количество приемников.

（1）Общее число опорных линий:

$$Jобщ = C \cdot N \cdot (N{-}1) / 2$$

（2）Необходимое число опорных линий:

$$Jнеоб = n{-}1$$

（3）Число независимых опорных линий:

$$Jнезав = C \cdot (N{-}1)$$

（4）Избыточное число опорных линий:

$$JИзб = C \cdot (N{-}1) - (n{-}1)$$

3）Графическая композиция синхронизации геодезической опорной сети GNSS и выбор независимых сторон

Из формулы вычисления общего числа опорных линий видно, что в графике синхронизации, состоящей из N-го количества приемников GNSS, один временной интервал содержит количество опорных линий GNSS, равное J = N（N{-}1）/ 2. Однако, из них только N{-}1 представляет собой независимые стороны, а остальные — зависимые.

При работе более 2-х приемников можно синхронно наблюдать за спутником общего видения с нескольких станций в течение одного и того же временного интервала. Геометрическая фигура, образованная синхронными наблюдениями, называется синхронной сетью или синхронным контуром. Графическая фигура синхронной сети, образованная синхронными наблюдениями N приемников показана на рисунке 5-2-1.

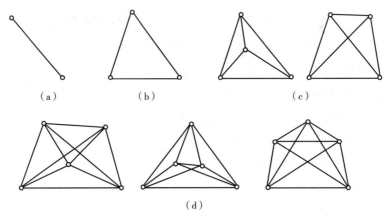

Рис. 5-2-1   Графическая фигура синхронной сети, образованная

синхронными наблюдениями N приемников

(a) N=2 (b) N=3 (c) N=4 (d) N=5

Когда при синхронных наблюдениях количество приемников GNSS N ⩾ 3, минимальное количество синхронных замкнутых колец должно быть равно:

$$L = B - (N\text{-}1) = (N\text{-}1)(N\text{-}2)/2$$

На рисунке 5-2-2 показаны различные вариации N-1 независимых сторон GNSS.

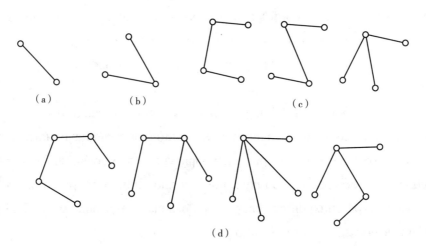

Рис. 5-2-2   Различные вариации независимых сторон GNSS

(a) N=2 (b) N=3 (c) N=4 (d) N=5

Соответствующая связь между количеством приемников GNSS N, количеством сторон GNSS B и синхронным замкнутым контуром L (минимальное количество) показана в таблице 5-2-6.

Таблица 5-2-6 Связь между N и B, L

Количество приемников GNSS N	2	3	4	5	6
Количество сторон GNSS B	1	3	6	10	15
Синхронный замкнутый контур L	0	1	3	6	10

Теоретически сумма разностей координат GNSS в синхронном замкнутом контуре, т. е. погрешность замыкания, должна быть равна нулю, но на практике это не так, и в общих положениях предусмотрен допуск погрешности синхронного замыкания. В реальных инженерных работах небольшая погрешность синхронного замкнутого контура лишь свидетельствует о том, что расчет векторов опорных линий соответствует требованиям, но не указывает на высокую точность наблюдений со стороны GNSS, что также не позволяет обнаруживать грубые ошибки, вызванные помехами при приеме сигналов. Чтобы обеспечить надежность результатов наблюдений GNSS, независимые линии в геодезической опорной сети GNSS должны образовать определенную геометрическую фигуру для эффективного обнаружения грубых ошибок в результатах наблюдений. Данная геометрическая фигура может быть асинхронным замкнутым контуром (сокр. «асинхронный контур»), образованным несколькими независимыми линиями.

Графическое проектирование геодезической опорной сети GNSS представляет собой разработку полигональной сети из независимых линий в соответствии с требованиями к точности и другим аспектам размещения опорной сети.

4) Графическое проектирование геодезической опорной сети GNSS

Поскольку между точками геодезической опорной сети GNSS не требуется общего обзора, точность опорной сети главным образом зависит от геометрической фигуры между временным интервалом наблюдений и станцией, качества данных наблюдений, метода обработки данных, но мало зависит от опорной сети GNSS. Поэтому метод размещения геодезической опорной сети GNSS является относительно гибким и зависит главным образом от требований и потребностей пользователя. Геодезическая опорная сеть GNSS получается путем расширения с использованием синхронной фигуры в качестве опорной, причем форма сетевой структуры варьируется в зависимости от способа соединения и количества приемников. Размещение геодезической опорной сети GNSS предполагает разумное соединение каждой синхронной фигуры в единое целое, чтобы они достигли высокой точности, большой надежности, высокой эффективности и экономической целесообразности.

Широко распространенными методами размещения геодезической опорной сети GNSS являются следующие: тип слежения, боевой тип, многостанционный (узловой) тип, тип с расширением синхронной фигуры и одностанционный тип.

I. Тип слежения

Несколько приемников закрепляются на станции в течении длительного периода времени для проведения длительных, непрерывных наблюдений, т. е. 365 дней в год, 24 часа в сутки. Такой метод наблюдения напоминает станцию слежения, поэтому данный тип размещения сети называют типом слежения. Приемники ведут непрерывные наблюдения со станций, поэтому для обработки большого количества данных за длительный период времени используются точные эфемериды. Тип слежения размещения сети обладает характеристиками отсчетной основы. Чтобы обеспечить непрерывные наблюдения, необходимо построить специальное стационарное здание — станцию слежения для установки аппаратуры, что делает наблюдения более затратными. Данный тип размещения сети, как правило, подходит для создания станций слежения GNSS (сеть класса A), сетей постоянного мониторинга (например, сетей постоянного мониторинга деформации земной коры, физических параметров атмосферы и т. д.).

II. Боевой тип

При построении геодезической опорной сети GNSS устанавливается несколько приемников GNSS для совместной работы в течение не очень долгого периода времени. В процессе работы наблюдения ведутся поэтапно, причем все приемники одного этапа ведут многодневные длительные синхронные наблюдения за одной и той же группой точек в течение нескольких дней; после завершения измерений одной группы точек все приемники переключаются на другую группу точек, и очередной этап наблюдений ведется аналогичным образом до тех пор, пока не завершатся измерения всех точек, это и есть боевой тип построения сети.

Боевой тип построения сети отлично устраняет влияние таких факторов, как SA; поскольку ведется длительное, многоинтервальное наблюдение за каждой опорной линией, поэтому он обладает высокой точностью масштабирования и в целом подходит для построения сетей классов A, B.

III. Многостанционный тип

Если несколько приемников закреплены на нескольких точках на долгое время для длительных наблюдений, то эти станции называются опорными. Одновременно с наблюдениями на опорных станциях другая часть приемников ведут синхронные наблюдения между собой вокруг этих опорных станций, как показано на рисунке 5-2-3.

Преимущество многостанционного типа построения сети заключается в том, что между различными опорными станциями ведутся длительные наблюдения, что позволяет получить результаты позиционирования с более высокой точностью, а эти высокоточные векторы опорных линий, в свою очередь, могут использоваться в качестве основы для всей геодезической опорной сети GNSS. Помимо взаимного соединения векторов опорных линий собственно между другими приемниками синхронных наблюдений, также ведутся синхронные наблюдения между ними и различными опорными станциями, причем опорные линии синхронных наблюдений также соединены между собой, что позволяет получить более мощную графическую структуру. Как правило, применяется для сетей классов C, D.

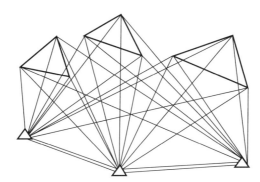

Рис. 5-2-3 Многостанционный тип построения сети

IV. Тип с расширением синхронной фигуры

Несколько приемников ведут синхронные наблюдения с различных наблюдательных станций и, после завершения синхронных наблюдений за определенный временной интервал, перемещаются на другие наблюдательные станции для синхронных наблюдений. Каждая сессия наблюдений образует одну синхронную фигуру. В процессе измерений различные синхронные фигуры, как правило, соединены между собой несколькими общими точками, и вся геодезическая опорная сеть GNSS состоит из этих синхронных фигур.

Соединение и расширение геодезической опорной сети GNSS осуществляются в виде синхронных фигур, создавая тем самым форму построения сети с определенным количеством независимых контуров, при этом различные синхронные фигуры соединяются несколькими общими точками, что наделяет данный тип такими преимуществами, как высокая скорость расширения, большая жесткость фигур, простота в работе и т. д. Он является одним из наиболее часто используемых типов построения геодезической опорной сети GNSS и зачастую делится на точечный, линейный, сетевой и смешанный типы.

（1）Точечный тип： смежные синхронные фигуры соединены между собой только одной общей точкой, как показано на рисунке 5-2-4. Данный тип построения сети отличается быстрым расширением фигуры, слабой геометрической прочностью, плохой устойчивостью к грубым ошибкам, поэтому ошибка в точке соединения скажется на последующую синхронную фигуру. Как правило, можно добавить несколько временных интервалов наблюдений, чтобы увеличить количество условий для замыкания асинхронной фигуры опорной сети.

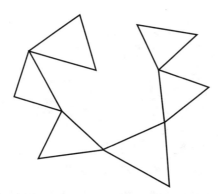

Рис. 5-2-4   Точечный тип построения сети

（2）Линейный тип： смежные синхронные фигуры соединены между собой только одной общей опорной линией, как показано на рисунке 5-2-5. Данный тип построения сети отличается высокой геометрической прочностью, устойчивостью к грубым ошибкам, большим количеством линий повторных измерений и условиями замыкания асинхронных фигур, а также позволяет существенно увеличить временной интервал наблюдений по сравнению с точечным типом при том же количестве приборов.

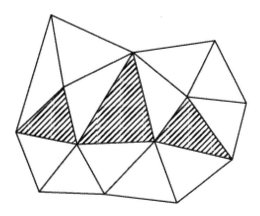

Рис. 5-2-5   Линейный тип построения сети

（3）Сетевой тип: смежные синхронные фигуры соединены между собой более чем 2 общими точками, и они частично дублируются между собой. Данный тип построения сети требует более 4 приемников, а измеряемая геодезическая опорная сеть GNSS обладает относительно высокой жесткостью фигур и большой надежностью, но низкой эффективностью работы, большими затратами средств и времени. Как правило, применяется для измерений опорных сетей с высокими требованиями к точности.

（4）Смешанный тип: органическое соединение точечного и линейного типов, как показано на рисунке 5-2-6. Данный способ построения сети позволяет не только повысить геометрическую прочность и показатели надежности опорной сети, но и сократить объем полевых работ, что делает его идеальным способом построения сети.

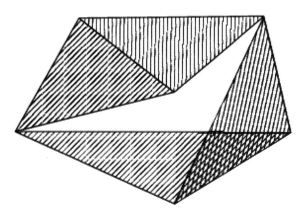

Рис. 5-2-6   Смешанный тип построения сети

（5）Одностанционный（звездообразный）тип: один приемник используется в качестве опорной станции и ведет непрерывные наблюдения с некоторой станции, остальные приемники в период наблюдений опорной станции перемещаются вокруг нее, выполняя наблюдения в каждой точке. Как правило, между перемещающимися приемниками не требуется синхронизация. Таким образом, каждый раз, когда перемещающиеся приемники после каждого временного интервала наблюдений измеряют опорную линию синхронных наблюдений между ними и опорной станцией, полученные синхронные опорные линии образуют звездообразную геодезическую опорную сеть GNSS с опорной станцией в центре, как показано на рисунке 5-2-7. Преимуществом одностанционного типа построения сети является высокая эффективность работы, недостатками — отсутствие проверки, слабая жесткость фигуры. Как правило, применяется для сетей классов D, E.

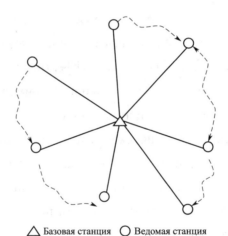

△ Базовая станция   ○ Ведомая станция

Рис. 5-2-7   Одностанционный (звездообразный) тип построения сети

5) Схема наблюдений многоприемниковой асинхронной сети

Размещение геодезической опорной сети GNSS в городах или крупных и средних проектах предполагает относительно большое количество опорных точек и ограниченное количество приемников, что усложняет выбор схемы наблюдений для синхронной сети. В это время необходимо соединить между собой несколько синхронных сетей, чтобы образовать целую геодезическую опорную сеть GNSS. Такая геодезическая опорная сеть GNSS, образованная путем соединения нескольких синхронных сетей, называется асинхронной сетью.

Схема наблюдений асинхронной сети зависит от количества введенных в эксплуатацию приемников и способа соединения синхронных сетей между собой. Различное количество приемников определяет сетевую структуру синхронной сети, а различные способы соединения синхронных сетей формируют разные сетевые структуры асинхронной сети. Поскольку нивелирование и оценка точности геодезической опорной сети GNSS главным образом зависит от количества асинхронных замкнутых контуров, образованных опорными линиями от разных временных интервалов наблюдений, и величины невязки, при этом не связаны с длиной опорной линии и углом между опорными линиями, поэтому сетевая структура асинхронной сети тесно связана с избыточными наблюдениями. Асинхронные сети, образованные различными способами соединения трех приемников, показаны на рисунке 5-2-8.

（1）Асинхронная сеть точечного типа: асинхронная сеть, в которой синхронные сети соединены между собой одной точкой.

（2）Асинхронная сеть линейного типа: асинхронная сеть, в которой синхронные сети соединены между собой одной опорной линией（стороной）.

（3）Асинхронная сеть смешанного типа: смешанный способ соединения, состоящий из точечного и линейного типов.

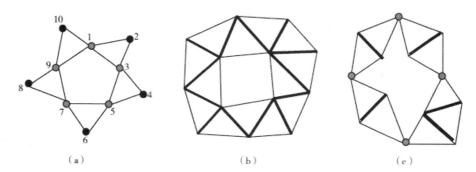

（a）　　　　　　（b）　　　　　　（c）

Рис. 5-2-8　Асинхронная сеть, образованная различными способами соединения трех приемников

（a）Асинхронная сеть точечного типа　（b）Асинхронная сеть линейного типа
（c）Асинхронная сеть смешанного типа

Задача Ⅲ **Производство полевых работ по статической геодезической съемке с применением GNSS**

【 Введение в задачу 】

Полевые наблюдения по статической съемке с применением GNSS используют приемники для приема радиосигналов от спутников GNSS. Они являются основной работой на полевом этапе и включают подготовку, установку антенны, работу с приемником, наблюдение за данными, запись результатов, проверку данных и т. д.

【 Подготовка к задаче 】

1. Выбор опорной точки

Правильный выбор положения точки GNSS имеет большое значение для успешного проведения наблюдений и обеспечения надежности результатов наблюдений.

Между наблюдательными станциями GNSS не требуется общий обзор, что делает графическую структуру опорной сети более гибкой, поэтому здесь выбор точки проще, чем при классической геодезической съемке. Перед выбором точки специалисты должны собрать сведения о задаче построения сети и зоне съемки, включая топографическую карту зоны съемки с масштабом 1: 50 000 и больше, а также сведения о имеющихся опорных точках, постоянно действующих опорных станциях спутникового позиционирования и т. д.; в полной мере выяснить и изучить ситуацию в зоне съемки, в частности состояние транспортного сообщения, связи, энергоснабжения, метеорологических и геологических условий, геодезических точек и т. д. Основываясь на вышеизложенном, следует придерживаться следующих принципов.

（1）Обеспечить простоту монтажа и управления приемным оборудованием, широкий обзор, угол высоты препятствий в поле зрения не более 15°.

（2）Держаться подальше от мощных источников радиоизлучения（например, телевизионных станций, радиостанций, микроволновых станций и т. д.）на расстоянии не менее 200 м; держаться подальше от высоковольтных линий электропередачи и каналов передачи микроволновых радиосигналов на расстоянии не менее 50 м.

（3）Поблизости не должно быть объектов（например, крупных зданий и т. д.）, сильно отражающих спутниковые сигналы.

（4）Поблизости не должно быть крупных водоемов, чтобы ослабить влияние многолучевых эффектов.

（5）Удобные транспортные условия, благоприятствующие расширению методов съемки и привязке.

（6）Устойчивый наземный фундамент, благоприятствующий длительному хранению реперов.

（7）В полной мере использовать имеющиеся опорные точки, которые соответствуют требованиям. При использовании старых точек необходимо проверять их поочередно на предмет устойчивости, надежности, целостности, безопасности геодезического сигнала и использовать только те, которые отвечают предъявленным требованиям.

（8）Форма сети должна благоприятствовать синхронным наблюдениям линейных и точечных соединений.

（9）Специалисты по выбору точки должны проводить изыскания в соответствии с техническим проектом, выбирать положение точки на месте в соответствии с требованиям и маркировать его; в случае необходимости нивелирной привязки выбранных точек, специалисты по выбору точки должны провести полевое обследование маршрута нивелирования и дать соответствующие рекомендации.

2. Закладка знаков

Как правило, на месте точек геодезической опорной сети должны быть заложены реперы с маркой центра, чтобы точно обозначить местоположение точки. Реперы и знаки одной точки должны быть стабильными и прочными, чтобы обеспечить длительную сохранность и использование. В местах обнажения коренных пород металлический знак можно непосредственно вставить в коренные породы. Работы по закладке реперов должны соответствовать следующим требованиям.

（1）В городских опорных точках GNSS различных уровней необходимо заложить постоянные геодезические знаки, которые должны удовлетворять планово-высотное совместное использование, при этом характеристики реперов и знаков должны удовлетворять требования соответствующих норм （регламентов）.

（2）Знак центра опорной точки должен быть изготовлен из меди, нержавеющей стали или других коррозионностойких и износостойких материалов, установлен ровно и надежно, в центре опорной точки должно быть четкое тонкое перекрестие или вкрапление металла другого цвета диаметром менее 0, 5 мм; верхняя часть знака должна быть выполнена в сферической форме и находиться выше репера.

（3）Опорные точки должны быть предварительно залиты бетоном или зацементированы на месте; при использовании скальных пород, бетонных или асфальтовых покрытий можно пробурить отверстия для закапывания и цементирования знаков на месте; при использовании твердых поверхностей можно выгравировать на земле квадратную рамку, в центре которого закапывается медная полоска диаметром не более 2 мм и длиной не менее 30 мм в качестве знака.

（4）Закладка наблюдательного столба GNSS должна соответствовать требованиям норм（регламентов）.

（5）Нижняя часть репера должна быть заглублена ниже слоя мерзлого грунта, и ее следует залить бетоном.

（6）Геодезические точки опорной сети GNSS, должны быть закопаны на сезон дождей и период заморозков, прежде чем можно будет проводить наблюдения. В местах со сложной геологией наблюдения можно проводить через неделю после заливки бетона.

（7）При закладке нового репера следует оформить процедуру передачи геодезического знака на хранение.

（8）После завершения закладки репера в каждой точке следует заполнить протокол точки и предоставить следующие материалы:

① протокол «Точки GNSS»（табл. 5-3-1）;

② сетевая схема выбора точек геодезической опорной сети GNSS;

③ утверждающие документы на занятие земельных участков и доверенность на хранение геодезических знаков;

④ техническое заключение о работах по выбору точек и закладке реперов.

Таблица 5-3-1 Протокол «Точки GNSS»

Название точки		Номер точки		Класс	
Классификация земель		Род грунта		Тип репера	
Положение точки					
Описание положения точки					
Азимут общего обзора		Фотография с дальнего расстояния:			
Схематическое положение	X:	Y:			
Номер карты местонахождения					
Рабочая единица					
Специалист по выбору точки					
Специалист по закладке репера					
Дата					
Схематическая карта		Фотография с ближнего расстояния:			
Примечание					

【 Выполнение задачи 】

1. Технические требования к наблюдательным работам

Работы по GNSS-наблюдениям сильно отличаются от обычной съемки по техническим требованиям. Согласно «Национальным нормам», основные технические требования к работам по GNSS-съемке на всех уровнях должны выполняться в соответствии с положениями таблицы 5-3-2.

Статические наблюдения GNSS

Таблица 5-3-2 Основные технические требования к работам по GNSS-съемке на разных уровнях

Элемент	Разряд			
	B	C	D	E
Угол отсечки спутника по высоте / (°)	10	15	15	15

Элемент	Разряд			
	B	C	D	E
Количество активных спутников одновременных наблюдений	4）	4）	4）	4）
Общее количество активных спутников наблюдений	≥20	≥6	4）	4）
Количество временных интервалов наблюдений	3）	2）	≥1，6	≥1，6
Длительность временного интервала	≥23 h	≥4 h	≥60 min	≥40 min
Интервал выборки / с	30	10~30	5~15	5~15

Примечание: 1. При вычислении общего количества активных спутников наблюдений следует вычесть из количества эффективных спутников на разных временных интервалах количество дублирующих спутников за данный период.

2. Длительность временного интервала наблюдений должна быть равна отрезку времени от начала до конца регистрации данных.

3. Количество временных интервалов наблюдений ≥1，6 указывает на то, что при использовании режима сетевого наблюдения каждая станция ведет наблюдения в течение не менее 1 временного интервала, причем количество станций при двухкратной установке должно быть не менее 60% от общего количества точек геодезической опорной сети GNSS.

4. При использовании режима наблюдения на основе постоянно действующего справочного пункта спутникового позиционирования можно проводить непрерывные наблюдения, но их время должно быть не меньше предусмотренного в таблице общего времени наблюдений на разных временных интервалах.

Основные технические требования к работам по GNSS-съемке на разных уровнях, предусмотренные в «Городском стандарте», должны выполняться в соответствии с таблицей 5-3-3.

Таблица 5-3-3 Основные технические требования к работам по GNSS-съемке на разных уровнях

Элемент	Разряд				
	2-ой класс	3-ий класс	4-ый класс	1-ый разряд	2-ой разряд
Угол высоты спутника / (°)	≥15	≥15	≥15	≥15	≥15
Количество активных спутников наблюдений за одной системой	4）	4）	4）	4）	4）
Среднее количество дублирующих станций	≥2，0	≥2，0	≥1，6	≥1，6	≥1，6
Длительность временного интервала / мин	≥90	≥60	≥45	≥30	≥30
Интервал выборки / с	10~30	10~30	10~30	10~30	10~30
Значение PDOP	<6	<6	<6	<6	<6

2) Размещение приборов

В обычной точке антенну следует установить на штатив и разместить непосредственно над центром знака. Пузырек круглого уровня на основании антенны должен находиться по центру, причем окружающая среда станции должна соответствовать требованиям к выбору опорной точки GNSS.

Указатель направления антенны должен быть направлен на север, при этом следует учесть влияние местного магнитного склонения, чтобы ослабить эффект смещения фазового центра.Погрешность ориентации антенны может варьироваться в зависимости от точности позиционирования и, как правило, не должна превышать ± (3° ~5°).

При установке антенны в ветреную погоду следует закрепить ее в трех направлениях во избежание ее падения и поломки. При размещении антенны в грозовую погоду следует заземлить ее корпус во избежание попадания молнии в антенну.

Антенна не должна устанавливаться слишком низко и, как правило, должна находиться на высоте более 1 м над землей. После установки антенны измеряется высота антенны в трех направлениях с интервалом 120° на диске антенны. Разница между результатами трех измерений должна быть не более 3 мм. Берется среднее значение трех измерений, которое записывается в журнал съемки. Высота антенны регистрируется с точностью до 1 мм.

В высокоточных GNSS-измерениях требуется определение метеорологических элементов. Метеорологические наблюдения должны проводиться не менее 3 раз в каждом временном интервале (в начале, середине и конце временного интервала) с отсчетом барометрического давления с точностью до 0, 1 кПа и отсчетом температуры воздуха с точностью до 0, 1 ℃ . При обычной городской и инженерной съемке регистрируются только погодные условия.

3) Наблюдательные работы

Основной задачей наблюдательных работ является захват спутниковых сигналов GNSS, их отслеживание, обработка и измерение с целью получения необходимой информации о позиционировании и данных наблюдений.

После завершения установки антенны GNSS-приемник размещается на земле на подходящем расстоянии от антенны, затем подключаются соединительные кабели между приемником и источником питания, антенной, контроллером, и после прогрева и выдержки можно запустить приемник для наблюдений. Как правило, при выполнении полевых наблюдений оператор прибора должен учесть следующее.

（1）Перед включением питания и запуском приемника необходимо убедиться в правильном подключении кабеля внешнего питания и антенны.

（2）Перед вводом контрольной информации о соответствующей станции и временном интервале необходимо убедиться в исправности соответствующих индикаторов приемника после его включения и успешном прохождении самодиагностики.

（3）После того, как приемник начнет регистрацию данных, необходимо проверить соответствующее количество спутников наблюдений, номер спутника, остаточную погрешность фазовых измерений, результаты позиционирования в реальном времени и их вариации, записи на носителях данных и т. д.

（4）В процессе наблюдений в течение временного интервала не допускается выполнение следующих операций: включение и перезапуск; проведение самодиагностики（за исключением выявления неисправностей）; изменение угла высоты спутника; изменение положения антенны; изменение интервала выборки данных; нажатие функциональных кнопок, таких как выключение и удаление документа и др.

（5）В течение каждого временного интервала наблюдений, как правило, необходимо регистрировать наблюдения по одному разу в начале, середине и конце. При продолжительном временном интервале можно увеличить надлежащим образом частоту наблюдений.

（6）Особое внимание в процессе наблюдений следует уделять электроснабжению, помимо тщательной проверки достаточности емкости аккумулятора перед началом измерений, наблюдателю не следует находиться далеко от приемника во время работы, а также нужно своевременно реагировать на тревогу о низком уровне питания прибора, иначе это может привести к повреждению или потере внутренних данных прибора. При наблюдениях с продолжительным временным интервалом наблюдений рекомендуется по мере возможности использовать для питания солнечную или автомобильную батарею.

（7）Высота прибора должна быть измерена по одному разу в начале и конце и своевременно занесена в журнал съемки.

（8）В процессе наблюдений не используйте рацию вблизи приемника; при установке антенны в сезон гроз и дождей необходимо предусмотреть защиту от ударов молнии; во время грозы следует выключить устройство, прекратить съемку и снять антенну.

（9）Перемещение станции допускается только после завершения всех плановых операций станции наблюдения в соответствии с правилами, а записи и данные являются полными и правильными.

（10）В процессе наблюдений необходимо всегда проверять объем внутренней памяти и жесткого диска аппаратуры; по окончании ежедневных наблюдений следует своевременно перенести данные на жесткий диск компьютера, компакт-диск или карту памяти, чтобы не допустить потери данных наблюдений.

4）Регистрация наблюдений

Регистрация наблюдений производится автоматически GNSS-приемником на носитель информации（например, жесткий диск, компакт-диск или карта памяти и др.）. В основное содержание входят:

（1）Значения наблюдения фазы несущей и соответствующая эпоха наблюдений;

（2）Наблюдаемые значения кодовой псевдодальности для одной эпохи;

（3）Параметры спутниковых эфемерид GNSS и разности спутниковых часов;

（4）Результаты абсолютного позиционирования в реальном времени;

（5）Информация об управлении станцией и информация о состоянии работы приемника.

Журнал съемки заполняется наблюдателем перед запуском приемника и в процессе наблюдений, формат записей предусмотрен в действующих «Национальных нормах». Подробнее о формате записей журнала полевых наблюдений см. таблице 5-3-1.

Таблица 5-3-4 Формат записей журнала полевых наблюдений

Наблюдатель_____	Дата _____год_____месяц_____число
Название станции_____	Номер станции_____
Погодные условия_____	Номер временного интервала_____
Приблизительные координаты станции	Для настоящей станции
Долгота: _____°_____′	_____новая точка
Широта: _____°_____′	_____и др. геодезические точки
Высота: _____м	_____и др. нивелирные точки
Время регистрации（〇по пекинскому времени ）□UTC □поясное время）:	

Время начала_____	Время конца_____
Номер приемника_____ Высота антенны (м): 1._____ 2._____ 3._____	Калибровочное значение после измерений_____ Среднее значение_____
Схема метода измерения высоты антенны:	Примечание:

При заполнении журнала полевых наблюдений необходимо учесть следующие требования.

(1) Регистрация названия станции — название станции должно соответствовать реальному расположению точки.

(2) Регистрация номера временного интервала — номер временного интервала должен соответствовать реальной обстановке наблюдений.

(3) Регистрация номера приемника должна точно отражать модель и конкретный номер используемого приемника.

(4) Регистрация времени начала и конца — для определения времени начала и конца следует использовать всемирное координированное время (UTC), заполняются часы и минуты. При использовании местных стандартов они должны быть переведены в UTC.

(5) Регистрация высоты антенны — разница между значениями высоты антенны, измеренными до и после наблюдений, должна находиться в пределах допуска; за конечный результат принимается среднее значение с точностью до 0, 001 м.

(6) В колонке «Примечание» следует записать важные проблемы, возникшие в ходе наблюдений, время возникновения и способ устранения.

(7) Журнал наблюдений заполняют карандашом на месте согласно последовательности операций, почерк должен быть четким, аккуратным, красивым, не допускаются исправления и переписки. Если допущена ошибка в показаниях или записях, аккуратно зачеркните ее и напишите правильные данные с указанием причины.

(8) Журнал полевых наблюдений является основанием для точного позиционирования GNSS, поэтому его следует заполнять внимательно и своевременно, причем необходимо категорически исключать внесение дополнительных записей.

(9) Журнал полевых наблюдений должен быть переплетен и передан на внутреннюю приемку.

Файлы данных на информационных носителях при полевых наблюдениях должны быть своевременно скопированы и храниться в двух экземплярах отдельно в водонепроницаемых антистатических файловых ящиках у специального персонала. В подходящем месте на внешней стороне носителя следует прикрепить ярлык с указанием названия файла, названия зоны и точки сети, названия временного интервала, даты сбора, номера журнала наблюдений и т. п.

Когда данные переписываются из внутренней памяти приемника на внешний носитель, не допускаются любые исключения или удаления, а также нельзя вызывать операционные команды по повторной обработке или объединению данных.

【 Освоение навыков 】

Практический учебный проект 5-2: наблюдение за сетью управления GNSS.

Задача IV Анализ статических данных геодезической опорной сети GNSS

【 Введение в задачу 】

Под внутренним расчетом статических данных геодезической опорной сети GNSS понимается процесс обработки исходных данных наблюдений, собранных при полевых работах, для получения окончательных результатов геодезических измерений. Внутренний расчет статических данных геодезической опорной сети GNSS главным образом состоит из передачи данных, предварительной обработки данных, расчета опорной линии, нивелирования сети GNSS и других этапов, как показано на рисунке 5-4-1.

Рис. 5-4-1 Порядок внутреннего расчета статических данных геодезической опорной сети GNSS

【 Подготовка к задаче 】

1. Передача и предварительная обработка данных

1) Передача данных

Поскольку данные, собранные приемником в процессе наблюдений, хранятся во внутренней памяти приемника, то при обработке необходимо загрузить их на компьютер, данный процесс загрузки данных называется передачей данных. Как правило, GNSS-приемники от разных производителей имеют разный формат хранения данных. Если используемое программное обеспечение для обработки данных не может прочитать данный формат данных, то следует заранее преобразовать формат данных, как правило, в RINEX (стандартный формат данных GNSS), чтобы облегчить чтение данных программным обеспечением для обработки данных.

2) Предварительная обработка данных

Целью предварительной обработки данных является сглаживание и фильтрация данных, устранение грубых ошибок; унификация формата файлов данных и переработка различных типов файлов данных в стандартный тип (стандартизация уравнений орбит спутников GNSS, стандартизация дифференциалов спутниковых часов, стандартизация файлов наблюдений); выявление точек скачка цикла и восстановление наблюдаемых значений; внесение различных модельных поправок в наблюдаемые значения, чтобы подготовиться к дальнейшим вычислительным работам.

2. Расчет вектора опорной линии GNSS

1) Вектор опорной линии

Вектор опорной линии формируется по значениям дифференциальных наблюдений, полученным по собранным приемником данным синхронных наблюдений. Разность трехмерных координат между приемниками вычисляется путем оценки параметров. В отличие от длины опорной линии, полученной путем обычной наземной съемки, вектор опорной линии обладает не только свойствами длины, но и ориентации, а длина опорной линии является лишь скаляром со свойствами длины. Разница между векторами опорных линий при обычной съемке и GNSS-съемке показана на рисунке 5-4-2.

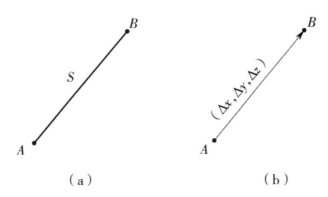

（а）　　　　　　　　　　（b）

Рис. 5-4-2　Вектор опорной линии

（а）Вектор опорной линии в обычной съемке　（b）Вектор опорной линии в GNSS-съемке

Векторы опорных линий могут выражаться в виде разности прямоугольных пространственных координат, разности геодезических координат и т. д.

Вектор опорной линии, выражающийся в виде разности прямоугольных пространственных координат:

$$b_i=[\Delta X_i \quad \Delta Y_i \quad \Delta Z_i]^T \qquad (5\text{-}4\text{-}1)$$

Вектор опорной линии, выражающийся в виде разности геодезических координат:

$$b_i=[\Delta B_i \quad \Delta L_i \quad \Delta H_i]^T \qquad (5\text{-}4\text{-}2)$$

Эти две формы выражения векторов опорных линий эквивалентны математически и могут взаимопреобразовываться.

2) Процесс расчета вектора опорной линии

В процессе расчета опорной линии векторы опорных линий и

соответствующие им дисперсионно-ковариационные матрицы получаются путем проведения сложных расчетов по данным синхронных наблюдений от нескольких приемников. При расчете необходимо учитывать такие проблемы, как удаление данных, вызванное сбоями цикла, обнаружение и устранение грубых ошибок в данных наблюдений, а также увеличение неизвестных на протяжении цикла, вызванное изменениями созвездия. Результаты расчета опорной линии, помимо использования для последующего нивелирования сети, применяются для проверки и оценки качества данных полевых наблюдений. Они предоставляют относительное позиционное отношение между точками, позволяют определить форму и ориентацию опорной сети. Однако для определения позиционной основы опорной сети необходимо ввести внешние исходные данные.

Основными математическими моделями для расчета вектора опорной линии являются недифференциальная модель фазы несущей волны, однодифференциальная, двухдифференциальная и трехдифференциальная модели фазы несущей волны. При уравнительных расчетах для вычисления вектора опорной линии между станциями, как правило, используется двухдифференциальная модель фазы несущей волны, т. е. значения двухдифференциальных наблюдений или их линейная комбинация принимаются за наблюдаемую величину в уравнительном вычислении, координаты вектора опорной линии между станциями $b_i=[\Delta X_i \ \Delta Y_i \ \Delta Z_i]T$ — за основные неизвестные величины, которые используются для составления уравнений погрешностей и расчета вектора опорной линии. Данный способ нивелирования аналогичен методу косвенного нивелирования. Здесь не делается описание процесса нивелирования ввиду его сложности. Процесс расчета вектора опорной линии показан на рисунке 5-4-3.

3）Контроль качества расчета вектора опорной линии

Расчет вектора опорной линии является ключевым звеном в процессе постобработки данных статического относительного позиционирования GNSS, а его результат используется в качестве опорных данных для нивелирования сети векторов опорных линий GNSS, поэтому его качество напрямую влияет на результаты и точность измерений статического относительного позиционирования GNSS.

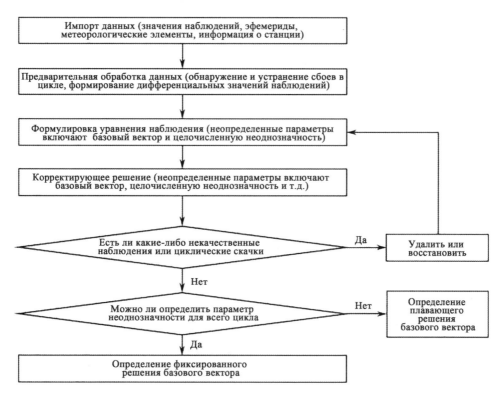

Рис. 5-4-3 Процедура расчета вектора опорной линии

Существуют следующие показатели оценки качества расчета вектора опорной линии.

I. Среднее квадратичное значение остаточной погрешности наблюдаемого значения:

$$RMS = V^{\mathrm{T}}V/n \qquad (5\text{-}4\text{-}3)$$

RMS показывает степень соответствия между наблюдаемым значением и прогнозируемым значением. Чем лучше качество наблюдаемого значения, тем меньше *RMS*, и наоборот. Оно не зависит от условий наблюдения (схемы распределения спутников в период наблюдений).

II. Коэффициент удаления данных

При расчете вектора опорной линии, если поправка к наблюдаемому значению превышает определенный порог, считается, что данное наблюдаемое значение содержит грубую ошибку и его следует удалить. Отношение количества удаленных наблюдаемых значений к общему количеству наблюдаемых значений является коэффициентом удаления данных.

Коэффициент удаления данных в определенной степени отражает качество исходных наблюдаемых значений GNSS. Чем выше коэффициент удаления данных, тем хуже качество наблюдаемого значения. Как правило, технический регламент GNSS-съемки устанавливает, что коэффициент удаления данных наблюдаемых значений за один и тот же временной интервал должен быть меньше 10%.

III. Соотношение

$$RATIO = RMS_{субмин} / RMS_{мин} \qquad (5\text{-}4\text{-}4)$$

Из этого следует, что если данное значение больше или равно 1, то оно отражает надежность определенных неизвестных чисел в полном цикле. Чем больше данное значение, тем выше надежность. Оно связано как с качеством наблюдаемого значения, так и с условиями наблюдения. Как правило, чем больше спутников во время наблюдений, тем равномернее распределение; чем дольше наблюдения, тем лучше условия наблюдения.

IV. Фактор относительной геометрической прочности

Под фактором относительной геометрической прочности понимается квадратный корень из следа массива кофакторов определяемого параметра на момент расчета вектора опорной линии, т. е.:

$$RDOP = \sqrt{\operatorname{tr}(Q)} \qquad (5\text{-}4\text{-}5)$$

Величина *RDOP* связана с положением опорной линии, геометрическим распределением и траекторией движения спутников (т. е. условиями наблюдения) в пространстве. После определения положения опорной линии *RDOP* будет зависеть только от условий наблюдения, которые, в свою очередь, представляют собой функцию времени, поэтому на практике для некоторых векторов опорных линий величина *RDOP* связана с временным интервалом наблюдений.

RDOP показывает влияние состояния спутника GNSS на относительное позиционирование, т. е. зависит от условий наблюдения, но не зависит от качества наблюдаемого значения.

V. Фактор дисперсии удельного веса (справочный фактор):

$$\hat{\sigma}_0 = \frac{V^{\mathrm{T}} P V}{n} \qquad (5\text{-}4\text{-}6)$$

Где: V——остаточная погрешность наблюдаемого значения;

V——вес наблюдения;

n——общее количество наблюдаемых значений.

Фактор дисперсии удельного веса выражается в миллиметрах. Чем меньше данное значение, тем меньше остаточная погрешность наблюдаемого значения опорной линии, тем концентрированнее и лучше качество наблюдений, что также в определенной степени отражает качество наблюдаемого значения.

VI. Невязка замыкания синхронного контура

Невязка замыкания синхронного контура подразумевает под собой невязку замкнутого контура, образованного опорными линиями синхронных наблюдений. Теоретически между опорными линиями синхронных наблюдений существует определенная внутренняя связь, при которой сумма трехмерных векторов невязки синхронного контура равна 0. Если математическая модель расчета вектора опорной линии корректна, а данные обрабатываются без ошибок, то даже при плохом качестве наблюдаемого значения невязка синхронного контура все же может быть очень маленькой. Поэтому тот факт, что невязка синхронного контура не превышает предельного значения, не говорит о том, что все опорные линии в замкнутом контуре удовлетворительного качества, но ее превышение предельного значения однозначно указывает на существование хотя бы 1 неисправного вектора опорной линии в замкнутом контуре.

VII. Невязка асинхронного контура

Невязка асинхронного контура подразумевает под собой невязку трехмерных векторов, которые независимо друг от друга образуют замкнутый контур. Когда невязка асинхронного контура удовлетворяет требования к конечной разности, это указывает на соответствие качества всех векторов опорных линий, составляющих асинхронный контур; когда невязка асинхронного контура не удовлетворяет требования к конечной разности, это указывает на существовании хотя бы 1 вектора опорной линии несоответствующего качества в асинхронном контуре. Векторы опорных линий несоответствующего качества могут быть определены путем проверки невязки нескольких смежных асинхронных замкнутых контуров или через разницу между опорными линиями при повторных наблюдениях. На практике замкнутый контур, в котором время синхронных наблюдений опорных линий меньше 40% от времени наблюдений, рассматривается как асинхронный контур.

VIII. Разница между опорными линиями при повторных наблюдениях

Разница между опорными линиями при повторных наблюдения

подразумевает по собой разницу между наблюдаемыми значениями при повторных наблюдениях за одной и той же опорной линией в разные временные интервалы наблюдений. Когда она удовлетворяет требования к конечной разности, это указывает на соответствие расчета вектора опорной линии; когда она не удовлетворяет требования к конечной разности, это указывает на существование хотя бы 1 неисправной опорной линии, наблюдаемой в течение одного временного интервала. Определить, в каком временном интервале находится неисправное наблюдаемое значение опорной линии, можно через несколько опорных линий повторных наблюдений.

3. Нивелирование геодезической опорной сети GNSS

На этапе нивелирования сети вектор опорной линии, определенный в результате расчета вектора опорной линии, используется в качестве значения наблюдения, а апостериорная дисперсионно-ковариационная матрица базового вектора используется в качестве весовой матрицы для определения значения наблюдения, вместе с тем вводятся надлежащие исходные данные для нивелирования всей сети, определяются координаты точек в сети.

На практике часто возникает необходимость преобразования результатов нивелирования в системе координат WGS-84 согласно потребностям пользователя, либо проведения совместного нивелирования с наземной сетью, чтобы определить параметры преобразования сети GNSS и классической наземной сети, а также совершенствования существующей классической наземной сети.

1) Цель нивелирования сети GNSS

В процессе обработки данных сети GNSS вектор опорной линии, полученный путем расчета, способен лишь определить геометрическую фигуру сети GNSS, но не может предоставить абсолютную координатную основу, необходимую для абсолютных координат точек в конечной сети. При нивелировании сети GNSS абсолютную основу можно ввести через координаты отсчетной точки. Однако это не единственная цель нивелирования сети GNSS. Существует 3 основные цели нивелирования сети GNSS.

（1）Устранение несоответствий в геометрических условиях сети GNSS, которые вызваны погрешностями, существующими в наблюдаемых значениях и известных условиях. Например, невязка замкнутого контура не равна нулю, разница между опорными линиями при повторных наблюдениях не равна нулю, невязка разомкнутого хода, образованного вектором опорной линии, не равна нулю, устранить эти несоответствия можно путем нивелирования сети.

（2）Улучшение качества и оценка точности сети GNSS. При помощи нивелирования сети можно получить ряд показателей для оценки точности сети GNSS, таких как поправка наблюдаемого значения, постпроверочная дисперсия наблюдаемого значения, дисперсия удельного веса наблюдаемого значения, средняя квадратичная погрешность расстояния между смежными точками, средняя квадратичная погрешность положения точки и т. д. В сочетании с этими показателями точности также можно определить возможные грубые ошибки или наблюдаемые значения с плохим качеством, чтобы принять соответствующие меры для улучшения качества сети.

（3）Определение координат и предполагаемых значений других необходимых параметров точек в сети GNSS в рамках системы целевых показателей. В процессе нивелирования сети координаты и другие параметры （например, параметры преобразования основы и т. д.）точки в системе целевых параметров могут быть определены путем введения исходных данных （например, известных точек, известной длины линии, известных направлений и т. д.）.

2）Виды нивелирования сети GNSS

Как правило, в зависимости от типа и количества наблюдаемых значений, а также известных условий, используемых при нивелировании сети GNSS разделяют три вида моделей — трехмерное нивелирование без ограничений, трехмерное нивелирование с ограничениями и трехмерное совместное нивелирование.

I. Трехмерное нивелирование без ограничений

Трехмерное нивелирование без ограничений сети GNSS осуществляется в трехмерной пространственной прямоугольной системе координат WGS-84, т. е. при нивелировании не вводятся внешние исходные данные, вызывающие деформации в сети GNSS, обусловленные ненаблюдаемыми величинами. Как правило, нивелирование без ограничений в обычных сетях GNSS не имеет исходных данных или избыточных исходных данных.

II. Трехмерное нивелирование с ограничениями

Трехмерное нивелирование с ограничениями сети GNSS также полностью использует вектор опорной линии GNSS в качестве наблюдаемой величины, но в отличие от трехмерного нивелирования без ограничений в данном нивелировании вводятся в качестве основы фиксированные координаты, фиксированная длина линии и фиксированная ориентация некоторых точек в рамках государственной или местной геодезической системы координат, которые рассматриваются в качестве ограничительных условий в нивелировании, причем в расчетах нивелирования учитываются параметры преобразования между сетью GNSS и наземной сетью.

II. Трехмерное совместное нивелирование

Как правило, трехмерное совместное нивелирование сети GNSS выполняется в определенной местной системе координат, причем для нивелирования используются не только векторы опорных линий GNSS, но и обычные наземные наблюдаемые значения, включающие наблюдаемое значение длины стороны, наблюдаемое значение угла, наблюдаемое значение ориентации и т. д.; исходными данными для нивелирования обычно служат трехмерные геодезические координаты наземных точек. Кроме того, иногда в качестве исходных данных добавляется известная длина стороны и известный азимут. В инженерных работах чаще всего используется трехмерное совместное нивелирование.

3) Процедура нивелирования сети GNSS

При нивелировании сети GNSS абсолютную основу можно ввести через координаты отсчетной точки. При нивелировании геодезической опорной сети GNSS векторы опорных линий и ковариации используются в качестве опорных наблюдаемых величин. Каждый тип корректировки имеет разные функции, и различные типы методов корректировки сети должны внедряться поэтапно. Процесс уравнивания сети GNSS показан на рисунке 5-4-4.

4. Расчет высоты GNSS

Для традиционных технологий наземных наблюдений, из-за различия в базисных уровнях, применяемых для положения и возвышения плоскости, а также из-за различных технических средств для определения положения и возвышения плоскости, положение и возвышение плоскости часто определяются отдельно. Хотя GNSS может точно измерять трехмерные координаты точек, высота, определенная ей, является геодезической высотой, основанной на эллипсоиде WGS-84, не относится к нормальной системе высот, применяемой на практике. Таким образом, необходимо выяснить соотношение между геодезической высотой и нормальной высотой точки GNSS, затем применить определенную модель для преобразования.

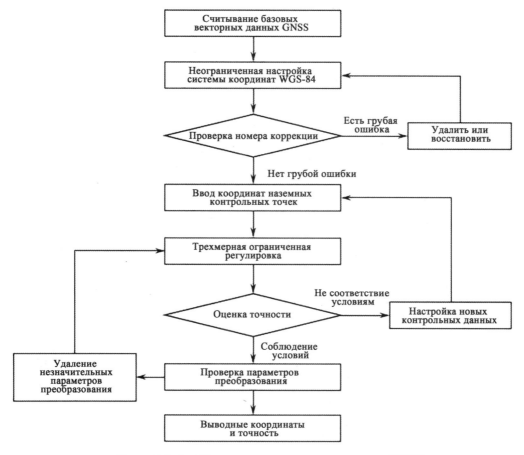

Рис. 5-4-4   Процесс уравнивания сети GNSS

Использование GNSS для определения ортометрической или нормальной высоты называется уровнем GNSS. Высота, измеренная с помощью GNSS, является геодезической высотой, для определения ортометрической или нормальной высоты точки требуется преобразование системы высот, то есть необходимо определить разрыв геоида или аномалию высоты. Из этого видно, что уровень GNSS фактически включает в себя два аспекта: с одной стороны, определение геодезической высоты методом GNSS; с другой стороны, определение разности геоида или аномалии высоты другими техническими методами. Если разность геоида известна, то можно осуществлять взаимное преобразование между геодезической высотой и ортометрической высотой, но когда она неизвестна, необходимо попытаться ее определить. Основные методы определения разности геоида: астрономо-геодезический метод, метод модели геоида, гравиметрический метод, метод геометрической интерполяции, метод остаточной модели и т.д. Ниже в качестве примера используется метод геометрической интерполяции, чтобы представить метод подгонки высоты.

Основной принцип метода геометрической интерполяции заключается в использовании общих точек, где провели наблюдения GNSS и нивелирование, для получения соответствующей разности геоида, а для аппроксимации измеренных значений используются методы интерполяции, такие как аппроксимация плоской или изогнутой поверхности кубическими сплайнами и т.д. Подберите геоид области съемки, получите зазор геоида определяемой точки, а затем рассчитайте ортовысоту определяемой точки.

Если в общей точке измерены геодезическая высота и ортометрическая высота соответственно с помощью GNSS и нивелирования, разность геоида можно получить по следующей формуле:

$$N = H - H_g \tag{5-4-7}$$

Предположим, что зависимость разности геоида от координат точки приведена ниже:

$$N = a_0 + a_1 dB + a_2 dL + a_3 dB^2 + a_4 dL^2 + a_5 dB dL \tag{5-4-8}$$

Где: $dB = B - B_0$, $dL = L - L_0$, $B_0 = \dfrac{1}{n}\sum B$, $L_0 = \dfrac{1}{n}\sum L$,

n——число точек, где провели наблюдение по GNSS.

При наличии m количества таких общих точек:

$$V = AX + L \tag{5-4-9}$$

Где,

$$A = \begin{bmatrix} 1 & dB_1 & dL_1 & dB_1^2 & dL_1^2 & dB_1 dL_1 \\ 1 & dB_2 & dL_2 & dB_2^2 & dL_2^2 & dB_2 dL_2 \\ \vdots & \vdots & \vdots & \vdots & \vdots & \vdots & \vdots \\ 1 & dB_m & dL_m & dB_m^2 & dL_m^2 & dB_m dL_m \end{bmatrix}$$

$$X = \begin{bmatrix} a_0 & a_1 & a_2 & a_3 & a_4 & a_5 \end{bmatrix}^T$$

$$V = \begin{bmatrix} N_1 & N_2 & \cdots & N_m \end{bmatrix}$$

Полиномиальный коэффициент можно решить методом наименьших квадратов:

$$X = -(A^T PA)^{-1}(A^T PL) \tag{5-4-10}$$

Где: весовая матрица P определяется по точности геодезической высоты и ортометрической высоты.

Из этого видно, что для подгонки разности геоида применяется квадратный полином, для нахождения полиномиального коэффициента требуются не менее 6 общих точек. После нахождения коэффициента можно определить разности геоида интерполяцией по формуле (5-4-8) для определения ортометрической высоты. Уровень GNSS может заменить традиционное нивелирование третьего и четвертого уровней, и может значительно повышать эффективность работы.

Для повышения точности подгонки необходимо обратить внимание на следующие моменты.

（1）Количество точек геометрических реперов для привязки в зоне съемки определяется в соответствии с размером зоны съемки и изменением (квази) геоида, но количество точек геометрических реперов для привязки не может быть меньше количества определяемых точек.

（2）Точки геометрических реперов для привязки должны быть равномерно расположены в зоне съемки и могут охватывать всю зону съемки.

（3）Для рельефа, содержащего районы с различными тенденциями, в точках GNSS в местах резкого изменения рельефа следует провести привязку геометрического уровня, в зоне съемки большой площади можно применять метод зонального расчета.

【 Выполнение задачи 】

В этой задаче в качестве примеров используются приемник GNSS Chuangxiang компании SOUTH и программное обеспечение SGO для платформы обработки географических данных компании SOUTH, чтобы представить общий процесс загрузки данных и обработки статических данных GNSS.

1. Загрузка данных

1）Вход пользователя

Пользователь может подключиться к Wi-Fi приемника GNSS Chuangxiang компании SOUTH, открыть терминал управления веб-страницами Chuangxiang для передачи данных и т.д. Способ подключения Wi-Fi показан на рисунке

Обработка данных статических наблюдений GNSS

5-4-5. По умолчанию название WiFi хотспота — «SOUTH_последние четыре цифры номера основного блока». Хотспот не имеет пароля и может быть подключен напрямую.

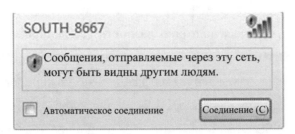

Рис. 5-4-5   Способ подключения Wi-Fi

IP-адрес страницы терминала управления Web — 10.1.1.1, имя
пользователя и пароль для входа — «admin», страница входа в Web показана на
рисунке 5-4-6.

Рис. 5-4-6   Страница входа в Интернет

2) Загрузка данных

Последовательно выберите «Запись данных» — «Настройка записи», для
установления формата хранения данных, выбора памяти, файла / интервала
отбора проб, имени точки и т.д. Страница настройки записи показана на
рисунке 5-4-7.

Последовательно выберите «Запись данных» — «Загрузка данных», чтобы
запросить собранные данные и загрузить их, выберите соответствующую дату
и нажмите «Обновить данные», таким образом можно просмотреть все
статические данные наблюдений на текущую дату. Страница загрузки данных
показана на рисунке 5-4-8.

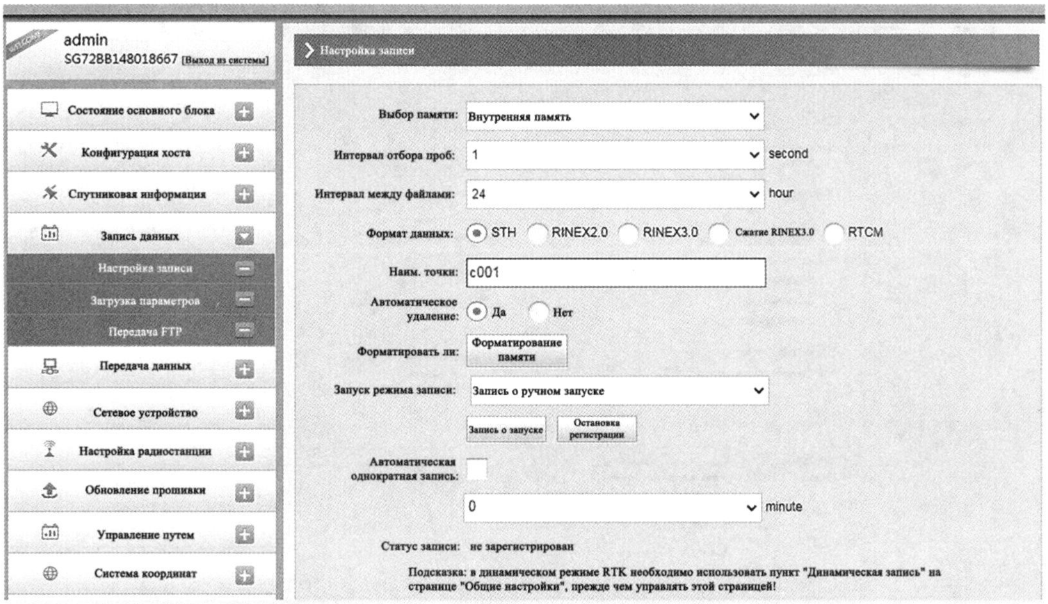

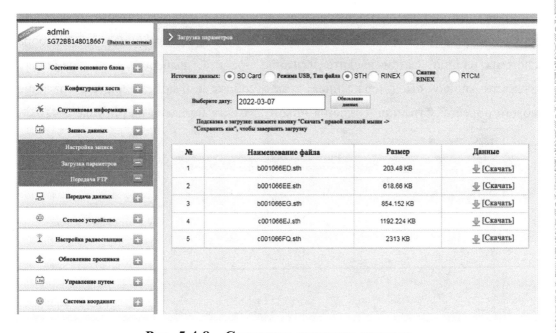

Рис. 5-4-7 Страница настройки записи

Рис. 5-4-8 Страница загрузки данных

2. Обработка статических данных GNSS

1）Создание нового объекта

Запустите программное обеспечение SGO для платформы обработки географических данных компании SOUTH и войдите в основную программу программной платформы. Основная страница SGO показана на рисунке 5-4-9.

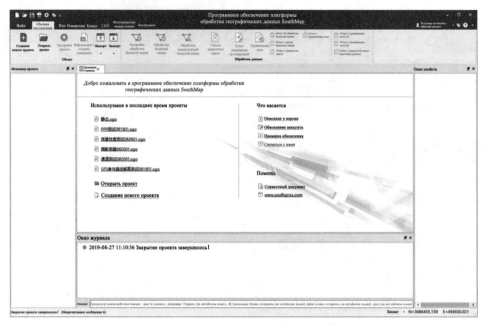

Рис. 5-4-9   Главная страница SGO

Нажмите кнопку «Создание нового объекта» в меню «Обычные операции» или кнопку «Создание нового объекта» на главной странице, для выбора системы единиц, затем введите название проекта, выберите путь хранения, нажмите кнопку «Подтверждение», таким образом будет завершено создание нового объекта. Страница создания нового объекта показана на рисунке 5-4-10.

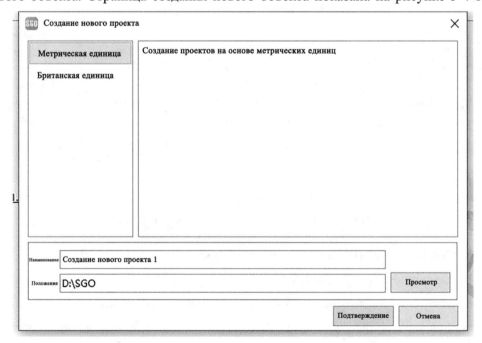

Рис. 5-4-10   Страница создания нового объекта

После создания нового объекта в системе автоматически появляется диалоговое окно «Настройка объекта», в котором пользователь может настроить объект в соответствии с ситуацией проекта и реальными потребностями, а также выбрать правильную систему координат и способ проекции. Страница настройки объекта показана на рисунке 5-4-11.

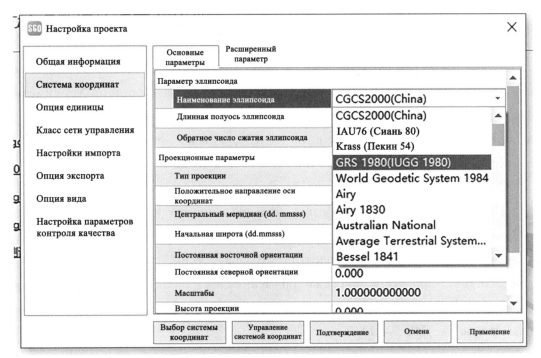

Рис. 5-4-11 Страница настройки объекта

После настройки информации об объекте нажмите кнопку «Подтверждение», таким образом будет завершено создание нового объекта.

2）Импорт данных

После создания нового объекта нажмите кнопку «Импорт файлов значений наблюдений» в подменю «Импорт» в меню «Обычные операции» и выберите файл данных в формате STH или RINEX. После завершения загрузки данных появится диалоговое окно списка файлов, в котором можно изменить ID（имя точки）и выбрать метод измерения высоты антенны. Страница информации о станции съемки показана на рисунке 5-4-12.

	ID	Наим. файла	Время начала	Время окончания	Тип данных	Исполнитель	Тип антенны	Высота антенны	Способ измерения высоты антенны	Расчетная высота антенны	Серийный номер	Путь к файлу
1	G001	G001007Q.12O	2012-01-07 16:00:00	2012-01-07 16:59:59	Статическое состояние	Default	Ant	0.000	Справочная точка антенны	0.000		D:\SGO\Новый проект 1\G001007Q.12O
2	G002	G002007Q.12O	2012-01-07 16:00:00	2012-01-07 17:00:00	Статическое состояние	Default	Ant	0.000	Справочная точка антенны	0.000		D:\SGO\Новый проект 1\G002007Q.12O
3	G005	G005007Q.12O	2012-01-07 16:00:00	2012-01-07 17:00:00	Статическое состояние	Default	Ant	0.000	Справочная точка антенны	0.000		D:\SGO\Новый проект 1\G005007Q.12O
4	G007	G007007Q.12O	2012-01-07 16:00:01	2012-01-07 17:00:00	Статическое состояние	Default	Ant	0.000	Справочная точка антенны	0.000		D:\SGO\Новый проект 1\G007007Q.12O
5	JZ25	JZ25007Q.12O	2012-01-07 16:00:00	2012-01-07 17:00:00	Статическое состояние	Default	Ant	0.000	Справочная точка антенны	0.000		D:\SGO\Новый проект 1\JZ25007Q.12O

Рис. 5-4-12   Страница информации об измерительной станции

Примечание: Идентификатор чтения (имя точки) является именем внутренним файлом, если имя внутреннего файла не соответствует имени фактической требуемой точки, можно изменить ID в списке файлов. Если данные представлены в формате RINEX, также можно открыть файл непосредственно в виде блокнота и изменить имя точки в файле.

3) Обработка опорной линии

Нажмите кнопку «Обработка опорной линии» в меню «Обычные операции», в системе появляется диалоговое окно «Обработка опорной линии», в котором нужно отметить галочкой «Выбрать все», затем нажать кнопку «Обработка», при этом система применит настройки по умолчанию для обработки всех векторов опорной линии. Страница расчета опорной линии показана на рисунке 5-4-13.

После завершения расчета всех опорных линий нажмите кнопку «Закрыть». При этом можно просмотреть состояние расчета опорной линии в плане, зеленый отрезок означает годную опорную линию по результатам расчета, а красный отрезок означает негодную опорную линию по результатам расчета. Расчет опорной линии показано на рисунке 5-4-14.

(1) Обработка негодной опорной линии: последовательно нажмите «Обычные операции» — «Обработка негодной опорной линии», выберите негодную опорную линию по результатам расчета, в окне атрибутов будут отображаться параметры расчета соответствующей опорной линии, путем изменения параметров расчета (интервал отбора проб, угол отсечки высоты, тип расчета) снова удалите негодные данные в соответствии с диаграммой остатков и проведите повторный расчет, таким образом можно обеспечить получение положительных результатов расчета большинства опорных линий.

		Базисная линия	Синхронное время	Тип решения	Фиксированный коэффициент	RMS(m)	HRMS(m)	VRMS(m)	Длина базисной линии (м)
1	☑	G001007Q-G002007Q	0 hour(s)59 min(s)59.0 sec(s)	Фиксированное решение	99.900	0.006	0.003	0.006	108.407
2	☑	G001007Q-G005007Q	0 hour(s)59 min(s)59.0 sec(s)	Фиксированное решение	71.535	0.006	0.003	0.005	537.971
3	☑	G001007Q-G007007Q	0 hour(s)59 min(s)58.0 sec(s)	Фиксированное решение	99.900	0.006	0.003	0.006	699.319
4	☑	G001007Q-JZ25007Q	0 hour(s)59 min(s)59.0 sec(s)						
5	☑	G002007Q-G005007Q	1 hour(s)0 min(s)0.0 sec(s)						
6	☑	G002007Q-G007007Q	0 hour(s)59 min(s)59.0 sec(s)						
7	☑	G002007Q-JZ25007Q	1 hour(s)0 min(s)0.0 sec(s)						
8	☑	G005007Q-G007007Q	0 hour(s)59 min(s)59.0 sec(s)						
9	☑	G005007Q-JZ25007Q	1 hour(s)0 min(s)0.0 sec(s)						
10	☑	G007007Q-JZ25007Q	0 hour(s)59 min(s)59.0 sec(s)						

Обработка базисной линии ✕

☑ Выбор всех — Примечание: «Недоступно» означает, что проверка софта дога этой базисной линии не удалась, обработка не поддерживается

Обработка Остановка Выключение

(4/10) Обработка базисной линии-G001007Q-JZ25007Q — 9%

Рис. 5-4-13 Страница расчета опорной линии

Рис. 5-4-14 Расчет опорной линии

（2）Обработка негодных закрытых колец: после получения положительных результатов расчета опорных линий нажмите «Список закрытых колец» на панели инструментов, чтобы проверить состояние закрытия закрытых колец. Страница списка закрытых колец показана на рисунке 5-4-15.

ID	Тип	Качество	Невязка X (мм)	Невязка Y (мм)	Невязка Z (мм)	Невязка длины стороны (мм)	Длина кольца (м)	Относительная погрешность (ррm)	Допустимое отклонение составляющей (мм)	Допустимое отклонение замыкания (мм)
G005-G007-JZ25	Синхронное кольцо	Годно	0.052	-0.126	-0.008	0.137	1508.36	0.09059	27.137	47.003
G002-G007-JZ25	Синхронное кольцо	Годно	-0.01	0.122	-0.042	0.13	1480.71	0.08749	27.096	46.932
G002-G005-JZ25	Синхронное кольцо	Годно	0.009	-0.011	-0.013	0.02	1153.13	0.01721	26.663	46.181
G002-G005-G007	Синхронное кольцо	Годно	-0.033	-0.007	0.037	0.05	1215.03	0.04126	26.737	46.31
G001-G007-JZ25	Синхронное кольцо	Годно	-0.038	0.112	0.077	0.141	1481.86	0.09513	27.098	46.935
G001-G005-JZ25	Синхронное кольцо	Годно	-0.186	0.136	0.16	0.28	1156.71	0.24242	26.667	46.188
G001-G005-G007	Синхронное кольцо	Годно	0.199	-0.15	-0.091	0.266	1429.29	0.18608	27.021	46.802
G001-G002-JZ25	Синхронное кольцо	Годно	0.058	-0.019	-0.097	0.114	298.094	0.38373	26.027	45.08
G001-G002-G007	Синхронное кольцо	Годно	0.03	-0.029	0.022	0.047	1401.14	0.03379	26.982	46.733
G001-G002-G005	Синхронное кольцо	Годно	-0.137	0.128	0.077	0.203	1075.99	0.18836	26.576	46.03

Рис. 5-4-15   Страница списка закрытых колец

Если невязка превышает предел, необходимо провести повторный расчет некоторых опорных линий в соответствии с конкретными обстоятельствами расчета опорных линий и расчета невязки. Если существует опорная линия нескольких наблюдений, можно не использовать или удалить данную опорную линию.

4) Уравнивание сети

После того как результаты обработки опорной линии и закрытого контура соответствуют требованиям проведите расчет уравнивания сети, последовательно нажав «Общие операции» — «Редактирование контрольной точки», выберите номер точки, являющейся контрольной точкой, и введите координаты контрольной точки. Страница редактирования контрольной точки показана на рисунке 5-4-16.

После ввода всей информации о контрольной точке нажмите «Уравнивание сети» в меню «Обычные операции», чтобы провести расчет уравнивания сети.

5) Просмотр отчета

Нажмите «Отчет об уравнивании сети» в меню «Обычные операции» для просмотра. Отчет об уравнивании сети показан на рисунке 5-4-17.

Таким образом, расчет статических данных завершен.

Рис. 5-4-16   Страница редактирования контрольной точки

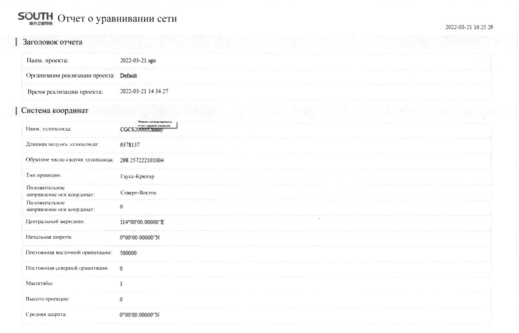

Рис. 5-4-17   Отчет об уравнивании сети

【 Освоение навыков 】

Объект практического обучения 5-3: передача данных приемника GNSS.

Задача Ⅴ   Составление профессиональной технической документации и предоставление материалов

【 Введение в задачу 】

Краткое изложение технологии съемки и картографии относится к реализации проектной документации по технологии съемки и картографии, технических стандартов, спецификаций и т.д., основных технических проблем и методов обработки, возникающих в ходе реализации технических проектных расчетов, качества результатов (или продукции), применения новых технологий и т.д. после выполнения задачи по съемке, а также проведение объективного описания и оценки. Краткое изложение технологии съемки и картографии может облегчить рациональное использование результатов (или продуктов) пользователями (или последующими процессами), обеспечить основу для постоянного улучшения качества организации, выполнения съемки, а также предоставить данные для технического проекта съемки, разработки соответствующих технических стандартов и правил. Краткое изложение технологий съемки и картографии представляет собой технический документ, непосредственно связанный с результатами (или продуктами) съемки, и представляет собой важный технический архив, подлежащий долгосрочному хранению. Данная задача в основном описывает, как составлять профессиональное техническое описание контрольных измерений GNSS.

【 Подготовка к задаче 】

Краткое изложение технологии съемки и картографии можно разделить на краткое описание проекта и профессиональное техническое обобщение.

Профессиональное техническое обобщение — это технический документ, в котором суммируются все профессиональные геодезические и картографические мероприятия, включенные в проект геодезических и картографических исследований, после того, как результаты (или продукты) прошли проверку. Краткое описание проекта — это техническое резюме всего проекта, основанное на техническом резюме каждого специалиста после того, как конечный результат (или продукт) проекта съемки и картографирования прошел проверку. Для проектов с небольшим объемом работы можно объединить краткое описание проекта и профессиональное техническое обобщение при необходимости можно объединить в краткое описание проекта.

Ответственность за составление и организацию краткого описания проекта несет юридичсскос лицо, отвстствснпое за выполпение проекта; ответственность за составление профессионального технического обобщения несет конкретное юридическое лицо, ответственное за выполнение соответствующих профессиональных задач. Конкретные работы по составлению обычно выполняются техническим персоналом организации. После составления технического обобщения главный инженер или технический руководитель организации должны рассмотреть объективность и целостность составленного технического обобщения и подписать его, они также несут ответственность за качество составления технического обобщения. После рассмотрения и подписания технического обобщения, оно представляется и сдается в архив вместе с технической проектной документацией по результатам (или продуктам) и отчетом о проверке результатов (или продуктов) съемки.

1. Основание для составления профессионального технического обобщения

(1) Соответствующие требования, указанные в задании на съемку или контракте, записи о письменных или устных требованиях пользователя, рыночные потребности или ожидания.

(2) Техническая проектная документация по съемке, соответствующие законы, нормативные акты, технические стандарты и правила.

(3) Отчет о проверке качества результатов (или продуктов) съемки.

(4) Информация, предоставленная предыдущими техническими проектами съемки и техническими обобщениями съемки, а также записи о качестве и соответствующие данные существующих производственных процессов и продуктов.

(5) Другие соответствующие документы и материалы.

2. На что следует обратить внимание при составлении профессионального технического обобщения

(1) Содержание должно быть правдивым и всеобъемлющим, целенаправленным. При описании и оценке выполнения технических требований не следует просто копировать соответствующие технические требования проектной документации, а сосредоточить внимание на основных технических проблемах, возникающих в процессе выполнения работ, и методах их решения, особых обстоятельств и достигнутых результатах, опыте, уроках и оставшихся проблемах.

(2) Текст должен быть кратким, формулы, данные и диаграммы должны быть точными, а слова, термины, условные обозначения, единицы измерения и т.д. должны соответствовать соответствующим правилам и стандартам.

3. Основное содержание профессионального технического обобщения

Как правило, профессиональное техническое обобщение состоит из четырех частей: общие сведения, реализация технического проекта, описание и оценка качества результатов (или продуктов) съемки, перечень представленных результатов (или продуктов) и материалов по съемке.

1）Обзор

Кратко изложите название проекта геодезических и картографических работ，источник профессиональных геодезических и картографических задач；содержание，объем и цели профессиональных геодезических и картографических задач，сдача и приемка продуктов и т.д.；статистику запланированного и фактического статуса выполнения，коэффициента выполнения работ；общие сведения о районе выполнения работ и информация об использовании имеющихся материалов.

2）Информация о реализации технического проекта

Основное содержание информации о реализации технического проекта приведены ниже.

（1）Описание технической документации，на основании которой осуществляется профессиональная деятельность，включая профессиональный технический проект и связанные с ним документы об изменении технического проекта，при необходимости также включая проект данной съемки и связанные с ним документы об изменении проекта，соответствующие технические стандарты и правила.

（2）Описание и оценка реализации профессиональной технической проектной документации в процессе профессиональной технической деятельности с основным указанием изменений，внесенных в профессиональный технический проект в процессе проведения профессиональной съемки（в том числе содержание и причины внесения изменений в профессиональный технический проект и т.д.）.

（3）Описание основных технических проблем и методов их решения，возникающих в процессе проведения съемки，решения особых обстоятельств，достигнутых результатов и т.д.

（4）При применении новых технологий，методов и материалов в процессе выполнения работы следует подробно описать и обобщить их применение.

（5）Обобщение опыта，извлеченные уроки（включая серьезные недостатки и неудачи），оставшиеся проблемы в процессе проведения съемки，а также представление предложений и рекомендаций по улучшению в будущем.

3）Качество результатов（или продуктов）съемки

Описать и оценить качество результатов（или продуктов）съемки（включая необходимые статистические данные о точности），технические показатели， достигнутые продуктами, а также наименование и номер отчета о проверке качества результатов (или продуктов) съемки.

4) Перечень сданных результатов (или продуктов) и материалов по съемке

Описать основное содержание и форму сданных результатов (или продуктов) и материалов по съемке, основное содержание приведено ниже.

(1) Результаты (или продукты) съемки: описать их наименование, количество, тип и т.д., при изменении количества или объема представленных результатов необходимо приложить схему распределения представленных результатов.

(2) Документальные материалы: профессиональная техническая проектная документация, профессиональное техническое обобщение и отчет о проверке, необходимые документы (формуляры, схемы) и другие важные записи, сформированные в процессе работы.

(3) Другие материалы, которые должны быть переданы и архивированы.

【Выполнение задачи】

1. Составление профессионального технического обобщения

После получения результатов контрольной съемки GNSS необходимо составить профессиональное техническое обобщение. Профессиональное техническое обобщение контрольной съемки GNSS является не только важной частью серии необходимых документов для каждого проекта контрольных измерений GNSS, но и помогает техническому персоналу полностью понять детали проекта, что облегчает использование этих результатов в будущем. В то же время, путем составления профессионального технического обобщения организация, выполняющая работы по съемке, может своевременно обобщать опыт и выявлять недостатки, предоставив рекомендации для реализации аналогичных инженерных проектов в будущем.

Профессиональное техническое обобщение контрольной съемки GNSS состоит из общих сведений, выполнения полевых работ, расчета данных внутренних работ и заключения, оно должно охватывать следующее содержание при составлении.

1) Обзор

(1) Зона съемки и ее расположение, физико-географические условия, условия транспорта, связи и электроснабжения.

（2）Источник задачи, наименование объекта, существующие результаты съемки в зоне съемки, цель и основные требования к точности данной съемки.

（3）Строительная организация, время проведения съемки, количество и технические навыки рабочих и т.д.

（4）Технические основания, описание правил съемки, инженерных правил, отраслевых стандартов и т.д., на основании которых выполняется работа.

2）Состояние выполнения полевых работ

（1）Вариант проведения съемки с указанием типа, количества, точности, контроля и состояния использования приборов, применяемых для съемки, а также варианта расположения сети и т.д.

（2）Оценка качества наблюдений в различных точках, состояние заложения реперов и совпадения точек.

（3）Метод привязки, количество выполненных точек на разных уровнях, состояние дополнительной и повторной съемки, а также объяснение проблем, возникающих в процессе выполнения работы.

（4）Анализ качества данных полевых наблюдений и проверка полевых данных.

3）Информация о расчете внутренних данных

（1）Вариант обработки данных, применяемое программное обеспечение, календарь, исходные данные, система координат.

（2）Уравнивание без ограничений и уравнивание с ограничениями.

（3）Проверка погрешности и оценка точности соответствующих параметров и результатов уравнивания.

（4）Проблемы, возникающие в представленных результатах, и другие вопросы, требующие разъяснения, а также рекомендации или предложения по улучшению.

（5）Сводные таблицы и чертежи.

4）Вывод

Сделать выводы о качестве и результатах всех работ по контрольной съемке GNSS.

2. Приемка результатов и предоставление материалов

1）Приемка результатов

В процессе организации и реализации работ по съемке, при проверке и приемке результатов（или продуктов）съемки обычно применяется система «двухуровневая проверка и одноуровневая приемка». В том числе, организация, выполняющая задачу по съемке, отвечает за «двухуровневую проверку» качества результатов（то есть проверку процесса и окончательную проверку）, а подразделение, которое поручает или выдает задачу по съемке, отвечает за организацию «первоуровневой приемки» качества результатов.

После выполнения задачи по контрольной съемке GNSS следует провести приемку результатов в соответствии с требованиями стандарта «Проверка и приемка качества результатов съемки»（GB/T24356—2023）. Результаты, представляемые на приемку, включают носитель хранения записей наблюдений и его резервные копии, содержание и количество должны быть полными и целостными, все примечания и поправки должны соответствовать требованиям. Ключевыми моментами приемки являются следующие.

（1）Соответствие варианта реализации требованиям правил и технического проекта.

（2）Разумность дополнительной и повторной съемки, а также удаления данных.

（3）Соответствие программного обеспечения обработки данных требованиям, полнота обработанных предметов, правильность исходных данных.

（4）Соответствие технических показателей требованиям.

（5）После завершения приемки следует выдать акт приемки результатов, в котором следует оценить качество результатов в соответствии с требованиями соответствующих правил.

2）Предоставление материалов

（1）Задание или контракт на съемку, профессиональный технический проект.

（2）Сеть опорных точек, контурный вид, доверенность на хранение знаков съемки, данные о выборе точек и данные о заложению реперов.

（3）Данные о проверке приемного оборудования, метеорологических и других приборов.

（4）Записи полевых наблюдений, журнал съемки и другие записи.

（5）Документы, данные и таблицы результатов, генерируемые в процессе обработки данных, а также сеть опорных точек GNSS и карта точек.

（6）Профессиональное техническое обобщение и отчет о приемке результатов.

【 Размышления и упражнения 】

（1）Каково основное техническое основание для проектирования сети опорных точек GNSS ?

（2）Как выразить точность сети опорных точек GNSS ? Как классифицировать уровень точности сети опорных точек GNSS ?

（3）Что такое синхронное наблюдение, синхронные закрытые контуры и асинхронные закрытые контуры ?

（4）Кратко опишите несколько форм конфигурации сети опорных точек GNSS.

（5）Какую информацию необходимо собрать перед проведением наблюдений GNSS ?

（6）Какое основное содержание включено в технический проект контрольной съемки GNSS ?

（7）Каковы требования к выбору контрольных точек GNSS ?

（8）Кратко опишите, как определить, установлен ли приемник GNSS в режиме статического приема.

（9）Подробно опишите процесс обработки статических данных о контрольной съемке GNSS на основе программного обеспечения SGO для платформы обработки географических данных компании SOUTH.

Проект VI

Съемка GNSS-RTK

【 Описание проекта 】

Технология динамической съемки в режиме реального времени GNSS (Real Time Kinematic, RTK) — это технология динамического дифференциального позиционирования фазы несущей волны в режиме реального времени, объединяющая технологию глобального спутникового навигационного позиционирования и технологию передачи данных, которая может предоставлять данные трехмерных координат точки позиционирования в определенной системе координат в режиме реального времени. Технология GNSS-RTK удобна для работы и имеет высокую точность, широко применяется при инженерной, контрольной, кадастровой съемках и т.д.

В данном проекте в качестве примера используется оборудование GNSS Chuangxiang компании SOUTH для ознакомления с основными принципами, системой координат, рабочим процессом и соответствующими приложениями съемки GNSS-RTK.

【 Цель проекта 】

（1）Ознакомление с принципом работы GNSS-RTK.

（2）Освоение рабочего процесса GNSS-RTK.

（3）Освоение установки опорной и подвижной станций GNSS-RTK.

（4）Освоение разбивки GNSS-RTK.

（5）Понимание принципа GNSS-PPK.

Задача │ Стандартный режим GNSS-RTK

【 Введение в задачу 】

Погрешность спутниковой эфемериды, погрешность атмосферной задержки (ионосферной задержки и тропосферной задержки) и погрешность спутниковых часов съемки GNSS имеют пространственную корреляцию. Если приемник опорной станции может отправлять поправки вышеуказанных погрешностей съемки на приемник близкой работающей подвижной станции по цепочке передачи данных, точность позиционирования приемника подвижной станции будет значительно улучшена.

【 Подготовка к задаче 】

1. Принцип съемки GNSS-RTK

В течение определенного времени наблюдения один или несколько приемников постоянно ведут слежение и наблюдение за спутниками на одной или нескольких фиксированных станциях, а остальные приемники работают подвижно в определенном диапазоне этих станций съемки. Такие стационарные станции съемки называются опорными станциями, а приемники, работающие подвижно в определенном диапазоне опорных станций, называются подвижными станциями.

Основные принципы позиционирования GNSS-RTK: один приемник GNSS устанавливается на опорной станции, а другой приемник или приемники устанавливаются на носителе (т.е. подвижной станции), опорная и подвижная станции одновременно принимают сигналы от одного и того же набора спутников GNSS; сравнивают значения наблюдения, полученные на опорной станции, с известной информацией о положении, чтобы получить значение дифференциальной поправки GNSS и своевременно передают значение поправки на приемник подвижной станции в виде цепочки радиоданных; приемник подвижной станции принимает по радио информацию, передаваемую опорной станцией, и выполняет дифференциальную обработку значений наблюдения фазы несущей волны в режиме реального времени, чтобы получить разность координат опорной и подвижной станций (ΔX, ΔY, ΔZ); после добавления этой разности координат к координатам опорной станции можно получить координаты каждой точки на подвижной станции по эталону координат GNSS; путем преобразования параметров координат можно получить координаты на плоскости (X, Y, Z) каждой точки на подвижной станции и соответствующую точность, как показано на рисунке 6-1-1.

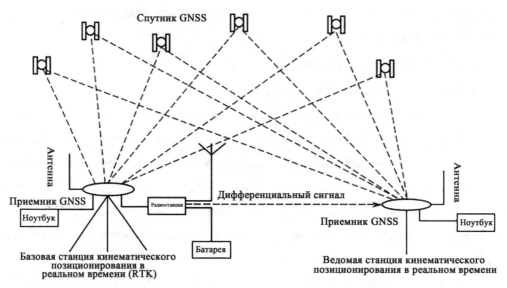

Рис. 6-1-1   Схема съемки GNSS-RTK

2. Комплектация системы GNSS-RTK

1 ）Приемник GNSS

Функция приемника GNSS заключается в приеме, обработке и хранении спутниковых сигналов. Антенна приемника GNSS является фактической точкой сбора спутниковых сигналов, поэтому для определения положения точки наблюдения необходимо установить антенну приемника GNSS над точкой наблюдения. Положение в плане точки наблюдения определяется по фазовому центру антенны, а вертикальное положение точки наблюдения — по фазовому центру антенны за вычетом высоты антенны. Внешний вид приемника GNSS и наименование его частей показаны на рисунке 6-1-2.

2 ）Система электропитания

Опорная станция и подвижная станция могут работать при наличии электропитания. В зависимости от типа выбранной радиостанции требования к электропитанию системы опорной станции намного выше, чем система подвижной станции.

3 ）Система передачи данных

Связь между опорной станцией и подвижной станцией осуществляется с помощью системы передачи данных（далее — цепочка данных）. Устройство передачи данных является одним из ключевых устройств для выполнения динамической съемки в режиме реального времени, и состоит из модема и радиостанции. На опорной станции соответствующие данные кодируются и модулируются с помощью модема, затем передаются с помощью радиопередающей станции, потом принимаются с помощью радиоприемника на подвижной станции. После этого демодулятор восстанавливает данные и передает их на приемник GNSS на подвижной станции.

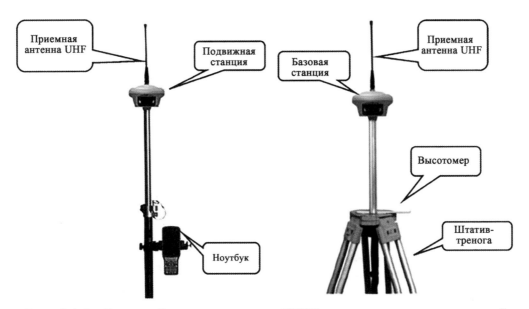

Рис. 6-1-2 Внешний вид приемника GNSS и наименование его частей

3. Съемка RTK на основе одиночной опорной станции

Обычная структура работы измерения RTK с одной базовой станцией состоит из опорной станции, радиостанции и нескольких подвижных станций, для передачи данных используются VHF, UHF, расширенный спектр или скачкообразная перестройка частоты. Точность обычной съемки RTK может достигать 1-3см в горизонтальном направлении и 2-5см в вертикальном направлении. Появление технологии съемки RTK на основе одиночной опорной станции позволило осуществлять позиционирование GNSS в режиме реального времени, что облегчило проведение контрольной съемки, цифрового картографирования, инженерной разбивки и инженерного мониторинга в отрасли съемки.

4. Технические требования к съемке GNSS-RTK

1）Технические требования к плановой съемке GNSS-RTK

По точности съемка в плановых контрольных точках GNSS-RTK разделяется на контрольные точки первого, второго и третьего уровня, требования к которым должны соответствовать требованиям таблицы 6-1-1.

Таблица 6-1-1 Основные технические требования к съемке в плановых контрольных точках GNSS-RTK

Класс	Среднее расстояние между соседними точками / м	Средняя квадратическая погрешность точек /см	Относительная средняя квадратическая погрешность длины стороны	Расстояние до опорной станции / км	Число приемов	Класс начальной точки
1-ый разряд	500	≤ ± 5	≤1/20 000	≤5	≥4	IV и выше
2-ой разряд	300	≤ ± 5	≤1/10 000	≤5	≥3	I и выше
III	200	≤ ± 5	≤1/6000	≤5	≥2	II и выше

Примечание: 1. Средняя квадратическая погрешность точек — это погрешность контрольной точки относительно ближайшей опорной станции.

2. Для съемки контрольных точек первого уровня с помощью RTK на основе одиночной опорной станции необходимо заменять опорную станцию не менее одного раза, количество наблюдений на каждой станции должно быть не менее 2 раз.

3. Съемка плановых контрольных точек на всех уровнях с помощью сетевого RTK не ограничена расстоянием от подвижной станции до опорной станции, но должно находиться в пределах эффективного обслуживания сети.

4. Расстояние между соседними точками не должно быть менее 1/2 средней длины стороны данного уровня.

2) Технические требования к высотной съемке GNSS-RTK

Закладка высотных контрольных точек GNSS-RTK, как правило, проводится синхронно с плановыми контрольными точками GNSS-RTK, реперы могут совпадать, при совпадении следует использовать знаки с круглой головкой и крестом. Съемка в высотных контрольных точках GNSS-RTK должна соответствовать требованиям таблицы 6-1-2.

Таблица 6-1-2 Основные технические требования к съемке в высотных контрольных точках GNSS-RTK

Погрешность геодезической высоты / см	Расстояние до опорной станции / км	Количество наблюдений	Класс начальной точки
≤ ± 3	≤5	≥3	IV и выше

3) Требования к состоянию спутников съемки GNSS-RTK

Точность съемки GNSS-RTK в значительной степени зависит от состояния распределения спутников. Спутники, упомянутые здесь, являются общими спутниками подвижной станции и опорной станции. Для обеспечения того, чтобы подвижная и опорная станции получали достаточное количество спутниковых сигналов (табл. 6-1-3), при проведении съемки RTK на основе одиночной опорной станции опорная станция должна быть расположена на открытой ровной местности или более высокой местности.

Таблица 6-1-3 Основные требования к состоянию спутников съемки GNSS-RTK

Состояние окна наблюдения	Число спутников с углом отсечки высоты более 15°	Значение PDOP
Хорошо	≥6	<4
Доступно	5	≥4 и ≤6
Недоступно	<5	>6

5. Проверка съемки GNSS-RTK

При проведении съемки GNSS-RTK после начала работы или повторной установки опорной станции следует провести проверку по крайней мере в одной известной точке и соблюдать следующие требования:

(1) Провести проверку в контрольной точке, разность положения в плане не должна превышать 5см;

(2) Провести проверку в реечной точке, разность положения в плане не должно превышать 0, 5мм на карте.

6. Требования к съемке GNSS-RTK

1) Требования к установке опорной станции GNSS

(1) Требования к выбору точки:

① Вблизи точки не должно быть крупных зданий, стеклянных навесных стен, больших акваторий и т.д., которые сильно мешают приемникам принимать спутниковые сигналы;

② Точки должны быть расположены в местах с удобным транспортом и удобством в расширении и привязке;

③ Угол высоты препятствий в поле зрения не должен превышать 15°;

④ Можно полностью использовать существующие контрольные точки, соответствующие требованиям, после проверки их стабильности и надежности;

⑤ После выбора точки следует сделать отметки и составить эскизы.

(2) Подготовка к съемке:

① При установке антенны приемника GNSS на штатив средняя квадратическая погрешность должна быть менее 3мм;

② При установке антенны на подложку высокого уровня центр метки должен проецироваться на подложку, а самая длинная сторона треугольника погрешности или диагональ четырехугольника погрешности должна быть менее 5мм;

③ Измерение высоты антенны должно быть с точностью до мм, следует измерить ее один раз соответственно до и после съемки, разность между двумя измерениями должна быть не более 3мм, и принимать среднее значение в качестве окончательного результата;

④ Если разность превышает допустимый предел, следует выяснить причину и записать ее в графе для примечаний в журнале полевых наблюдений GNSS.

（3）Требования к центрированию прибора и измерению высоты антенны: тип антенны приемника, способ измерения высоты антенны, место измерения высоты антенны и т.д. должны соответствовать состоянию при измерении высоты антенны.

（4）Угол отсечки высоты спутника на опорной станции должен быть не менее 10°.

（5）При выборе способа связи на радиостанции рабочая частота передачи данных должна быть установлена в соответствии с согласованной частотой.

（6）Тип прибора, съемки, радиостанции, а также частота радиостанции, тип антенны, порт данных, порт Bluetooth и другие параметры оборудования должны быть правильно выбраны в сопроводительном программном обеспечении.

（7）Координаты опорной станции, единицы данных, масштабный фактор, параметры проекции, параметры преобразования координат и другие расчетные параметры должны быть правильно введены.

2）Требования к наблюдениям GNSS-RTK

（1）Подключение антенны GNSS, интерфейса связи, интерфейса основного блока и других устройств должно быть надежным: интерфейсы соединительных кабелей не должны быть окислены, отслоены или ослаблены.

（2）Рабочий источник питания устройства для сбора данных, радиостанции, приемников опорной станции и подвижной станции должен иметь достаточный электрический заряд.

（3）Память или карта памяти устройства сбора данных должна иметь достаточное пространство для хранения.

（4）Встроенные параметры приемника должны быть правильными.

（5）Пузырьки уровня, точечный прибор и основание должны соответствовать требованиям к работе.

（6）Установка высоты антенны должна соответствовать способу измерения высоты антенны.

3）Требования к преобразованию системы координат

（1）Используемая рамка геоцентрических координат известных точек должна соответствовать рамке геоцентрических координат, используемой при расчете параметров преобразования.

（2）При наличии параметров преобразования можно вводить их непосредственно.

（3）При наличии результатов более трех контрольных точек, имеющих как геоцентрическую, так и эллипсоидальную систему координат, можно непосредственно вводить координаты в устройство сбора данных для расчета параметров преобразования.

（4）При наличии более трех результатов контрольных точек, имеющих эллипсоидальную систему координат, можно непосредственно вводить эллипсоидальные координаты и собирать геоцентрические координаты в контрольных точках для расчета параметров преобразования.

【Выполнение задачи 】

Обычный процесс работы GNSS-RTK включает установку, настройку опорной и подвижной станции, инициализацию подвижной станции, точечную коррекцию точки, съемку и позиционирование RTK, а также анализ точности RTK.

1. Подготовка к выполнению внешних работ

Перед проведением полевых работ необходимо проверить комплектность оборудования системы опорной станции и достаточность электрического заряда источника питания. Отключение питания приемника или разблокировка сигнала на опорной станции повлияют на нормальную работу подвижной станции в сети, поэтому выбор точки на опорной станции также должен быть строгим. Во время работы RTK на опорной станции не допускаются следующие операции：

（1）Выключение и повторное включение；

（2）Самоконтроль；

（3）Изменение угла отсечки высоты спутника или значения высоты прибора, название станции съемки и т.д.；

（4）Изменение положения антенны；

（5）Закрытие или удаление файла.

Настройка и запуск обычного режима работы GNSS-RTK (одиночная базовая станция)

2. Настройка и установка режима работы опорной станции

1）Настройка опорной станции

На опорной станции нужно установить антенну UHF, прикрепить основной блок к соединительному стержню, закрепить соединительный стержень на штативе с помощью пластины измерения высоты или основания, опорная станция может быть установлена в известной или в любой точке; при установке станции в известной точке следует провести центрирование и выравнивание, точность измерения высоты антенны должна быть до 1мм; наконец, нужно включить опорную станцию.

2）Bluetooth-соединение

Подключите портативный компьютер к приемнику опорной станции через Bluetooth.

3）Установка опорной станции

Откройте программу «Engineering Star» в портативном компьютере, последовательно нажмите кнопки «Конфигурация» — «Настройка приборов» — «Настройка опорной станции», при этом появится окно «Переключить ли опорную станцию», нажмите «Подтверждение», чтобы перейти к интерфейсу «Настройка опорной станции», затем нажмите «Цепочка данных», выберите «Встроенная радиостанция», потом последовательно нажмите «Настройка цепочки данных» — «Настройка канала». Можно произвольно выбрать канал, достаточно обеспечить согласованность опорной станции и подвижной станции, обратите внимание на то, чтобы они не совпадали с другими близлежащими опорными станциями, другие настройки — по умолчанию. После завершения вышеуказанных настроек нажмите кнопку «Запуск» для выполнения настройки опорной станции, при этом проследите за тем, регулярно мигает ли лампа данных на основном блоке опорной станции, и заполните журнал наблюдений, см. таблицу 6-1-4.

Таблица 6-1-4 Журнал наблюдений на опорной станции для съемки GNSS-RTK

Номер пункта		Название пункта		Уровень контрольной точки	
Регистратор наблюдения		Дата наблюдения		Интервал отбора проб	
Тип приемника		Номер приемника		Время начала регистрации	
Тип антенны		Номер антенны		Время окончания регистрации	
Приблизительная широта N	° ′ ″	Приблизительная долгота E	° ′ ″	Приблизительная отметка H	м
Определение высоты антенны		Метод определения высоты антенны и схема		Схема точек	
До съемки	После съемки				
Среднее значение：	Среднее значение：				
Время（UTC）	Спутниковый сигнал и соотношение сигнала к шуму	Широта /（° ′ ″）	Долгота / ° ′ ″	Геодезическая высота / м	Погодные условия
Примечание					

3. Настройка и установка режима работы подвижной станции

1）Настройка подвижной станции

Включите основной блок подвижной станции, затем установите антенну UHF, закрепите ее на центрирующем стержне, установите кронштейн для портативного компьютера и сам компьютер.

2）Bluetooth-соединение

Подключите портативный компьютер к подвижной станции. Если устройство уже подключено, сначала нажмите «Отключить», затем выберите устройство, которое необходимо подключить, и нажмите «Подключить».

3）Установка подвижной станции

Последовательно нажмите кнопки «Конфигурация» — «Настройка

приборов» —«Настройка опорной станции» в программе «Engineering Star», при этом появится окно «Переключить ли подвижную станцию», нажмите «Подтверждение», чтобы перейти к интерфейсу «Настройка подвижной станции», затем нажмите «Цепочка данных», выберите «Встроенная радиостанция», потом последовательно нажмите «Настройка цепочки данных» — «Настройка канала». Выберите тот же канал, что и опорная станция, другие настройки — по умолчанию.

4. Инициализация подвижной станции

Перед выполнением какой-либо работы подвижная станция должна быть инициализирована. Инициализация — это процесс, в ходе которого приемник определяет неизвестные полного цикла перед позиционированием. Этот процесс инициализации также называется инициализацией RTK, расчете неопределенности полного цикла, инициализацией OTF (On-The-Fly) и т.д.

Перед инициализацией подвижная станция может осуществлять только одноточечное позиционирование с точностью от 0, 15-2м. При хороших условиях (есть более 5 спутников, сигнал не экранируется) время инициализации обычно составляет около 5с. Типы точек съемки: одноточечный расчет (Single), дифференциальный расчет (DGPS), плавающий расчет (Float) и фиксированный расчет (Fixed). Плавающий расчет означает, что неизвестные полного цикла были рассчитаны, а съемка еще не инициализирована. Фиксированный расчет означает, что неизвестные полного цикла были рассчитаны, а съемка была инициализирована. Инициализация считается завершенной только после того, как подвижная станция получила фиксированный расчет.

5. Точечная коррекция

Данные, полученные непосредственно приемником GNSS-RTK, являются данными системы координат WGS-84, необходимо преобразовать измеренную систему координат WGS-84 в систему координат, используемую в проекте, этот процесс называется точечной коррекцией.

Если опорная станция расположена в известной точке и собраны точные параметры преобразования координат, можно непосредственно вводить их. При отсутствии параметров преобразования координат следует применять коррекцию по семи, четырем или трем параметрам (одноточечную коррекцию) в зависимости от состояния зоны съемки.

Для коррекции по семи параметрам должны быть известны как минимум трехмерные координаты и относительно независимые координаты WGS-84 трех известных контрольных точек, известные точки лучше всего равномерно распределены по краю всей зоны съемки и могут контролировать всю зону. Обязательно избегайте линейного распределения известных точек, если используются три известные точки для проведения точечной коррекции, то треугольник, образованный этими тремя точками, должен быть как можно ближе к равностороннему треугольнику, а если используются четыре точки, то как можно ближе к квадрату. Обязательно избегайте распределения всех известных точек почти по одной прямой линии, иначе это серьезно повлияет на точность съемки, особенно точность высоты.

Если для задачи по съемке требуются только координаты на плоскости, а не высота, для коррекции можно использовать две точки, т.е. коррекция по четырем параметрам. Но для проверки горизонтальных остатков известных точек требуется еще одна точка, т.е. требуются по крайней мере три точки. Если требуется высота, также можно провести коррекцию по четырем параметрам, а также подгонку высоты для съемки.

Если требуются как горизонтальные координаты, так и высота, рекомендуется провести коррекцию в трех точках, но для проверки горизонтальной и высотной разности точек необходимо провести коррекцию по крайней мере в четырех точках.

Если зона съемки небольшая, местность ровная, и в середине зоны съемки имеются известные точки, можно применять коррекцию по трем параметрам (одноточечную коррекцию), но необходимо проверить невязку измерения, поэтому требуются по крайней мере две известные точки. После точечной коррекции проверка проводится следующим образом.

（1）Проверьте значения горизонтальной и вертикальной невязки. Как правило, невязка должна быть в пределах 2 см, если она превышает 2см, это означает, что существует грубая погрешность или точки, участвующие в коррекции, не находятся в одной системе, и наиболее вероятной является точка с наибольшим остатком, следует проверить введенную известную точку или заменить использованную известную точку.

（2）Проверьте значения параметров преобразования. Как правило, значения параметров вращения трех осей координат составляют менее $3°$, а изменение масштаба преобразования координат должно быть близко к значению 1. После получения параметров преобразования координат измерьте и проверьте известные местные координаты. Если после преобразования разность находится в пределах 2см, это означает что преобразование координат правильное.

Шаги коррекции приведены ниже.

1) Коррекция устройства опорной станции в известной точке

(1) Подключите опорную станцию, перейдите к интерфейсу «Настройка опорной станции», затем установите координаты запуска опорной станции и запустите опорную станцию, координаты запуска опорной станции можно вводить вручную или получить извне, как показано на рисунке 6-1-3.

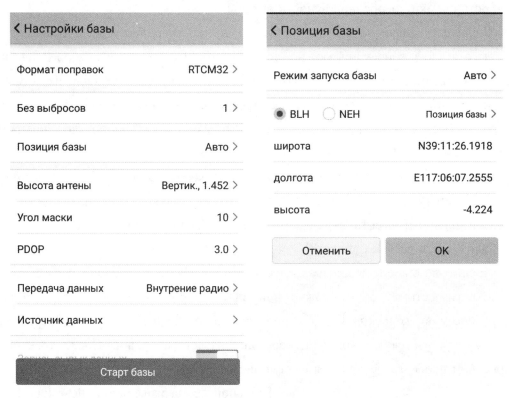

Рис. 6-1-3 Интерфейс «Настройка опорной станции»

(2) Подключите подвижную станцию (в случае получения сигнала от опорной станции), перейдите к интерфейсу «Мастер коррекции», затем последовательно нажмите «Ввод» — «Мастер коррекции», выберите режим коррекции «Установка опорной станции в известной точке», нажмите «Следующий шаг», вручную введите скорректированные координаты на плоскости, или нажмите «Историческое получение опорной станции» для

выбора координат и добавления, затем нажмите кнопку «Коррекция», чтобы завершить коррекцию в режиме установки опорной станции в известной точке. Как показано на рисунке 6-1-4.

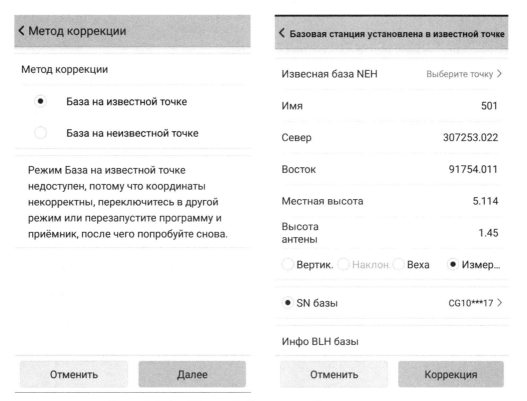

Рис. 6-1-4 Интерфейс настройки коррекции

2) Коррекция устройства опорной станции в неизвестной точке

(1) Включите программу «Engineering Star», подключите подвижную станцию, при условии достижения фиксированного расчета подвижной станции последовательно нажмите «Ввод» — «Мастер коррекции», выберите режим коррекции «Установка опорной станции в неизвестной точке», нажмите «Следующий шаг», вручную введите скорректированные координаты на плоскости, или нажмите «Получение библиотеки точек» для выбора координат, как показано на рисунке 6-1-5.

(2) После завершения выбора координат на плоскости подвижной станции отцентрируйте подвижную станцию к известной точке, нажмите кнопку «Коррекция», система напомнит о необходимости коррекции, нажмите «Подтверждение», таким образом будет завершена коррекция опорной станции

в неизвестной точке, как показано на рисунке 6-1-6.

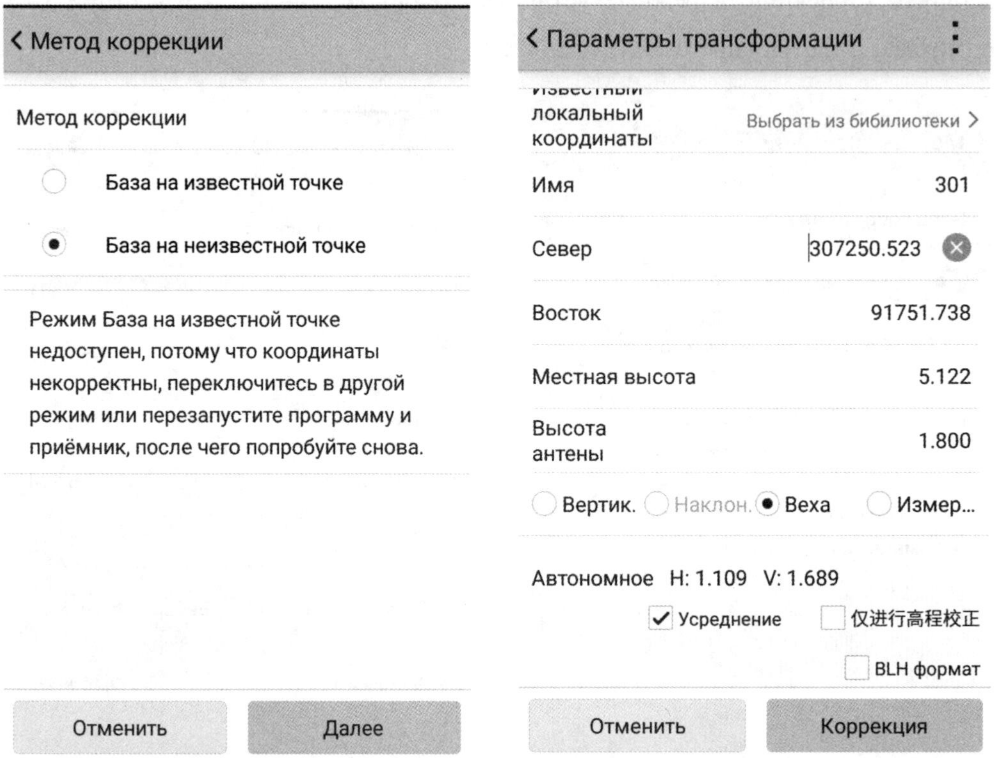

Рис. 6-1-5   Выбор режима коррекции опорной станции и ввод координат

6. Точечная съемка с помощью RTK

Для проведения точечной съемки нужно нажать кнопки «Съемка» — «Точечная съемка». Когда расстояние между опорной станцией и подвижной станцией превышает 5км, точность измерения постепенно снижается, поэтому сфера работы RTK обычно контролируется до 5км, при воздействии на сигнал также следует сократить радиус работы для повышения точности работы RTK.

Шаги проведения точечной съемки приведены ниже.

（1）Последовательно нажмите кнопки «Съемка» — «Точечная съемка», чтобы перейти к интерфейсу «Точечная съемка», как показано на рисунке 6-1-7.

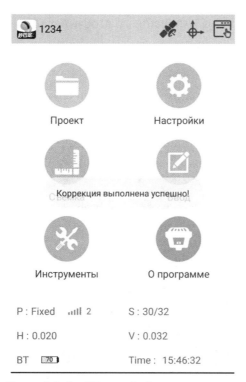

Рис. 6-1-6 Интерфейс коррекции

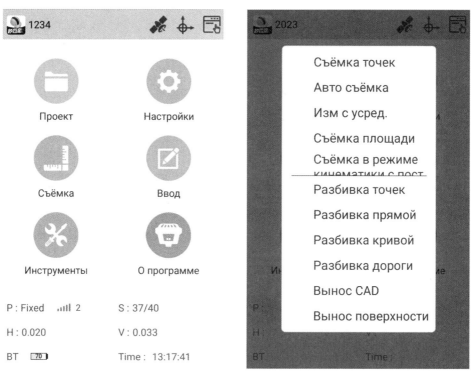

Рис. 6-1-7 Операция точечной съемки 1

（2）Нажмите кнопку «Сохранение», чтобы перейти к интерфейсу хранения «Точки съемки», последовательно введите имя и код точки, затем выберите кнопку «Высота опоры», введите «Высоту антенны», нажмите кнопку «Подтверждение», таким образом будут завершены работы по точечной съемке и сбору.

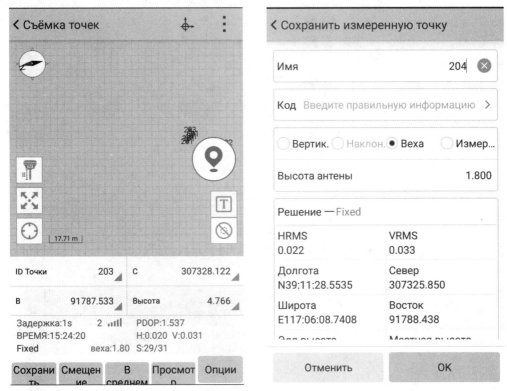

Рис. 6-1-8   Операция точечной съемки 2

【Освоение навыков】

Проведите настройку параметров и подключения GNSS-RTK по группам, при этом обеспечьте возможность выполнения правильного подключения опорной и подвижной станций, а также других устройств в режиме одиночной опорной станции GNSS-RTK, чтобы достичь состояния фиксированного расчета.

Задача ‖ Режим RTK сети GNSS и режим непрерывной работы опорной станции

【Введение в задачу】

1. Технология RTK сети GNSS

Система RTK сети GNSS представляет собой сеть спутникового позиционирования непрерывной работы GNSS в режиме реального времени, созданную с использованием технологии RTK сети GNSS. На данном этапе наиболее широко используются системы RTK сети на основе одиночной опорной станции и нескольких

Система непрерывно действующих опорных станций CORS

опорных станций, которые избавляют от необходимости вычисления параметров преобразования перед каждой съемкой, в то же время расстояние действия подвижной станции также может быть больше, и съемка становится более удобной и быстрой.

Система RTK сети на основе одиночной опорной станции имеет только одну опорную станцию GNSS（рис. 6-2-1）, которая представляет собой стационарное оборудование GNSS, способное непрерывно работать 24 часа в сутки, также представляет собой сервер, с помощью которого можно просматривать текущее состояние спутника в режиме реального времени, хранить статические данные, передавать дифференциальную информацию в сеть, а также контролировать работу подвижной станции в режиме реального времени. Как правило, подвижная станция связывается с сервером опорной станции через сетевую связь GPRS/CDMA.

Рис. 6-2-1 **Опорная станция системы RTK сети на основе одиночной опорной станции**

Система RTK сети на основе нескольких опорных станций работает совместно с несколькими одиночными опорными станциями, расположенными на определенной территории, расстояние между опорными станциями не должно превышать 50км, все они передают данные на один сервер. При работе подвижной станции, после отправления информации о ее местоположении на сервер система может автоматически рассчитать расстояние между подвижной станцией и опорными станциями, отправить дифференциальные данные о ближайшей опорной станции на подвижную станцию. Это гарантирует, что система всегда может отправлять дифференциальные данные о ближайшей опорной станции на подвижную станцию для обеспечения оптимальной точности измерений, когда в целевой области, охватываемой опорной станцией, проводится подвижная работа.

2. Система опорных станций непрерывной работы GNSS

Система опорных станций непрерывной работы GNSS（CORS）создана с использованием технологии RTK сети на основе нескольких опорных станций, уже стала одной из точек развития приложения GNSS в городах. CORS является продуктом многонаправленной и глубокой интеграции высокотехнологичных технологий, таких как технология спутникового позиционирования, компьютерная сетевая технология, технология цифровой связи и т.д.

CORS состоит из пяти частей: сеть опорной станций, центр обработки данных, система передачи данных, система передачи позиционирующих и навигационных данных и прикладная система пользователя. Каждая опорная станция и центр обработки данных соединяются между собой через систему передачи данных, образуют специальную сеть, и в режиме реального времени предоставляют значения наблюдений GNSS (фаза несущей волны, псевдодальность), различные поправки, информацию о состоянии и другие системы, связанные с обслуживанием GNSS разных типов, с разными потребностями и на разных уровнях. По сравнению с традиционными методами работы GNSS, CORS обладает такими преимуществами, как широкой диапазон действия, высокая точность и т.д., в частности, может осуществлять высокоточное позиционирование на одной подвижной станции в полевых условиях.

В зависимости от точности приложений подсистемы обслуживания пользователей CORS можно разделить на пользовательские системы миллиметрового уровня, сантиметрового уровня, дециметрового уровня, метрового уровня и т.д.; в зависимости от приложений пользователей, можно разделить их на пользователей съемки (сантиметрового и дециметрового уровня), пользователей навигации и позиционирования транспортных средств (метрового уровня), высокоточных пользователей (миллиметрового уровня) и т.д.

【Подготовка к задаче】

В настоящее время широко используемые технологии CORS включают виртуальную опорную станцию (VRS), FKP, технологию основной и вспомогательной станции, а также технологию интерполяции суммарной погрешности. Они отличаются друг от друга по своим математическим моделям и методам позиционирования, но одинаковы по основным принципам устройства опорной станции и создания модели коррекции.

CORS может удовлетворить потребности пользователей в различных отраслях в точном позиционировании, быстром позиционировании и навигации в реальном времени, а также может оперативно удовлетворить потребности городского планирования, топографической съемки и картографирования, кадастрового управления, городского и сельского строительства, экологического мониторинга, борьбы со стихийными бедствиями и уменьшения их последствий, мониторинга транспорта, маркшейдерской съемки и т.д. Во многих городах мира уже создали или создают CORS.

CORS полностью изменил традиционные методы выполнения работ по съемке RTK, его основные преимущества:

（1）Улучшено время инициализации и расширен объем эффективной работы;

（2）Применяется опорная станция непрерывной работы, пользователь может провести наблюдение в любое время, что удобно в использовании и повышает эффективность работы;

（3）Имеется усовершенствованная система мониторинга данных, которая может эффективно устранять погрешности и скачок полного цикла, повышать надежность дифференциальной работы;

（4）Пользователям больше не нужно устанавливать опорную станцию, осуществляется автономная работа, что более удобно и быстро;

（5）Применяется фиксированный и надежный метод связи по цепочке данных, что уменьшает шумовые помехи;

（6）Может оказывать удаленные сетевые услуги и осуществлять обмен данными;

（7）Расширена сфера применения технологии GNSS в динамических областях, что способствует точной навигации транспортных средств, самолетов и судов;

（8）Предоставляются новые возможности для строительства цифровых городов.

【Выполнение задачи】

1. Подключение портативного компьютера к приемнику GNSS

В настоящее время большинство устройств GNSS, произведенных компанией SOUTH Surveying & Mapping, использует технологию беспроводной связи NFC, поэтому можно осуществлять автоматическое сопряжение Bluetooth одним прикосновением портативного компьютера к приемнику GNSS. Конкретные шаги: сначала нужно включить приемник GNSS и

Настройка и запуск режима работы сети GNSS-RTK

портативный компьютер, потом приблизить части двух, отмеченные как NFC, друг к другу, таким образом можно осуществлять автоматическое подключение портативного компьютера к приемнику GNSS.

2. Переход к интерфейсу настройки подвижной станции

Включите портативный компьютер, включите программное обеспечение для съемки «Engineering Star», последовательно нажмите кнопки «Конфигурация» — «Настройка приборов» — «Настройка подвижной станции», чтобы перейти к интерфейсу «Настройка подвижной станции», как показано на рисунке 6-2-2.

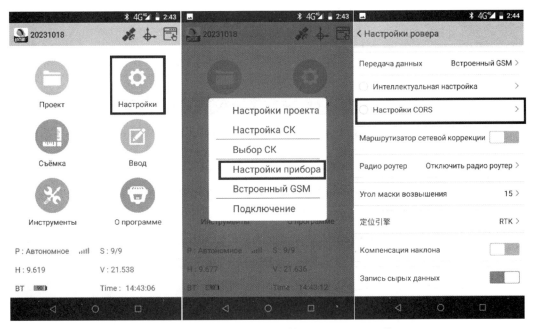

Рис. 6-2-2 Интерфейс «Настройка подвижной станции»

3. Выбор и настройка параметров подвижной станции

В интерфейсе «Настройка подвижной станции» выберите «Мобильная сеть» в меню «Цепочка данных», отметьте галочкой «Настройка подключения CORS», чтобы перейти к интерфейсу «Настройка параметров цепочки данных», как показано на рисунке 6-2-3.

Примечание: Если SIM-карта помещена в портативный компьютер, выберите «Мобильная сеть» в меню «Цепочка передачи данных»; если SIM-карта помещена в основной блок GNSS, выберите «Сеть для основного блока».

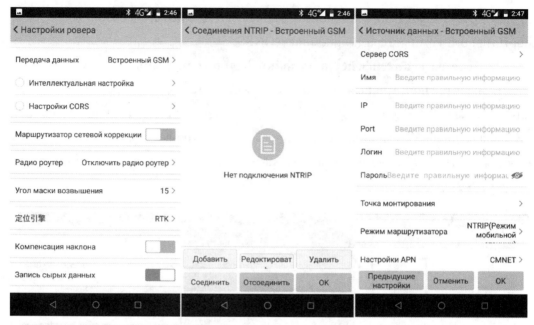

Рис. 6-2-3 Настройка параметров подвижной станции

Нажмите «Добавить», чтоюы создать новый шаблон параметров сетевой цепочки данных, и установить параметры следующим образом.

（1）Имя: самостоятельно.

（2）Адрес (IP): поставляется продавцом CORS.

（3）Порт (Port): поставляется продавцом CORS.

（4）Аккаунт: приобретенный аккаунт CORS.

（5）Пароль: пароль приобретенного аккаунта CORS.

（6）Режим: NTRIP (режим подвижной станции).

（7）Выбор точки доступа: предоставляется продавцом CORS.

Примечание: для различных поставщиков CORS параметры немного отличаются.

4. Подтверждение подключения и начало съемки

После установки вышеуказанных параметров нажмите «Подтверждение», и вернитесь на предыдущую страницу, выберите только что введенный шаблон, нажмите «Подключение», после сходимости до «фиксированного расчета» можно начать съемку, как показано на рисунке 6-2-4.

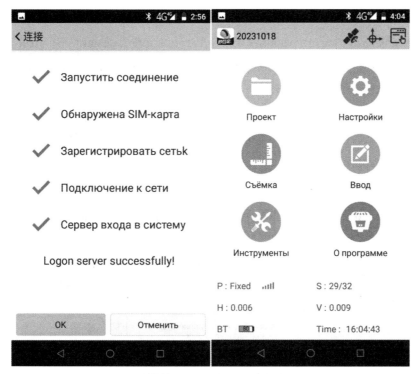

Рис. 6-2-4 Интерфейс подключения CORS

【Освоение навыков】

Настройка параметров CORS и подключение к сети осуществляются группами, требуется возможность выполнения правильного подключения оборудования в режиме CORS на подвижной станции.

Задача Ⅲ Картографическая контрольная съемка GNSS-RTK

【Введение в задачу】

Съемка контрольных точек, проводимая непосредственно для съемки и составления топографической карты, называется картографической контрольной съемкой, ее контрольная точка называется контрольной точкой съемочного обоснования（далее — точка съемочного обоснования）, GNSS-RTK может использоваться для картографической контрольной съемки. В этой задаче в основном описаны соответствующие правила и операции по картографической контрольной съемке GNSS-RTK. По сравнению с установкой контрольных точек съемочного обоснования маршрутным методом, проведение картографической контрольной съемки с использованием технологии GNSS-RTK считается более удобным и быстрым.

【 Подготовка к задаче 】

1. Процесс выполнения работы картографической контрольной съемки GNSS-RTK

Процесс выполнения работы картографической контрольной съемки GNSS-RTK показан на рисунке 6-3-1.

Рис. 6-3-1 Процесс выполнения работы картографической контрольной съемки GNSS-RTK

1) Параметры преобразования

Путем приема спутникового сигнала приемник GNSS непосредственно получает координаты (долгота и широта) геодезической системы координат WGS-84, которые необходимо преобразовать в координаты по системе координат на плоскости, что требует расчета и настройки параметров преобразования координат.

2) Точечная коррекция

Точечная коррекция — это процесс расчета параметров преобразования в оборудовании GNSS. После получения параметров преобразования необходимо установить подвижную станцию в известной точке для проверки, только после проверки можно проводить работы по съемке.

2. Картографическая контрольная съемка GNSS-RTK

1) Основные технические требования к картографической контрольной съемке RTK

(1) В качестве знака точки съемочного обоснования желательно использовать деревянные, железные сваи или другие временные знаки, при необходимости можно заложить определенное количество реперов.

(2) Для съемки точки съемочного обоснования плана RTK, следует использовать штатив для центрирования и нивелирования мобильной станции во время наблюдения, число эпох для каждого наблюдения должно быть более 10.

(3) При преобразовании системы координат зоны съемки расчетный остаток преобразования измеренных координат на плоскости в точке съемочного обоснования RTK должен быть менее или равным ± 0, 07мм на карте; остаток подгонки высоты для съемки в точке съемочного обоснования RTK должен быть не более 1/12 высоты сечения горизонталей.

(4) Для картографической контрольной съемки RTK можно применять режим съемки RTK на основе одиночной опорной станции, также можно применять сетевой режим съемки RTK; при работе эффективное количество спутников не должно быть менее 6, эффективное количество спутников для системы с несколькими группировками не должно быть менее 7, значение PDOP должно быть менее 6, и следует применять результат фиксированного расчета.

(5) В контрольных точках съемочного обоснования RTK следует проводить независимую съемку два раза, разность координат не должна быть более 0, 1мм на карте, а разность высот должна быть менее 1/10 высоты сечения горизонталей. После соответствия требованиям следует принимать среднее значение двух независимых съемок в качестве окончательного результата.

（6）Основные технические требования к картографической контрольной съемке RTK должны соответствовать требованиям таблицы 6-3-1.

Таблица 6-3-1 Основные технические требования к картографической контрольной съемке RTK

Класс	Расстояние между соседними точками /м	Средняя квадратическая погрешность точек / мм	Средняя квадратическая погрешность высоты	Расстояние до опорной станции /км	Количество наблюдений
Точка съемочного обоснования	≥100	Расстояние на карте ≤ ± 0, 1	≤1/10 высоты основного сечения горизонталей	≤5	2）

Примечание: Средняя квадратическая погрешность точек — это погрешность контрольной точки относительно ближайшей опорной станции.

（7）Другие требования такие же, как и для съемки в вышеуказанных контрольных точках.

2）Обработка и проверка данных результатов

Результаты в плане точки съемочного обоснования, измеренные технологией GNSS-RTK, подлежат внутреннему контролю в объеме 100% и полевому контролю в объеме не менее 10% от общего количества точек, полевой контроль должен проводиться методом измерения длины стороны и угла с помощью тахометра соответствующего класса или методом маршрутной привязки, точки контроля должны быть равномерно распределены по середине и периметру зоны съемки. Результаты проверки должны соответствовать требованиям таблицы 6-3-2.

Результаты высоты точки съемочного обоснования, измеренные технологией GNSS-RTK, подлежат внутреннему контролю в объеме 100% и полевому контролю в объеме не менее 10% от общего количества точек, полевой контроль должен проводиться методами измерения треугольной высоты и геометрического нивелирования соответствующего класса и т.д., точки контроля должны быть равномерно распределены в зоне съемки. Результаты проверки должны соответствовать требованиям таблицы 6-3-3.

Таблица 6-3-2 Требования к точности планового контроля точки съемочного обоснования

Класс	Проверка длины стороны		Проверка угла		Проверка координат	
	Средняя квадратическая погрешность дальности / мм	Относительная погрешность разности длин стороны	Средняя квадратическая погрешность угла / (″)	Предельная погрешность разности углов / (″)	Разность координат на плоскости на карте / мм	Разность высот
Картограф-ирование	≤ ± 20	≤1/3000	≤ ± 20	60	≤ ± 0，15	≤1/7 высоты основного сечения горизонталей

Таблица 6-3-3 Требования к точности определения высоты точки съемочного обоснования

Класс	Проверка разности высот / мм
V	$\leqslant 50 \sqrt{D}$

1. Точность съемки GNSS-RTK

Погрешности, влияющие на точность результатов съемки GNSS-RTK, в основном включают номинальную погрешность, погрешность параметров преобразования и искусственную погрешность приемника GNSS.

（1）Номинальная погрешность приемника GNSS является фиксированной погрешностью прибора.

（2）Значение погрешности параметров преобразования зависит от распределения точек, применяемого способа подгонки и измеренной погрешности.

（3）Человеческая погрешность представлена в основном средней квадратической погрешностью и ошибкой ввода данных.

【Выполнение задачи】

В соответствии с основными техническими требованиями выполнить установку съемки в контрольных точках разных уровней, проверить результаты контрольной съемки.

1. Установка опорной станции

При использовании сетевого режима RTK можно не устанавливать опорную станцию.

Измерение профиля GNSS-RTK

2. Установка подвижной станции

Для сбора данных контрольной точки необходимо установить подвижную станцию с использованием штатива.

3. Конфигурация параметров

Программное обеспечение «Engineering Star» в компьютере используется для управления программным обеспечением в виде инженерных файлов, и все операции с программным обеспечением должны быть выполнены в рамках определенного объекта. При каждом входе в программное обеспечение «Engineering Star» оно автоматически загружает файл объекта при последнем использовании.

1) Создание нового объекта

Как правило, каждый раз перед началом съемки в одном районе следует создать новый файл объекта, соответствующий съемке текущего объекта, конкретные шаги приведены в таблице 6-3-4.

Таблица 6-3-4　Шаги создания нового объекта

Задача	Шаг	Отображение интерфейса «Engineering Star»
Новый строительный проект	Последовательно нажать «Объект» — «Создание нового объекта», установить «Наименование объекта» (по умолчанию текущая дата является наименованием объекта), новый объект будет сохранен в рабочем пути по умолчанию «\SOUTHGNSS_EGStar\». (Если перефразировать предыдущий объект, можно отметить галочкой «Режим перефразирования», затем нажать «Выбрать перефразируемый объект», выбрать файл объекта, который вы хотите использовать, и, наконец, нажать «Подтверждение»)	

Задача	Шаг	Отображение интерфейса «Engineering Star»
Настройка системы координат	После создания нового объекта программное обеспечение автоматически перейдет к интерфейсу настройки текущей системы координат или нажмите «Настройка», чтобы найти настройки системы координат: 1. «Система координат» — имя пользовательской системы координат (по умолчанию CGCS2000); 2. «Целевой эллипсоид» — выбрать целевой эллипсоид (шаблон эллипсоида можно настраивать самостоятельно);	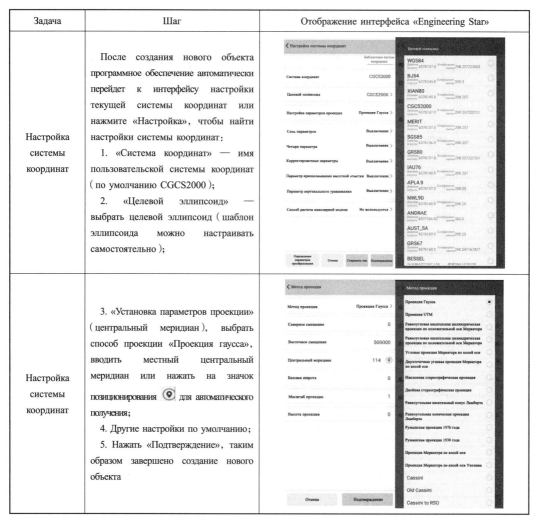
Настройка системы координат	3. «Установка параметров проекции» (центральный меридиан), выбрать способ проекции «Проекция гаусса», вводить местный центральный меридиан или нажать на значок позиционирования для автоматического получения; 4. Другие настройки по умолчанию; 5. Нажать «Подтверждение», таким образом завершено создание нового объекта	

2) Поиск параметров преобразования

Четыре параметра программного обеспечения «Engineering Star» — это параметры преобразования между геодезической системой координат и системой координат строительной съемки в эллипсоиде, выбранном в настройках проекции, конкретные шаги приведены в таблицы 6-3-5. Следует особо отметить, что количество контрольных точек, участвующих в расчете, должно составлять три и более, а уровень контрольных точек и распределение точек непосредственно определяют диапазон регулирования четырех параметров. Идеальный диапазон регулирования четырех параметров, как правило, составляет 20-30км2.

Таблица 6-3-5 Шаги по поиску параметров преобразования

Задача	Шаг	Отображение интерфейса «Engineering Star»
Поиск параметров преобразования	1. Нажать «Ввод»; 2. Нажать «Поиск параметров преобразования», сначала нажать кнопку «Настройка» в правом верхнем углу, изменить «Метод преобразования координат» на «Одношаговый метод», нажать «Подтверждение», и можно начать настройку четырех параметров; 3. Нажать «Добавить» и ввести известные координаты на плоскости и геодезические координаты;	
Поиск параметров преобразования	4. Дополнительные способы получения включают в себя «Получение местоположения» и «Получение библиотеки точек», при этом «Получение местоположения» может непосредственно получить геодезические координаты в точках, а «Получение библиотеки точек» может получить импортированную точку или точку после съемки; 5. После завершения ввода нажать «Подтверждение», чтобы добавить координаты первой точки; 6. Можно добавить координаты второй точки таким же образом, в случае неправильного ввода можно нажать «Имя точки» для изменения или удаления; 7. Нажать «Расчет» для проверки правильности результатов расчета, после подтверждения правильности нажать «Применение» для применения данного параметра в данном объекте; 8. Можно просмотреть смещение на север, смещение на восток, угол поворота и масштаб в меню «Настройка» — «Настройка параметров преобразования» — «Четыре параметра»	

Примечание: остаток преобразования измеренных координат на плоскости в точке съемочного обоснования RTK не должен превышать ±0,07мм на карте; остаток подгонки высоты для съемки в точке съемочного обоснования RTK должен быть не более 1/12 высоты сечения горизонталей.

3) Конфигурация сбора данных в контрольных точках

Шаги конфигурации сбора данных в контрольных точках приведены в таблице 6-3-6.

Таблица 6-3-6 Шаги конфигурации сбора данных в контрольных точках

Задача	Шаг	Отображение интерфейса «Engineering Star»
Конфигурация сбора данных в контрольных точках	1. Нажать «Съемка» и выбрать функцию «Съемка в контрольных точках»; 2. Нажать кнопку «Настройка» в правом верхнем углу, установить число приемов на «2», число точек съемки на «10», число опорных моментов времени на «1», время задержки на «8», предельную погрешность плоскости（м）на «0, 02», предельную погрешность высоты（м）на «0, 03»	

4. Съемка в контрольных точках

Для контрольного измерения точки съемочного обоснования RTK, на подвижной станции следует провести строгое центрирование и нивелирование с помощью штатива и основания, число опорных моментов времени для каждого наблюдения должно быть более 20, конкретные шаги приведены в таблице 6-3-7.

Таблица 6-3-7　Шаги съемки в контрольных точках

Задача	Шаг	Отображение интерфейса «Engineering Star»
Съемка в контрольных точках	Нажать кнопку «Начать», и начинается сбор, после завершения сбора появляется интерфейс «Сохранить точку съемки», нажать кнопку «Подтверждение», и появляется «Просмотреть ли отчет о съемке в контрольных точках «GPS»», затем нажать кнопку «Подтверждение», при этом будет создан отчет о съемке в контрольных точках «GPS»	

【 Освоение навыков 】

1. Съемка в точках съемочного обоснования для цифровой картографии 1：500

Контрольные точки съемочного обоснования для цифровой картографии 1：500 можно разделить на плановые контрольные точки и высотные контрольные точки. Система координат, используемая для плановых контрольных точек съемочного обоснования, должна быть согласована с национальной или городской системой координат. Форма расположения плановых контрольных точек съемочного обоснования может быть определена в зависимости от размеров и рельефа зоны съемки, следует по мере возможности уплотнять их с использованием существующих государственных или городских плановых контрольных точек. Контрольные точки съемочного обоснования должны быть установлены на основе государственных или городских высотных реперов всех уровней, чтобы получить единый эталон высоты. В настоящее время наиболее часто используемым методом точечной съемки съемочного обоснования в городах является съемка технологией GNSS-RTK. По сравнению с методом маршрутной съемки картографическая контрольная съемка проще, удобнее и быстрее.

Шаги сбора данных приведены ниже.

（1）Подключить оборудование по методу подключения одиночной опорной станции или методу подключения CORS, после получения фиксированного расчета проверить значение остатка по горизонтали（HRMS）и остатка по вертикали（VRMS）, можно начать съемку только после соответствия требованиям к точности съемки объекта, в нормальных условиях это значение не более 0, 02м.

（2）Как правило, проводить съемку контрольной точки съемочного обоснования нужно три раза, каждый раз отбирать 30 опорных моментов времени, интервал отбора проб составляет 1с. Во время сбора необходимо использовать штатив и центрирующее основание.

（3）После сбора каждой контрольной точки съемочного обоснования необходимо составить сеть опорных точек для регистрации положения контрольной точки, чтобы облегчить поиск ее по сети опорных точек при использовании.

2. Съемка в аэрофотографических контрольных точках

Контрольная аэрофотосъемка — это определение плановых положений и высот фотографических опорных точек, полученных путем измерений в полевых условиях в зоне съемки и используемых для аэротриангуляции（аэрофототриангуляции）или непосредственно для ориентирования съемки. Схемы расположения опорных точек для контрольной аэрофотосъемки разделяются на схему расположения опорных точек в полностью полевых условиях, схему расположения опорных точек в неполно

Измерение в контрольной точке изображения

полевых условиях и схему расположения опорных точек в особых условиях. Съемка проводится после завершения работ по расположению опорных точек.

В настоящее время широко используется глобальная навигационная спутниковая система（GNSS）, ее использование позволяет значительно повысить эффективность полевых измерений фотографических опорных точек. Путем использования сети GNSS, системы непрерывно действующих опорных станций（CORS）, системы двойных опорных станций, кинематики в реальном времени（RTK）можно быстро определять плановые положения и высоты фотографических опорных точек. Использование метода RTK позволяет удовлетворить требования выполнения работ в большинстве случаев.

Сбор координат фотографических опорных точек осуществляется методом

GNSS-RTK. Чтобы гарантировать, что точки контроля изображения и система координат POS аэросъемки находятся в одной и той же системе координат необходимо убедиться, что точка доступа CORS и порт сети, подключенной к дрону, соответствуют подключению приемника RTK.

Шаги сбора данных приведены ниже.

（1）Подключить оборудование в соответствии с методом подключения одиночной опорной станции или методу подключения CORS, после получения фиксированного расчета проверить значение остатка по горизонтали (HRMS) и остатка по вертикали (VRMS), можно начать съемку только после соответствия требованиям к точности съемки объекта, в нормальных условиях это значение не более 0, 02м.

（2）Провести сбор данных и наблюдение три раза в опорной и контрольной точке, каждый раз выполнять сбор данных на 30 эпох, временной интервал этого сбора составляет 1 сек. В процессе сбора следите за тем, чтобы пузырек на центрирующем стержне всегда находился по центру.

（3）После сбора каждой контрольной точки сделайте как минимум 3 фотографии контрольной точки объекта, в том числе 1 фотографию крупным планом и 2 фотографии на расстоянии, также можно сделать несколько фотографий для облегчения поиска. Требуется фотография крупным планом, чтобы запечатлеть точку, где кончик центрирующего шеста касается земли; для дальнего снимка следует снять панораму фотографической опорной точки. Снимки должны отразить относительное расположение точки и периферийных приметных объектов для удобного выполнения специалистами работы с точкой.

（4）Таблицы результатов опорных и контрольных точек сохраняются отдельно. Нужно сохранить геодезические координаты и проекционные плановые координаты каждой точки.

（5）Организуйте фотографии опорных и контрольных точек, создайте отдельную папку для каждой опорной точки, сделанные фотоснимки опорных точек подлежат классифиции и распределению их в папку соответствующей точки, обеспечивая соответствие номера и места точки с ее фотоснимками. Сохраните файлы в формате *.csv, соответствующие всем опорным и контрольным точкам.

Задача Ⅳ Цифровая съемка GNSS-RTK

【 Введение в задачу 】

Цифровая топографическая карта предоставляет опорные данные для планирования, проектирования и строительства различных объектов в городских и сельских районах. Технология GNSS-RTK может использоваться для сбора данных о реечных точках при топографической съемке.

【 Подготовка к задаче 】

（1）Можно использовать центрирующую штангу фиксированной высоты для центровки и выравнивания во время измерения реечных точек RTK, количество моментов времени наблюдения должно быть более 5.

（2）Следует провести инициализацию при количестве реечных точек рельефа местности более 50, для которых проводится непрерывный сбор данных, и проверить одну точку совпадения. Съемку можно продолжить только при отклонении координат проверенной точки не более 0, 5 мм на карте.

（3）Остаточная погрешность преобразования координат в плоскости, полученных при измерении реечных точек RTK, не должна превышать ± 0, 1 мм на карте, выравнивающая остаточная погрешность измерения высот реечных точек RTK не должна превышать 1/10 основной высоты сечения горизонталей. Основные технические требования к измерению реечных точек RTK приведены в таблице 6-4-1.

Табл. 6-4-1 Основные технические требования к измерению реечных точек RTK

Класс	Средняя квадратическая погрешность точек / мм	Средняя квадратическая погрешность высоты	Расстояние до опорной станции / км	Количество наблюдений
Реечная точка	Расстояние на карте ≤ ± 0, 5	≤1/10 высоты основного сечения горизонталей	≤10	≥1

【 Выполнение задачи 】

1. Установка и настройка режима работы опорных и подвижных станций

1）Установка и настройка режима работы опорных станций（установка опорной станции не нужна в случае использования сетевого режима RTK）

（1）Установите штатив и измерьте высоту антенны. Присоедините соединительный стержень к основному блоку после соединения антенны UHF с опорной станцией, закрепите соединительный стержень на штативе с помощью пластины измерения высоты или основания. Опорная станция может быть установлена в известной или в любой точке. В случае установке опорной станции в известной точке следует выполнить центровку и выравнивание, измерение высоты антенны должно выполняться с точностью до 1 мм. После выполнения вышеуказанных операций включите приемник опорной станции.

（2）Подключите устройство Bluetooth.

（3）Настройте опорные станции.

Выполните настройку опорных станций согласно требованиям в задании I данного проекта.

2）Установка и настройка режима работы подвижных станций

Выполните настройку подвижных станций согласно требованиям в задании I данного проекта.

Цифровая
съемка
GNSS-RTK

2. Нанесение полевых зарисовок

1）Рабочий эскиз

（1）Рабочий эскиз является основанием для выполнения внутренних работ по картографированию, может быть составлен на основе топографической карты близкого масштаба, существующей для зоны съемки, или в процессе сбора дынных в характерных точках.

Контрольное
измерение
GNSS-RTK

（2）Рабочий эскиз охватывает относительное расположение объектов, основные линии рельефа местности, названия точек, запись полученных данных о расстоянии, географические названия и примечания.

2）Процесс определения реечных точек эскизным методом

（1）После входа в зону съемки оператор, рисующий эскизы, сначала наблюдает за местностью и распределением объектов вокруг исследовательской станции, определяет направление и быстро рисует эскиз основных объектов и форм рельефа с приблизительными пропорциями для облегчения наблюдения. На эскизе должен быть отмечен номер точки измеряемого фрагмента.

（2）Измерение реечных точек: сбор данных о реечных точках GNSS-RTK проводится в соответствии с требованиями правил картографирования, при этом информация, необходимая для картографирования, указывается на эскизе.

3）Меры предосторожности при разработки эскиза

（1）При использовании режима цифровой записи для рисования эскиза собранные объекты и формы рельефа должны быть нарисованы в соответствии с правилами формата топографической карты. Сложные графические символы могут быть упрощены или определены самостоятельно. Однако при сборе данных следует использовать коды рельефа местности, соответствующие условным обозначениям, указанным на эскизе.

（2）На эскизе следует указать номер точки съемки, который должен совпадать с номером точки съемки, записанным при сборе данных.

（3）Местоположения, свойства и соотношение элементов на эскизе должны быть четкими и правильными.

（4）Наименования, свойства объектов и другие данные, указываемые на топографической карте, должны быть четко указаны на эскизе. Пример разработки эскиза приведен на рисунке 6-4-1.

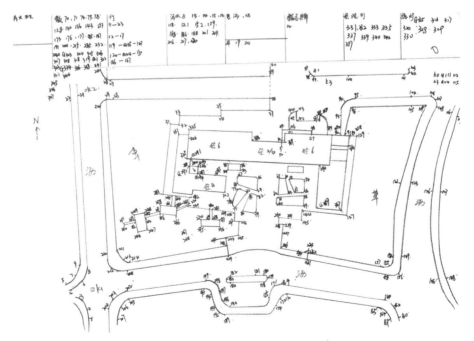

Рис. 6-4-1   Пример разработки эскиза

3. Контрольная съемка для составления карт

Конкретное содержание указывается в разделе «Контрольная съемка для составления карт GNSS-RTK» задания III данного проекта.

4. Измерение реечных точек

Разместите подвижные станции в характерных точках измеряемого объекта и рельефа, откройте программу «Инженерная звезда», последовательно нажмите кнопки «Измерить» — «Измерить точки», стабилизируйте центрирующую штангу, поддерживая пузырек в середине, нажмите кнопку «Сохранить», введите информацию о названии точки（при продолжении измерения точек будут автоматически суммироваться названия точек）, высоте штанги, затем нажмите кнопку «Подтвердить», таким образом будет завершен сбор данных и укажите номер точки на эскизе.

5. Экспорт данных

（1）Откройте программу «Инженерная звезда», последовательно нажмите кнопки «Engineering Star» — «Импорт/экспорт файлов» — «Экспорт результатов», введите имя экспортируемого файла, выберите формат экспортируемого файла（обычно выбирайте «Данные результатов измерений*.dat»）или экспортируйте файл в интерфейсе «Ввести» — «Библиотека координат».

（2）Подключите портативный компьютер к компьютеру, скопируйте экспортированный файл «Данные результатов измерений*.dat» по пути/storage/emulated/0/SOUTHGNSS_EGStar/Export, выполните внутреннюю работу по картографированию в картографическом программном обеспечении на основании эскиза, разработанного в полевых условиях.

【Освоение навыков】

1. Съемка точечных объектов GNSS-RTK

Сбор точечных объектов（например, уличных фонарей, столбов для камеры видеонаблюдения, крышек люков, независимых номеров и т.д., как показано на рис. 6-4-2）относительно прост, а оборудование GNSS обычно используется для измерения их геометрических центров. Обычно измеряются координаты геометрического центра точечного объекта с помощью устройства GNSS. Если геометрический центр наземного объекта не может быть собран, можно использовать метод эксцентрической коррекции для преобразования координат в геометрический центр наземного объекта. При сборе круглый пузырь центрирующего стержня должен оставаться в центре.

Рис. 6-4-2   Уличные фонари и другие точечные объекты

2. Съемка линейных объектов GNSS-RTK

В случае сбора данных, связанных с линейными объектами, такими как дороги, деревья, ограждения, границы земельных участков (Рис. 6-4-3), при помощи устройства GNSS необходимо собрать данные их характерных точек, такие как начальные и конечные точки прямолинейного участка дороги, конечные и средние точки дугового участка дороги. При сборе круглый пузырь центрирующего полюса должен оставаться в центре.

3. Съемка наземных объектов GNSS-RTK

В случае сбора данных, связанных с наземными объектами, такими как здания, пруды, поля, цветочные клумбы (Рис. 6-4-4), при помощи устройства GNSS необходимо собрать данные всех характерных угловых точек их контура. При этом не допускается пропуск характерных точек, который может влечь за собой несоответствие формы объектов их фактическому контуру при составлении карты. В случае сбора данных, связанных с высокими зданиями при плохих сигналах со спутника можно определить координаты угловых точек зданий методом пересечения линий направления. При сборе круглый пузырь центрирующего полюса должен оставаться в центре.

Рис. 6-4-3   Ограждения и другие линейные объекты

Рис. 6-4-4   Сельскохозяйственные угодья и другие наземные объекты

Задача Ⅴ   Разбивка точек GNSS-RTK

【Введение в задачу】

GNSS-RTK часто используется в строительной геодезии. Использование технологии GNSS-RTK позволяет провести разбивку непосредственно при вводе спроектированных координат точек в портативный компьютер. В данном задании в основном описываются процесс разбивки GNSS-RTK, метод расчета данных разбивки, а также применение технологии RTK для разбивки точек.

【Подготовка к задаче】

1. Принцип разбивки точек GNSS-RTK

1）Расчет расстояния разбивки

Приемник GNSS может получить разностный расчет в режиме работы RTK при условии нормального соединения и настройки опорной и подвижной станций, при этом можно получать координаты местоположения приемника подвижной станции в режиме реального времени. Для импорта небольшого объема данных, подлежащих разбивке, в портативный компьютер можно их ввести непосредственно. Для импорта большого объема данных в портативный компьютер можно объединить данные в файл. Предполагается, что координаты точки, подлежащей разбивке, составляют（Xm, Ym, Hm）и координаты местоположения приемника GNSS подвижной станции через определенное время составляют（Xt, Yt, Ht）, то между приемником подвижной станции и точкой разбивки существует соотношение：

$$\Delta X = X_m - X_t$$
$$\Delta Y = Y_m - Y_t$$
$$\Delta H = H_m - H_t$$
$$D = \sqrt{(X_m - X_t)^2 + (Y_m - Y_t)^2 + (H_m - H_t)^2}$$

Где： D——расстояние от приемника подвижной станции до точки разбивки.

Разбивка может быть выполнена путем перемещения из текущего положения приемника в положение точки разбивки на основании значений ΔX, ΔY, ΔH и D.

I. Север как условное положительное направление работы

Положительная ось X съемочной системы координат измерения указывает на север, а положительная ось Y указывает на восток. При $\Delta X > 0$, это означает $Xm > Xt$, то есть приемник подвижной станции должен перемещаться на величину $|\Delta X|$ на север по оси X. При $\Delta X < 0$, это означает $Xm < Xt$, то есть приемник подвижной станции должен перемещаться на величину $|\Delta X|$ на юг по оси X. Анализ разбивки RTK приведен в таблице 6-5-1.

Табл. 6-5-1   Анализ разбивки RTK

Разность координат	Знак разности	Направление перемещения	Величина перемещения
ΔX	>	Север	ΔX
	<	Юг	$|\Delta X|$
	=	Перемещение не нужно	0
ΔY	>	Восток	ΔY
	<	Запад	$|\Delta Y|$
	=	Перемещение не нужно	0
ΔH	>	Вверх	ΔH
	<	Низ	$|\Delta H|$
	=	Перемещение не нужно	0

II. Стрелка как условное положительное направления работы

Стандарт, указанный стрелкой, определяет направление движения. Предположим, что положение приемника GNSS по истечении времени t1 записывается как P1（X1, Y1）. По истечении времени t2, если геодезист перемещается вперед на одну позицию, положение приемника ГНСС записывается как P2（X2, Y2）. При этом векторы от P1 до P2 могут считаться направлением перемещения вперед, а этому направлению перпендикулярны правая сторона и левая сторона, таким образом создается независимая система координат. Во время разбивки в интерфейсе приложения, установленного на портативном компьютере GNSS-RTK, отображается непосредственно перемещение вперед/назад или влево/вправо.

2）Разбивка точек GNSS-RTK

Метод разбивки GNSS-RTK обычно применяется для разбивки точек позиции дорог, подземных трубопроводов и других коммунальных объектов.

При разбивке необходимо обеспечить отсутствие окружающих препятствий, погрешность в разбивке точек в плане не должна быть более 5 см.

【 Выполнение задачи 】

1. Проведение разбивки точек RTK

1 ）Предварительная подготовка

Получить координаты 2-3 опорных точек（при отсутствии известных данных можно провести контрольную съемку статическим GNSS）, определить координаты точек разбивки путем расчета или с помощью программного обеспечения, проверить приборы на нормальность работы.

Разметка точек GNSS-RTK

2 ）Установка опорной станции

Установить опорную станцию в открытом месте（вблизи не должно быть высоких зданий или высоковольтных линий и т.д.）, затем установить радиостанцию, включить основной блок опорной станции после подключения приборов, включить радиостанцию и установить частоту. Установка опорной станции не нужна в случае использования режима соединения CORS.

3 ）Создание новых объектов

Включить основной блок подвижной станции и съемочный портативный компьютер, подключить Bluetooth в интерфейсе программного обеспечения портативного компьютера после подключения 5 и более спутников, установить соответствующие параметры, включая наименование объекта, название эллипсоидальной системы, проекционные параметры（можно не заполнять эти параметры, если не включено）, затем нажать кнопку «Подтвердить».

4 ）Ввод данных о точках разбивки

При небольшом количестве точек разбивки можно вручную ввести значение координат точек разбивки непосредственно в портативный компьютер. При большом количестве точек разбивки использовать файл для импорта данных в портативный компьютер. Следует отметить, что данные разбивки следует импортировать после завершения корректировки точек.

5 ）Определение параметров преобразования координат

Съемка GNSS-RTK проводится в системе координат WGS-84, а инженерные съемки и определение положений проводятся в местной независимой системе координат, поэтому необходимо выполнить расчет параметров преобразования координат.

6) Точки разбивки

（1）Последовательно нажмите кнопки «Съемка» — «Разбивка точек», войдите в интерфейс «Разбивка точек», как показано на рисунке 6-5-1.

Рис. 6-5-1　Операция с точками разбивки 1

（2）Нажмите кнопку «Цель», войдите в интерфейс «Библиотека точек разбивки», как показано на рисунке 6-5-2.

Рис. 6-5-2　Операция с точками разбивки 2

（3）Выберите точки разбивки, последовательно нажмите кнопки «Разбивка точек» — «Опции», в интерфейсе «Предел для сигнализации» и выберите 1м для «Диапазона подсказки», система будет выдать речевые сигналы, когда текущая точка перемещается в пределах 1 м от целевой точки, как показано на рисунке 6-5-3.

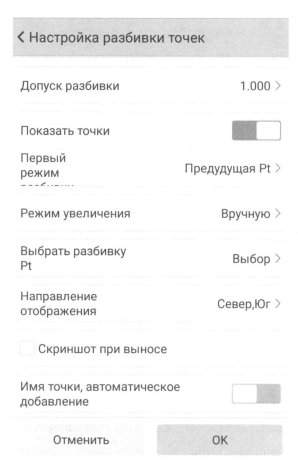

Рис. 6-5-3   Операция с точками разбивки 3

（4）В главном интерфейсе разбивки будет указано расстояние перемещения в трех направлениях. При разбивке, связанной с текущей точкой, можно не входить в «Библиотеку точек разбивки». Нажать «Верхнюю точку» или «Нижнюю точку» для выбора согласно сигнальной информации.

【 Освоение навыков 】

Выполнить подготовительные работы для разбивки точек группами, выполнить разбивку не менее 2 точек.

Задача Ⅵ Линейная разбивка GNSS-RTK

【 Введение в задачу 】

Метод разбивки прямых линий GNSS-RTK часто используется для разбивки проектируемых дорог, подземных коммуникаций в строительстве коммунальных объектов. На основании навигационной информации интерфейса устройства можно удобно и быстро добраться до определяемой прямой линии.

【 Подготовка к задаче 】

Координаты начала и конца прямой линии, подлежащей разбивке, необходимо получить в соответствии с требованиями задания, заблаговременно импортировать данные о координатах в устройство GNSS, здесь необходимо обратить внимание на точное наименование начала и конца.

【 Выполнение задачи 】

Ниже описывается проведение разбивки прямых линий GNSS-RTK.

Прямолинейная
разбивка
GNSS-RTK

（1）Создайте новый проект, после этого нажмите на кнопку главного интерфейса и выберите «Разбивку» — «Разбивку прямых линий», при этом перейдите в интерфейс разбивки. В первую очередь установите параметры разбивки, выбрав прямую линию. Программное обеспечение предоставляет два режима, а именно режим «две точки» и режим «одна точка + азимут + расстояние». Если выбрать режим «две точки», то нужно извлечь координаты начала и конца двух точек из библиотеки точек и ввести данные о километраже начала; если выбрать режим «одна точка + азимут + расстояние», то нужно просто ввести данные о координатах одной точки из библиотеки точек для поиска цели таким образом, что текущие координаты отображаются в режиме реального времени.

（2）Последовательно нажмите кнопки «Съемка» — «Разбивка прямых линий», войдите в интерфейс «Разбивка прямых линий», как показано на рисунке 6-6-1.

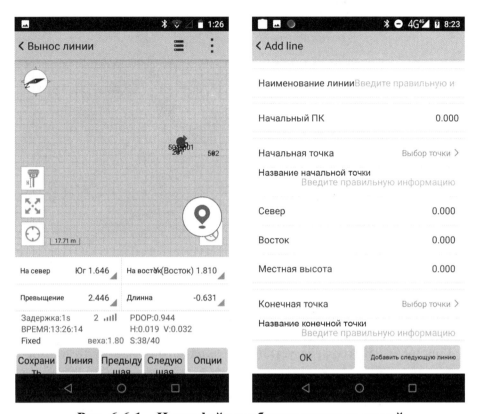

Рис. 6-6-1   Интерфейс разбивки прямых линий

（3）Нажмите кнопку «Цель». Если есть отредактированный файл линий разбивки, то выберите линию для разбивки и нажмите кнопку «Подтвердить». Если в библиотеке координат разбивки линий нет файла линий разбивки, нажмите кнопку «Добавить» и введите данные о координатах начала и конца линии, при этом можно создать файл линий разбивки в библиотеке координат разбивки линий.

（4）В главном интерфейсе разбивки прямых линий отображается информация о вертикальном расстоянии, километраже, расстоянии на север и расстоянии на восток между текущей точкой и целевой линией（для отображения содержимого можно нажать кнопку «Показать», после этого отобразится много альтернативных опций для выбора）. Как и в случае разбивки точек, в интерфейсе «Опции» также можно установить параметры разбивки линий, как показано на рисунке 6-6-2.

< Настройка разбивки линий

Допуск разбивки	1.000 >
Показать длину	0.000 >
Показать линии	
Первый режим	Предудушая Ln >
Режим увеличения	Вручную >
Выбрать разбивку Ln	Выбор >
☐ Установить строку экрана для разбивки	
Имя точки, автоматическое добавление	

| Отменить | ОК |

Рис. 6-6-2 Интерфейс установки параметров разбивки линий

【 Освоение навыков 】

Выполнить подготовительные работы по разбивке прямых линий группами, выполнить разбивку не менее двух точек на одной прямой.

Разбивка дорог GNSS-RTK

Разбивка линии GNSS-RTK

Задача Ⅶ   Съемка GNSS-PPK

【 Введение в задачу 】

Технология съемки PPK（Post Processed Kinematic）представляет собой технологию позиционирования GNSS с использованием фаз несущей частоты для пост-дифференциальной коррекции и относится к методике съемки с динамической последующей обработкой, которая позволяет быстро решить неопределенность полных циклов при помощи динамической инициализации OTF (On The Flying), пространственные трехмерные координаты сантиметрового уровня можно получить расчетом при наблюдении 10-30 секунд в процессе проведения полевой съемки.

В случае использования технологии съемки PPK , отличающейся от технологии съемки с использованием фаз несущей частоты для дифференциальной коррекции в реальном масштабе времени RTK , не нужно устанавливать связь в реальном масштабе времени между подвижной станцией и опорной станцией, исходные данные наблюдения, собранные приемниками GNSS подвижной станции и опорной станции, обрабатываются после завершения полевых наблюдений, в результате чего вычисляются трехмерные координаты подвижной станции. В данном задании в основном описываются принцип PPK , процесс работы и применение данной технологии.

【 Подготовка к задаче 】

1. Принцип работы PPK

Принцип работы технологии съемки PPK : установить один или несколько приемников опорной станции в рабочей зоны съемки в пределах дальности действия, использовать не менее чем один приемник GNSS в качестве подвижной станции для выполнения съемки в рабочей зоне. В связи с сильной пространственной корреляцией погрешностей, например, погрешности спутниковых часов для подвижной и опорной станций, выполняющих наблюдение синхронно, необходимо провести дифференциальную обработку и линейную комбинацию с помощью программного обеспечения обработки данных GNSS на компьютере после завершения полевых наблюдений, при этом формируются виртуальные значения фаз несущей частоты и вычисляется относительное пространственное положение между подвижной станции и приемником опорной станции. Затем в программном обеспечении фиксируются известные координаты опорной станции, что позволяет определить координаты подлежащих измерению точек у подвижной станции. Приемник GNSS опорной станции поддерживает непрерывное наблюдение в процессе работы, а приемник GNSS подвижной станции инициализируется, потом выполняет наблюдение в течение определенного времени последовательно в каждой подлежащей измерению точке. Для передачи данных о неопределенности полных циклов в точку измерения приемник подвижной станции непрерывно отслеживает спутник в процессе перемещения станции. Опорной станцией может служить также CORS, то есть подвижная станция, находящаяся в пределах действия CORS, может выполнять операции PPK и расчет. Принцип работы PPK указан на рисунке 6-7-7.

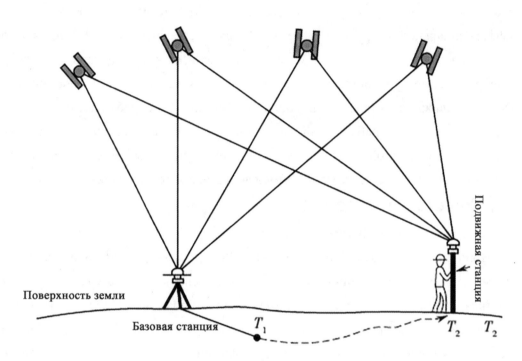

Рис. 6-7-1   Принцип работы PPK

2. Отличие системы PPK от системы RTK

Система PPK состоит из опорной и подвижной станций, а система RTK состоит из опорной, подвижной станций и цепочки данных.

1) Общее

（1）Одинаковые режимы работы, обе технологии работают в режиме опорной станции плюс подвижной станции.

（2）Обе технологии требуют инициализации до начала работы.

（3）Обе технологии обеспечивают сантиметровую точность съемки.

2) Различия

1) Разные способы связи. По технологии RTK требуется установка радиостанций или сети, передаются дифференциальные данные; для технологии PPK не требуется поддержка коммуникационных технологий,

регистрируются статические данные.

（2）Разные режимы позиционирования. Технология RTK выполняет позиционирование в реальном времени, что позволяет просмотреть данные о координатах точек измерения и точности измерения в любое время на подвижной станции; технология PPK выполняет позиционирование с последующей обработкой данных, что не позволяет просмотреть данные о координатах точек на месте, они могут быть просмотрены после окончания последующей обработки.

（3）Разные радиусы работы. Техническая работа RTK ограничивается станцией связи, радиус работы обычно не превышает 10 км, в сетевом режиме требует охвата сигналами сети всей зоны; радиус работы технологии PPK обычно достигает 50 км.

5）Степень влияния спутниковых сигналов варьируется. Во время операций RTK очень легко потерять сигнал, если вы находитесь рядом с такими препятствиями, как большие деревья; тогда как во время операций PPK после инициализации, как правило, потерять сигнал непросто.

（6）Разная точность позиционирования. Точность плановой съемки по RTK составляет 8 мм + 1 млн$^{-1}$, точность измерения высот — 15 мм + 1 млн$^{-1}$; Точность плановой съемки по PPK составляет 2, 5 мм + 0, 5 млн$^{-1}$, точность измерения высот — 5 мм + 0, 5 млн$^{-1}$.

（7）Разные частоты позиционирования. Частота передачи опорными станциями RTK дифференциальных данных и приема подвижными станциями данных, как правило, составляет 1-2 Гц. Частота позиционирования по PPK достигает до 50 Гц.

【Выполнение задачи】

1. Процесс работы PPK

（1）Нажать кнопки «Съемка» — «Съемка PPK» последовательно.

（2）Ввести данных о названии точек, высоте штанги и времени сбора.

（3）Открыть «Запись исходных данных», нажать кнопку «Начать», как показано на рисунке 6-7-2.

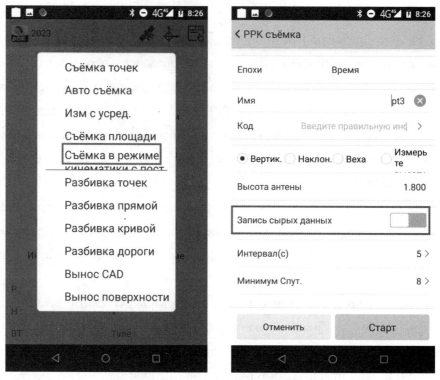

Рис. 6-7-2   Процесс работы PPK

2. Экспорт данных

（1）Скопировать статические данные опорной и подвижной станций.

（2）Экспортировать файл RTK подвижной станции со страницы «Библиотека управления координатами» программы «Engineering Star» 5.0.

（3）Скопировать соответствующую папку объекта из портативного компьютера по пути SOUTHGNSS_EGSTAR-ProjectDate, как показано на рисунке 6-7-3.

3. Внутренняя обработка программным обеспечением（SGO）

（1）Создать новый объект.

（2）Установить параметры, выбрать проекционный эллипсоид, установить центральный меридиан, как показано на рисунке 6-7-4.

（3）Импортировать статические данные основных блоков опорной и подвижной станций, как показано на рис. 6-7-5 ... рис. 6-7-7.

Рис. 6-7-3 Экспорт данных

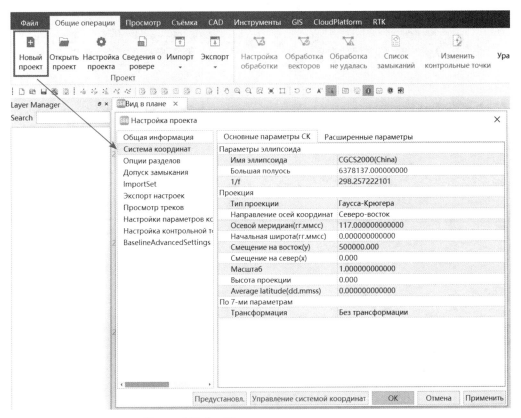

Рис. 6-7-4 Установка параметров

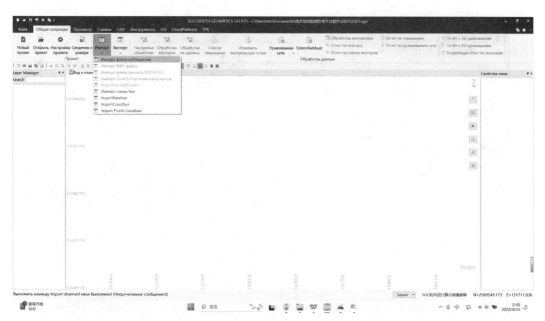

Рис. 6-7-5　Импорт данных 1

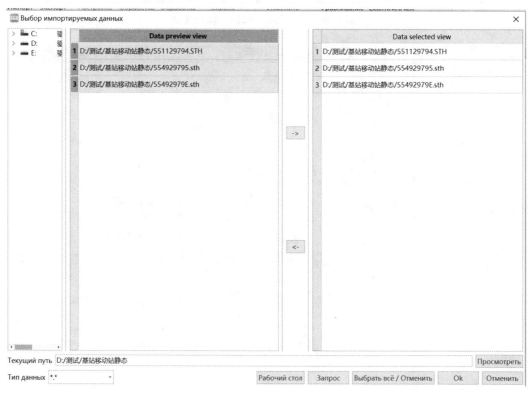

Рис. 6-7-6　Импорт данных 2

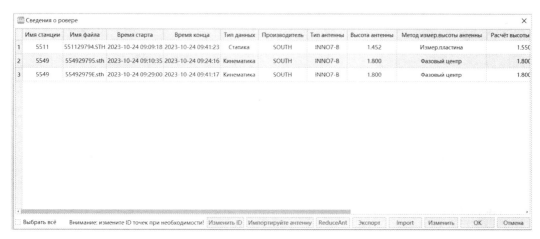

Рис. 6-7-7   Импорт данных 3

（4）Импортировать файлы PPK/RTK/SYS программы «Engineering Star», как показано на рисунке 6-7-8.

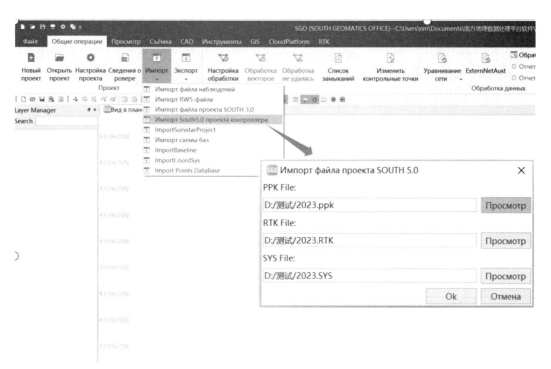

Рис. 6-7-8   Импорт файла

4. Отчет о результатах работы PPK

Отчет о результатах работы PPK представлен на рисунке 6-7-9.

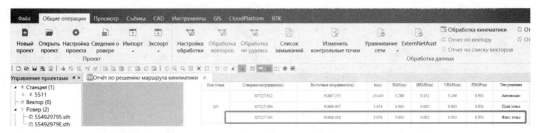

Рис. 6-7-9   Отчет о результатах работы РРК

【 Освоение навыков 】

Группами выполнить операции с программным обеспечением SGO при съемке PPK с возможностью вывода отчета о результатах работы PPK.

【 Размышления и упражнения 】

（1）Как вычислять параметры по методу коррекции точек？

（2）Как осуществить настройку устройства при использовании сети мобильного хот-спота взамен сети SIM-карты？

（3）Каким правилам должна соответствовать проверка точек приемника подвижной станции при контрольной съемке RTK？

（4）Кратко опишите операции по контрольной съемке для составления карты RTK.

（5）Каковы основные технические требования к съемке реечных точек GNSS-RTK？

（6）Чем отличается способ разбивки точек GNSS-RTK от способа разбивки точек при помощи электронного тахеометра？

（7）Какие практические назначения разбивки прямых линий GNSS-RTK？

（8）Чем отличается съемка PPK от съемки RTK？

Проект VII

Практическая подготовка виртуально моделированной

съемке GNSS

【 Описание проекта 】

Программное обеспечение для обучения моделированию измерений спутникового позиционирования основано на использовании приемников GNSS. Оно использует технологию виртуальной реальности для создания оборудования GNSS и сценариев обучения. Обучение с помощью программного обеспечения имитационного моделирования позволяет усвоить приемы работы с приемником GNSS и портативным компьютером, понять принципы съемки с использованием системы спутникового позиционирования, ознакомиться с применением метода съемки с использованием системы спутникового позиционирования в практическом проекте. Программное обеспечение имитационного моделирования съемки с использованием системы спутникового позиционирования для практической подготовки создает большое количество виртуальных сценариев, имитирующих весь процесс сбора данных в полевых условиях, для выполнения практической подготовки.

【 Цель проекта 】

（1）Ознакомиться с наименованием и назначением компонентов приемника GNSS.

（2）Научиться использовать приемник GNSS для выполнения съемки и разбивки.

（3）Научиться использовать приемник GNSS для сбора статических данных.

Задача　| 　Практическая подготовка виртуально моделированной съемке и разбивке GNSS

【 Введение в задачу 】

Практическая подготовка в условиях виртуального моделирования съемки и разбивки GNSS осуществляется для обучения использованию приемника GNSS. Создаются устройство GNSS и сценарии практической подготовки по технологии виртуальной реальности. Обучение с помощью программного обеспечения имитационного моделирования позволяет ознакомиться с процессом проведения съемки и разбивки GNSS в полевых условиях.

【 Подготовка к задаче 】

1. Описание интерфейса запуска

Ниже описываются операции с интерфейсом запуска, как показано на рисунке 7-1-1.

（1）Нажать кнопку «Принцип работы», чтобы включить функцию демонстрации принципа работы.

（2）Нажать кнопку «Выйти» для входа из программного обеспечения на рабочий стол.

（3）Нажать кнопку «Ознакомиться с устройством» для ознакомления с опорной структурой приемника GNSS.

（4）Нажать «Пуск» и войти в сценарий практической подготовки.

（5）Нажать «Руководство по клавишам», чтобы получить информацию о назначении клавиш клавиатуры и мыши.

Рис. 7-1-1   Интерфейс запуска

В сценарии практической подготовки можно нажать клавишу быстрого вызова «ESC» для выхода из интерфейса. Пользователь может выбрать возврат к интерфейсу пуска или выход из программы, как показано на рисунке 7-1-2.

Рис. 7-1-2   Интерфейс ESC

2. Руководство по клавишам

В интерфейсе руководства по клавишам показываются операции с клавишами в сценариях практической подготовки, включая обычные операции, операции с приборами, операции с опорной станцией, как показано на рисунке 7-1-3.

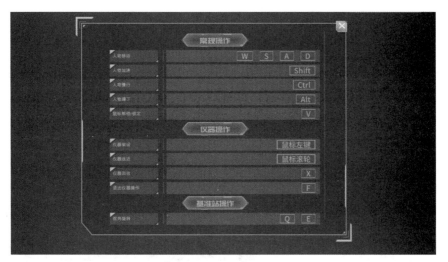

Рис. 7-1-3 Руководство по клавишам

3. Ознакомление с устройством

Рис. 7-1-4 Интерфейс ознакомления с устройством

Изучите основную структуру и функцию приемника GNSS, как показано на рисунке 7-1-4, подробное описание операций приведено ниже.

（1）Нажать кнопку «Сброс» для возврата в исходное состояние.

（2）Нажать кнопку «Изображение в разобранном перспективном виде» для разборки приемника GNSS на компоненты.

（3）Нажать кнопку «Разрез», чтобы просмотреть разрез приемника GNSS.

（4）Нажать кнопку «Возвратить» для возврата к главному интерфейсу программного обеспечения.

【 Выполнение задачи 】

Теперь приступите к подготовке съемки и разбивки в условиях виртуального моделирования, выполните задачи практической подготовки. В интерфейсе пуска нажмите кнопку «Пуск» для входа в сценарий практической подготовки, в котором можно выполнить основные операции по съемке в полевых условиях, также можно экспортировать реальные данные из программного обеспечения виртуального моделирования, осуществить интеграцию виртуальных данных с реальными данными, полевых работ с внутренними работами. Интерфейс пуска съемки показан на рисунке 7-1-5.

Рис. 7-1-5　Интерфейс пуска съемки

1. Описание клавиш

（1）Нажать кнопку «Основной блок» или клавишу быстрого вызова «F1», чтобы выполнить включение и выключение прибора.

（2）Нажать кнопку «Bluetooth» или клавишу быстрого вызова «F2», чтобы подключить внешнее устройство к программному обеспечению виртуального моделирования.

（3）Нажать кнопку «Рюкзак» или клавишу быстрого вызова «Tab», чтобы открыть рюкзак для извлечения и уборки приборов.

（4）Нажать кнопку «Карта» или клавишу быстрого вызова «M», чтобы развернуть карту, выполнить выбор точек и другие операции. Нажатие на известные опорные точки позволяет осуществить быструю передачу, при этом отображаются положения на карте в режиме реального времени.

（5）Нажать кнопку «Задачи» или клавишу быстрого вызова «Р», чтобы просмотреть информацию о выполнении задач.

2. Установка приборов

До начала проведения съемки необходимо установить опорную станцию и настроить прибор, как показано на рисунке 7-1-6.

Рис. 7-1-6   Установка приборов

（1）После входа в сценарий практической подготовки нажать кнопку «Рюкзак» или клавишу быстрого вызова «Tab», вынуть опорную станцию, установить опорную станцию GNSS в высоком месте, вблизи которого отсутствуют высокие препятствия, нажать клавишу «F2» для включения станции.

（2）После завершения настройки опорной станции нажать кнопку «Рюкзак» или клавишу быстрого вызова «Tab», вынуть подвижную станцию, выполнить настройку и нажать клавишу «F2» для включения станции.

3. Установка режима работы прибора

Установить подвижную станцию, опорную станцию или статический режим сбора данных, установить цепочку данных по требованиям конфигурации, как показано на рисунке 7-1-7.

Рис. 7-1-7   Установка режима работы прибора

（1）При включенном приборе нажать кнопку «Рюкзак» или клавишу быстрого вызова «Таб», вынуть портативный компьютер.

（2）Метод установки режима работы опорной станции：нажать кнопку конфигурации — подключить прибор — выполнить сканирование — выбрать номер основного блока опорной станции — нажать кнопку подключения — нажать кнопку возврата к Bluetooth — настроить прибор — настроить опорную станцию — выбрать цепочку данных — встроенная радиостанция — осуществить запуск.

（3）Метод установки режима работы подвижной станции：нажать кнопку конфигурации — подключить прибор — выполнить сканирование — отключить опорную станцию — выбрать номер основного блока подвижной станции — нажать кнопку подключения — нажать кнопку возврата к Bluetooth — настроить прибор — настроить подвижную станцию — выбрать цепочку данных — встроенная радиостанция — осуществить запуск.

4. Поиск параметров преобразования

Приемник GNSS выводит данные по системе WGS-84, которые необходимо преобразовать в систему координат для строительной геодезии, что требует вычисления и установки параметров преобразования координат. Определение параметров преобразования координат является основным средством выполнения этой работы, как показано на рисунке 7-1-8.

（1）После завершения настройки подвижной станции нажать клавишу «R» и подобрать подвижную станцию — открыть карту — нажать «Точку № 1», быстро перейти к «Точке № 1» — навести на опорную точку — установить прибор в «Точке № 1» — открыть рюкзак и вынуть портативный компьютер — нажать кнопку «Ввести» — определить параметры преобразования — добавить — плановые координаты — получить библиотеку точек — выбрать «Точку № 1» — подтвердить — геодезические координаты — получить информацию о местоположении — подтвердить — еще раз подтвердить.

Рис. 7-1-8   Поиск параметров преобразования

（2）Выйти из портативного компьютера, нажать клавишу «R» и подобрать подвижную станцию — открыть карту — нажать «Точку № 2», быстро перейти к «Точке № 2» — навести на опорную точку — установить прибор в «Точке № 2» — открыть рюкзак и вынуть портативный компьютер — добавить — плановые координаты — получить библиотеку точек — выбрать «Точку № 2» — подтвердить — геодезические координаты — получить информацию о местоположении — подтвердить — еще раз подтвердить.

（3）Выйти из портативного компьютера, нажать клавишу «R» и подобрать подвижную станцию — открыть карту — нажать «Точку № 3» быстро перейти к «Точке № 3» — навести на опорную точку — установить прибор в «Точке № 3» — открыть рюкзак и вынуть портативный компьютер — добавить — плановые координаты — получить библиотеку точек — выбрать «Точку № 3» — подтвердить — геодезические координаты — получить информацию о местоположении — подтвердить — еще раз подтвердить.

（4）После завершения добавления точек последовательно нажать кнопки «Расчет» — «Подтвердить» — «Применить» — «Подтвердить».

5. Мастер коррекции

Мастер коррекции работает на основе полученных параметров преобразования. Коррекция параметра обычно проводится при вычисленном параметре преобразования и включенной/выключенной опорной станции или в случае возможного непосредственного ввода параметра преобразования для рабочей зоны. Параметр, полученный при помощи мастера коррекции, фактически представляет собой «три параметра» для вычисления двух разных координат с использованием одной общей точки, называется параметром коррекции в программном обеспечении, как показано на рисунке 7-1-9.

Рис. 7-1-9　Мастер коррекции

（1）Возвратиться к главному интерфейсу программы «Engineering Star» — ввести — мастер коррекции — установить опорную станцию в неизвестной точке — следующий — известные плановые координаты подвижной станции — получить библиотеку точек — выбрать текущую точку — скорректировать.

（2）Возвратиться к главному интерфейсу программы «Engineering Star» — измерить — измерить точки — установить подвижную станцию в любой известной точке — сохранить — сравнить значения измеренных координат со значениями координат известной точки, коррекция считается выполненной при соответствии полученного значения требованиям к предельной погрешности.

6. Измерение точек

Главный интерфейс программы «Engineering Star» — измерить — измерить точки — установить подвижную станцию в любом месте — сохранить — сохранить координаты текущей точки измерения, можно ввести информацию о названии точки, названия точек автоматически суммируются при продолжении их сохранения — подтвердить.

7. Разбивка точек

（1）Главный интерфейс программы «Engineering Star» — измерить — провести разбивку точек — цель — добавить — получить библиотеку точек — выбрать точку координат для разбивки — подтвердить — выбрать точку координат для добавления — выполнить разбивку точек — переместить в точку разбивки по карте, как показано на рисунке 7-1-10.

（2）Нажать кнопку «Цель», выбрать точку для разбивки, нажать кнопку «Провести разбивку точек». В интерфейсе разбивки появится подсказка о расстояниях до точки разбивки в направлениях севера, востока и высоты, на такие расстояния проводится перемещение.

（3）Нажать кнопку «Опции», выбрать предел для сигнализации, если выбрать 1 м, то система будет выдавать речевые сигналы, когда текущая точка перемещается в пределах 1 м от целевой точки.

Рис. 7-1-10   Разбивка точек

【 Освоение навыков 】

（1）Процесс работы приемника GNSS для измерения точек объектов： установить прибор, установить режим работы прибора, определить параметры преобразования, мастер коррекции, выполнить измерение точек, экспортировать полученные данные.

（2）Процесс работы приемника GNSS для разбивки целевых точек： установить прибор, установить режим работы прибора, определить параметры преобразования, мастер коррекции, импортировать файл точек разбивки, выполнить разбивку точек.

Задача ‖ Практическая подготовка виртуально моделированной съемке GNSS при помощи статической опорной сети

【 Введение в задачу 】

Статическая съемка GNSS в настоящее время является основным методом размещения инженерной опорной сети. Обучение виртуальному моделированию измерений сети статического управления GNSS основано на использовании приемников GNSS, использовании технологии виртуальной реальности для построения оборудования GNSS и сценариев обучения, а также посредством обучения программного обеспечения для моделирования, освоить полевой процесс измерения статического контроля GNSS.

Процесс проведения статической контрольной съемки GNSS включает проверку приборов, выбор точек, закладку пикетов, статическое наблюдение, расчет данных и вывод результатов. В данном задании описывается часть полевых работ.

【Подготовка к задаче】

1. Описание интерфейса пуска

Открыть программу и войти в интерфейс пуска, как показано на рисунке 7-2-1.

Рис. 7-2-1 Интерфейс пуска

Ниже описываются операции с интерфейсом пуска.

（1）Нажать кнопку «Принцип работы», чтобы включить функцию демонстрации принципа работы.

（2）Нажать кнопку «Выйти» для входа из программного обеспечения на рабочий стол.

（3）Нажать кнопку «Ознакомиться с устройством» для ознакомления с опорной структурой приемника GNSS.

（4）Нажать «Пуск» и войти в сценарий практической подготовки.

（5）Нажать «Руководство по клавишам», чтобы получить информацию о назначении клавиш клавиатуры и мыши.

В сценарии практической подготовки можно нажать клавишу быстрого вызова «ESC» для выхода из интерфейса. Пользователь может выбрать возврат к интерфейсу пуска или выход из программы, как показано на рисунке 7-2-2.

Рис. 7-2-2   Интерфейс ESC

2. Руководство по клавишам

В интерфейсе руководства по клавишам показываются операции с клавишами в сценариях практической подготовки, включая обычные операции, операции с приборами, операции с опорной станцией, как показано на рисунке 7-2-3.

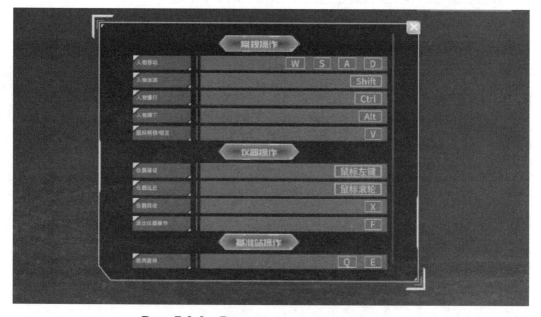

Рис. 7-2-3   Руководство по клавишам

3. Ознакомление с устройством

Изучить основную структуру и функцию приемника GNSS, как показано на рисунке 7-2-4.

Рис. 7-2-4 Интерфейс ознакомления с устройством

（1）Нажать кнопку «Сброс» для возврата в исходное состояние.

（2）Нажать кнопку «Изображение в разобранном перспективном виде» для разборки приемника GNSS на компоненты.

（3）Нажать кнопку «Разрез», чтобы просмотреть разрез приемника GNSS.

（4）Нажать кнопку «Возвратить» для возврата к главному интерфейсу программного обеспечения.

【Выполнение задачи】

1. Сценарий практической подготовки

В интерфейсе пуска нажать «Пуск» и войти в сценарий практической подготовки. В интерфейсе сценария практической подготовки нажать кнопку «Статический режим». При этом в верхней части страницы отображаются четыре значка узлов «Выбрать точки на карте», «Выбрать точки рекогносцировки», «Начать съемку» и «Окончить съемку», на правой стороне отображаются значки «Основной блок», «Рюкзак», «Задача» и «Большая карта», как показано на рисунке 7-2-5.

Рис. 7-2-5   Проведение измерения

（1）Последовательно нажать кнопки «Выбрать точку на карте», «Выбрать точку рекогносцировки», «Начать съемку» и «Окончить съемку».

（2）Нажать кнопку «Основной блок» или клавишу быстрого вызова «F1», чтобы включить и выключить прибор.

（3）Нажать кнопку «Рюкзак» или клавишу быстрого вызова «Tab», чтобы открыть рюкзак для извлечения и уборки приборов.

（4）Нажать кнопку «Карта» или клавишу быстрого вызова «М», чтобы развернуть карту, выполнить выбор точек и другие операции. Нажатие на известные опорные точки позволяет осуществить быструю передачу, при этом отображаются положения на карте в режиме реального времени.

（5）Нажать кнопку «Задачи» или клавишу быстрого вызова «Р», чтобы просмотреть информацию о выполнении задач.

2. Выбор точек на карте

Нажать кнопку «Выбрать точку на карте» и войти на страницу карты, двойным щелчком расположить статические точки. Нажатие на опорную точку двойным щелчком позволяет осуществить переход этой точки в статическую точку, как показано на рисунке 7-2-6.

Рис. 7-2-6 Выбор точек на карте

（1）Нажать «Установить число синхронных наблюдений» справа, чтобы установить число синхронных наблюдений（значение числа означает количество приемников GNSS, выполняющих синхронное наблюдение）.

（2）Нажать кнопку «Открыть координаты», чтобы отображать координаты известных точек на карте.

（3）Нажать кнопку «Удалить все выбранные точки», чтобы удалить выбранные точки с карты.

（4）Нажать кнопку «Закрыть карту» для возвращения к сценарию съемки.

3. Выбор точек рекогносцировки

После завершения выбора точек на карте нажать кнопку «Выбрать точки рекогносцировки», потом нажать на любую из расположенных статических точек или опорных точек на карте, чтобы одной кнопкой перейти в сценарий практической подготовки для проведения рекогносцировки выбранной точки. Пользователь может нажать кнопку «Карта» или клавишу быстрого вызова «М» для входа в карту для осуществления перехода одной кнопкой, как показано на рисунке 7-2-7.

Рис. 7-2-7   Выбор точек рекогносцировки

（1）Путем нажатия на выбранную точку на карте можно осуществить быстрый переход.

（2）После перехода в выбранную точку открыть рюкзак, вынуть съемочный гвоздь и установить в выбранную точку.

（3）После установки съемочного гвоздя нажать кнопку «Начать съемку».

（4）Нажать кнопку «Открыть координаты» справа и просмотреть координаты на карте.

При выборе точки следует обратить внимание на следующие:

（1）Свободное верхнее пространство над точкой станции съемки;

（2）Уклонение от окружающих источников помех электромагнитных волн в целях обеспечения нормальной работы приемника GNSS;

（3）Ограничение угла высоты спутника в целях уменьшения воздействия тропосферы;

（4）Удаление от объектов, которые сильно отражают спутниковые сигналы в целях уменьшения воздействия эффекта многолучевости.

4. Статическая съемка

Нажать кнопку «Начать съемку», установить приемники GNSS во всех точках рекогносцировки в сценарии практической подготовки в статическом режиме, после завершения установки приемников определить координаты точек, как показано на рисунке 7-2-8.

Рис. 7-2-8 Статическая съемка

（1）После нажатия кнопки «Начать съемку» открыть карту, последовательно перейти в точку 1, точку 2 и точку 3, установить приемники GNSS в каждой из этих точек.

（2）Панели управления всех установленных приемников GNSS отражаются в верхней части сценария практической подготовки.

（3）Пользователь перейти к текущему приемнику GNSS, проводит центровку и выравнивание, после этого поставляет под панелью управления прибора галочку в отношении установленного прибора, центровки и выравнивания.

（4）Нажать клавишу «F» рядом с прибором, затем нажать клавиши «W», «A», «D», «S» для перемещения угла обзора.

（5）Открыть «Рюкзак», нажать «График» и заполнить его данными о времени, количестве станций съемки.

5. Окончание съемки

Нажать кнопку «Окончить съемку» в сценарии практической подготовки, все съемочные гвозди и приборы в сценарии автоматически убираются в «рюкзак», как показано на рисунке 7-2-9.

Рис. 7-2-9   Окончание съемки

【 Освоение навыков 】

（1）Знать наименование и функцию компонентов приемника GNSS.

（2）Научиться использовать приемник GNSS.

（3）Уметь проводить статическую съемку с помощью приемника GNSS.

【 Размышления и упражнения 】

（1）Каковы этапы разбивки с помощью приемника GNSS ?

（2）Каковы этапы проведения статической контрольной съемки с помощью приемника GNSS ?

Справочная литература

[1] Чжоу Цзяньчжэн. Съемка с использованием систем позиционирования GNSS (третье издание) [M]. 3-е издание. Пекин: Издательство геодезии и картографии, 2019.

[2] Го Тао, Чэнь Чжилань, У Юнчунь. Технология съемки с использованием систем позиционирования GNSS [M]. Чэнду: Издательство Юго-Западного университета Цзяотун, 2022.

[3] Ли Яньшуан, Ван Суся. Инженерно-геодезическое оборудование и его применение [M]. Тяньцзинь: Издательство Тяньцзиньского университета, 2022.

[4] Ли На. Технология съемки GNSS [M]. Ухань: Издательство Уханьского университета, 2020.

[5] Чжао Чаншэн и др. Принцип GNSS и его применение [M]. 2-е издание. Пекин: Издательство геодезии и картографии, 2020.

[6] Ли На, Жэнь Лимин. Принцип и применение GNSS [M]. Пекин: Издательство Пекинского технологического университета, 2020.

[7] Ню Чжихун, Чэнь Чжилань. Технология съемки GPS [M]. 2-е издание. Чжэнчжоу: Издательство водного хозяйства Хуанхэ, 2021.

[8] Фань Лухун, Пи Имин, Ли Цзинь. Принципы и системы спутниковой навигации «Бэйдоу» [M]. Пекин: Издательство электронной промышленности, 2021.

[9] Вэй Хаохань, Шэнь Фэй, Сан Вэньган и др. Принципы спутниковой системы навигации «Бэйдоу» и ее применение [M]. Нанкин: Издательство Юго-восточного университета, 2020.

[10] Лу Юй. Принцип работы и технология реализации двухрежимного программного приемника Бэйдоу/GPS [M]. Пекин: Издательство электронной промышленности, 2016.

[11] Главное государственное управление КНР по контролю качества, инспекции и карантину, член Государственного комитета по стандартизации Китая. Правила проведения съемки с использованием глобальной системы

позиционирования（GPS）：GB/T 18 314-2009 [S]. Пекин：Издательство государственного стандарта Китая, 2009.

[12] Министерство жилищного, городского и сельского строительства КНР. Технический стандарт городской съемки с использованием спутниковой системы позиционирования：CJJ/T 73-2019 [S]. Пекин：Издательство геодезии и картографии, 2010.

[13] Государственное управление геодезии и картографии. Технические правила проведения динамической съемки в режиме реального времени（RTK）с использованием глобальной системы позиционирования：CH/T 2009-2010 [S]. Пекин：Издательство геодезии и картографии, 2010.

[14] Государственное управление геодезии и картографии. Правила составления технических отчетов по съемке и картографированию：CH/T 1001-2005 [S]. Пекин：Издательство государственного стандарта Китая, 2006.

[15] Государственное управление геодезии и картографии. Правила технического проектирования съемки и картографирования：CH/T 1004-2005 [S]. Пекин：Издательство государственного стандарта Китая, 2006.

[16] Главное государственное управление КНР по контролю качества, инспекции и карантину, член Государственного комитета по стандартизации Китая. Проверка качества и приемка результатов съемки и картографирования：GB/T 24 356-2009 [S]. Пекин：Издательство государственного стандарта Китая, 2009.

[17] Чэнь Пэн. История развития спутниковой системы навигационной системы «ГЛОНАСС» и план ее модернизации [J]. Научный журнал навигации и позиционирования, 2021, 9（5）：20-24.

[18] Ян Цзыхуэй, Сюэ Бин. История развития спутниковой системы навигации «Галилео» и план ее модернизации [J]. Научный журнал навигации и позиционирования, 2022, 10（3）：1-8.

[19] Офис управления спутниковой системой навигации Китая. Общая спецификация приемников RTK для спутниковой системы навигации «Бэйдоу»/глобальной навигационной спутниковой системы（GNSS）：BD 420 023-2019 [S]. 2019.